CAMBRIDGE LIBRARY COLLECTION

Books of enduring scholarly value

History of Medicine

It is sobering to realise that as recently as the year in which On the Origin of Species was published, learned opinion was that diseases such as typhus and cholera were spread by a 'miasma', and suggestions that doctors should wash their hands before examining patients were greeted with mockery by the profession. The Cambridge Library Collection reissues milestone publications in the history of Western medicine as well as studies of other medical traditions. Its coverage ranges from Galen on anatomical procedures to Florence Nightingale's common-sense advice to nurses, and includes early research into genetics and mental health, colonial reports on tropical diseases, documents on public health and military medicine, and publications on spa culture and medicinal plants.

Histoire naturelle des drogues simples

The French pharmacist Nicolas Jean-Baptiste Gaston Guibourt (1790–1867) first published this work in two volumes in 1820. It provided methodical descriptions of mineral, plant and animal substances. In the following years, Guibourt became a member of the Académie nationale de médicine and a professor at the École de pharmacie in Paris. Pharmaceutical knowledge also progressed considerably as new methods and classifications emerged. For this revised and enlarged four-volume fourth edition, published between 1849 and 1851, Guibourt followed the principles of modern scientific classification. For each substance, he describes the general properties as well as their medicinal or poisonous effects. Volume 4 (1851) looks at pharmaceutical substances derived from animals. Guibourt draws on Cuvier's recent classificatory work, dividing animals into four groups: vertebrates (mammals, birds, reptiles, fish), articulates (insects, arachnids, crustaceans et al.), molluscs, and zoophytes.

Cambridge University Press has long been a pioneer in the reissuing of out-of-print titles from its own backlist, producing digital reprints of books that are still sought after by scholars and students but could not be reprinted economically using traditional technology. The Cambridge Library Collection extends this activity to a wider range of books which are still of importance to researchers and professionals, either for the source material they contain, or as landmarks in the history of their academic discipline.

Drawing from the world-renowned collections in the Cambridge University Library and other partner libraries, and guided by the advice of experts in each subject area, Cambridge University Press is using state-of-the-art scanning machines in its own Printing House to capture the content of each book selected for inclusion. The files are processed to give a consistently clear, crisp image, and the books finished to the high quality standard for which the Press is recognised around the world. The latest print-on-demand technology ensures that the books will remain available indefinitely, and that orders for single or multiple copies can quickly be supplied.

The Cambridge Library Collection brings back to life books of enduring scholarly value (including out-of-copyright works originally issued by other publishers) across a wide range of disciplines in the humanities and social sciences and in science and technology.

Histoire naturelle des drogues simples

Ou, cours d'histoire naturelle
professé à l'École de Pharmacie de Paris

VOLUME 4

N.J.-B.G. GUIBOURT

CAMBRIDGE
UNIVERSITY PRESS

University Printing House, Cambridge, CB2 8BS, United Kingdom

Cambridge University Press is part of the University of Cambridge.
It furthers the University's mission by disseminating knowledge in the pursuit of
education, learning and research at the highest international levels of excellence.

www.cambridge.org
Information on this title: www.cambridge.org/9781108069199

© in this compilation Cambridge University Press 2014

This edition first published 1851
This digitally printed version 2014

ISBN 978-1-108-06919-9 Paperback

HISTOIRE NATURELLE

DES

DROGUES SIMPLES.

———

TOME QUATRIÈME.

Paris. — Imprimerie de L. MARTINET, rue Mignon, 2.
(Quartier de l'École-de-Médecine.

HISTOIRE NATURELLE

DES

DROGUES SIMPLES

OU

COURS D'HISTOIRE NATURELLE

Professé à l'École de Pharmacie de Paris

PAR

N. J.-B. G. GUIBOURT,

Professeur titulaire à l'École de pharmacie de Paris, membre de l'Académie nationale de médecine, de l'Académie nationale des sciences et belles lettres de Rouen, etc.

QUATRIÈME ÉDITION,

CORRIGÉE ET CONSIDÉRABLEMENT AUGMENTÉE,

ACCOMPAGNÉE

De plus de 800 figures intercalées dans le texte.

———••••———

TOME QUATRIÈME.

———••••———

PARIS,

CHEZ J.-B. BAILLIÈRE,

LIBRAIRE DE L'ACADÉMIE NATIONALE DE MÉDECINE,
Rue Hautefeuille, 19.

A Londres, chez H. BAILLIÈRE, 219, Regent-Street.

A NEW-YORK, CHEZ H. BAILLIÈRE, LIBRAIRE, 290, BROADWAY.

A MADRID, CHEZ CH. BAILLY-BAILLIÈRE, LIBRAIRE, CALLE DEL PRINCIPE, N° 11.

—

1851.

ORDRE DES MATIÈRES

DU TOME QUATRIÈME.

HISTOIRE NATURELLE

DES

DROGUES SIMPLES.

TROISIÈME PARTIE.

ANIMAUX.

Les végétaux ont des organes nutritifs extérieurs, se reproduisent par génération, et vivent où ils sont nés.

Les animaux ont en général une organisation beaucoup plus compliquée; ont des organes nutritifs intérieurs; peuvent se mouvoir et chercher leur nourriture; exécutent leurs mouvements selon leur volonté; enfin ont des sens dont les végétaux sont totalement dépourvus.

Pendant longtemps on a partagé les animaux en deux grandes divisions fondées sur la présence ou sur l'absence d'un corps central osseux, nommé *colonne épinière* ou *vertébrale*. Les animaux qui offraient cette colonne étaient nommés *vertébrés*, et les autres *invertébrés*. Les premiers renfermaient les *mammifères*, les *oiseaux*, les *reptiles* et les *poissons;* les seconds les *mollusques*, les *vers*, les *crustacés*, les *insectes* et les *zoophytes*. Mais, comme l'a observé Cuvier, cette classification, qui semble établir une égale distance entre les mammifères et les oiseaux, par exemple, qu'entre les mollusques, les vers ou les insectes, est loin d'être satisfaisante; il convient d'en chercher une qui fasse mieux ressortir le plus ou moins de différence qui existe entre ces différentes classes.

Si donc, « on considère le règne animal (1) en se débarrassant des préjugés établis sur les divisions anciennement admises, et n'ayant

(1) *Le règne animal distribué d'après son organisation,* par Cuvier. Paris, 1817 et 1829.

IV.   1

égard qu'à l'organisation et à la nature des animaux, et non pas à leur
grandeur, à leur utilité, au plus ou moins de connaissance que nous
en avons, ni à toutes les autres circonstances accessoires, on trouvera
qu'il existe quatre formes principales, quatre plans généraux, si l'on
peut s'exprimer ainsi, d'après lesquels tous les animaux semblent avoir
été modelés, et dont les divisions ultérieures, de quelque titre que les
naturalistes les aient décorées, ne sont que des modifications assez
légères, fondées sur le développement ou l'addition de quelques parties
qui ne changent rien à l'essence du plan.

» I. Dans la première de ces formes, qui est celle de l'homme et des
animaux qui lui ressemblent le plus, le cerveau et le tronc principal
du système nerveux sont renfermés dans une enveloppe osseuse qui se
compose du crâne et des vertèbres ; aux côtés de cette colonne mitoyenne
s'attachent les côtes et les os des membres qui forment la charpente
du corps ; les muscles recouvrent en général les os qui les supportent,
et les viscères sont renfermés dans la tête et dans le tronc.

» Nous appellerons les animaux de cette forme les *animaux vertébrés*.

» Ils ont tous le sang rouge, un cœur musculaire ; une bouche à
deux mâchoires placées l'une au-dessus et au-devant de l'autre ; des
organes distincts de la vue, de l'ouïe, de l'odorat et du goût, placés
dans les cavités de la face ; jamais plus de quatre membres, des sexes
toujours séparés, et une distribution à peu près la même des masses
médullaires et des principales branches du système nerveux.

» En examinant de plus près chacune des parties de cette grande
série d'animaux, on y trouve toujours quelque analogie, même dans
les espèces les plus éloignées l'une de l'autre, et l'on peut suivre les
dégradations d'un même plan, depuis l'homme jusqu'au dernier des
poissons.

» II. Dans la deuxième forme, il n'y a point de squelette ; les
muscles sont attachés seulement à la peau, qui forme une enveloppe
molle, contractile en divers sens, dans laquelle s'engendrent, en beaucoup d'espèces, des plaques pierreuses, appelées coquilles, dont la
position et la production sont analogues à celles du corps muqueux ; le
système nerveux est avec les viscères dans cette enveloppe générale, et
se compose de plusieurs masses éparses, réunies par des filets nerveux,
dont les principales, placées sur l'œsophage, portent le nom de cerveau. Des quatre sens propres on ne distingue plus que les organes de
celui du goût et de celui de la vue ; encore ces derniers manquent-ils
souvent. Une seule famille montre des organes de l'ouïe. Du reste, il
y a toujours un système complet de circulation, et des organes particuliers pour la respiration. Ceux de la digestion et des sécrétions sont à
peu près aussi compliqués que dans les animaux vertébrés.

» Nous appellerons ces animaux de la seconde forme, *animaux mollusques*.

» Quoique le plan général de leur organisation ne soit pas aussi uniforme, quant à la configuration extérieure des parties, que celui des animaux vertébrés, il y a toujours entre ces parties une ressemblance au moins du même degré dans la structure et dans les fonctions.

» III. La troisième forme est celle qu'on observe dans les insectes, les vers, etc. Leur système nerveux consiste en de longs cordons régnant le long du ventre, renfles d'espace en espace en nœuds ou ganglions. Le premier de ces nœuds, placé au-dessus de l'œsophage et nommé *cerveau*, n'est guère plus grand que les autres. L'enveloppe de leur tronc est divisée par des plis transverses en un certain nombre d'anneaux, dont les téguments sont tantôt durs, tantôt mous, mais où les muscles sont toujours attachés à l'intérieur Le tronc porte souvent à ses côtés des membres articulés ; mais souvent aussi il en est dépourvu.

» Nous donnerons à ces animaux le nom d'*animaux articulés*.

» C'est parmi eux que s'observe le passage de la circulation dans des vaisseaux fermés à la nutrition par imbibition, et le passage correspondant de la respiration dans des organes circonscrits à celle qui se fait par des trachées ou vaisseaux aériens répandus dans tout le corps.

» Les organes du goût et de la vue sont les plus distincts chez eux : une seule famille en montre pour l'ouïe. Leurs mâchoires, quand ils en ont, sont toujours latérales.

» IV. Enfin la quatrième forme qui embrasse tous les animaux connus sous le nom de *zoophytes*, peut aussi porter le nom d'*animaux rayonnés*.

» Dans tous les précédents, les organes du mouvement et des sens étaient disposés symétriquement aux deux côtés d'un axe : il y a une face postérieure et une face antérieure dissemblables. Dans ceux-ci, ils le sont comme des rayons autour d'un centre, et cela est vrai même lorsqu'il n'y a que deux séries, car alors les deux faces sont semblables.

» Ils approchent de l'homogénéité des plantes ; on ne leur voit ni système nerveux bien distinct, ni organes de sens particuliers ; à peine aperçoit on dans quelques uns des vestiges de circulation ; leurs organes respiratoires sont toujours à la surface de leur corps ; le plus grand nombre n'a qu'un sac sans issue pour tout intestin, et les dernières familles ne présentent qu'une sorte de pulpe homogène, mobile et sensible. »

Voici le tableau de ces quatre grandes divisions d'animaux avec les classes qu'elles renferment, telles qu'elles ont été disposées et modifiées par M. Milne-Edwards dans ses *Éléments de zoologie :*

EMBRANCHEMENTS.	CLASSES.	
I. Vertébrés.	Mammifères	1
	Oiseaux	2
	Reptiles	3
	Poissons	4
II. Articulés.	Insectes	5
	Myriapodes	6
	Arachnides	7
	Crustacés	8
	Cirrhipodes	9
	Annélides	10
	Rotateurs	11
	Entozoaires	12
III. Mollusques.	Céphalopodes	13
	Gastéropodes	14
	Ptéropodes	15
	Acéphales	16
	Brachiopodes	17
	Tuniciers	18
	Brýozoaires	19
IV. Rayonnés ou Zoophytes.	Échinodermes	20
	Acalèphes	21
	Polypes	22
	Infusoires	23
	Spongiaires	24

(**ANIMAUX.** accolade à gauche)

PREMIER EMBRANCHEMENT.

ANIMAUX VERTÉBRÉS.

PREMIÈRE CLASSE : LES MAMMIFÈRES.

« Les mammifères doivent être placés à la tête du règne animal, non seulement parce que c'est la classe à laquelle nous appartenons nous-mêmes, mais encore parce que c'est celle de toutes qui jouit des facultés les plus multipliées, des sensations les plus délicates, des mouvements les plus variés, et où l'ensemble de toutes les propriétés paraît combiné pour produire une intelligence plus parfaite et plus susceptible de perfectionnement

» Les mammifères sont en général disposés pour marcher sur la terre, et pour y marcher avec force et continuité : quelques uns cependant peuvent s'élever dans l'air au moyen de membres prolongés et de membranes étendues ; d'autres ont les membres tellement raccourcis, qu'ils ne se meuvent aisément que dans l'eau, mais ils ne perdent pas pour cela les caractères généraux de la classe.

» Ils ont tous — la mâchoire supérieure fixée au crâne, l'inférieure composée de deux pièces seulement, articulée par un condyle saillant à un temporal fixe ; — le cou de sept vertèbres, hors une seule espèce qui en a neuf ; — les côtes antérieures attachées en avant, par des parties cartilagineuses, à un *sternum* formé d'un certain nombre de pièces à la file. Leur extrémité de devant commence par une *omoplate* non articulée, mais seulement suspendue dans les chairs, s'appuyant souvent sur le sternum par un os intermédiaire nommé *clavicule ;* cette extrémité se continue par un *bras*, un *avant-bras* et une *main* formée elle-même de deux rangées d'osselets appelés *poignet* ou *carpe;* d'une rangée d'os nommée *métacarpe*, et de doigts composés chacun de deux ou trois os nommés *phalanges.*

» Si l'on excepte les cétacés, ils ont tous la première partie de l'extrémité postérieure fixée à l'épine et formant un *bassin* qui, dans la jeunesse, se divise en trois paires d'os, l'*iléon* qui tient à l'épine, le *pubis* qui forme la ceinture antérieure, et l'*ischion* qui forme la postérieure. Au point de réunion de ces trois os est la fosse où s'articule la *cuisse*, qui porte elle-même la *jambe*, formée de deux os, le *tibia* et le *péroné ;* cette extrémité est terminée par le *pied*, lequel se compose de parties analogues à celles de la main, savoir : d'un *tarse*, d'un *métatarse* et de *doigts.*

» La tête des mammifères s'articule toujours par deux condyles sur leur *atlas* ou première vertèbre. Leur cerveau se compose toujours de deux hémisphères, réunis par une lame médullaire dite *corps calleux*, renfermant deux ventricules, et enveloppant les quatre paires de tubercules appelées *corps calleux*, *couches optiques*, *nates* et *testes.* Entre les couches optiques est un troisième ventricule qui communique avec le quatrième situé sous le cervelet; les jambes du cervelet forment toujours sous la moelle allongée une proéminence transverse appelée *pont de Varole.*

» Leur œil, toujours logé dans un orbite, préservé par deux paupières et le vestige d'une troisième, a son cristallin fixé par le procès ciliaire et sa sclérotique simplement celluleuse.

» Dans leur oreille, on trouve toujours — une cavité nommée *caisse*, qui communique avec l'arrière-bouche par un canal nommé *trompe*, est fermée au dehors par une membrane nommée *tympan*, et contient une chaîne de quatre osselets appelés *marteau*, *enclume*, *lenticulaire* et *étrier ;* — un *vestibule* sur l'entrée duquel appuie l'étrier et qui communique avec trois canaux semi-circulaires; — enfin un *limaçon*

qui donne par une de ses rampes dans la caisse, par l'autre dans le
vestibule.

» Leur crâne se subdivise comme en trois ceintures formées : l'antérieure par les deux os frontaux et l'ethmoïde; l'intermédiaire par les
pariétaux et le sphénoïde; la postérieure par l'occipital. Entre l'occipital, les pariétaux et le sphénoïde, sont intercalés les temporaux dont
une partie appartient à la face.

» Leur face est essentiellement formée par les deux os maxillaires,
entre lesquels passe le canal des narines, et qui ont, en avant, les deux
intermaxillaires, en arrière les deux palatins; entre eux descend la
lame impaire de i'ethmoïde, nommée *vomer;* sur les entrées du canal
nasal sont les os propres du nez; à ses parois externes adhèrent les
cornets antérieurs; les cornets supérieurs appartiennent à l'ethmoïde;
le jugal unit de chaque côté l'os maxillaire au temporal et souvent au
frontal; enfin le lacrymal occupe l'angle interne de l'orbite et quelquefois une partie de la joue. Ces os, de même que ceux du crâne, présentent des subdivisions plus nombreuses dans l'état du fœtus.

» Leur langue est toujours charnue et attachée à un os appelé hyoïde,
composé de plusieurs pièces, et suspendu au crâne par des ligaments.

» Leurs poumons, au nombre de deux, divisés en lobes, composés
d'une infinité de cellules, sont toujours renfermés sans adhérence dans
une cavité formée par les côtes et le diaphragme, et tapissée par la
plèvre; l'organe de la voix est toujours à l'extrémité supérieure de la
trachée-artère; un prolongement charnu, nommé *voile du palais*,
établit une communication directe entre leur larynx et leurs arrière-
narines.

» Leur cœur présente quatre cavités dont deux nommées *ventricules*
et deux *oreillettes.* Ils ont la circulation du sang complète, c'est-à-dire
que la totalité du sang qui revient des extrémités du corps passe par le
poumon avant de retourner aux extrémités pour les vivifier de nouveau.

Les mammifères, à l'exception des cétacés qui vivent entièrement
dans l'eau, ont la peau garnie de poils; leur cavité abdominale est
tapissée d'une membrane nommée *péritoine,* et leur canal intestinal est
suspendu à un repli de ce péritoine nommé *mésentère;* l'urine, retenue
pendant quelque temps dans une vessie, sort dans les deux sexes, à un
très petit nombre d'exceptions près, par les orifices de la génération.

» Dans la presque totalité des mammifères, la génération est essentiellement *vivipare,* c'est-à-dire que le fœtus, immédiatement après
la conception, descend dans la matrice, enfermé dans ses enveloppes,
dont la plus extérieure est nommée *chorion,* et l'intérieure *amnios;* il
se fixe aux parois de la matrice par un ou plusieurs plexus de vaisseaux, appelés *placenta,* qui établissent entre lui et sa mère une com-

munication d'où il tire sa nourriture. La conception exige toujours un accouplement effectif, pendant lequel le sperme du mâle est lancé dans la matrice de la femelle. Les petits se nourrissent pendant quelque temps, après leur naissance, d'une liqueur particulière nommée *lait*, produite par les *mamelles* Ce sont ces mamelles qui ont valu à la classe le nom de *mammifères*, attendu que lui étant exclusivement propres, elles la distinguent mieux des autres classes qu'aucun autre caractère extérieur (1). »

Division des mammifères en ordres. « Les caractères qui établissent les diversités essentielles des mammifères entre eux sont pris des *organes du toucher*, d'où, dépend leur plus ou moins d'habileté ou d'adresse, et des *organes de la manducation*, qui déterminent la nature de leurs aliments, et entraînent après eux non seulement tout ce qui a rapport à la fonction digestive, mais encore une foule d'autres différences, relatives même à l'intelligence.

» La perfection des organes du toucher s'estime d'après le nombre et la mobilité des doigts, et d'après la manière plus ou moins profonde dont leur extrémité est enveloppée dans l'*ongle* ou le *sabot*. Un sabot qui enveloppe tout à fait la partie du doigt qui touche à terre y émousse le tact et rend le pied incapable de saisir L'extrême opposé a lieu quand un ongle, formé d'une seule lame, ne couvre qu'une des faces du bout du doigt et laisse à l'autre face toute la délicatesse du toucher.

» Le *régime* se juge par les dents mâchelières ou *molaires*, à la forme desquelles répond toujours l'articulation des mâchoires.

» Pour couper de la chair il faut des mâchelières tranchantes comme une scie, et des mâchoires serrées comme des ciseaux qui ne puissent que s'ouvrir et se fermer.

» Pour broyer des grains ou des racines, il faut des mâchelières à couronne plate, et des mâchoires qui puissent se mouvoir horizontalement; il faut encore, pour que la couronne de ces dents soit toujours inégale comme une meule, que sa substance soit formée de parties inégalement dures, et dont les unes s'usent plus vite que les autres.

» Les animaux *à sabot* sont tous de nécessité herbivores ou à couronnes de mâchelières plates, parce que leurs pieds ne leur permettraient pas de saisir une proie vivante.

» Les animaux à doigts pourvus d'ongles, ou *onguiculés*, étaient susceptibles de plus de variétés : il y en a de tous les régimes, et outre la forme des mâchelières, ils diffèrent encore beaucoup entre eux par la mobilité et la délicatesse des doigts. On a surtout saisi à cet égard un

(1) Tous ces caractères et les suivants sont extraits presque textuellement du *Règne animal* de Cuvier.

caractère qui influe prodigieusement sur l'adresse et multiplie leurs moyens d'industrie : c'est la faculté d'opposer le pouce aux autres doigts pour saisir les plus petites choses, ce qui constitue la *main* proprement dite ; faculté qui est portée à son plus haut degré de perfection dans l'homme, où l'extrémité antérieure tout entière est libre et peut être employée à la préhension.

» Ces diverses combinaisons, qui déterminent rigoureusement la nature des divers mammifères, ont donné lieu à distinguer les ordres suivants :

» Parmi les onguiculés, le premier, qui est en même temps privilégié sous tous les autres rapports, l'*homme*, a des mains aux extrémités antérieures seulement ; ses extrémités postérieures le soutiennent dans une situation verticale.

» L'ordre le plus voisin de l'homme, celui des *quadrumanes*, a des mains aux quatre extrémités.

» Un autre ordre, celui des *carnassiers*, n'a point de pouce libre et opposable aux extrémités antérieures. Ces trois ordres ont d'ailleurs chacun trois sortes de dents, savoir : des mâchelières, des canines et des incisives.

» Un quatrième ordre, celui des *rongeurs*, dont les doigts diffèrent peu de ceux des carnassiers, manque de canines et porte en avant des incisives disposées pour une sorte toute particulière de manducation.

» Viennent ensuite des animaux dont les doigts sont déjà fort gênés, fort enfoncés dans de grands ongles le plus souvent crochus, et qui ont encore cette imperfection de manquer d'incisives. Quelques uns manquent même de canines, et d'autres n'ont pas de dents du tout. Nous les comprenons tous sous le nom d'*édentés*.

» Cette distribution des animaux onguiculés serait parfaite et formerait une chaîne très régulière, si la Nouvelle-Hollande ne nous fournissait pas une petite chaîne collatérale, composée des *animaux à bourse* ou *marsupiaux*, dont tous les genres se tiennent entre eux par l'ensemble de l'organisation, et dont cependant les uns répondent aux carnassiers, les autres aux rongeurs et les troisièmes aux édentés, par les dents et par la nature de leur régime.

» Les animaux à sabots ou *ongulés*, moins nombreux, ont aussi moins d'irrégularités.

» Les *ruminants* composent un ordre très distinct par ses pieds fourchus, sa mâchoire supérieure sans vraies incisives, et ses quatre estomacs.

» Tous les autres quadrupèdes à sabots se laissent réunir en un seul ordre que j'appellerai *pachydermes* ou *jumenta*, excepté l'éléphant, qu pourrait faire un ordre à part, et qui se lie par quelques rapports éloignés avec l'ordre des rongeurs.

» Enfin viennent des mammifères qui n'ont point du tout d'extrémités postérieures, et dont la forme de poisson et la vie aquatique pourraient engager à faire une classe particulière, si, pour tout le reste, leur économie n'était pas la même que dans la classe où nous les laissons. Ce sont les *poissons à sang chaud* des anciens, ou les *cétacés*, qui, réunissant à la force des autres mammifères l'avantage d'être soutenus par l'élément aqueux, comptent parmi eux les plus gigantesques de tous les animaux. »

Voici le tableau de cette division des mammifères en neuf ordres :

MAMMIFÈRES

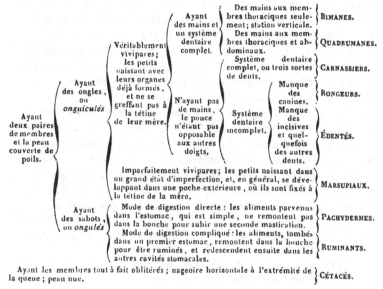

Ayant deux paires de membres et la peau couverte de poils.

- Ayant des ongles, ou *onguiculés*
  - Véritablement vivipares ; les petits naissant avec leurs organes déjà formés, et ne se greffant pas à la tétine de leur mère.
    - Ayant des mains et un système dentaire complet.
      - Des mains aux membres thoraciques seulement ; station verticale. **BIMANES.**
      - Des mains aux membres thoraciques et abdominaux. **QUADRUMANES.**
      - Système dentaire complet, ou trois sortes de dents. **CARNASSIERS.**
    - N'ayant pas de mains, le pouce n'étant pas opposable aux autres doigts.
      - Système dentaire incomplet.
        - Manque des canines. Manque des incisives et quelquefois des autres dents. **RONGEURS.**
        - **ÉDENTÉS.**
  - Imparfaitement vivipares ; les petits naissant dans un grand état d'imperfection, et, en général, se développant dans une poche extérieure, où ils sont fixés à la tétine de la mère. **MARSUPIAUX.**
- Ayant des sabots, ou *ongulés*
  - Mode de digestion directe : les aliments parvenus dans l'estomac, qui est simple, ne remontent pas dans la bouche pour subir une seconde mastication. **PACHYDERMES.**
  - Mode de digestion compliqué : les aliments, tombés dans un premier estomac, remontent dans la bouche pour être ruminés, et redescendent ensuite dans les autres cavités stomacales. **RUMINANTS.**

Ayant les membres tout à fait oblitérés ; nageoire horizontale à l'extrémité de la queue ; peau nue. **CÉTACÉS.**

ORDRE DES BIMANES. — L'homme.

L'homme forme à lui seul tout l'ordre des bimanes ; son organisation diffère très peu de celle d'un grand nombre d'autres mammifères ; mais il est placé bien au dessus de tous par l'intelligence admirable dont il a été doué par la nature.

Le corps entier de l'homme est disposé pour la station verticale. Son pied, bien différent de celui des singes, est large et muni d'un talon renflé, sur lequel porte verticalement la jambe ; les doigts en sont courts et peuvent à peine se ployer ; le pouce, plus long et plus gros que les autres, est placé sur la même ligne et ne leur est pas opposable ; les muscles qui retiennent le pied et la cuisse dans l'état d'extension sont plus vigoureux que chez aucun autre mammifère, et forment les saillies du mollet et de la fesse ; le bassin est plus large, ce qui écarte les cuisses et les pieds, élargit la base du corps et en facilite l'équilibre ; la tête, dans cette situation verticale, est en équilibre sur le tronc, parce que son articulation est alors sous le milieu de sa masse.

Quand l'homme le voudrait, il ne pourrait marcher commodément sur ses quatre membres ; sa cuisse, trop longue, ramènerait toujours le genou contre terre ; les épaules écartées et ses bras jetés trop loin de la ligne médiane soutiendraient mal le devant du corps ; sa tête, plus pesante à cause de la grandeur du cerveau, et non soutenue par un ligament disposé à cet effet, tomberait sur sa poitrine et pourrait tout au plus être soutenue dans la ligne de l'épine dorsale ; alors les yeux seraient dirigés contre terre et il ne verrait pas devant lui. La situation de ces organes est au contraire parfaite, en supposant qu'il marche debout (1).

L'homme doit donc se tenir sur ses pieds seulement ; il conserve l'entière liberté de ses mains pour les arts, et ses organes des sens sont situés le plus favorablement pour l'observation.

« Aucun animal n'approche de l'homme pour la grandeur relative et les replis des hémisphères du cerveau, c'est-à-dire de la partie de cet organe qui sert d'instrument principal aux opérations intellectuelles ; la partie postérieure du même organe s'étend en arrière de manière à recouvrir le cervelet ; la forme même du crâne annonce cette grandeur du cerveau, comme la petitesse de la face montre combien la partie du système nerveux affectée aux sens externes est peu prédominante.

» L'homme a une prééminence particulière dans les organes de la voix ; seul des mammifères, il peut articuler des sons ; la forme de sa

(1) Enfin l'homme naquit : soit qu'un être divin
L'ait animé d'un souffle émané de son sein ;
Soit que la terre encor de jeunesse parée,
Des rayons de l'éther à peine séparée,
Eût imprégné de vie un limon plus parfait ;
Et qu'alors un Titan, savant fils de Japet,
A l'image des dieux modérateurs du monde,
Eût pétri sous ses doigts cette argile feconde.
Sous le joug de l'instinct les animaux penchés
Tous baissent leurs regards à la terre attaches
L'homme lui seul, debout, la tête redressée
Elève jusqu'au ciel sa vue et sa pensée.
Le limon ennobli, changeant ses vils destins,
Reçut ainsi les traits du premier des humains.
                              DE SAINTANGE. *Métamorphoses d'Ovide.*

bouche et la grande mobilité de ses lèvres en sont probablement les causes : il en résulte pour lui un moyen de communication bien-précieux, car des sons variés sont, de tous les signes que l'on peut employer commodément pour la transmission des idées, ceux que l'on peut faire percevoir le plus loin et dans plus de directions à la fois.

» L'homme paraît fait pour se nourrir principalement de fruits, de racines et d'autres parties succulentes des végétaux ; ses mains lui donnent la facilité de les cueillir ; ses mâchoires courtes et de force médiocre, d'un côté, ses canines égales aux autres dents, et ses molaires tuberculeuses, de l'autre, ne lui permettraient guère ni de paître de l'herbe ni de dévorer de la chair, s'il ne préparait ses aliments par la cuisson ; mais une fois qu'il a possédé le feu, et que ses arts l'ont aidé à saisir ou à tuer de loin les animaux, tous les êtres vivants ont pu servir à sa nourriture, ce qui lui a donné les moyens de multiplier infiniment son espèce.

» Ses organes de la digestion sont conformes à ceux de la mastication ; son estomac est simple, son canal intestinal de longueur médiocre, ses gros intestins bien marqués, son cœcum gros et court, augmenté d'un appendice grêle ; son foie est divisé seulement en deux lobes et un lobule ; son épiploon pend au-devant des intestins jusque dans le bassin.

» Pour compléter l'idée abrégée de la structure anatomique de l'homme, nous ajouterons qu'il a 32 vertèbres, dont 7 cervicales, 12 dorsales, 5 lombaires, 5 sacrées et 3 coccygiennes. De ses côtes, 7 paires s'unissent au sternum par des allonges cartilagineuses, et se nomment *vraies côtes ;* les 5 paires suivantes sont nommées *fausses côtes.* Son crâne (fig. 439), à l'état adulte, a huit os, savoir : un occipito-basilaire, deux temporaux, deux pariétaux, un frontal, un ethmoïde et un sphénoïdal. Les os de la face sont au nombre de quatorze : deux maxillaires, deux jugaux, dont chacun joint le temporal au maxillaire du même côté par une espèce d'anse nommée *arcade zygomatique ;* deux nasaux, deux palatins en arrière du palais, un vomer entre les narines, deux cornets du nez dans les narines deux lacrymaux aux côtés internes des orbites, et l'os unique de la mâchoire inférieure. Chaque mâchoire a 16 dents, à savoir : 4 incisives tranchantes, au milieu ;

Fig. 439 (1).

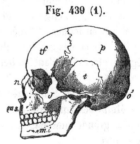

(1) Fig. 439. Tête d'homme : *o* os occipital ; *t* os temporal ; *p* os pariétal ; *f* os frontal ; *n* os nasal ; *j* os jugal, ou os de la pommette ; *m s* os de la mâchoire supérieure ; *m i* os de la mâchoire inférieure.

deux canines pointues, à la suite ; et 10 molaires à couronnes tuberculeuses aux extrémités, 5 de chaque côté : en tout 32 dents, qui sont de longueur sensiblement égale. L'omoplate a, au bout de son épine ou arête saillante, une tubérosité dite *acromion*, à laquelle s'attache la clavicule, et, au-dessous de son articulation, une pointe nommée *bec coracoïde*, pour l'attache de quelques muscles. Le *radius* (os antérieur de l'avant-bras) tourne complétement sur le *cubitus*, à cause de la manière dont il s'articule avec l'*humérus*. Le carpe a huit os, quatre pour chaque rangée ; le tarse en a sept. Ceux du reste de la main et du pied se comptent aisément d'après le nombre des doigts.»

Quoique l'espèce humaine paraisse unique, puisque tous les individus peuvent se mêler indistinctement et produire des individus féconds, on y remarque cependant, suivant les pays et les climats, des différences qui se transmettent indéfiniment par la génération, tant que les races ne se mêlent pas : aussi ne peut-on pas se refuser à admettre dans cette espèce unique plusieurs variétés distinctes.

Les peuples qui habitent l'ancien monde paraissent appartenir à trois variétés principales, désignées sous les noms de *race blanche* ou *caucasique*, *race jaune* ou *mongolique*, et *race noire* ou *éthiopique*.

La **race caucasique** se distingue par la beauté de l'ovale que forme la tête, par le développement de son front, la position horizontale de ses yeux, le peu de saillie de ses pommettes et de ses mâchoires, ses cheveux longs et lisses, et la couleur blanche rosée de sa peau. Elle occupe toute l'Europe, l'Asie occidentale jusqu'au Gange et la partie septentrionale de l'Afrique ; mais on la croit originaire des montagnes du Caucase, ce qui lui a valu son nom.

La **race mongolique** a la face aplatie, le front bas, oblique et carré, les pommettes saillantes, les yeux étroits et obliques, la barbe grêle, les cheveux droits et noirs, et la peau olivâtre. Elle paraît originaire des monts Altaï, d'où elle a envahi toute la Sibérie orientale, le Kamtschatka, les îles Aleutiennes, l'Amérique russe, la Chine, la Corée, le Japon, les îles Mariannes et les Philippines. Elle s'est étendue aussi dans les régions glacées de l'ancien hémisphère, depuis l'embouchure de la Léna jusqu'au cap Nord, et paraît avoir produit les peuples abâtardis connus sous les noms de *Samoièdes* et de *Lapons*. Répandue au midi dans les îles Moluques, mais mélangée sans doute à la race blanche, elle a produit la grande famille malaise qui diffère à quelques égards de l'une et de l'autre.

La variété **nègre**, ou **éthiopique**, est caractérisée par son crâne comprimé, son nez écrasé, ses mâchoires saillantes, ses lèvres lippues, ses cheveux laineux et crépus, et sa peau plus ou moins noire. Elle est confinée en Afrique au midi de l'Atlas, et paraît se composer de plusieurs races distinctes, telles que la *mozambique*, la *boschimanne* et la *hottentote*.

La population primitive de l'Australasie et d'une partie des archipels de l'Océanie est aussi une race noire qui a beaucoup de rapports avec la mozambique.

Enfin les peuples indigènes de l'Amérique, quoique généralement remarquables par leur teint cuivré, leur nez saillant, leurs yeux grands et ouverts, leurs cheveux longs et leur barbe rare, paraissent dérivés de deux races différentes, dont l'une, provenant de la Mongolie, aurait suivi, du nord au sud, la côte occidentale du nouveau continent jusqu'au centre de l'Amérique méridionale, et dont l'autre, arrivée par le nord-est, et plus rapprochée de la race caucasique, se serait étendue du fleuve Saint-Laurent à la Floride et de l'océan Atlantique jusqu'aux montagnes Rocheuses, à travers le vaste bassin du Mississipi (1).

Les médicaments que l'on tirait autrefois de l'homme sont tombés en désuétude. On employait le crâne pulvérisé contre l'épilepsie, et la graisse dans les douleurs arthritiques. Le lait de femme est encore quelquefois recommandé comme analeptique ; l'urine sert dans l'art de la teinture et pour la préparation de l'orseille et des tournesols.

ORDRE DES QUADRUMANES.

Les quadrumanes se rapprochent beaucoup de l'homme par leur cerveau à trois lobes de chaque côté, dont le postérieur recouvre le cervelet ; par leur fosse temporale séparée de l'orbite au moyen d'une cloison osseuse (fig. 440) ; par leurs yeux dirigés en avant, leur système dentaire, leur canal intestinal, leurs mamelles au nombre de deux seulement et placées sur la poitrine ; enfin par leur verge pendante ; mais ils s'en distinguent par leurs pieds de derrière dont le pouce est libre et opposable à des doigts longs et flexibles comme ceux de la main, ce qui leur permet de monter sur les arbres avec une grande facilité, tandis qu'ils ne se tiennent et ne marchent debout qu'avec peine, leur pied ne posant alors que sur le tranchant extérieur et leur bassin étroit ne

Fig. 440 (2).

favorisant pas l'équilibre. Ils s'éloignent d'ailleurs de notre forme par degrés, en prenant un museau de plus en plus allongé, une queue, une

---

(1) Pour plus de développement sur l'histoire des races, voyez l'ouvrage de J.-C. Prichard, *Histoire naturelle de l'homme*, traduite par Roulin. Paris, 1843, 2 vol. in-8, figures.

(2) Fig. 440. Tête de guenon callitriche : *o* os occipital ; *t* os temporal ; *p* os pariétal ; *f* os frontal ; *j* os jugal ; *m s* os de la mâchoire supérieure ; *m i* os de la mâchoire inférieure.

marche plus exclusivement quadrupède ; néanmoins la liberté de leurs avant-bras et la conformation de leurs mains leur permettent à tous beaucoup d'actions et de gestes semblables à ceux de l'homme. On les divise en trois familles comprenant les *singes*, les *ouistitis* et les *makis*.

Les SINGES ont à chaque mâchoire 4 dents incisives droites, et des ongles plats à tous les doigts ; leurs molaires n'on , comme les nôtres, que des tubercules mousses, et ils vivent essentiellement de fruits ; mais leurs canines, dépassant les autres dents, leur fournissent une arme qui nous manque, et exigent un vide dans la mâchoire opposée, pour s'y loger quand la bouche se ferme. On les divise en deux tribus, sous la désignation de *singes de l'ancien continent* et de *singes du nouveau continent*. Les premiers ont le même nombre de molaires que l'homme, ont presque toujours des callosités aux fesses, jamais de queue prenante, et souvent des *abajoues* ou poches creusées dans les joues et communiquant avec la bouche. Cette tribu comprend les singes qui ressemblent le plus à l'homme, comme le **chimpansé** du Congo et de la Guinée, l'**orang-outang** de la Cochinchine et de Bornéo, et le **gibbon** de l'archipel Indien. On y trouve également les **guenons**, ou singes à queue non prenante, à fesses calleuses, à abajoues ; les **macaques**, les **magots**, les **cynocéphales** et les **mandrilles**.

Les singes du nouveau continent ont 4 mâchelières de plus que les autres, ou trente-six dents en tout, la queue longue, pas d'abajoues, les fesses velues et sans callosités, les narines percées aux côtés du nez et non en dessous. Les uns ont la queue *prenante*, c'est-à-dire que son extrémité peut s'entortiller autour des corps pour les saisir comme le ferait une main, ce qui leur permet de se suspendre aux branches des arbres, de s'y balancer et de se lancer d'un arbre à un autre. On leur donne le nom général de *sapajous*. Ceux dont la queue n'est pas prenante portent les noms de *sagouins* et de *sakis*.

Les OUISTITIS forment une petite famille longtemps confondue avec les makis, dont ils offrent la tête ronde, le visage plat, les narines latérales, les fesses velues, etc. ; mais ils n'ont que 20 molaires comme les singes de l'ancien continent, et leurs pouces de devant s'écartent si peu des autres doigts qu'on hésite à leur donner le nom de quadrumanes.

Les MAKIS ou LÉMURIENS ont les quatre pouces bien développés et opposables aux autres doigts ; mais ils présentent dans leur système dentaire des caractères qui les rapprochent des insectivores ou des édentés. Ils comprennent les *makis* proprement dits, les *loris* et les *tarsiers*.

ORDRE DES CARNASSIERS.

Les carnassiers forment une réunion considérable et variée de mammifères onguiculés, qui possèdent, comme l'homme et les quadru-

manes, trois sortes de dents, mais qui n'ont pas de pouce opposable à
leurs pieds de devant Ils vivent tous de matières animales et d'autant
plus exclusivement que leurs molaires ou mâchelières sont plus tranchantes. Ceux qui les ont en tout ou en partie tuberculeuses, prennent
aussi plus ou moins de substances végétales, et ceux qui les ont hérissées de pointes coniques se nourrissent principalement d'insectes. L'articulation de leur mâchoire inférieure, dirigée en travers et serrée
comme un gond, ne lui permet aucun mouvement horizontal; elle ne
peut que se fermer et s'ouvrir.

Leur cerveau, encore assez sillonné, n'a point de troisième lobe et ne
recouvre point le cervelet, non plus que dans les ordres suivants. l eur
orbite n'est point séparé de leur fosse temporale, dans le squelette; leur
crâne est rétréci, et leurs arcades zygomatiques sont écartées et relevées, pour donner plus de volume et de force aux muscles de leurs
mâchoires. Le sens qui domine chez eux est celui de l'odorat, et leur
membrane pituitaire est généralement étendue sur des lames osseuses
très multipliées. On les divise en trois familles fort distinctes : les
chéiroptères, les *insectivores* et les *carnivores*.

Les CHÉIROPTÈRES ont encore quelques affinités avec les quadrumanes par leur verge pendante et par leurs mamelles placées sur la
poitrine. Leur caractère distinctif consiste dans un repli de la peau qui
prend aux côtés du cou, s'étend entre leurs quatre pieds et leurs doigts,
les soutient en l'air et leur permet même de voler. Ils ont quatre grandes
canines; mais le nombre de leurs incisives varie. On les divise en deux
tribus, d'après l'étendue de leurs organes du vol. La première tribu ne
renferme qu'une espèce de la Malaisie, nommée *galéopithèque*, ou *maki
volant*, dont les quatre membres et la queue sont réunis par un manteau velu qui sert de parachute à l'animal lorsqu'il s'élance d'un arbre
sur un autre, mais qui ne peut lui servir à s'élever dans l'air. Son système dentaire le rapproche des makis. Dans la seconde tribu, qui comprend les vrais chéiroptères (1), les bras, les avant-bras et les doigts,
à l'exception du pouce, sont excessivement allongés et forment, avec
la membrane qui en remplit les intervalles, de véritables ailes, aussi
étendues en surface que celles des oiseaux. Leurs muscles pectoraux ont
une épaisseur proportionnée aux mouvements qu'ils doivent exécuter,
et leur sternum est pourvu d'une arête pour leur donner attache,
comme celui des oiseaux. Leur pouce est court et armé d'un ongle
crochu qui sert à ces animaux à se suspendre, dans l'état de repos, aux
murs ou aux rochers; car ils ne posent guère à terre, où ils ne rampent
qu'avec peine. Leurs pieds de derrière sont faibles, divisés en 5 doigts

(1) De χείρ, main, et πτερόν, aile : *main ailée.*

égaux et armés d'ongles aigus Leurs yeux sont très petits, mais leurs oreilles sont généralement très grandes, et forment avec leurs ailes une énorme surface membraneuse et sensible, qui leur sert à se diriger dans l'obscurité par la diversité des impressions de l'air. Ce sont des animaux nocturnes et qui passent l'hiver de nos climats en léthargie. On les divise d'abord en *roussettes* et en *chauves-souris* : les premières, qui appartiennent à l'archipel Indien, se nourrissent en grande partié de fruits; les secondes, qui sont répandues dans les autres parties du monde, se nourrissent principalement des insectes qu'elles prennent au vol, et quelquefois, comme le **vampire**, du sang des animaux.

Les INSECTIVORES ont, comme les chéiroptères, des mâchelières hérissées de pointes coniques, et une vie le plus souvent nocturne et souterraine : ils se nourrissent principalement d'insectes, et, dans les pays froids, beaucoup d'entre eux passent l'hiver en léthargie. Ils n'ont pas de membranes latérales propres au vol; leurs pieds sont courts et leurs mouvements faibles. Leurs mamelles sont placées sous le ventre et la verge est enfermée dans un fourreau. Aucun n'a de cœcum et tous appuient la plante entière du pied sur la terrre en marchant.

Les uns ont de longues incisives en avant, suivies d'autres incisives et de canines toutes moins hautes que les molaires, ce qui les rapproche des tarsiers, parmi les quadrumanes, et un peu des rongeurs. Les autres ont de grandes canines écartées, entre lesquelles sont de petites incisives, ce qui est la disposition la plus ordinaire aux quadrumanes et aux carnivores. Cette famille comprend les *hérissons*, les *tenrecs*, les *musaraignes*, les *desmans*, les *taupes*, les *scalopes*, etc.

Famille des CARNIVORES. Quoique l'épithète de *carnassiers* convienne à tous les mammifères onguiculés à trois sortes de dents et non quadrumanes, puisque tous se nourrissent plus ou moins de matières animales, cependant il en est beaucoup. spécialement ceux des deux familles précédentes, que leur faiblesse et les tubercules coniques de leurs dents mâchelières réduisent presque à vivre d'insectes. C'est dans la famille actuelle que l'appétit sanguinaire se joint à la force nécessaire pour y subvenir, et, comme toujours, les animaux qu'elle renferme sont d'autant plus essentiellement carnivores que leurs dents sont plus complétement tranchantes. Ils ont tous quatre grosses et longues canines écartées, entre lesquelles sont six incisives à chaque mâchoire (fig. 441). Les premières molaires sont les plus tran-

Fig. 441 (1).

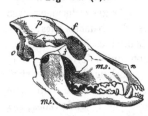

chantes et sont désignées sous le nom de *fausses molaires ;* vient à la suite, à chaque mâchoire, une molaire plus grosse que les autres, pourvue d'un large talon tuberculeux, et servant surtout à briser les os des animaux : on lui donne le nom de *carnassière.* Derrière elle se trouvent une ou deux molaires plus faibles et à tubercules mousses, nommées *molaires tuberculeuses.*

Dans cette famille, les membres antérieurs ne servent plus guère qu'à supporter le poids du corps et à la locomotion sur terre ; aussi la clavicule, ne devant plus tenir les épaules écartées, est-elle réduite à l'état rudimentaire et suspendue dans les chairs. Les membres postérieurs présentent, dans leur terminaison, des différences très marquées, qui influent beaucoup sur les habitudes et sur le régime des carnivores ou qui en sont la conséquence, et qui les ont fait partager en trois tribus, sous les noms de *plantigrades,* de *digitigrades* et d'*amphibies.*

Les PLANTIGRADES, de même que les quadrupèdes des familles précédentes, appuient la plante entière du pied de derrière sur la terre, lorsqu'ils marchent ou qu'ils se tiennent debout, et l'on s'en aperçoit aisément par l'absence des poils sous toute cette partie. Ils participent à la lenteur et à la vie nocturne des insectivores et manquent comme eux de cœcum ; la plupart de ceux des pays froids passent l'hiver en léthargie. Ils ont tous cinq doigts à tous les pieds. Cette tribu comprend les *ours,* les *ratons,* les *coatis,* les *blaireaux,* les *gloutons,* les *ratels,* etc.

Les **ours** sont de grands animaux dont le corps est généralement trapu, les membres épais, la queue très courte ; leurs allures sont lourdes, mais ils ont beaucoup d'intelligence et sont doués d'une grande force.

L'**ours brun** habite les hautes montagnes couvertes de forêts de toute l'Europe et d'une partie de l'Asie ; il aime la solitude et établit sa demeure dans quelque caverne naturelle, ou dans un antre qu'il creuse avec ses ongles forts et crochus ; il vit principalement de fruits, de racines succulentes, de jeunes pousses d'arbres, et recherche le miel avec passion. Ce n'est guère que lorsque la faim le presse qu'il attaque les animaux ; aussi ses dents molaires sont-elles moins tranchantes que celles de tous les autres carnassiers. Il est d'une grande prudence et s'éloigne de tout ce qu'il ne connaît pas ; mais ce n'est pas manque de courage, et ses efforts deviennent terribles lorsqu'il est attaqué.

La fourrure de l'ours brun est très épaisse, surtout en hiver, et se compose de poils longs et brillants ; sa chair est bonne à manger quand il est jeune ; sa graisse a joui d'une grande réputation pour la guérison des douleurs rhumatismales, pour faire croître les cheveux et

pour s'opposer à leur chute. Elle est demi-fluide, d'une couleur légèrement citrine, d'une odeur assez forte, et se conserve longtemps sans
rancir.

L'**ours blanc** des mers polaires diffère du précédent par sa forme
générale plus allongée, son pelage tout blanc et son habitude de vivre
par troupes plus ou moins nombreuses. Il nage et plonge avec une
grande facilité et poursuit les poissons, les phoques et les jeunes cétacés.
Il est aussi très dangereux pour les navigateurs égarés sur les mers
polaires; cependant son régime exclusivement animal est une conséquence forcée du climat où il vit; lorsqu'on. le tient en captivité, il
s'habitue facilement au régime végétal des autres ours.

Le **blaireau d'Europe** a la taille d'un chien de médiocre grandeur.
Sa queue est courte, et au dessous se trouve une poche d'où suinte une
humeur grasse et fétide; ses jambes sont très courtes et ses poils si
longs que son ventre paraît presque toucher à terre. Ses ongles de
devant sont forts, allongés et très propres à fouir; aussi se creuse-t-il
facilement des terriers tortueux où il passe solitaire la plus grande partie
de sa vie. Il n'en sort guère que la nuit pour chercher sa nourriture,
qui consiste en jeunes lapins, mulots, lézards, miel, œufs, etc. On le
chasse à l'aide du basset qui pénètre dans son gîte, l'accule et facilite
le moyen de le prendre avec des pinces, en ouvrant le terrier par
dessus. La fourrure du blaireau est épaisse, rude, peu brillante et peu
estimée; mais les poils de sa queue sont très recherchés pour la fabrication des pinceaux et des brosses à barbe. La graisse de blaireau ressemble beaucoup à celle de l'ours et était autrefois employée aux
mêmes usages.

Les DIGITIGRADES, qui forment la seconde tribu des carnivores, ne
marchent que sur le bout des doigts en relevant le tarse; leur course
en devenant plus rapide, ils sont essentiellement chasseurs et carnassiers; leurs pattes sont armées d'ongles puissants pour saisir leur proie,
et leurs mâchoires robustes ne présentent que des dents plus ou moins
tranchantes. On les divise en trois petits groupes comprenant :

1° Les martes et les loutres, dites *quadrupèdes vermiformes;*

2° Les chiens et les civettes ;

3° Les hyènes et les chats.

Les animaux du premier groupe ont reçu le nom de *vermiformes*, à
cause de la forme allongée et comme cylindrique de leur corps et de la
brièveté de leurs pieds, qui leur permettent de passer par de très
petites ouvertures. Ils n'ont qu'une dent tuberculeuse en arrière de la
carnassière d'en haut ; ils manquent de cœcum, comme les insectivores
et les plantigrades, mais ils ne tombent pas en léthargie pendant l'hiver.
Quoique petits et faibles, ils sont très cruels, vivent surtout de sang

et sont la terreur des poulaillers et des garennes. Ils répandent presque tous une odeur infecte. Ils comprennent les genres *putois*, *marte*, *mouffette* et *loutre*. Parmi les putois, se trouvent notre *putois commun*, le *furet*, la *belette*, l'*hermine* dont le pelage, brun et rosâtre pendant l'été, devient tout blanc pendant l'hiver; le *mink* de Russie, et différents putois de Pologne, de Sibérie, des États-Unis, du Cap, etc. Les martes comprennent la *marte commune*, la *fouine*, le *vison* de l'Amérique du Nord, et la *marte zibeline* dont la fourrure est si belle et si estimée, et que l'on chasse, au milieu de l'hiver, sur les montagnes glacées de la Sibérie. Les loutres habitent les rivières, dans toutes les parties du monde, et même les bords de la mer dans le nord de l'océan Pacifique; leurs pieds sont palmés, leur queue est aplatie, et elles se nourrissent exclusivement de poisson. Les Indiens savent les employer pour la pêche, comme nous nous servons des chiens pour la chasse.

Le deuxième groupe des carnivores digitigrades, comprenant les chiens et les civettes, est caractérisé par deux dents tuberculeuses aplaties derrière la carnassière supérieure, qui elle-même présente un talon assez large. Ils sont carnassiers, mais sans montrer un courage proportionné à leurs forces, et vivent souvent de charognes. Ils ont tous un petit cæcum.

« Le **chien domestique** varie à l'infini pour la taille, la forme, la couleur et la qualité du poil. C'est la conquête la plus complète que l'homme ait faite sur le règne animal ; toute l'espèce est devenue notre propriété ; chaque individu est tout entier à son maître, prend ses mœurs, connaît et défend son bien, et lui reste attaché jusqu'à la mort. La vitesse, la force et l'odorat du chien en ont fait pour l'homme un allié puissant contre les autres animaux. Il est le seul qui ait suivi l'homme par toute la terre. »

Quelques naturalistes pensent que le chien est un loup, d'autres que c'est un chacal apprivoisé : les chiens redevenus sauvages dans les contrées désertes, tout en ayant les oreilles droites, ne ressemblent cependant ni à l'un ni à l'autre, et conservent la queue recourbée du chien domestique.

On a pensé aussi que le *chien de berger* était la race domestique la plus voisine du type primitif ; mais la comparaison des crânes en rapproche davantage le *mâtin* et le *danois*, après lesquels viennent le *chien courant*, le *braque* et le *basset*. Le lévrier est plus élancé et a les sinus frontaux plus petits et un odorat plus faible ; le *chien de berger* et le *chien-loup* reprennent les oreilles droites des chiens sauvages, mais avec plus de développement dans le cerveau, qui va croissant encore ainsi que l'intelligence, dans le *barbet* et l'*épagneul*. Le *dogue*, d'un autre côté, se fait remarquer par le raccourcissement et la vigueur de ses mâchoires, sa force et quelquefois sa férocité ; le *chien de Terre-Neuve* se distingue entre tous par sa grande taille, son poil long et ondulé, généralement noir et blanc; sa queue épaisse, son museau élargi et son front élevé. Il a les doigts palmés ; nage avec plaisir et vigueur, et est porté par son instinct à se jeter à l'eau pour sauver l'homme qui se noie.

Le **loup** a la même organisation que le chien et peut produire avec lui des métis féconds ; mais au lieu d'être éminemment sociable comme le chien, il vit habituellement solitaire et ne se réunit à d'autres loups que pour mettre leur force en commun, lorsque la faim les presse. Il a la taille et la physionomie du mâtin, dont les oreilles seraient droites, le pelage fauve et la queue droite. Il attaque tous nos animaux domestiques, et ne montre pas cependant un courage proportionné à sa force. Ses habitudes et son développement physique ont beaucoup de rapport avec ceux du chien.

Le **chacal**, ou **loup doré**, a plus de rapport encore avec nos chiens. Il habite les contrées chaudes de l'Asie et de l'Afrique, et vit en troupes nombreuses dont les membres chassent en commun et se défendent mutuellement. Il est plus petit que le loup, a le museau plus pointu, gris brun, les cuisses et les jambes fauve clair, la queue droite n'atteignant guère qu'au talon.

Les **renards** sont distingués des chiens et des loups par une queue plus longue et plus touffue, par un museau rétréci et plus pointu, par leurs pupilles qui, de jour, sont contractées en ligne verticale, comme celles des chats ; enfin par leurs incisives supérieures moins échancrées. Ils répandent une odeur fétide, se creusent des terriers, sont très rusés et n'attaquent que les animaux faibles. On en connaît un grand nombre d'espèces répandues dans toutes les parties du monde.

La sous-tribu des CIVETTES présente trois fausses molaires en haut, quatre en bas, dont les antérieures tombent quelquefois ; deux tuberculeuses en haut, une seule en bas. Leur carnassière inférieure est pourvue en avant et du côté interne de deux tubercules saillants, le reste de cette dent étant plus ou moins tuberculeux ; leur langue est hérissée de papilles aiguës et rudes ; leurs ongles se redressent plus ou moins dans la marche, et près de leur anus est une poche plus ou moins profonde, où des glandes particulières font suinter une matière onctueuse et odorante. Cette sous-tribu renferme plusieurs genres ou sous-genres : les *civettes* proprement dites, les *genettes*, les *mangoustes*, etc.

Le genre propre des civettes comprend deux espèces, la **vraie civette** (*viverra civetta* L.), et le **zibeth** (*viverra zibetha* L.). La première (fig. 442) habite les contrées les plus chaudes de l'Afrique, depuis la

Guinée et le Sénégal jusqu'en Abyssinie. Elle a environ 75 centimètres de long, non compris la queue, sur 27 à 32 centimètres de hauteur au garrot. Son museau est moins pointu que celui du renard et garni de longues moustaches ; son poil est assez long, un peu grossier, et celui qui règne le long du dos et de la queue forme une sorte de crinière que l'animal relève lorsqu'on l'irrite ; il est d'un gris variable,

Fig. 442.

irrégulièrement rayé et tacheté de brun noirâtre. Les quatre jambes sont d'un brun noirâtre uniforme, ainsi que la moitié postérieure de la queue ; le haut des membres et le commencement de la queue sont marqués d'anneaux tigrés ; la tête et le cou sont blanchâtres avec de larges bandes brunes.

Ce qui caractérise particulièrement la civette, c'est une bourse qui s'ouvre au dehors par une fente située entre l'anus et les organes de la génération. Cette fente est pareille dans l'un et l'autre sexe, ce qui les rend assez difficiles à distinguer extérieurement. Cette fente conduit dans deux cavités de la contenance d'une amande, dont la paroi interne est percée de plusieurs trous conduisant dans autant de follicules glanduleux dans lesquels se produit la substance odoriférante. Tous ces follicules sont enveloppés par une tunique qui reçoit beaucoup de vaisseaux sanguins, et le tout est recouvert d'un muscle qui peut comprimer les follicules et la bourse commune, et en faire sortir le parfum. Mais pour se le procurer plus facilement, dans plusieurs parties de l'Afrique on élève les civettes en captivité, et, suivant des voyageurs, en Abyssinie, il y a des marchands qui en ont plus de 300. Tous les huit jours on vide leur poche avec une petite cuiller qu'on y introduit après avoir fixé l'animal de manière à ce qu'il ne puisse nuire à l'opérateur, ni faire de mouvements capables de le faire blesser lui-même, et l'on renferme le parfum dans un vase qu'on bouche bien, ou mieux, à ce qu'il paraît, dans une corne creuse où la matière se dessèche en partie et acquiert un parfum plus agréable.

La civette-parfum est une matière onctueuse de nature adipo-résineuse; elle est d'abord jaunâtre et demi-fluide; mais elle brunit et devient très épaisse en vieillissant. Telle que je l'ai, elle possède une odeur très forte et ammoniacale, qui participe du musc et de la matière fécale, et qui est certainement fort désagréable ; mais le papier qui recouvre le bouchon du flacon ne conserve qu'une odeur de musc pure et adoucie, qui explique la confusion qui a si longtemps existé, quant au nom et à la matière, entre le musc et la civette (1).

La civette a été usitée en médecine comme stimulante, nervale et antispasmodique ; mais elle n'est plus guère employée aujourd'hui que dans la parfumerie. M. Boutron en a donné une bonne description et un essai d'analyse dans le *Journal de pharmacie*, t. X, p. 537.

Le **zibeth** a beaucoup de ressemblance avec la civette; mais il a le poil plus court et touffu, pas de crinière, la queue ronde, à poil court et épais, blanchâtre, avec des demi-anneaux noirs sur toute sa longueur (Buffon, *Hist. nat.*, t. IX, pl. 31 et 32). Il habite les deux presqu'îles de l'Inde, les îles Moluques et les Philippines. On l'élève captif dans des cages, comme la civette d'Afrique, et on lui enlève sa substance odorante de la même manière, à l'aide d'une petite cuiller ou d'une tige creuse de bambou. On étale la matière sur des feuilles de poivre pour lui enlever les poils qui s'y trouvent mélangés, et on la lave, dit-on, avec de l'eau salée et du suc de limon, avant de la renfermer dans des boîtes de plomb.

Une troisième espèce de civette, propre à l'île de Java, nommée *viverra rasse*, et qui est probablement l'*animal au musc* de La Peyronie (*Académie des sciences*, 1731, p. 443), produit un parfum comparable aux précédents; mais la **genette commune**, qu'on trouve depuis la France méridionale jusqu'au cap de Bonne-Espérance, n'en fournit pas, sa poche à parfum se réduisant à un enfoncement très léger presque sans excrétion. Cet animal diffère en outre des civettes par ses pupilles qui prennent à la lumière la forme d'une fente verticale et par ses ongles qui se retirent entièrement entre les doigts, comme ceux des chats.

Les **mangoustes** ont la forme et les habitudes carnassières des fouines et des belettes, le poil et la dentition des civettes, dont elles diffèrent par leur poche simple et volumineuse, au fond de laquelle s'ouvre l'anus. Il en existe un assez grand nombre d'espèces ou de variétés, répandues dans toute l'Afrique dans l'Inde et aux îles Malaises.

(1) C'est une espèce de civette qui se trouve décrite dans les *Mémoires de l'Académie*, année 1731, sous le nom de *musc ;* d'un autre côté, les boîtes de musc de Chine contiennent, sous le couvercle, une représentation de la chasse d'un animal qui est une civette, et non un chevrotain porte-musc.

Celle d'Égypte était connue des anciens sous le nom d'*ichneumon* et a été nommée plus tard *rat de Pharaon*. Elle est longue de 50 centimètres, mesurés depuis le bout du museau jusqu'à l'origine de la queue, et cette dernière partie est d'une longueur à peu près égale ; la hauteur du corps n'atteint pas 20 centimètres.

Les anciens Égyptiens élevaient la mangouste en domesticité et lui rendaient une sorte de culte ; elle leur rendait des services réels en détruisant les rats et les souris, les petits reptiles, et surtout en se nourrissant d'œufs de crocodile qu'elle sait très bien trouver dans le sable où ils ont été déposés. Mais elle détruit la volaille et les lapins, étrangle les chats, attaque même les chiens, et sera d'autant moins utile et d'autant plus nuisible que le pays deviendra plus peuplé et plus civilisé. Elle y est plus rare qu'autrefois, et n'y est plus nulle part à l'état de domesticité.

La **mangouste de l'Inde** et celle de **Java** décrite par Rumphius (*Amboin. auctuar.*, p. 69, tab. 28) ne sont pas moins célèbres par leur instinct qui les porte à attaquer les serpents les plus venimeux, et par l'usage qu'elles font, dit-on, de certaines racines pour se guérir de leurs morsures. Ces racines, connues dans les Indes, ainsi que l'animal, sous le nom de *mungo* (dont Buffon a fait *mangouste*), sont surtout celle de l'*ophioxylum serpentinum* que j'ai décrite tome II, page 526, et celle de l'*ophiorhiza mungos* Rich., de la famille des rubiacées.

La dernière subdivision des digitigrades manque complètement de petites dents derrière la grosse molaire d'en bas. Elle contient les animaux les plus cruels et les plus carnassiers de la classe ; on les divise en deux genres, les *hyènes* et les *chats*.

Les **hyènes** ont trois fausses molaires en haut, quatre en bas, toutes coniques et singulièrement grosses ; leur carnassière supérieure a un petit tubercule en dedans et en avant, mais l'inférieure n'en a pas et présente deux fortes pointes tranchantes. Cette armure vigoureuse leur permet de briser les os des plus fortes proies ; leur langue est rude, leur train de derrière est beaucoup plus bas que celui de devant, et tous leurs pieds n'ont que quatre doigts. Au-dessus de l'anus est une poche profonde et glanduleuse. Les muscles de leur cou et de leur mâchoire sont si robustes, qu'il est presque impossible de leur arracher ce qu'elles ont saisi, et qu'elles peuvent emporter dans leur gueule des proies énormes, sans les laisser toucher au sol. Malgré cette grande force, ce sont des animaux lâches et nocturnes, qui attaquent rarement les animaux vivants et se nourrissent plutôt de cadavres, qu'ils vont chercher jusque dans les tombeaux.

Les **chats** sont de tous les carnassiers les plus fortement armés :

leur museau court et rond, leurs mâchoires garnies de dents fortes et tranchantes, et surtout leurs ongles rétractiles qui, cachés entre les doigts, dans l'état de repos, ne perdent jamais leur pointe ni leur tranchant, en font des animaux très redoutables, surtout les grandes espèces. Ils sont très nombreux, presque tous semblables pour la forme du corps, la souplesse et l'élégance des mouvements, la force jointe à l'agilité, etc. Ils ne se distinguent guère que par la taille, la couleur et la longueur du poil ou par d'autres caractères aussi peu importants. Les espèces principales sont, en Europe, le *chat ordinaire* et le *lynx*; en Asie, le *tigre*, le *guépard* et le *mélas*; en Afrique, le *lion*, la *panthère*, le *léopard* et le *caracal*; en Amérique, le *jaguar*, le *couguar*, l'*ocelot*, le *serval*, etc.

CARNASSIERS AMPHIBIES. Cette troisième famille de l'ordre des carnassiers se compose d'animaux essentiellement aquatiques, qui passent la plus grande partie de leur vie dans la mer, qui ne viennent sur la plage que pour se reposer ou pour allaiter leurs petits, et qui sont par conséquent organisés pour la nage et non pour la marche. Leurs pieds sont si courts et tellement enveloppés dans la peau du corps, qu'ils ne peuvent, sur terre, leur servir qu'à ramper; mais ils sont larges, aplatis, palmés et constituent d'excellentes rames. Leur forme générale se rapproche même un peu de celle des poissons; leur corps est très allongé et flexible; leur bassin très étroit, leur queue courte et cachée entre les pattes postérieures, qui sont dirigées en arrière dans le sens de l'axe du tronc; enfin leur poil est ras et serré contre la peau.

Les carnassiers amphibies se divisent en deux tribus: les *phoques* et les *morses*.

Les PHOQUES ont six ou quatre incisives en haut, quatre ou deux incisives en bas, des canines pointues et des mâchelières au nombre de 20 à 24, toutes tranchantes ou coniques, sans aucune partie tuberculeuse; cinq doigts à tous les pieds. Ils vivent de poisson, mangent toujours dans l'eau, et peuvent fermer leurs narines, quand ils plongent, au moyen d'une valvule. On les divise en *phoques* proprement dits, ou sans oreilles extérieures, et en phoques à oreilles extérieures ou *otaries*. On leur donne vulgairement les noms de *veau marin*, *lion marin*, *ours marin*, selon que leur tête a paru ressembler à celle de ces animaux terrestres.

Les MORSES ressemblent aux phoques par les membres et par la disposition générale du corps; mais ils en diffèrent beaucoup par la tête et par les dents. Leur mâchoire inférieure manque d'incisives et de canines et se trouve comprimée en arrière par deux énormes canines ou *défenses* qui sortent de la mâchoire supérieure et se dirigent en bas, ayant quelquefois 60 centimètres de long sur une épaisseur proportionnée. On n'en distingue encore qu'une espèce habitante des mers glaciales, et vulgairement nommée *vache marine*, à cause de sa taille qui surpasse celle des plus forts taureaux, et de son poil jaunâtre et ras. On la recherche pour son huile et pour ses défenses, dont l'ivoire, quoique grenu, peut être employé dans les arts On fait avec sa peau d'excellentes soupentes de carrosses.

ORDRE DES RONGEURS.

Les rongeurs sont des mammifères onguiculés, véritablement vivipares, dont le système dentaire consiste en deux incisives à chaque mâchoire, séparées des molaires par un espace vide dû à l'absence des dents canines (fig. 443). Ces dents peuvent difficilement saisir une proie vivante et déchirer de la chair ; mais elles peuvent, par un travail continu, réduire les corps durs en particules déliées, en un mot les *ronger*. Pour mieux remplir cet objet, les incisives n'ont d'émail épais qu'en avant, en sorte que leur bord postérieur s'usant plus que l'antérieur, elles restent toujours taillées en biseau. En outre, la mâchoire inférieure s'articule par un condyle longitudinal, de manière à n'avoir de mouvement horizontal que d'arrière en avant, et *vice versâ*, comme il convient pour l'action de ronger. Enfin les molaires ont des couronnes plates, dont les éminences d'émail sont toujours transversales, pour être en opposition au mouvement horizontal de la mâchoire, et mieux servir à la trituration.

Fig. 443 (1).

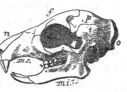

Les genres où ces éminences sont de simples lignes et où la couronne est bien plane, sont plus exclusivement frugivores ; ceux dont les dents ont leurs éminences divisées en tubercules mousses sont omnivores ; enfin, le petit nombre de ceux qui ont des pointes attaquent plus volontiers les autres animaux et se rapprochent un peu des carnassiers.

La forme des rongeurs est en général telle que leur train de derrière surpasse celui de devant, en sorte qu'ils sautent plutôt qu'ils ne marchent ; leurs intestins sont fort longs ; leur intestin est simple ou peu divisé, et leur cœcum souvent très volumineux. (Il manque dans le sous-genre des loirs.

Dans tout cet ordre, le cerveau est presque lisse et sans circonvolutions ; les orbites ne sont pas séparées des fosses temporales ; les yeux sont tout à fait dirigés de coté ; les arcades zygomatiques, minces et

(1) Fig. 443. Tête d'écureuil.

courbées en bas, annoncent la faiblesse des mâchoires; les avant-bras ne peuvent presque plus tourner, et leurs deux os sont souvent réunis : en un mot, l'infériorité de ces animaux se montre dans la plupart des détails de leur organisation. Cependant les genres qui ont de plus fortes clavicules jouissent d'une certaine adresse et se servent de leurs pieds de devant pour porter les aliments à leur bouche. On s'est servi de ce caractère pour diviser les rongeurs en deux sections, celle des RONGEURS CLAVICULÉS et celle des RONGEURS A CLAVICULES IMPARFAITES. La première renferme les tribus, genres ou sous-genres suivants :

SCIURIENS : *Écureuils, polatouches, aye-aye.*

MUSÉIDES : *Marmottes, loirs, hydromys, rats, hamsters, gerbilles.*

GERBOISIENS : *Mérions, gerboises.*

HÉLAMIENS : *Hélamys du Cap.*

ARVICOLIENS : *Campagnols, lemmings, ondatras.*

CASTORIENS : *Castors, coccias.*

RATS-TAUPES : *Zemni ou rat-taupe aveugle, oryctères.*

CHINCHILLIENS : *Chinchillas; lagostomes, lagotis.*

Les rongeurs à clavicules imparfaites comprennent les genres *porc-épic, pacca, lièvre, cabiai, cobaye, agouti.*

Les rongeurs de petite taille, tels que les souris, les rats, les hamsters, les loirs et les campagnols, ne présentent aucune utilité sous le rapport de leur fourrure, et ne peuvent guère être cités que par les dommages que nous cause leur voracité ; ceux de taille moyenne, comme les écureuils et les chinchillas, fournissent au commerce des pelleteries estimées ; quant aux plus gros, tels que les castors, les lièvres et les lapins, on se sert de leurs dépouilles moins pour en faire des pelleteries proprement dites, que pour en séparer le poil avec lequel sont fabriqués les chapeaux de feutre. Les castors, dont nous traiterons seuls en particulier, nous offrent un intérêt plus direct par la substance odorante qu'ils fournissent à l'art médical, où elle est connue sous le nom de *castoréum.*

Castor et Castoréum.

Le castoréum est une sécrétion particulière au castor, *castor fiber*, L. (fig. 444), mammifère rongeur qui habite, rassemblé en société, les les contrées incultes du Canada et de la Sibérie. Il paraît avoir été commun autrefois en Europe, et l'on en trouve encore quelques uns en France, où on les nomme *bièvres* (1), en Allemagne, dans la Prusse

(1) Le castor se nommait de même en grec (κάστωρ) ; mais toutes les nations occidentales de l'Europe l'appellent de noms qui ont une origine commune, toute différente de la première. Ainsi les Latins le nommaient *fiber,* les Allemands l'appellent encore *biber,* les Italiens et les Espagnols *bivaro, bevaro* ou

et dans la Pologne ; mais ils y deviennent de plus en plus rares. Ils y sont fugitifs et solitaires, et n'y montrent pas cette industrie si vantée, qu'une vie plus tranquille leur permettrait sans doute de développer, comme dans le nord de l'Amérique ou de l'Asie.

Les plus gros castors ont de 10 à 13 décimètres de longueur, du museau à l'extrémité de la queue, et de 34 à 40 centimètres de largeur vers la poitrine. La tête ressemble assez à celle d'une marmotte, et est presque aussi large que longue, ayant 13,5 centimètres dans le premier sens et 15 dans le second. Chacune des mâchoires est garnie de dix dents, dont deux incisives sur le devant et quatre molaires de chaque côté. Les incisives inférieures sont longues de 27 millimètres et plus, mais celles d'en haut n'ont guère que 23 millimètres ; elles sont toutes d'un jaune safrané au dehors, blanches en dedans, et fort tranchantes à l'extrémité qui est taillée en biseau, de dedans au dehors. Les molaires sont directement opposées les unes aux autres, à. couronne

Fig. 444.

plate, ayant l'air d'être faites d'un ruban osseux replié sur lui-même, en sorte qu'elles présentent une échancrure au bord interne et trois à l'externe dans les supérieures, et l'inverse dans les inférieures. Toutes ces dents croissent pendant toute la vie de l'animal, et ne sont limitées dans leur longueur que par l'usure résultant de leur action sur les bois et les écorces, que les castors coupent ou dont ils se nourrissent. Les mamelles sont au nombre de quatre, dont deux placées près du cou, entre les pattes antérieures, et deux sur la poitrine.

La peau du castor est revêtue de deux sortes de poils : l'un gris,

biverio, les Français bièvre, les Anglais beaver, les Suédois baeffwer, les Polonais bobr. On pense que la petite rivière de Bièvre, qui se jette dans la Seine, à Paris, doit son nom à ce qu'elle a été autrefois habitée par des castors ; mais ils ont été plus abondants dans les îles du Rhône et dans ses affluents. Je crois que le dernier exemple d'un castor trouvé en France est celui pris sur les bords du Gardon, dans le Dauphiné, qui a vécu au Muséum d'histoire naturelle. Il paraît qu'il en existe toujours sur le parcours du Danube, et M. Théodore Martius compte le castoréum de Bavière au nombre de ceux qui servent à l'usage médical, en Allemagne.

court, très fin et bien fourni ; l'autre brun, plus long, plus ferme et
grossier Les doigts des pieds de devant sont au nombre de cinq, courts,

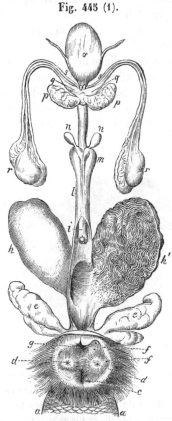

Fig. 445 (1).

bien séparés, et garnis d'ongles
très forts ; les doigts des pieds de
derrière sont en nombre égal,
mais beaucoup plus longs, réunis
par une membrane pareille à celle
des oiseaux palmipèdes, et destinés de même à la natation. La
queue est aplatie, ovale, épaisse,
et couverte d'écailles comme le
serait celle d'un poisson ; on a
même prétendu qu'elle en avait
le goût ; mais il paraît qu'on s'est
exagéré la différence que son
séjour habituel dans l'eau pouvait apporter à sa constitution
intime. Cette queue sert à l'animal de gouvernail, et aussi de
masse pour gâcher la terre qu'il
emploie à construire son habitation.

Les parties de la génération
et l'anus (fig. 445) s'ouvrent
dans une poche commune qui
aboutit à la naissance de la queue ;
la verge, qui ne paraît pas au
dehors, se dirige en arrière, et
les testicules sont cachés dans
les aines : de chaque côté du conduit commun se trouvent deux
paires de glandes, dont la paire inférieure, située près de l'anus et
souvent accompagnée de quelques autres glandes plus petites, renferme

une matière huileuse jaune, et d'odeur désagréable, qui n'est pas la sécrétion nommée *castoréum*. Celle-ci est contenue dans les deux glandes supérieures, que leur figure piriforme et leur communication par leur partie la plus étroite font assez bien ressembler à une besace dont les deux poches seraient dirigées en haut. Dans l'animal adulte, ces poches n'ont pas moins de 8 centimètres de long, et elles peuvent en avoir jusqu'à 13. Elles sont bien différentes des testicules, qui sont placés dans les aines, comme je viens de le dire : d'ailleurs la femelle porte également ces glandes au castoréum, quoique moins développées que chez le mâle. Ces détails montrent l'absurdité de l'opinion anciennement répandue, que le castor, poursuivi par les chasseurs, s'arrache les testicules, et les leur abandonne comme sa rançon (1), puisque les glandes au castoréum ne sont pas les testicules, et que les uns et les autres sont situés à l'intérieur du corps, et hors de toute atteinte de la part de l'animal.

Au Canada, et probablement aussi en Sibérie, les castors vivent solitaires pendant l'été, dans des terriers qu'ils se creusent dans le voisinage des rivières ; mais, aux approches de l'hiver, ils se rassemblent en grand nombre et choisissent un lieu propice pour y établir leurs communes demeures : c'est toujours sur le bord d'un lac ou d'une rivière assez profonde pour ne pas geler jusqu'au fond. Si l'eau est tranquille et dormante, ils élèvent immédiatement leurs cabanes sur le rivage ; si au contraire c'est une eau courante et sujette à des crues, ils commencent, avant tout, par bâtir au travers une forte digue composée d'arbres renversés, de branches, de pierres et de limon, le tout crépi

glandes au castoréum, dont l'une *h* est entière, et dont l'autre, *h'* est représentée coupée longitudinalement, afin de montrer les replis membraneux de sa surface interne, d'où sécrète la substance du castoréum.

i Prépuce cylindrique ; il est couvert de petites papilles noirâtres, pointues, dirigées en arrière ; à l'extrémité du gland se trouve l'orifice de l'urètre.

l Verge ; elle contient dans toute sa longueur un os cartilagineux triangulaire. — *m* Prostate. — *n n* Glandes de Cowper. — *p p* Vésicules séminales. — *q q* Vaisseaux différents. — *r r* Testicules. — *v* Vessie.

(1) Comparant à la conduite du castor celle de Catulle faisant jeter à la mer ses effets les plus précieux, pour alléger son navire battu par la tempête, Juvénal a dit :

> *Imitatus castora qui se*
> *Eunuchum ipse facit, cupiens evadere damno*
> *Testiculorum ; adeo medicatum intelligit inguen* (*).

(*) Ou *unguen*. Imitant le castor qui se fait eunuque lui-même, trop heureux de se sauver par la perte de ses testicules ; si bien il comprend le prix { de son aine médicamenteuse. { de son parfum médicinal.

(Satire XII.)

et recouvert d'un enduit solide. Cette digue est toujours perpendiculaire du côté du courant, et taillée en talus ou en dos d'âne du côté opposé, de manière qu'elle a au plus 60 centimètres d'épaisseur à la partie supérieure, mais qu'elle en a 3 à 4 mètres à la base, ce qui lui donne une grande solidité. Dès qu'elle est élevée, les castors y adossent leurs cabanes, composées des mêmes matériaux, à plusieurs étages, et assez grandes pour loger chacune huit ou dix individus. Tous ces travaux ne se font que la nuit, et avancent avec une rapidité surprenante; les castors n'ont cependant pour outils que leurs dents, leurs ongles et leur queue. Lorsqu'ils ont terminé, ils s'approvisionnent d'écorces pour l'hiver, et se renferment chez eux.

La chasse des castors se fait ordinairement en hiver, époque à laquelle leur fourrure est le mieux fournie et la plus belle. Lorsqu'ils entendent l'arrivée des chasseurs, ils fuient sous l'eau ; mais le besoin de respirer les force à remonter dans des endroits où l'on a cassé la glace, et c'est alors qu'on les prend Leur fourrure est recherchée, surtout à cause du duvet fin dont elle se compose en partie, lequel est très estimé pour la fabrication des chapeaux de feutre. Mais la consommation en est considérablement diminuée, soit parce qu'on lui substitue presque entièrement le poil de lièvre ou de lapin, soit parce que la fabrication des chapeaux de soie a remplacé en grande partie celle des chapeaux feutrés.

Le castoréum, quoique beaucoup moins usité aujourd'hui qu'autrefois pour l'usage médical, reste encore cependant un objet de commerce assez important. On en distingue deux espèces principales, celui de Russie et celui d'Amérique. Ce dernier est le seul qui soit employé en France et en Angleterre, et c'est lui que je décrirai principalement.

Castoréum d'Amérique. On distingue encore dans le commerce anglais deux sortes de castoréum d'Amérique, celui *du Canada* et celui *de la baie d'Hudson ;* mais je pense que cette distinction est plutôt nominale qu'effective, et que la presque totalité, si ce n'est la totalité du castoréum d'Amérique, est importée aujourd'hui par la compagnie de la baie d'Hudson. Je pense enfin que les castoréums de ces deux contrées peuvent offrir, chacun de leur côté, de grandes variations dans leur volume et dans leur qualité, suivant l'âge de l'animal, la nature et l'abondance plus ou moins grande de sa nourriture, l'époque de l'année, etc. ; de sorte qu'il doit être fort difficile de leur assigner une origine certaine : c'est pourquoi je les comprends tous deux sous le seul nom de *castoréum d'Amérique.*

Ce castoréum est onctueux et presque fluide dans l'animal vivant, mais le commerce nous le présente desséché dans ses deux poches, encore unies ensemble, à la manière d'une besace, et plus ou moins ridées et aplaties. Il a encore une odeur très forte et même fétide; une

couleur brune noirâtre à l'extérieur ; brune , fauve ou jaunâtre à l'intérieur ; une cassure résineuse entremêlée de membranes blanchâtres ;
une saveur âcre et amère. Souvent aussi, au lieu d'être tout à fait sec,
le castoréum, étant plus nouveau, conserve une certaine mollesse, et
alors son odeur et sa saveur sont encore plus fortes ; mais il faut prendre
garde de confondre cette force avec celle résultant de l'altération qu'é-
prouve le castoréum conservé dans des lieux humides, et, dans tous les
cas, il faut préférer le castoréum sec, et pourvu de l'odeur forte qui lui
est propre. Il donne avec l'alcool et l'éther des teintures brunes très
foncées, qui blanchissent fortement par l'eau et laissent précipiter une
matière résineuse brune, odorante, molle et tenace.

Ainsi que je l'ai dit ci-dessus, le castoréum d'Amérique varie beaucoup en qualité suivant l'âge de l'animal, l'abondance et la nature de sa
nourriture, et surtout, probablement, suivant l'époque plus ou moins
éloignée du temps du rut à laquelle il a été tué. Tantôt, en effet,
l'appareil membraneux et glanduleux qui forme l'intérieur des poches
est presque vide de matière résinoïde odorante, et tantôt il en est entièrement gorgé. Dans le premier cas, le castoréum desséché présente une
cassure ou une déchirure toute fibreuse, et dans le second il en présente une nette et résineuse, qui ne laisse apercevoir les fibres et les
membranes interposées que lorsque la matière résineuse a été dissoute
par l'alcool.

Je donne ici, entre beaucoup d'autres, trois figures remarquables
de castoréum d'Amérique. Dans la première (fig. 446), les deux
poches, longues de 8 à 9 centimètres, sont accompagnées de la verge *a*
dont le gland osseux et couvert de
papilles épineuses, se termine en *b*.
La deuxième (fig. 447) présente la
réunion de quatre poches dont les
deux supérieures, longues de 13 centimètres, sont les poches ordinaires
du castoréum. Les deux autres poches,
plus petites et plus étroites , semble-
raient ne pouvoir être que les glandes
anales, destinées à la sécrétion de la
matière grasse et onctueuse qui sert
probablement au castor à enduire sa
queue et sa fourrure ; et cependant
elles sont conformées comme les premières et la matière qu'elles ren-

Fig. 446.

ferment est semblable à celle contenue dans les grandes poches. La
dernière figure (fig. 448) représente les quatre poches d'un jeune

castor. La verge *v* était collée contre l'une des poches *a*, qui sont épaisses, charnues, d'une couleur brune noirâtre à l'intérieur, et remplies d'un suc résineux de même couleur. Ces poches paraissent être les vraies poches au castoréum non encore développées. Les deux

Fig. 447.

poches *b* sont beaucoup plus sèches à l'intérieur et d'un jaune rougeâtre. Ce sont les poches dites *inférieures* ou *anales*, qui sécrètent une liqueur jaune, fétide, de nature adipeuse, différente du castoréum.

Castoréum rouge orangé, résineux. J'ai trouvé quelquefois dans le commerce une sorte de castoréum beaucoup plus belle en apparence

Fig. 448.

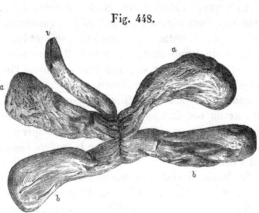

que celle que je viens de décrire, mais qui lui est certainement inférieure en qualité : les poches sont très volumineuses et arrondies, remplies d'une matière quelquefois molle, souvent sèche et cassante, toujours d'une assez belle couleur rouge, et donnant une poudre aurore, tandis que la poudre du bon castoréum est couleur de terre d'ombre. Cette matière est de nature résineuse, demi-transparente, peu entremêlée de membranes, d'une odeur faible, d'une saveur de cire qui serait aromatisée avec du castoréum : elle est presque entièrement soluble dans l'alcool et dans l'éther. Quelques personnes ont pensé que ce castoréum avait été altéré par l'introduction frauduleuse d'une matière résineuse dans les poches qui le contiennent ; mais, ainsi qu'on le verra plus loin, je suis porté à croire que sa nature particulière a été déterminée par celle des végétaux dont l'animal a fait sa nourriture habituelle.

M. Delime, pharmacien à Paris, m'a montré tout récemment un très bel échantillon de ce castoréum, qui lui a été envoyé d'Allemagne sous le nom de *castoréum de Russie*, et qui se rapporte en effet aux descriptions et aux analyses de cette sorte de castoréum qui ont été faites en Allemagne ; mais il diffère beaucoup par sa nature des castoréums de Russie que j'ai pu voir, et cette même nature purement résineuse, jointe à son odeur, le rapproche davantage du castoréum du Canada. L'échantillon de M. Delime se compose de deux poches pyriformes-arrondies, longues de 8 centimètres, larges de 6, terminées brusquement et unies l'une à l'autre par un conduit desséché, large de 1 centimètre, long de 7, ayant au milieu une ouverture commune longue de 2 centimètres. Le poids total des poches est de 215 grammes; la membrane qui les recouvre est mince et noirâtre, comme celle du castoréum du Canada ; la substance interne est complétement résineuse, d'un rouge orangé, d'une odeur assez forte de castoréum du Canada, et d'une saveur amère jointe au même goût aromatique Elle se ramollit sous la dent comme une résine huileuse ou comme de la cire.

Castoréum de Russie. La plupart des auteurs ont distingué deux sortes de castoréum, ceux *de Russie* et *du Canada*, et plusieurs d'entre eux, tels que les continuateurs de Geoffroy et Valmont de Bomare, se bornent à dire que le castoréum qui nous vient de Russie et de Pologne, par la voie de Dantzick, est estimé meilleur que l'autre. Des auteurs plus modernes donnent des caractères pour distinguer ces deux produits; mais je pense qu'ils se sont généralement trompés en présentant le castoréum de Russie comme celui dont on fait principalement usage en médecine, et en décrivant comme tel le castoréum d'Amérique qui est presque le seul que l'on trouve dans le commerce.

Quant à moi, jusqu'à l'année 1831, je n'avais vu et décrit que le castoréum d'Amérique (1). En cette année seulement, un négociant français, revenant de Moscou, rapporta 40 onces (1250 grammes) de **castoréum de Sibérie;** mais comme il ne voulait le livrer qu'au prix de 80 francs l'once, la vente ne put en être effectuée, et je ne sais ce que l'homme et la marchandise sont devenus.

Ce castoréum, montré à un médecin polonais, fut reconnu par lui pour le castoréum de Sibérie, usité en Pologne et en Gallicie, où il est très estimé et fort cher. Il paraissait probable cependant qu'il avait subi une préparation qui l'éloignait de son état naturel. Voici les caractères que je lui ai trouvés.

Au lieu d'être en poches isolées, allongées, pyriformes et ridées, comme le castoréum du Canada, celui de Sibérie était en poches pleines, arrondies, plus larges que longues, et comme formées de deux poches confondues en une seule. Un échantillon unique sur les 40 onces offrait

---

(1) En supposant toujours que le *castoréum rouge orangé résineux* soit d'origine américaine.

deux poches ovoïdes aux trois quarts séparées (fig. 449), et la forme de quelques autres indiquait une division intérieure (fig. 450) ; mais la presque totalité offrait une fusion complète de deux poches en une seule (fig. 451). Les dimensions naturelles de ces trois échantillons étaient,

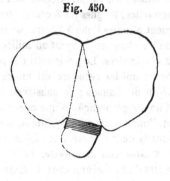

Fig. 449.

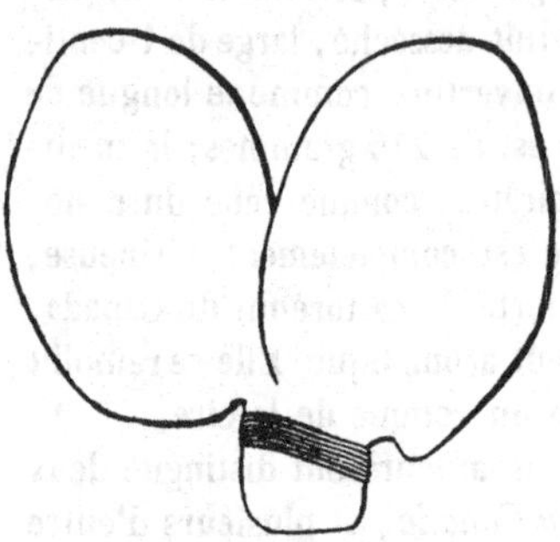

Fig. 450.

Fig. 451.

non compris le collet, pour le premier, 73 millimètres de largeur totale sur 55 millimètres de hauteur ; pour le deuxième, 67 millimètres sur 45 ; pour le troisième, 84 millimètres sur 40.

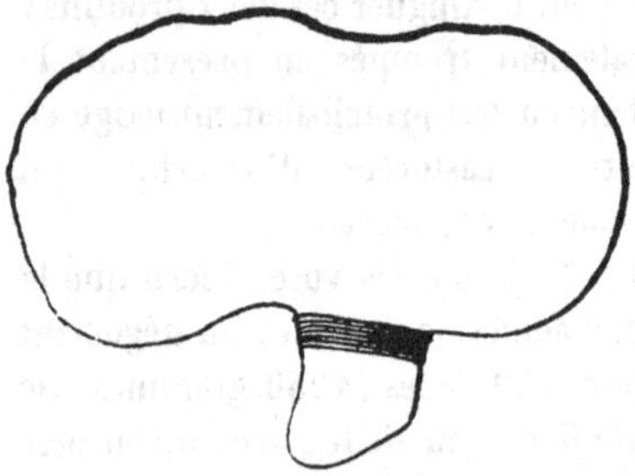

Ce castoréum a une odeur d'empyreume aromatique, analogue à celle du cuir de Russie, très forte et susceptible d'une grande expansion. Ce n'est que lorsque cette odeur s'est dissipée que les doigts qui l'ont touché laissent apercevoir l'odeur propre au castoréum du Canada. Il a une consistance solide, presque sèche et friable ; il est jaunâtre, graveleux sous la dent, d'une saveur peu sensible d'abord, puis très amère et aromatique. Il forme avec l'alcool une teinture à peine colorée, non seulement parce qu'il lui fournit peu de matière soluble, mais encore parce qu'il manque du principe colorant rouge du castoréum du Canada. Il fait une vive effervescence avec les acides, et contient une forte proportion de carbonate de chaux.

Castoréum de Russie de M. Pereira (1). Dans cette sorte de castoréum (fig. 452), les poches sont accolées deux à deux, mais sont complétement distinctes, comme celles du castoréum d'Amérique ; elles ne paraissent pas atteindre le volume des plus grandes poches d'Amérique ;

(1) *London medical Gazette*, t. XVII, p. 206.

elles sont plus courtes et plus arrondies, diversement comprimées par la dessiccation, longues de 6 centimètres, larges de 3,5 à 4 centimètres (1).

La pellicule extérieure est sèche, transparente et d'un gris brunâtre. On trouve au-dessous une membrane fibreuse, opaque, blanche et nacrée, dont les plis pénètrent dans l'intérieur de la poche et paraissent la diviser en plusieurs chambres. Par la dessiccation, ces plis intérieurs se contractent et forment des brides, entre lesquelles la substance du castoréum se boursoufle au dehors et donne à la surface de la poche une apparence mamelonnée. La substance

Fig. 452.

même du castoréum est d'une couleur rougeâtre, d'une apparence terne et grumeleuse, n'offrant pas la cassure résineuse du bon castoréum du Canada; elle ne se ramollit pas non plus sous la dent, mais s'y réduit en poudre. Elle répand dans la bouche un goût très fort, analogue à celui de la créosote, et finit par devenir amère. Elle offre une odeur mixte de castoréum et de cuir de Russie; enfin elle fait une vive effervescence avec l'acide chlorhydrique, quoique ce caractère soit moins marqué que dans le castoréum de Sibérie apporté en 1831.

Composition chimique. De toutes les analyses de castoréum qui ont été publiées, je ne rapporterai que les deux suivantes, dues à Rudolph Brandes.

(1) Les deux poches figurées ci-dessus, appartenant à M. Pereira, ne pèsent que 557 grains troy (36 grammes). Une poche isolée du même castoréum, conservée dans le droguier de l'Ecole, pèse 28 gram.,5, ce qui fait 57 grammes pour deux. J'ai pesé un certain nombre de *besaces* de castoréum d'Amérique, très beau et très sec : les plus légères pesaient 36 gram.,5; la plus lourde 86 grammes; la moyenne de toutes était de 60 grammes.

Castoréum	de Russie.	du Canada.
Huile volatile.	20	10
Résine de castoréum.	586	122,5 ⎫
— avec urate et benzoate de chaux.	»	16 ⎭
Cholestérine	12	»
Castorine.	25	7 ⎫
— avec carbonate, urate et benzoate de chaux. . .	»	13,5 ⎭
Albumine avec un peu de phosphate de chaux. . .	16	0,5
Matière gélatineuse	20	»
Osmazome soluble dans l'eau et l'alcool.	24	2
Matière gélatineuse obtenue par la potasse. . . .	84	»
— animale.	»	23
— — soluble dans l'alcool et extraite par la potasse.	16	»
Mucilage albumineux analogue à la corne	»	23
Carbonate d'ammoniaque.	8	8,2
Phosphate de chaux.	14	14
Carbonate de chaux.	26	336
— de magnésie.	2	4
Sulfate de potasse, sulfate et phosphate de chaux. .	»	2
Membranes	33	192
Eau et perte.	114	226,3
	1000	1000

La seule observation que je ferai sur ces analyses, c'est que Brandes a pu se tromper sur la nature des castoréums qui en font le sujet, et que celui qu'il nomme *castoréum de Russie* pouvait être du castoréum du Canada, et réciproquement. Il est certain, d'un autre côté, que ces analyses doivent être refaites, surtout depuis que M. Woehler a reconnu dans l'essence de castoréum l'existence de l'acide carbonique, et celle de la salicine et de l'acide salicylique dans le résidu de la distillation La présence de ces deux derniers corps dans cette excrétion confirme d'ailleurs l'idée que j'ai émise que la différence d'odeur et de composition des castoréums d'Amérique et de Sibérie devait être attribuée principalement à celle des végétaux dont les castors se nourrissent, ceux d'Amérique paraissant vivre en partie d'écorces de pins, et ceux de Russie ou de Sibérie d'écorces de bouleau (*Revue scientifique*, t. XIV, p. 22).

Hyracéum. L'hyracéum est l'urine desséchée du **daman d'Afrique** (*hyrax capensis* Buff.), animal fort singulier de la grandeur d'un fort lièvre, que plusieurs naturalistes ont rangé parmi les rongeurs, mais que Cuvier a placé dans les pachydermes, à la suite des rhinocéros, eu raison de la conformité de structure de leurs dents mâchelières. Cependant le daman du Cap diffère des rhinocéros, non seulement par sa très petite taille et par l'adjonction de deux petites canines à la

mâchoire supérieure, il en diffère encore parce qu'il a quatre doig
aux pieds antérieurs, et que le plus interne de ses trois doigts de derrière, au lieu d'être recouvert d'un petit sabot arrondi, est armé d'un
ongle crochu et oblique.

« Les Hottentots, dit Buffon (*Supplém.*, t. VI, p. 280), estiment
beaucoup une sorte de remède que les Hollandais nomment *pissat de
blaireau* (1). C'est une substance noirâtre et d'assez mauvaise odeur
qu'on trouve dans les fentes des rochers et des cavernes. On prétend que
c'est à l'urine de ces bêtes qu'elle doit son origine. Ces animaux, dit-on,
ont l'habitude de pisser toujours dans le même endroit, et leur urine
dépose cette substance qui, séchée avec le temps, prend de la consistance ; cela est assez vraisemblable. »

L'hyracéum paraît avoir été utile en Allemagne comme agent thérapeutique, mais il est encore inconnu en France. Il se présente sous la
forme d'une masse brune foncée, dure, pesante, quelque peu semblable
au bdellium de l'Inde ou à de la myrrhe noire ; il se laisse entamer
au couteau et se ramollit entre les doigts. L'odeur en est urineuse,
un peu analogue à celle du castoréum ; la saveur en est amère et un
peu astringente. Il est un peu soluble dans l'éther sulfurique et dans
l'alcool pur, plus soluble dans l'alcool faible et encore plus dans
l'eau. Les acides en dégagent de l'acide carbonique, et les alcalis
fixes de l'ammoniaque. On en a publié une analyse qui ne peut être
exacte (voir le *Journal de pharmacie et de chimie*, t. XVII, p. 138).

On trouve dans les *Annales du Muséum d'histoire naturelle*, t. IX,
p. 321, la description et l'analyse faite par Laugier-d'une excrétion
animale que l'on a trouvée tapissant les parois de la grotte de l'Arc,
dans l'île de Caprée, sur l'origine de laquelle on n'a pu faire que des
conjectures, mais qui doit en avoir une analogue à celle de l'hyracéum.
Cette substance avait une odeur mixte de tan, de castoréum et de
fiente de vache ; elle était en grande partie soluble dans l'eau et renfermait, indépendamment d'une matière brune, extractive, azotée, du
nitrate de potasse, du chlorure de potassium, du benzoate de potasse
et du sulfate de chaux.

L'extrait aqueux, chauffé dans une cornue, avec un peu d'acide sulfurique affaibli, formait un sublimé d'acide benzoïque. Le castoréum
du Canada, essayé comparativement, a donné lieu au même résultat.

Ondatra, ou Rat musqué du Canada.

L'ondatra (Buffon, *Hist. nat.*, t. X, pl. 1) est un quadrupède

_____
(1) L'animal a aussi porté les noms de *blaireau des rochers* et de *marmotte
du Cap*.

rongeur, du genre des campagnols, qui habite en grand nombre le Canada. De même que le castor, il se réunit aux approches de l'hiver, sur le bord des eaux, pour se construire des huttes en terre, où il habite en commun. Il se nourrit de plantes aquatiques et principalement de racines de nymphæa et d'acorus, dont la dernière ne paraît pas être étrangère à la production du parfum qui le caractérise. Mais il est vorace et se nourrit de chair à défaut de végétaux ; on dit même que les ondatras se dévorent entre eux, pendant l'hiver, lorsque toute autre nourriture vient à leur manquer, et que les chasseurs ne trouvent plus alors dans les huttes que les débris des animaux qui les avaient construites.

L'ondatra, de même que les rats, n'a que trois molaires de chaque côté, à chaque mâchoire ; mais ces molaires n'ont pas de racine et sont comme formées, sur toute leur hauteur, de prismes triangulaires placés alternativement sur deux lignes. Il a cinq doigts à tous les membres et ceux de derrière sont demi-palmés ; la queue est écailleuse comme celle du castor, mais couverte aussi d'un assez grand nombre de poils courts qui sortent au nombre de 1, 2 ou 3, de dessous chaque écaille. Elle est aussi plus étroite, aplatie dans le sens vertical, et comme à deux tranchants. La femelle a six mamelles abdominales, et l'ouverture de l'urètre distincte de celles du vagin et de l'anus, situées plus près de la queue. Il n'en est pas de même chez le mâle qui n'a qu'une seule ouverture pour l'urètre et pour la verge, située au-devant de l'anus. La verge est dirigée en arrière, et est accompagnée de deux glandes pyriformes écartées en forme de V, comme dans le castor, et dont le canal excréteur se prolonge le long du pénis et vient s'ouvrir sous le prépuce. La femelle porte deux glandes semblables, mais plus petites, qui viennent s'ouvrir à l'entrée de l'urètre. Ces follicules excrètent une liqueur blanche et opaque comme du lait, et d'une forte odeur de musc, qui se communique au pelage de l'animal (1) et à sa queue. Je représente ici une de ces queues (fig. 453) prises, il y a nombre d'années, dans le commerce de la parfumerie, et qui conservent toujours une forte odeur de musc. Celle qui est ici représentée a 17 centimètres de longueur sur 2,5 centimètres dans sa plus grande largeur ; d'autres ont 19 centimètres de longueur sur 1,5 à 2 centimètres seulement de largeur.

On connaît deux autres animaux sous le nom de *rats musqués* : l'un est le *rat musqué des Antilles* ou *pilori* ; c'est un vrai rat, long de 41 centimètres, non compris la queue qui est encore plus longue, écail-

---

(1) De même que le castor, l'ondatra possède deux sortes de poils, dont le plus fin a été usité pour la fabrication des chapeaux. Sa peau ferait de belles fourrures, mais on ne l'emploie pas à cause de sa forte odeur musquée.

leuse et cylindrique comme celle des rats ; il est très vorace et très nuisible. L'autre est le *rat musqué de Russie* ou *desman* (Buffon, *Hist.
nat.*, t. **X**, pl. 2 ; atlas du *Dictionnaire des sciences naturelles*, MAM-
MIFÈRES, pl. 23), mammifère insectivore dont le museau s'allonge en
une petite trompe très flexible, dont tous les membres ont cinq doigts
palmés et dont la queue est longue, écailleuse et aplatie sur les côtés

Fig. 453.

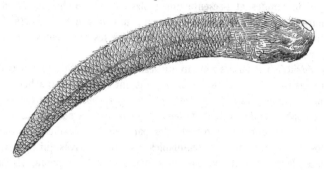

comme celle de l'ondatra. Il est presque grand comme un hérisson, et
fort commun le long des rivières et des lacs de la Russie méridionale. Il
s'y nourrit de vers, de larves d'insectes et surtout de sangsues qu'il
retire aisément de la vase avec son museau mobile ; son terrier, creusé
dans la berge, commence sous l'eau et s'élève de manière que le fond
se trouve placé au-dessus du niveau des plus grandes eaux. Son odeur
musquée provient d'une matière onguentacée sécrétée dans de petits
follicules placés sous la queue. Cette odeur se communique même à la
chair des brochets qui mangent les desmans. La queue du desman, par
ses dimensions et par sa forme, paraît devoir ressembler beaucoup à
celle de l'ondatra.

ORDRE DES ÉDENTÉS.

Les mammifères de cet ordre manquent d'incisives et sont pourvus
d'ongles très gros qui embrassent l'extrémité des doigts et se rapprochent de la nature des sabots ; ils sont peu nombreux et ne composent
que deux familles, les *tardigrades* et les *édentés vrais*.

Les *tardigrades* ou *paresseux* ont la tête courte, deux mamelles
pectorales et des membres tellement disproportionnés que leurs mouvements sont d'une extrême lenteur. Ils ressemblent à des singes difformes
et engourdis. Marchant difficilement sur la terre, ils se tiennent presque
toujours sur les arbres, qu'ils ne quittent guère qu'après les avoir
dépouillés de leurs fruits et de leurs feuilles. Leur estomac est divisé
en quatre sacs assez analogues aux quatre estomacs des ruminants, mais

sans feuillets à l'intérieur et ne servant pas à une véritable rumination. On n'en compte que deux ou trois espèces, dont l'une, nommée **unau** (Buffon, XIII, pl. 1), a des dents canines triangulaires très saillantes, des molaires cylindriques, les bras médiocrement plus longs que les jambes, sept vertèbres cervicales comme la généralité des mammifères, pas de queue, deux doigts seulement aux extrémités antérieures et trois aux postérieures. L'autre espèce, nommée **aï** (Buffon, XIII, pl. VI), manque de canines et présente une molaire de plus à chaque côté des mâchoires; il a neuf vertèbres au cou, une queue très courte, les membres antérieurs deux fois plus longs que les postérieurs, et trois doigts pourvus d'ongles très forts à tous les pieds.

Les *édentés ordinaires* ont un museau pointu et sont dépourvus de dents incisives (1) et canines ; mais les uns ont encore des mâchelières, comme les *tatous*, les *chlamyphores* et les *oryctéropes;* les autres n'ont aucune espèce de dents, comme les *fourmiliers* et les *pangolins.*

Les **tatous** sont très remarquables par leur test écailleux et dur, composé de compartiments semblables à de petits pavés qui recouvre leur tête, leur corps et souvent leurs membres et leur queue. Ils ont de grandes oreilles, de grands ongles, dont tantôt quatre, tantôt cinq devant, toujours cinq derrière. Leur museau est assez pointu; leurs mâchelières cylindriques, séparées les unes des autres, au nombre de sept à neuf partout, sans émail dans l'intérieur ; la langue est lisse, peu extensible. Ils se creusent des terriers et vivent de végétaux, d'insectes et de cadavres. Leur estomac est simple et leur intestin sans cœcum. Ils sont tous originaires des parties chaudes de l'Amérique.

Les **fourmiliers** sont des animaux velus, à long museau terminé par une petite bouche sans aucune dent, d'où sort une langue filiforme, qui peut s'allonger beaucoup, et qu'ils font pénétrer dans les fourmilières et les nids des termites, où elle retient ces insectes au moyen de la salive visqueuse dont elle est enduite. Ils vivent tous dans les parties chaudes et tempérées du nouveau monde.

Les **pangolins** ont l'organisation et les habitudes des fourmiliers; mais tout leur corps est revêtu de grosses écailles tranchantes, qu'ils relèvent en se mettant en boule, lorsqu'ils veulent se mettre en défense. Tous leurs pieds ont cinq doigts; leur estomac est légèrement divisé par le milieu ; ils manquent de cœcum. Ils habitent l'Afrique et les Indes orientales.

L'ordre des édentés, si faible et si restreint aujourd'hui, comptait, avant l'époque actuelle, des animaux monstrueux, dont un, nommé *mégatherium*, a laissé ses ossements dans le terrain diluvien du Paraguay. Cet animal, dont j'ai fait représenter le squelette et la forme restituée

(1) Une seule espèce de tatou (le *tatou encoubert*), a des dents incisives.

(tome I, pages 16 et 17), était long de 6 mètres environ, haut de 3 mètres 1/2, et tenait à la fois des paresseux, des fourmiliers et des tatous. Une autre espèce, nommée *mégalonyx*, dont on a trouvé quelques os et des doigts entiers dans des cavernes de la Virginie, et dans une île près de la côte de Géorgie, était un peu moindre dans ses dimensions. Une troisième espèce, dont on a trouvé une seule phalange onguéale dans une sablonnière du pays de Darmstadt, non loin du Rhin, devait avoir près de 8 mètres de longueur, et se rapprochait sans doute beaucoup des pangolins.

ORDRE DES MARSUPIAUX.

Ainsi que nous l'avons indiqué dans le tableau de la division des mammifères en neuf ordres (page 9), les marsupiaux sont des mammifères onguiculés qui sont imparfaitement vivipares, leurs petits naissant dans un état de développement à peine comparable à celui auquel les fœtus ordinaires parviennent quelques jours après la conception. Incapables de mouvement, montrant à peine des germes de membres et d'autres organes extérieurs, ces petits s'attachent aux tétines de leur mère, et y restent fixés jusqu'à ce qu'ils aient atteint le degré de développement auquel les animaux naissent ordinairement. A cet effet, presque toujours la peau de l'abdomen est disposée en forme de poche autour des mamelles, et les petits y sont contenus comme dans une seconde matrice (1). Longtemps même après qu'ils ont commencé à marcher, ils y reviennent quand ils craignent quelque danger. Deux os particuliers, attachés au pubis, et interposés dans les muscles de l'abdomen, donnent appui à la poche et se trouvent cependant aussi dans les mâles et dans les espèces où le repli qui forme la poche est à peine sensible. On donne à ces deux os, qui sont tout à fait caractéristiques, le nom d'*os marsupiaux*.

La matrice des animaux de cet ordre n'est pas ouverte par un seul orifice dans le fond du vagin ; elle y communique par deux tubes latéraux en forme d'anse. Les mâles ont le scrotum pendant en avant de la verge, au contraire des autres mammifères, et la verge, dans l'état de repos, est dirigée en arrière.

Une autre particularité des marsupiaux, c'est que malgré une ressemblance générale tellement frappante qu'on n'en a fait longtemps qu'un seul genre, ils diffèrent tellement par les dents, par les organes de la digestion et par les pieds, qu'ils passent, à cet égard, par des nuances insensibles, des carnassiers aux rongeurs, et de ceux-ci aux

(1) De là vient le nom de *didelphis* (deux fois frères) que Linné leur a donnés. Le nom *marsupiaux* est dérivé du mot latin *marsupium* (bourse ou gibecière).

édentés. On dirait, en un mot, qu'ils forment une classe distincte,
parallèle à celle des quadrupèdes ordinaires et divisible en ordres semblables ; en sorte que si l'on plaçait ces deux classes en regard, sur deux
colonnes, les *sarigues*, les *dasyures* et les *péramèles*, seraient vis-à-vis
des carnassiers insectivores à longues canines, tels que les tenrecs et les
taupes ; les *phalangers* et les *potoroos* vis-à-vis des hérissons et des
musaraignes ; les *kanguroos* ne se laisseraient guère comparer à rien ;
mais les *phascolomes* prendraient place vis-à-vis des rongeurs. Enfin,
si l'on n'avait égard qu'aux os propres de la bourse, et si l'on regardait
comme marsupiaux tous les animaux qui les possèdent, les *ornitho-
rinques* et les *échidnés*, qui forment aujourd'hui un petit ordre particulier sous le nom de *monotrèmes*, offriraient, dans la série des marsupiaux, un groupe parallèle à celui des édentés.

Quel que soit l'intérêt qui s'attache à ces animaux, tous habitants de
l'Amérique et de la Nouvelle-Hollande, à cause même de leurs caractères
anormaux, leur complète inutilité sous le rapport de la matière médicale m'autorise à passer sous silence leur description particulière.

ORDRE DES PACHYDERMES.

Les édentés qui terminent la série ordinaire des mammifères onguiculés, nous présentent des espèces dont les ongles enveloppent tellement
l'extrémité des doigts, qu'ils se rapprochent jusqu'à un certain point
des animaux à sabots Cependant ils ont encore la faculté de ployer ces
doigts autour des divers objets et de saisir avec plus ou moins de force.
L'absence entière de cette faculté caractérise les animaux à sabots. Se
servant de leurs pieds uniquement comme de soutiens, ils n'ont jamais
de clavicules ; leurs avant-bras restent toujours dans l'état de prona-
tion, et ils sont réduits à paître les végétaux. Leurs formes comme leurs
habitudes offrent beaucoup moins de variétés que celles des onguiculés,
et l'on ne peut guère y établir que deux ordres, ceux qui ruminent ou
les *ruminants*, et ceux qui ne ruminent pas, que nous désignerons en
commun sous le nom de *pachydermes* (1). Ces derniers forment trois
familles : les *proboscidiens* ou *pachydermes à trompe*, les *pachydermes
ordinaires* et les *solipèdes*.

Les PROBOSCIDIENS ne comprennent que les seuls **éléphants ;** ils
ont cinq doigts à tous les pieds, bien complets dans le squelette,
mais tellement encroûtés dans la peau calleuse qui entoure le pied,
que ces doigts n'apparaissent au dehors que par les ongles attachés sur
le bord de cette espèce de sabot. Les dents mâchelières sont au nombre

---

(1) De παχύς, épais, et de δέρμα, peau ; la plupart des animaux de cet
ordre étant remarquables par l'épaisseur et la dureté de leur peau,

de quatre seulement, une de chaque côté des mâchoires ; mais elles se
renouvellent sept ou huit fois d'arrière en avant, à mesure qu'elles
s'usent par la trituration ; de telle manière qu'aux époques de la crue
des nouvelles dents, elles se trouvent doublées ou au nombre de huit.
Toutes les autres dents manquent ; mais dans les os incisifs supérieurs
sont implantées deux fortes défenses qui sortent de la bouche et peuvent
prendre un accroissement considérable. La grandeur nécessaire aux
alvéoles de ces défenses rend la mâchoire si haute et raccourcit tellement les os du nez que les narines se trouvent dans le squelette vers
le haut de la face ; mais elles se prolongent dans l'animal vivant en une
trompe cylindrique, flexible en tous sens, d'une force considérable, et
terminée par un appendice en forme de doigt. Cette trompe donne à
l'éléphant presque autant d'adresse que la main peut en donner au
singe. Il s'en sert pour saisir tout ce qu'il veut porter à sa bouche et
pour pomper sa boisson qu'il lance ensuite dans son gosier, suppléant
ainsi à un long cou qui n'aurait pu porter sa grosse tête et ses lourdes
défenses.

Les éléphants sont les plus grands et les plus massifs des animaux
terrestres aujourd'hui vivants. On en distingue deux espèces, celui *des
Indes* et celui *d'Afrique*. Le premier a la tête oblongue, le front concave et les oreilles plus petites que l'autre. Les couronnes de ses dents
mâchelières présentent des rubans transverses, ondoyants, qui sont les
coupes des lames qui les composent, usées par la trituration. L'éléphant
d'Afrique a le front convexe, les oreilles très grandes, la couronne des
mâchelières dessinée en lozanges. Les femelles ont des défenses presque
aussi grandes que les mâles, et cette arme est en général plus volumineuse
que dans l'espèce des Indes ; on en voit qui ont plus de 2 mètres 1/2
de longueur et une grosseur proportionnée. La matière de ces défenses
constitue l'**ivoire**. Ces défenses sont recouvertes d'un épiderme grisâtre,
mais à l'intérieur elles sont blanches, d'un tissu compacte disposé en
réseau, et susceptibles de recevoir un très beau poli. Elles ne sont
pleines qu'à partir de l'extrémité jusqu'à la moitié de leur longueur ;
le reste est creux, ce qui en allége beaucoup le poids, mais rend les
pièces d'ivoire d'un certain volume difficiles à trouver.

L'ivoire est très employé dans la tabletterie. Calciné dans un creuset
fermé, il laisse un charbon d'un noir velouté très beau, usité dans la
peinture, et nommé *noir d'ivoire;* calciné fortement avec le contact
de l'air, il donne le *spode,* qui n'est composé, pour la plus grande
partie, que de phosphate de chaux.

On trouve par toute la terre, dans le terrain de transport ou diluvien contemporain de la dernière grande catastrophe qui a donné aux
continents leur forme actuelle, une quantité considérable d'ossements

que leur grandeur avait fait supposer appartenir à une race d'hommes-géants aujourd'hui détruite; mais ces ossements sont dus à un éléphant nommé *mammouth*, haut de 5 à 6 mètres, dont un individu tout entier a été découvert en 1799 sur les bords de la mer Glaciale ; il avait été saisi vivant par la glace, à une époque antérieure à l'existence de l'homme, et se trouvait conservé depuis un temps incalculable et certainement depuis plus de 6000 ans, avec sa chair, ses défenses et sa peau. Celle-ci était couverte de crins noirs et d'un poil laineux, indiquant que le mammouth pouvait habiter un pays froid, au contraire des éléphants actuels qui ne peuvent vivre que dans les climats les plus chauds. Cet éléphant a laissé des milliers de ses cadavres, par toute l'Europe et l'Asie, depuis l'Espagne jusqu'aux limites les plus éloignées de la Sibérie; on le trouve aussi dans l'Amérique septentrionale. Ses défenses sont encore si bien conservées, dans les pays froids, qu'on les emploie aux mêmes usages que l'ivoire récent.

On trouve dans les mêmes terrains, mais principalement dans l'Amérique septentrionale, les ossements d'un autre animal nommé le **grand mastodonte**, qui avait les pieds, les défenses et la trompe de l'éléphant; mais il en diffère par ses mâchelières dont la couronne est hérissée de grosses pointes coniques qui les rapprochent de celles des hippopotames et des cochons. L'Europe et l'Amérique méridionale contiennent les restes d'une espèce plus petite et à dents plus étroites, le *mastodon angustidens* Cuv.

Les PACHYDERMES ORDINAIRES ou SANS TROMPE nous présentent sept genres à espèces peu nombreuses encore vivantes, les *rhinocéros*, les *damans*, les *tapirs*, les *hippopotames*, les *cochons*, les *phacochœres* et les *pécaris;* et huit genres complétement éteints, les genres *anoploterium, palœoterium, chœropotame, adapis, anthracotherium, elasmotherium, lophiodon* et *dinotherium*. Je ne reviendrai pas sur ce que j'ai dit de ces derniers dans mon introduction (t. I, p. 14 à 16).

Les **rhinocéros** sont de grands animaux à formes lourdes et trapues dont les os du nez, très épais et réunis en une sorte de voûte, portent sur la ligne médiane une corne solide, adhérente à la peau et de nature cornée ou comme formée de poils fortement agglutinés. Dans quelques espèces, il existe une seconde corne de même nature, placée également sur la ligne médiane. Leurs pieds sont tous divisés en trois doigts garnis de sabots; leur queue est très courte et leur peau sèche, rugueuse et dépourvue de poils, est si épaisse et si dure qu'elle constitue une sorte de cuirasse, souvent pourvue de plis profonds, sur le cou, les épaules et les cuisses. Ils ont tous 28 dents mâchelières, mais ils ont tantôt deux fortes incisives à chaque mâchoire, accompagnées ou non de deux autres très petites, et quelquefois ces dents manquent complétement.

Ils aiment les lieux humides et fangeux, vivent d'herbes et de jeunes branches d'arbres, ont l'estomac simple et les intestins fort longs. Ils sont d'un naturel stupide et féroce. Le plus anciennement connu est le **rhinocéros unicorne de l'Inde**, qui est presque de la taille et de la force d'un éléphant. Le **rhinocéros d'Afrique** est un peu plus petit, porte deux cornes sur le nez et manque d'incisives. On connaît également un petit *rhinocéros de Java* à une corne, et un *de Sumatra* à deux cornes, dont la taille égale celle d'un petit bœuf.

On a trouvé sous terre, en Sibérie et en différents lieux de l'Allemagne, les ossements d'un grand rhinocéros à deux cornes, dont le crâne, beaucoup plus allongé que ceux des rhinocéros vivants, se distinguait encore par une cloison verticale qui soutenait les os du nez. Un cadavre presque entier, trouvé en 1771, enseveli dans le sable, sur les bords du Willuji, par 64 degrés de latitude, était pourvu de sa chair, de sa peau et de poils assez longs et épais comme ceux du mammouth de la mer Glaciale, et a montré que ces deux animaux ont vécu ensemble dans les mêmes contrées, et ont disparu par l'effet d'une même révolution subite éprouvée par le globe. D'autres espèces fossiles ont été découvertes en Allemagne et en Italie. On en a trouvé une en France dont la taille était à peine supérieure à celle d'un cochon.

Les **tapirs** se rapprochent des cochons par la forme générale de leur corps; mais leur nez est prolongé en une petite trompe mobile qui a quelque rapport avec celle de l'éléphant, quoiqu'elle manque de l'espèce de doigt qui fait de la trompe de l'éléphant un organe de préhension. Les pieds de devant ont quatre doigts armés de petits sabots courts et arrondis, et ceux de derrière n'en ont que trois. Ils ont à chaque mâchoire six incisives et deux canines séparées des mâchelières par un espace vide. On en connaît deux espèces, celle *d'Amérique* qui est de la taille d'un petit âne et qui a sept mâchelières de chaque côté des deux mâchoires, et le *tapir de l'Inde* qui a sept mâchelières de chaque côté, à la mâchoire supérieure, et six seulement à l'inférieure. On trouve dans la terre les ossements d'un grand nombre d'animaux fossiles très voisins des tapirs, qui sont les *lophiodons* et les *dinothériums*.

J'ai parlé précédemment du **daman d'Afrique** (page 36).

Le monde actuel n'offre plus qu'une espèce d'**hippopotame** qui s'avançait autrefois jusqu'en Égypte, mais qui est aujourd'hui reléguée dans les rivières du milieu et du sud de l'Afrique. C'est un animal stupide, redoutable par sa force et sa férocité, dont le corps est massif et couvert d'un cuir très épais, dur et presque dépourvu de poils. Ses jambes sont très courtes, son ventre traîne presque à terre, et son énorme tête est terminée par un large museau renflé. Son estomac est divisé en plusieurs poches comme celui des ruminants; il porte à tous les pieds quatre doigts presque égaux, terminés par de petits sabots ; il a six dents mâchelières partout, dont les trois antérieures coniques et les trois postérieures hérissées de deux paires de pointes qui prennent en s'usant la forme d'un trèfle ; quatre incisives à chaque mâchoire, dont les supérieures courtes, coniques, recourbées en bas, et les inférieures longues, cylindriques, dirigées en avant ; les deux du milieu sont beaucoup plus fortes que les autres. De chaque côté des incisives on trouve, à chaque mâchoire, une dent canine ; la supérieure est droite, assez courte ; l'inférieure est beaucoup plus longue, cannelée, recourbée vers le haut, et vient s'user en forme de biseau contre la canine qui lui est opposée. Ces dents ont quelquefois 30 centimètres de longueur ; elles constituent une espèce d'ivoire fort dure et qui ne jaunit pas. On les tourne comme l'ivoire et on en fabrique des dents artificielles.

Les **cochons** ont à tous les pieds deux doigts mitoyens, grands et armés de forts sabots (ce qui leur donne le pied fourchu), et deux doigts latéraux beaucoup plus courts et ne touchant pas à terre ; leurs incisives sont en nombre variable, mais les inférieures sont toujours couchées en avant ; les canines sont très fortes, privées de racines, croissent pendant toute la vie et sortent de la bouche en se recourbant l'une et l'autre vers le haut ; elles forment des défenses redoutables ; le museau est terminé par un boutoir tronqué, propre à fouiller la terre ; l'estomac est peu divisé.

L'espèce principale pour nous est le **sanglier**, qui est la souche de nos cochons domestiques. Il a six incisives à chaque mâchoire, les canines prismatiques, s'usant en un biseau tranchant par leur frottement réciproque, mais de telle manière que l'inférieure reste plus longue que la supérieure et constitue la principale défense de l'animal. Les mâchelières sont au nombre de sept de chaque côté des deux mâchoires. Il a le corps trapu, les oreilles droites, la peau épaisse et dure, le poil grossier, noir et hérissé. Il habite les forêts, où il se nourrit principalement de racines et de fruits ; mais le manque de cette nourriture peut le rendre carnivore, et il attaque même alors les animaux vivants. Les vieux sangliers vivent seuls, dans un fourré épais nommé *beauge*, où ils ont établi leur retraite. Les femelles, qui portent le nom de *laies*, se réunissent avec leurs portées de deux à trois ans, pour se défendre en commun.

Le **cochon commun** (1) diffère du sanglier par ses oreilles allongées et pendantes, ses défenses plus faibles et plus courtes, ses poils plus faibles, plus rares et généralement d'un blanc sale : plusieurs races

---

(1) On l'appelle aussi *porc* ; la femelle se nomme *truie*, et le mâle non châtré **verrat**

cependant ont gardé le poil noir du sanglier, et d'autres sont *pies*. Ce sont des animaux remarquables par leur malpropreté et par leur gloutonnerie qui leur fait accepter presque toute espèce de nourriture. On leur donne, suivant les circonstances, des fruits abattus par le vent, des glands, des faînes, des châtaignes, des pois, des fèves, du maïs, de l'orge, du son trempé, toutes sortes de débris d'animaux, des résidus de cuisines, de sucreries, de brasseries, etc. En France, il n'y a guère de ménage de paysan qui n'engraisse un ou deux cochons chaque année, pour les besoins de sa famille. A Paris, on mange plus de 80 000 cochons par an, tirés de la plupart des départements, sans compter la viande salée ou fumée, consommée sous un grand nombre de formes particulières. Le poil du sanglier et du cochon est connu sous le nom de *soies*, et sert à la fabrication des brosses et des balais. Le plus estimé, en raison de sa force et de sa raideur, est le poil de Russie, dont on importe annuellement en France plus de 200 000 kilogrammes.

Le porc fournit deux espèces de graisse : l'une, qui est beaucoup moins ferme que l'autre, se nomme *lard*, et se trouve immédiatement sous la peau ; l'autre, plus solide, nommée *panne*, est placée près des côtes, des intestins et des reins. C'est elle qui, fondue et purifiée, constitue la graisse de porc dite aussi *axonge* ou *saindoux*.

La graisse de porc est blanche, solide, grenue, d'une légère odeur qui lui est propre, et d'une saveur agréable ; elle se fond dans les doigts, se solidifie à environ 27 degrés lorsqu'elle a été fondue au feu ; 100 parties d'alcool froid, à 95 centièmes, en dissolvent, d'après M. Boullay, 1,04 ; 100 parties d'alcool bouillant, 1,74 ; et 100 parties d'éther froid, 25 parties. Cette graisse est employée en pharmacie comme excipient des pommades, ou comme partie constituante des onguents et des emplâtres. Il faut autant que possible la préparer soi-même ; et lorsque, en raison de la grande consommation qu'on en fait, on est obligé de la prendre dans le commerce, il faut la choisir blanche, ayant le moins d'odeur possible, privée d'eau et non battue à l'air, moyen par lequel on lui procure de la blancheur, mais qui la rancit très promptement.

La graisse de porc a été regardée anciennement comme un produit immédiat simple, de même que les autres corps gras végétaux ou animaux. M. Chevreul nous a appris le premier qu'elle était formée de deux et peut-être de trois substances grasses inégalement fusibles, nommées *oléine*, *margarine* et *stéarine*. La première est encore liquide à 0, et se convertit par la saponification en *acide oléique* et en *glycérine* ; la seconde fond à 38 degrés et forme de l'acide *margarique* fusible à 60 degrés ; la troisième fond à 62 degrés et forme de l'acide *stéarique* fusible à 70 degrés.

M. Braconnot a également reconnu la nature complexe des corps gras, et a employé, pour les analyser, un moyen qui a généralement frappé par sa simplicité. Il consiste à soumettre le corps gras à une forte presse, enveloppé de plusieurs doubles de papier non collé, et sous une température déterminée et d'autant plus basse que le corps contient plus de graisse fluide : celle-ci s'imbibe dans le papier, l'autre reste en masse solide : on la fond avec un peu d'essence de térébentine bien rectifiée, et on l'exprime de nouveau ; enfin on la débarrasse de l'essence de térébenthine par la chaleur. La graisse fluide se retire du papier, soit par l'expression avec un peu d'eau, soit par l'alcool bouillant.

M. Braconnot a retiré, par ce moyen, de la graisse de porc : huile liquide ou *oléine* 62, graisse solide 38 : total 100.

Les PACHYDERMES SOLIPÈDES ne forment qu'un seul genre (celui des **chevaux**), caractérisé surtout par la disposition insolite de leurs

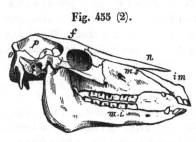

Fig. 454 (1).   Fig. 455 (2).

membres qui sont terminés par un seul doigt et un seul sabot (fig. 454).

Ils portent six incisives à chaque mâchoire, et partout six molaires à couronne carrée, marquées par des lames d'émail d'un dessin irrégulier. Les mâles ont de plus deux petites canines à la mâchoire supérieure et quelquefois aux deux mâchoires (fig. 455). Ces canines manquent presque toujours aux femelles. Entre les canines et la première molaire se trouve un espace vide répondant à l'angle des lèvres, où l'on place le mors au moyen duquel l'homme est parvenu à dompter ces vigoureux quadrupèdes. Leur estomac est simple et médiocre, mais les intestins sont très longs et leur cœcum est énorme. Les mamelles sont entre les cuisses.

Le **cheval** proprement dit (*equus caballus* L.) est le plus beau et le

---

(1) Fig. 454. Pied de devant du cheval : *a b* partie de l'os de l'avant-bras ; *c'* première rangée des os du carpe ; *c''* deuxième rangée de cet os ; *m* os du métacarpe ou *canon; s* vestige d'un second os du métacarpe, nommé *stylet; p* première phalange du doigt, dite *paturon; pi* deuxième phalange ou *phalangine,* dite *couronne; pt* troisième phalange ou *phalangette,* enveloppée par le sabot.

(2) Fig. 455. Tête de cheval mâle : *o* os occipital; *p* pariétal ; *f* frontal ; *j* jugal; *n* nasal; *m s* mâchoire supérieure ; *i m* os intermaxillaire portant les incisives supérieures ; *m i* mâchoire inférieure.

mieux soigné de nos animaux domestiques. Il se distingue des autres espèces du genre par sa couleur uniforme et par sa queue garnie dans toute son étendue de longs poils très solides nommés *crins*, et par la crinière longue et tombante qui lui recouvre aussi le cou, depuis le sommet de la tête jusqu'au *garrot*. Il paraît originaire des grandes plaines de l'Asie centrale; mais devenu le compagnon de l'homme à la guerre, dans les voyages et dans les travaux de l'agriculture, du commerce et des arts, il a été transporté dans tous les pays où la civilisation a pénétré, et l'espèce tout entière a subi l'influence de la domesticité. Dans les vastes steppes de la Tartarie, berceau de leur race, on trouve encore des chevaux sauvages, mais altérés probablement par leur mélange continuel avec des individus échappés à la domesticité. Dans toute l'Amérique, où il n'existait aucun cheval avant l'arrivée des Espagnols, on trouve aujourd'hui des troupes immenses de chevaux sauvages que l'on chasse au *lasso*, et qui redeviennent domestiques avec une grande facilité.

La durée de la vie du cheval est d'environ trente ans, et celle de sa gestation de onze mois. Le poulain naît les yeux ouverts et peut presque tout de suite courir après sa mère, qui l'allaite pendant six à sept mois. L'époque de la puberté arrive à deux ans ou deux ans et demi pour les étalons, et un peu plus tôt chez les femelles; mais ils ne donnent de beaux produits qu'à l'âge de quatre ou cinq ans. On commence à les faire travailler à trois ou quatre ans. On peut jusqu'à un certain point reconnaître leur âge à leurs dents incisives. Celles de lait commencent à pousser quinze jours après la naissance; à deux ans et demi celles du milieu, nommées *pinces*, sont remplacées; à trois ans et demi, les deux suivantes; à quatre et demi, les deux extrêmes nommées *les coins*. Toutes ces dents, à couronne creuse d'abord, perdent peu à peu cet enfoncement par la détrition. A sept ans et demi ou huit ans, tous les creux sont effacés : alors on dit que le cheval ne marque plus.

Les canines inférieures ne viennent qu'à trois ans et demi, les supérieures à quatre; elles restent pointues jusqu'à six; à dix, elles commencent à se déchausser.

Les chevaux les plus sveltes et les plus rapides sont les chevaux arabes, qui ont aidé à perfectionner la race espagnole, et contribué avec celle-ci à former la race anglaise, si estimée aujourd'hui pour sa vigueur et la rapidité de sa course. La France ne présente presque partout, dans les campagnes, que des chevaux abâtardis et chétifs, usés avant l'âge par le travail; on y trouve cependant quelques races plus soignées, recommandables à divers titres : telle est la race boulonnaise qui produit des chevaux de haute taille, à muscles très développés, à formes empâtées, très forts, mais lourds et propres à tirer lentement de grosses charges. On la rencontre dans la Picardie et la haute Normandie , et elle forme ce qu'on appelle à Paris les chevaux de brasseur et de roulage. La Franche-Comté et le Poitou en fournissent également. La Bretagne, le Perche et le Maine produisent d'autres chevaux gros et vigoureux, qui , sans avoir les formes élégantes, galopent longtemps avec facilité ; on en fait des chevaux de poste et de messageries. Enfin la Normandie, le Limousin, l'Auvergne et la Lorraine, fournissent des chevaux de selle et de carrosse très estimés, mais dont le nombre est loin de répondre aux besoins du pays, ce qui nous force à en acheter tous les ans pour une somme considérable à l'étranger. C'est le Hanovre, le Brunswick et l'Oldembourg principalement, qui nous fournissent ceux qui nous manquent.

La chair du cheval, lorsqu'il est jeune et bien nourri , est saine, de fort bon goût et très nourrissante. On assure qu'elle est vendue publiquement à Copenhague comme viande de boucherie. Quelles que puissent être ses bonnes qualités, il n'est pas à désirer que cet usage s'établisse en France , où le manque de chevaux est déjà très nuisible à l'agriculture. Mais on utilise avec raison, dans les grandes villes, la chair des chevaux usés par la vieillesse , le travail ou les maladies , pour la transformer en engrais, leurs os pour la fabrication du *noir animal*, et leur peau pour faire des cuirs tenaces, propres aux tiges de bottes et aux empeignes de souliers. Le crin de cheval est aussi d'une grande utilité pour la fabrication des sommiers, des meubles , des tamis et de divers tissus employés dans les arts. Il n'y a pas jusqu'au fumier de cheval qui ne soit un engrais précieux, dont on fait principalement usage pour la culture des jardins et la composition des couches.

L'**âne** (*equus asinus* L.) se distingue du cheval par ses longues oreilles, par la houppe de poils dont l'extrémité de sa queue est garnie , par sa crinière plus courte et non tombante, et par la croix noire qu'il présente sur les épaules. De même que le cheval , il est originaire des grands déserts de l'intérieur de l'Asie, où il vit encore à l'état sauvage et en troupes innombrables. Sa voix rauque et bruyante tient à plusieurs cavités spacieuses placées près du larynx et dans l'intérieur desquelles l'air résonne. Il paraît avoir été réduit à l'état de domesticité avant le cheval , mais il supporte moins facilement les climats froids; il n'a pas reçu les mêmes soins, et dans presque tous les pays sa race a dégénéré. Il rend en France des services importants à la petite culture par sa sobriété et sa patience. L'âne et le cheval produisent facilement des métis, nommés *mulets* , qui participent des formes et des qualités des deux espèces, mais qui sont toujours stériles , de sorte que leur race ne peut se perpétuer Ceux qui proviennent d'un âne et d'une jument sont mieux faits et plus grands que ceux portés par une ânesse. Ceux-ci, qui sont plus rares, portent le nom particulier de *bardeaux.*

Le lait d'ânesse est souvent ordonné comme aliment aux personnes maladives et particulièrement aux phthisiques : il contient plus de sucre de lait et moins de matière grasse que celui de vache. On apporte de Chine une sorte de gélatine préparée avec la peau d'âne, et qui est connue sous le nom de **colle de peau d'âne** ou de **hockiak.** Telle que je l'ai vue anciennement, elle était sous forme de petites tablettes carrées, très épaisses, d'un gris terne et demi-opaques. Elle était recommandée comme analeptique.

On trouve dans les déserts de l'Asie centrale une troisième espèce de cheval nommée **hémione** ou **dzigguetaï**, qui tient le milieu, pour les proportions, entre le cheval et l'âne, mais de formes très élégantes et d'une vitesse à la course supérieure à celle du cheval. Il est de couleur isabelle (jaune faûve clair) avec la crinière et la ligne dorsale noires, ainsi que la houppe de crins qui termine sa queue. En hiver, son pelage devient épais et frisé. Il vit en troupes composées d'une vingtaine de juments, de poulains et d'un mâle qui en est le chef.

L'Afrique possède trois autres espèces du genre cheval. Le plus anciennement connu est le **zèbre**, qui a la forme d'un âne, mais qui a tout le corps et les membres couverts de bandes transversales d'un brun noirâtre sur un fond jaune. On le rencontre depuis l'Abyssinie jusqu'au cap de Bonne-Espérance. Le **couagga** ressemble davantage au cheval et ne présente de bandes transversales que sur les épaules et le dos. Le **dauw** ou **onagga** n'est connu que depuis peu de temps ; il est plus petit que l'âne, et porte sur la tête, le cou et le tronc, des raies noires alternativement plus larges et plus étroites sur un fond isabelle.

ORDRE DES RUMINANTS.

Cet ordre est peut-être le plus naturel et le mieux déterminé de la classe des mammifères ; car les ruminants ont l'air d'être presque tous construits sur le même modèle, les chameaux seuls présentant quelques exceptions aux caractères communs.

Le nom de *ruminants* indique la faculté singulière que possèdent ces animaux de mâcher une seconde fois leurs aliments, qu'ils ramènent dans la bouche après une première déglutition, faculté qui tient à la structure de leurs estomacs. Ils en ont toujours quatre (fig. 456), dont les trois premiers sont disposés de façon que les aliments peuvent entrer à volonté dans l'un des trois, parce que l'œsophage aboutit au point de communication Le premier et le plus grand se nomme *la panse*; il recoit en abondance les herbes grossièrement divisées par une première mastication. Elles se rendent de là dans le second, appelé *bonnet*, dont les parois ont des lames semblables à des rayons d'abeilles. Cet estomac, ort petit et globuleux, saisit l'herbe, l'imbibe *et la* comprime en petites pelotes qui remontent ensuite successivement à la bouche, pour y être remâchées. L'animal se tient en repos pour cette opération, qui dure jusqu'à ce que toute l'herbe, avalée d'abord et remplissant la panse, l'ait subie. Les aliments, ainsi remâchés, descendent dans le troisième estomac nommé *feuillet*, parce que ses parois ont des lames longitudinales semblables aux feuillets d'un livre, et de là dans le quatrième ou *caillette*, dont les parois n'ont que des rides, et qui est le véritable organe de la digestion, analogue à l'estomac simple des animaux ordinaires. Pendant que les ruminants tettent et ne vivent que de lait, la caillette est le plus grand de leurs estomacs. La panse ne se développe et ne prend son énorme volume qu'à mesure qu'elle reçoit de l'herbe. Le canal intestinal est fort long et peu boursouflé ; le cœcum est de même long et assez lisse.

Fig. 456 (1).

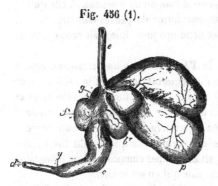

Les ruminants n'ont d'incisives qu'à la mâchoire inférieure, presque toujours au nombre de huit. Elles sont remplacées en haut par un bourrelet calleux. Entre les incisives et les molaires est un espace vide où se trouvent, seulement dans quelques genres, une ou deux canines. Les molaires, presque toujours au nombre de six partout, ont leur couronne marquée de deux doubles croissants dont la convexité est tournée en dedans dans les supérieures, en dehors dans les inférieures. Les quatre pieds sont terminés par deux doigts et par deux sabots qui se regardent par une face aplatie, en sorte qu'ils ont l'air d'un sabot unique qui aurait été fendu. Derrière le sabot sont quelquefois deux vestiges de doigts latéraux. Les deux os du métacarpe et du métatarse (os de la main et du pied) sont réunis en un seul qui porte le nom de *canon*. Quelques espèces présentent des vestiges des métacarpiens et métatarsiens latéraux.

Les ruminants forment quatre familles dont les caractères distinctifs

(1) Fig. 456. Estomac de mouton.

se tirent de l'absence ou de la présence des *cornes*, qui sont deux proéminences plus ou moins longues des os frontaux, et qui ne se trouvent
dans aucune autre classe d'animaux.

A. Les ruminants sans cornes ; ils ont des canines aux deux mâchoires.
Ils comprennent les *chameaux*, les *lamas* et les *chevrotains*, au nombre
desquels est l'animal qui porte le musc.

B. Les ruminants à cornes rameuses et osseuses, caduques chaque
année : par exemple, les *cerfs*.

C. Les ruminants à proéminences coniques persistantes, toujours
recouvertes d'une peau velue ; cette section ne comprend que la *girafe*.

D. Les ruminants à cornes creuses, non caduques, élastiques, croissant par couches sur des proéminences osseuses. Ex. : les *bœufs*, les
moutons, les *chèvres* et les *antilopes*.

Les **chameaux** ont non seulement deux canines aux deux mâchoires,
mais encore deux dents pointues implantées dans l'os incisif supérieur.
Ils n'ont que six incisives à la mâchoire inférieure et dix-huit ou vingt
molaires seulement. Au lieu du grand sabot fendu et aplati du côté interne, qui enveloppe la partie inférieure de chaque doigt et détermine
la forme fourchue ordinaire du pied des ruminants, ils ont deux petits
sabots distincts, renfermant seulement la dernière phalange des doigts,
et ceux-ci sont réunis en dessous (à l'exception de cette dernière phalange qui reste libre) par une semelle commune, de nature cornée, qui
pose à terre dans toute son étendue. Ce sont des animaux de haute taille
que leur lèvre supérieure fendue, leurs yeux saillants, leur long cou
arqué, leur dos chargé de une ou deux énormes loupes graisseuses,
leur train de derrière affaibli, rendent difformes et très disgracieux ;
mais leurs membres sont loin d'être aussi faibles qu'ils le paraissent.
Les chameaux sont très robustes ; ils ont les sens délicats et sont
renommés par leur extrême sobriété et par la faculté qu'ils ont de
pouvoir passer plusieurs jours sans boire, ce qui les rend d'une extrême
utilité, comme bêtes de somme et de transport, pour voyager à travers les déserts sablonneux de l'Asie et de l'Afrique. On connaît deux
espèces ou deux races de chameaux : celle *à deux bosses*, qui porte
plus spécialement le nom de *chameau*, et qui est originaire du centre
de l'Asie ; celle *à une bosse*, ou *dromadaire*, qui est plus répandue
dans les contrées d'Asie voisines de l'Arabie et dans toute l'Afrique,
depuis la Méditerranée jusqu'au Niger. La chair des jeunes chameaux
paraît être très bonne à manger. Leur poil, qui est fin et moelleux,
sert à faire des étoffes ; il se renouvelle tous les ans par une mue
complète.

Les **lamas** représentent les chameaux dans le nouveau monde, comme
le tapir y est un diminutif de l'éléphant et du rhinocéros. Mais s'ils n'ont

pas la force et la taille des chameaux, ils n'en offrent pas non plus la laideur. Ce sont, au contraire, des animaux assez sveltes, sans bosse sur le dos, et dont les doigts, n'étant pas réunis par une semelle cornée, conservent leur mobilité, ce qui leur permet de gravir les rochers avec agilité. On en connaît deux espèces, le *guanaco* et la *vigogne*. Celle-ci est grande comme une brebis et couverte d'une laine fauve d'une finesse et d'une douceur admirables. On en fabrique des étoffes précieuses. L'autre espèce est de la taille d'un cerf et présente deux variétés, le *lama* proprement dit et l'*alpaca*. Le premier sert de bête de somme au Pérou, mais son poil grossier est peu estimé; le second est couvert de poils laineux fort longs et d'une grande finesse, qui servent à la fabrication des étoffes.

Le troisième genre de ruminants sans cornes est celui des CHEVRO- TAINS. Ces animaux, indépendamment de l'absence des cornes, diffè- rent des ruminants ordinaires par une longue canine, qui, dans les mâles, sort de la bouche de chaque côté de la mâchoire supérieure; et parce qu'ils ont dans le squelette un péroné qui n'existe pas même dans les chameaux. Ils habitent tous les pays chauds de l'ancien continent. L'espèce la plus importante est le **chevrotain porte-musc** (*moschus moschiferus* L.), qui fournit à la pharmacie et à la parfumerie la sub- stance connue sous le nom de *musc*. Cet animal habite les montagnes les plus escarpées du Thibet et de la Chine. Il est très craintif, très agile, et vit presque isolé, si ce n'est à l'automne où il se rassemble par troupes. Il se nourrit d'écorces d'arbres, de racines et de feuilles. Il produit spécialement les muscs les plus estimés, nommés *musc de la Chine* et *musc tonquin*. C'est lui pareillement, ou une variété peu distincte, qui, parcou- rant tout le vaste plateau de la grande Tartarie jusqu'aux frontières de la Sibérie, fournit le musc inférieur nommé *musc de Russie* ou *musc kabardin*.

Fig. 457.

Le porte-musc est de la grandeur d'une chè- vre. Celui dont je donne ici la figure (fig. 457) d'après Buffon (Suppl., t. VI, pl. 29) a vécu trois ans en France, dans un parc, auprès de Versailles. Il avait 73 centimètres de longueur, 54 centimètres de hauteur au train de derrière et 53 centimètres au train de devant « Il est vif, très léger à la course et dans tous ses mouvements ; ses jambes de derrière sont considérablement plus longues et plus fortes que celles de devant, et il saute en courant à peu près comme un lièvre. Il est armé, à la mâchoire supérieure, de deux défenses dirigées en bas et recourbées en arrière, tranchantes sur leur bord postérieur et finissant en pointe ; elles sont de couleur blanche et leur substance est une sorte d'ivoire. Les yeux sont grands à proportion du corps ; le bord des paupières et les naseaux sont noirs ; les oreilles sont longues de 4 pouces (11 centimètres), larges de 2 pouces 4 à 5 lignes (63 à 65 millimètres), garnies en dedans de longs poils d'un blanc grisâtre, et au-dessus de poils noirs roussâtres mêlés de gris, comme celui du front et du nez. Le poil du corps est noirâtre, mélangé de fauve et de roussâtre et de couleur variable d'ailleurs, suivant le sens dont on le regarde, parce que les poils ne sont colorés en brun ou en fauve qu'à l'extrémité, et que le reste est blanc et paraît plus ou moins, sous différents aspects. Ses pieds sont petits ; ceux de devant ont deux ergots qui touchent à terre. Les sabots des pieds de derrière sont inégaux, l'intérieur étant beaucoup plus long que l'autre ; il en est de même des ergots, dont l'interne est aussi bien plus long que l'externe. Les uns et les autres sont de couleur noire. Il n'a pas de queue apparente. »

La poche qui contient le musc est particulière au mâle, située sur la ligne médiane du ventre, entre l'ombilic et la verge, et beaucoup plus près de celle-ci. La figure et la description que j'en donne ici (fig. 458) sont extraites de la *Zoologie médicinale* de Brandt et Ratzburg (Berlin, 1829). Dans l'état de repos, la verge (*a*) est en grande partie renfermée dans le ventre et repliée sur elle-même ; elle n'a qu'un seul corps caverneux et un gland mince et aplati (*e*), au delà duquel se prolonge l'urètre filiforme (*c*), formant une saillie de 14 millimètres. Sur le devant, la verge est entourée d'un canal préputial, garni à son orifice (*i*) de poils nombreux, de couleur rousse, saillants sous la forme d'un pinceau. Ce canal est appliqué contre la face postérieure de la poche au musc et semble faire corps avec elle, étant renfermé sous la même peau velue, et se reconnaissant seulement quelquefois, dans les poches desséchées du commerce, à un léger sillon qui occupe, d'arrière en avant, la moitié environ de la longueur de la poche, et se termine par le pinceau de poils roux dont il vient d'être parlé. La poche au musc est ronde ou ovale, presque plane et nue par sa face supérieure, qui est appliquée contre les muscles abdominaux ; sa face inférieure, ou celle qui regarde le sol, est convexe et couverte de poils. Chez les adultes, cette poche atteint

de 55 à 68 millimètres de longueur sur 35 à 47 millimètres de largeur
et 14 à 20 millimètres de hauteur. A la partie la plus basse, un peu en
avant de l'orifice préputial, se trouve un canal fort court (*h*), un peu
oblique, large de 2 millimètres, se terminant à l'extérieur par une ouverture semi-lunaire. Ce canal s'ouvre directement dans la poche au
musc, et son orifice intérieur est entouré par un certain nombre de

Fig. 458 (1).

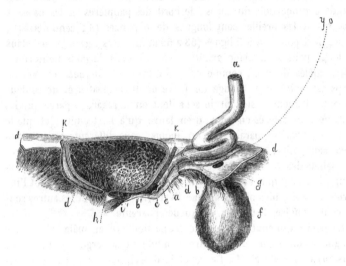

poils semblables à ceux qui recouvrent la peau à l'extérieur. Ce sont
ces poils que l'on trouve toujours mêlés au musc extrait de la poche.
En enlevant la peau (épiderme et derme) qui recouvre la poche à l'extérieur, on distingue deux faisceaux musculaires (*kk*) qui, d'après Pallas,
partent des aines et se contournent autour de la poche. Sous ces
couches musculaires, on découvre l'enveloppe propre du musc, laquelle
forme un sac complet qui entoure le musc de toutes parts, à l'exception
du petit canal (*h*), et qui se compose de trois membranes. La première
(*enveloppe fibreuse*, Pereira) présente à l'extérieur quelques plis longitudinaux, et à l'intérieur des dépressions nombreuses en forme de
mailles, entourées de plis et dans lesquelles se portent les ramuscules
de vaisseaux sanguins que Pallas regarde comme dérivés de l'artère
iliaque. Cette membrane n'est autre chose que le derme de la peau,
dont l'organisation a été modifiée, et qui, en se continuant en dedans

(1) Fig. 458 : *b b* fourreau préputial en partie ouvert ; *d d d* partie de
la peau du ventre ; *f* scrotum ; *g* ouverture donnant passage aux cordons
spermatiques ; *y* position de l'anus.

du sac, à travers l'ouverture (*h*) , est devenu apte à sécréter et projette encore quelques poils isolés. Sous cette membrane, il s'en trouve une seconde (*enveloppe nacrée*, Pereira), délicate, blanchâtre et nacrée, dont la face extérieure offre des saillies correspondantes aux excavations de la première membrane et de nombreux sillons répondant aux plis ramifiés. Enfin, la troisième membrane (*enveloppe épidermoïdale*, Pereira), analogue à l'épiderme et encore plus délicate que la seconde, se laisse diviser en deux couches, dont l'extérieure est argentée, tandis que l'intérieure est d'un brun rouge jaunâtre. Cette couleur ne doit pas être seulement attribuée au musc contenu à l'intérieur, car elle persiste après une longue macération dans l'eau et dans l'esprit-de-vin. Les excavations et les plis y sont encore plus prononcés que dans les autres membranes, et chaque excavation contient deux corpuscules ou plus, aplatis, généralement ovales et d'un brun rouge jaunâtre. Ces corpuscules sont formés par une membrane très mince, renfermant une petite masse brunâtre qui est considérée comme l'organe glandulaire qui sécrète le musc.

Le musc de bonne qualité présente, à l'état récent, une consistance de miel, une couleur rouge brunâtre, et une odeur tellement forte, que les chasseurs ont peine à la supporter. Par la dessiccation il devient presque solide, grumeleux et d'un brun noirâtre. Il a une saveur amère aromatique, une odeur encore très forte et difficile à supporter, lorsqu'elle est concentrée ; mais susceptible d'une grande expansion et devenant fort agréable lorsqu'elle est suffisamment affaiblie.

On ne distingue communément dans le commerce que deux sortes de musc, le *musc tonquin* et le *musc kabardin ;* mais il y en a un bien plus grand nombre de sortes que je ne connais pas toutes et sur lesquelles je n'ai pu avoir que des données incomplètes. Voici ce que je puis dire de plus certain sur les sortes que j'ai vues.

I. **Musc de Chine, première sorte.** Ce musc est apporté dans de petites boîtes rectangulaires en carton, d'environ 20 centimètres de long, 11 centimètres de large et 11,5 de haut. Ces boîtes sont revêtues extérieurement d'une étoffe de soie et sont doublées à l'intérieur par une autre boîte en feuilles de plomb exactement soudées. Sur les boîtes qui renferment le musc de première qualité, on lit ces mots : *lingchong musk*, et sur le couvercle de la boîte de plomb on voit un dessin grossier représentant une chasse au musc dans laquelle des chasseurs tirent l'animal, tandis qu'un autre est occupé à couper la poche à ceux qui sont abattus. Mais ce qu'il y a de singulier, c'est que, par tradition sans doute, l'animal ainsi chassé est une civette, reconnaissable à ses cinq doigts à tous les pieds, à sa longue queue hérissée, enfin à sa forme générale, et qu'on y a seulement ajouté sous le ventre un petit cercle figurant la poche au musc; ce qui montre au moins que l'auteur primitif de cette gravure supposait que le musc était produit par une espèce de civette. On trouve dans la boîte environ vingt-cinq poches dont chacune est enveloppée dans un papier fin portant cette inscription rouge, en anglais : *Musc collected in Nankin by Tung-t-hinchung-chung-Kee;* au-dessus de l'étiquette se trouve un médaillon qui représente une divinité chinoise ayant à ses pieds une civette et portant une banderole qui indique qu'on vend dans ce magasin le musc le plus précieux. Enfin les poches mêmes portent sur leur surface plane et nue une inscription chinoise en encre rouge, mais illisible (1).

Les poches de musc de Chine sent arrondies ou quelque peu ovales, larges de 5 à 6 centimètres, généralement peu épaisses et aplaties (fig. 459); les poils qui les recouvrent se dirigent de tous les points de la circonférence vers l'ouverture au musc, qui est toujours située entre le centre et le bord antérieur de la poche. Ces poils se dirigent vers l'ouverture, non directement, mais en s'arrondissant en forme de tourbillon; ils sont généralement grisâtres, courts (2), grossiers et cassants à la

Fig. 459.

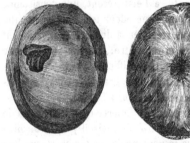

circonférence, et prennent plus de finesse, plus de longueur, et une couleur fauve brunâtre en s'approchant de l'ouverture au musc, où ils forment une sorte de pinceau brunâtre. Aux endroits où les poils sont détachés de la peau, celle-ci paraît d'un brun foncé. Le côté de la bourse qui touchait au ventre est formé par une peau sèche, brunâtre, unie, peu épaisse et sans ouverture. Ce musc, étant d'un prix très élevé, n'est jamais desséché qu'en partie, et les commerçants ont soin de le renfermer dans des vases exactement fermés, afin qu'il

(1) Quelques personnes pensent que ces inscriptions et dessins ne sont d'aucune importance, et qu'ils sont fabriqués en Angleterre. Cela pourrait être, mais les inscriptions anglaises ont pu tout aussi bien être faites en Chine, où les Chinois n'ont guère affaire qu'à des commerçants anglais. Il est certain d'ailleurs que le musc de Chine qui présente ces marques extérieures est de la meilleure qualité, et que celui qui en est dépourvu, quoique renfermé dans des boîtes de même forme et de même volume, est moins estimé.

(2) Parce qu'ils ont été coupés.

ne perde rien du poids qu'il avait lorsqu'ils l'ont acheté. Il conserve donc à l'intérieur la consistance d'une pâte grumeleuse, et il éprouve une fermentation ammoniacale, qui exalte considérablement son odeur et la rend fort difficile à supporter. Cette odeur, cependant, n'offre rien de l'odeur fécale de la civette.

II. **Musc tonquin.** Ce musc arrive par la voie de Canton. Tel que je l'ai vu récemment chez M. Charles Garnier, négociant à Paris, il est en poches moins larges, plus épaisses et plus.également bombées sur les deux faces que ne l'est communément le musc de Nankin ; enfin il présente une forme lenticulaire-arrondie presque régulière. Il est couvert d'un poil très court, et blanchâtre et toute sa surface est comme couverte d'une fine efflorescence blanche. Il est plus sec que le musc de Nankin, non ammoniacal, mais il me paraît doué d'une puissance odoriférante plus faible ; peut-être tous ces caractères tiennent-ils à ce que ce musc étant plus sec, n'a pas fermenté et n'a pas imprégné ses enveloppes de son suc brunâtre intérieur. Il serait donc en réalité plus naturel que le musc de Nankin ; mais est-ce un avantage, s'il est moins odoriférant ?

M. Garnier m'a montré un autre musc d'une forme très remarquable, mais que je regarde comme une simple variété du précédent. Il est en petites poches presque rondes en tous sens, et de 35 millimètres de diamètre. Il est recouvert d'un poil très ras et présente partout une teinte blanchâtre uniforme. Il est généralement percé d'un trou rond assez considérable, formé par l'agrandissement de l'ouverture naturelle de la poche, et obstrué avec un petit bouchon de papier gris tortillé.

III. **Musc d'Assam.** Assam est un royaume d'Asie assez étendu, situé au nord du Bengale, et dont les Anglais ne se sont pas encore emparés, sans doute par la raison qu'il y a temps pour tout. Il nourrit dans les montagnes une grande quantité de porte-muscs, dont les poches arrivent par la voie du Bengale, contenues au nombre de deux cents environ dans un sac de peau, lequel est lui-même renfermé dans une caisse de bois ou de fer-blanc. Ce musc présente les formes les plus variées et les plus irrégulières. On y trouve des poches plates presque identiques avec celles du musc de Nankin ; des poches qui étaient fortement proéminentes au dehors de l'animal, et dont la partie nue, qui les unissait au ventre, présente un diamètre beaucoup moins grand que celui de la poche extérieure ; enfin des poches tellement rétrécies par le haut, qu'elles paraissent n'avoir tenu au ventre que par un pédicule (1), et qu'on les prendrait pour des scrotums, si l'on n'y observait

(1) Plusieurs de ces poches paraissent avoir été étranglées par une ligature,

d'ailleurs l'ouverture ordinaire du musc et la disposition tourbillonnée des poils qui caractérise les poches au musc. Ces poils sont hérissés, très grossiers, blancs et très cassants. Toutes ces poches sont très pleines et très dures, ce qui semblerait indiquer qu'elles ont été remplies artificiellement, quoiqu'elles ne soient pas cousues ; mais on a pu les remplir par l'ouverture naturelle de la poche. La substance intérieure est brune noirâtre, consistante, d'une odeur très forte de musc, mêlée de l'odeur fécale de la civette, ce qui donnerait à penser que ce musc a pu être additionné de civette. Nonobstant ce mélange réel ou supposé, ce musc se vend facilement en France et paraît être d'un bon emploi pour la parfumerie, l'odeur fécale disparaissant par la dessiccation, ainsi que je l'ai dit pour la civette.

IV. **Autres muscs venus par le Bengale.** On trouve quelquefois dans le commerce des muscs venus par la voie de Calcutta, qui sont garnis d'un morceau considérable de peau poilue ou de poils fort longs. L'École de pharmacie possède deux échantillons de ces muscs. Le premier, qui se rapproche par sa nature du musc de la Chine, est pourvu d'un large morceau de peau du ventre, couvert d'un poil assez mince, long de 6,5 à 7 centimètres, d'un blanc sale à la base, ensuite d'une teinte brunâtre dans une assez grande partie de son étendue, enfin terminé par une petite pointe blanche. D'autres fois, après la couleur blanche de l'extrémité, revient une coloration noire, et la pointe est noire ; enfin ce poil offre un caractère tout particulier, qui consiste en ce qu'il est *ondulé* dans toute son étendue et qu'il ressemble à une ligne *tremblée* (1). L'autre poche, qui me paraît se rapprocher du musc tonquin, est de forme à peu près ronde et présente 3,5 centimètres de largeur sur 4 d'épaisseur verticale. La moitié supérieure, qui touchait au ventre de l'animal, est nue, très renflée et rétrécie à l'endroit où commence le poil. Il n'y a aucun vestige de peau du ventre, et tous les poils sont fixés circulairement autour de la face inférieure de la poche, formant une boule de 8,5 à 9 centimètres de diamètre. Ces poils sont longs de 6 à 6,5 centimètres, très gros à la base, d'un blanc opaque et nacré dans la plus grande partie de leur longueur, puis ils prennent une teinte fauve brunâtre qui se fonce de plus en plus en approchant de l'extrémité ; mais cette coloration cesse brusquement un peu avant l'extrémité, et la pointe est toujours blanche. Ces poils sont très cassants,

ainsi qu'on le trouve recommandé dans quelques livres chinois (*Mémoires des missionnaires de Pékin*, t. IV, p. 497) ; mais ce procédé ne peut-être praticable qu'autant que la poche au musc est déjà très rétrécie elle-même par la partie supérieure ; il ne pourrait être appliqué au musc de Nankin.

(1) Voy. les figures 460 et 461, au bas desquelles on a représenté deux poils de musc de grandeur naturelle.

de même que ceux de la poche précédente ; ils me paraissent moins
ondulés, plus durs, mais ne méritent guère encore, cependant, d'être
comparés à des épines. Cette poche m'a paru tellement remarquable
que je l'ai fait représenter ici par sa face supérieure (fig. 460) et par
sa face inférieure (fig. 461). Sa substance intérieure est presque sèche

Fig. 460.   Fig. 461.

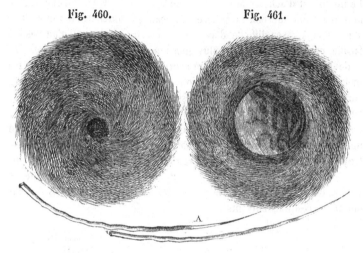

et sort facilement par une déchirure faite à la pellicule supérieure, sous
forme de grumeaux brunâtres, d'une odeur musquée facile à supporter.
Cette poche est d'ailleurs fort ancienne et a été piquée.

V. **Musc de Sibérie**, ou **musc kabardin**. (fig. 462). Ce musc
paraît venir des monts Altaï par la voie de Saint-Pétersbourg. Les
bourses qui le composent
sont généralement plus petites que celles de Chine,
mais elles sont surtout plus
allongées d'arrière en avant,
plus sèches, plus plates et
marquées d'un sillon longitudinal plus apparent répondant au fourreau de la verge.
Le poil extérieur est propre,
sec, blanchâtre et comme
argenté ; la peau nue, qui
touchait au ventre, res-
semble à un parchemin jaune brunâtre, recouvert par une légère
fleur blanchâtre. La substance même du musc est plus sèche, d'un brun

Fig. 462.

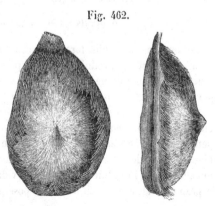

chocolat clair, non ammoniacale, d'une odeur musquée moins forte,
moins tenace et comme se rapprochant d'une odeur aromatique végétale. Il est aussi beaucoup moins estimé.

Enfin on distingue dans le commerce, indépendamment de toute
origine, le **musc en poche** ou **en vessie** de celui qui est **hors vessie**.
Le mieux est d'acheter le musc en vessie et de le vider soi-même, en
pratiquant une incision circulaire à la peau qui touchait au ventre. Car
s'il est déjà assez difficile d'avoir du musc en vessie qui n'ait pas été
falsifié, on conçoit qu'il n'y a plus guère moyen d'être assuré de l'espèce
et de la pureté de celui qui a été retiré des poches, et qui peut être
mélangé soit de musc kabardin, soit de toute autre matière étrangère.
Quant à la quantité de musc hors vessie que l'on peut retirer des poches,
elle est extrêmement variable. M. Pereira, dans sa matière médicale,
donne, d'après un droguiste de Londres, les poids de six poches de
musc de Chine qui pesaient ensemble 37 drachmes et 15 grains (poids-
troy), ou 144 grammes 71 centigrammes, et qui ont fourni 64 gram
13 centigr. de musc hors vessie (1), ou 43,61 pour 100; tandis que six
poches de musc de Chine, que j'ai vidées à différentes époques, m'ont
donné les résultats suivants :

	Entières.		Musc hors vessie.
	gr		gr
2 poches ensemble	67,06	. . . .	43,95
2 — —	49,80	. . . .	37,76
1 —	32,23	. . . .	23,44
1 —	42,31	. . . .	31,25
Total.	191,40	. . . .	136,40
Moyenne . .	31,90	. . . .	22,73

Rapports : 100 : 71,27 ou 7 : 5.

Ces poches étaient plus fortes que celles mentionnées par M. Pereira
et m'ont offert un produit beaucoup plus avantageux. Il est vrai que
tout en ayant soin de ne prendre que des poches de très bonne qualité,
je choisissais celles qui devaient m'être le plus profitables.

Musc falsifié. Le musc, en raison de son prix élevé, est très sujet à
être falsifié, même en Chine : on y introduit des grains de plomb ou de
petits morceaux de fer, ou bien on y mêle du sang desséché, du sel ammo-
niac et un peu de potasse, quelquefois même du tabac à priser. Tantôt ce
musc falsifié est introduit dans des poches vides, dont on recoud tout autour
la peau ventrale avec un fil fin; et je pose pour première règle qu'il ne

_____

(1) Moyenne pour une poche : entière, 24gr,12 ; — hors vessie, 10gr,52.
Rapport approché, 7 : 3.

faut acheter que des poches qui n'aient pas été recousues sur le bord ; tantôt le musc falsifié est renfermé dans une fausse poche, fabriquée avec un morceau de la peau du chevrotain (fig. 463). Alors ces poches n'offrent pas la disposition centripète des poils des poches véritables, ni le pinceau roux cachant l'ouverture naturelle du musc. On trouve enfin quelquefois des poches de musc ovoïdes ou presque globuleuses, formées par un morceau de peau noirâtre, n'offrant que des vestiges de poils de porte-musc, replié sur lui-même et cousu suivant une ligne sinueuse qui parcourt sa surface, enfin

Fig. 463.

ne présentant aucune distinction de face supérieure ni inférieure. Ce musc est toujours de très mauvaise qualité et doit être rejeté.

Le musc de Chine sorti de sa poche est mou, grumeleux, d'un brun noirâtre, mélangé de quelques poils courts, qu'il faut en retirer avec une petite pince avant de l'employer comme médicament. Il possède une odeur très forte, toujours un peu ammoniacale (1) ; il ne doit pas être trop humide et ne doit présenter aucun corps dur sous le doigt, ou lorsqu'on l'écrase sur une feuille de papier, qu'il colore en brun rougeâtre ; il est aux trois quarts soluble dans l'eau et lui donne une couleur brune rougeâtre. La teinture de noix de galle et l'acétate de plomb précipitent la dissolution, mais non le deuto-chlorure de mercure. L'acide nitrique affaibli la rend presque incolore.

Analyse chimique. M. Blondeau et moi avons fait, en 1820, une analyse du musc tonquin dont voici les résultats :

(1) C'est un fait assez remarquable, que l'odeur du musc disparaît par l'addition de quelques substances, telles que le soufre doré d'antimoine et les amandes amères. Elle disparaît aussi complétement lorsqu'il est entièrement desséché au moyen du chlorure de calcium fondu. Je regarde plutôt comme nuisible qu'utile cette disparition d'odeur, dans l'application médicale.

Produits obtenus

Par la dessiccation. $\begin{cases} \text{Eau.} \dots \dots \dots \dots \dots \quad \textbf{46,925} \\ \text{Ammoniaque.} \dots \dots \dots \dots \quad \textbf{0,325} \end{cases}$

Par l'éther. . . . . $\left.\begin{cases} \text{Suif solide (\textit{stéarine}).} \\ \text{Suif liquide (\textit{élaïne}).} \\ \text{Cholestérine.} \\ \text{Huile acide combinée à l'ammo-} \\ \quad \text{niaque.} \\ \text{Huile volatile.} \\ \text{Une trace d'un acide soluble} \\ \quad \text{dans l'eau ?} \end{cases}\right\}$ **13,000**

Par l'alcool . . . . $\left.\begin{cases} \text{Cholestérine.} \\ \text{Huile acide combinée à l'ammo-} \\ \quad \text{niaque.} \\ \text{Huile volatile.} \\ \text{Chlorhydrates d'ammoniaque ,} \\ \quad \text{de potasse et de chaux.} \\ \text{Acide indéterminé en partie sa-} \\ \quad \text{turé par les mêmes bases.} \end{cases}\right\}$ **6,000**

Par l'eau. . . . . . $\left.\begin{cases} \text{Chlorhydrates d'ammoniaque ,} \\ \quad \text{de potasse et de chaux.} \\ \text{Acide indéterminé en partie sa-} \\ \quad \text{turé par les mêmes bases ?} \\ \text{Gélatine.} \\ \text{Matière très carbonée , très so-} \\ \quad \text{luble dans l'eau , insoluble} \\ \quad \text{dans l'alcool.} \\ \text{Sel calcaire soluble , à acide} \\ \quad \text{combustible.} \\ \text{Phosphate de chaux.} \end{cases}\right\}$ **19,000**

Par l'ammoniaque. $\begin{cases} \text{Albumine.} \\ \text{Phosphate de chaux.} \end{cases}$ **12,000**

Résidu. . . . . . $\left.\begin{cases} \text{Fibrine.} \\ \text{Carbonate de chaux.} \\ \text{Phosphate de chaux.} \\ \text{Poils mêlés au musc.} \\ \text{Sable} \dots \dots \dots \dots \quad \text{0,05} \end{cases}\right\}$ **2,750**

$$\overline{\text{100,000}}$$

« En partant des résultats de cette analyse, dans quel genre de fluides animaux convient-il de ranger le musc ? Sera-ce parmi les sécrétions proprement dites, c'est-à-dire, parmi les fluides destinés à être réabsorbés, et à remplir un rôle ultérieur dans l'économie animale ? ou bien le mettra-t-on au nombre des excrétions qui, séparées des premières sous l'influence du principe vital, ne peuvent plus servir à la nutrition des individus, et sont constamment repoussées à l'extérieur ? M. Berzelius admet que toutes les sécrétions sont alcalines et toutes les excrétions acides (*Ann. de chim.*, t. LXXXVI, p. 115). Cette règle ne peut être appliquée au musc dont plusieurs principes ont évidemment subi une altération profonde pendant l'intervalle de temps qu'il met à parvenir jusqu'à nous. Il faut donc s'appuyer sur d'autres considérations. Il semble que les excrétions doivent être privées de gélatine et d'albumine, tandis que les sécrétions peuvent contenir l'un ou l'autre de ces principes, ou tous les deux. C'est ainsi que l'humeur de la transpiration humaine ne contient qu'une petite quantité d'acide acétique ou lactique, quelques sels et une huile odorante fétide ; et que la lymphe, l'humeur des articulations et la bile, contiennent de l'albumine. Or le musc se refuse encore à cette classification ; car s'il a, d'une part, une grande analogie avec l'humeur de la transpiration, par son huile odorante qui nous a quelquefois offert l'odeur même du bouc, d'une autre il se rapproche du sang et des parties solides organiques par la fibrine, la gélatine et l'albumine que son analyse nous présente, ou tout au moins par l'albumine, si l'on suppose que la fibrine et la gélatine, qu'il ne contient d'ailleurs qu'en petite quantité, proviennent des membranes renfermées dans son intérieur. D'un troisième côté, enfin, il touche aux concrétions morbifiques par son phosphate de chaux, son carbonate de chaux, et sa cholestérine, matiere composante des calculs biliaires de l'homme, et que M. Lassaigne a déjà trouvée dans une concrétion cérébrale tirée d'un cheval. » (*Ann. de phys. et de chim.*, t. IX, p. 327.)

« Cette même analyse nous conduit à une autre remarque, qui est l'altération que le musc éprouve à l'aide du temps, avant d'être appliqué à l'usage médical ; altération que l'on peut assimiler à celle qu'éprouvent les cadavres enfouis en masse dans la terre, et qui a été si bien décrite par Fourcroy.

» Le musc étant d'un très haut prix, les marchands ont intérêt à ce qu'il augmente de poids, plutôt que d'en perdre. Ils le conservent donc alternativement dans des lieux humides, et dans des vases hermétiquement bouchés, qui retiennent l'humidité dont il s'est chargé. Mais on conçoit que le musc, placé dans de pareilles circonstances, éprouve bientôt une altération qui porte surtout sur les principes azotés, et que l'ammoniaque, qui est un des produits de cette altération, étant forcée de rester dans la masse, réagit à son tour sur le suif, et le convertit en partie en graisse acide, formant avec elle une combinaison semblable au gras des cadavres. Tous les muscs n'offrent pas cette altération au même degré, mais ils la présentent cependant, et les médecins doivent compter employer, non le musc naturel, mais bien celui qui a été ainsi altéré. Nous ne croyons pas que cette connaissance doive les éloigner d'employer un médicament énergique dans plusieurs circonstances ; car l'altération dont nous parlons ne porte que sur l'albumine, la gélatine et la fibrine, substances inertes, et les remplace en partie par de l'ammoniaque réduite à l'état savonneux, dont l'effet d'ailleurs, a dû entrer de tout temps dans les propriétés médicales qui ont été reconnues au musc. Nous pensons que l'autre produit de la décomposition des matières azotées ci-dessus nommées est la matière très carbonnée et non azotée précédemment décrite : cette matière est probablement inerte comme celles qui lui ont donné naissance, et ne doit rien changer aux propriétés du musc. » (*Journ. de pharm.*, t. VI, p. 105.)

Le musc est un puissant tonique et excitant. Les parfumeurs aussi en font un très grand usage.

Les RUMINANTS A CORNES OSSEUSES ET CADUQUES ne composent qu'un seul genre, qui est celui des *cerfs*. Ces animaux sont en général remarquables par l'élégance de leurs formes et la rapidité de leur course. Les mâles ont la tête armée de cornes rameuses nommées *bois*, qui tombent et se renouvellent chaque année. Les femelles en sont dépourvues, excepté dans la seule espèce du renne.

Le mode de formation et de renouvellement de ces cornes est très simple. A un certain âge, ordinairement lorsque le jeune animal cesse de teter sa mère, il se forme, de chaque côté de l'os frontal, une proéminence légère recouverte de la peau, et où un grand nombre de vaisseaux se répandent, car on y sent une vive chaleur. Bientôt cette proéminence s'accroît, en soulevant avec elle la peau qui la recouvre; mais quelques mois plus tard, il se forme à la base du prolongement osseux un cercle de tubercules qui, en grossissant, comprime les vaisseaux nourriciers et les oblitère. D'abord la peau se dessèche et se déchire en lambeaux; le bois mis à nu se détache à son tour de la base et tombe. Une petite hémorrhagie suit ordinairement, mais après vingt-quatre heures les vaisseaux qui répandaient le sang sont fermés, une mince pellicule recouvre toute la plaie et la production d'un nouveau bois commence immédiatement. Ce nouveau bois acquiert généralement de plus grandes dimensions que celui auquel il succède, et le nombre des branches est aussi plus considérable; mais sa durée n'est pas plus grande et il se renouvelle toujours chaque année.

On peut diviser les cerfs en deux tribus, suivant que les divisions de leur bois sont rondes ou aplaties. Trois espèces seulement les ont aplaties : ce sont l'*élan*, le *renne* et le *daim*. Tous les autres, parmi lesquels se trouvent les vrais *cerfs* et les *chevreuils*, ont les bois arrondis.

L'**élan** (*cervus alces* L.) est le plus grand des animaux de ce genre; il égale presque la taille du cheval. Il manque de dents canines et de mufle; ses bois s'écartent de la tête et forment deux grandes lames aplaties et profondément dentelées (fig. 464), dont le poids s'élève quelquefois à 25 kilogrammes. Pour supporter un tel poids, l'élan a reçu un cou plus court et plus

Fig. 464.

robuste que les autres cerfs, et qui lui donne un air beaucoup moins élancé, moins noble et même disgracieux. Il a les jambes élevées,

surtout celles de devant, ce qui le force à les écarter ou à se mettre à genoux lorsqu'il veut paître à terre. Son poil est grossier et cassant; celui de la nuque et du garrot est beaucoup plus long et forme une épaisse crinière, et l'animal porte sous la gorge une proéminence ou pendeloque couverte de longs poils noirs.

L'élan habite les forêts marécageuses dans le nord des deux continents. Il est très sauvage et paisible, à moins qu'il ne soit irrité; alors sa force le rend très dangereux. Comme il lui arrive quelquefois de tomber en fuyant les chasseurs, et qu'alors on a cru voir qu'il s'introduisait le bout du pied gauche dans l'oreille, on en a conclu qu'il était sujet à des attaques d'épilepsie dont il se délivrait par ce moyen, et par suite que le sabot de ce pied gauche, pris à l'intérieur, était efficace pour guérir l'homme de cette terrible maladie. L'origine des propriétés médicales d'un grand nombre de substances autrefois usitées n'est souvent pas mieux fondée.

On trouve encore dans le commerce le sabot de l'élan, avec le bas du pied de derrière de l'animal, réduit aux deux grands doigts moyens ongulés, accompagnés par derrière et de chaque côté d'un doigt beaucoup plus court qui ne posait pas à terre, ainsi que cela a lieu dans toute la famille des ruminants. Le poil des doigts est assez court et roussâtre; les ongles sont noirs, de la nature de la corne, et celui du côté intérieur est constamment plus allongé que l'autre.

Le **renne** (*cervus tarandus* L.) manque de dents canines et de mufle. La femelle, ainsi que le mâle, porte des bois ramifiés dont les andouillers et les empaumures sont palmés (fig. 465). Il est à peu près de la taille du cerf; mais il est plus trapu, pourvu de jambes plus fortes et plus courtes, et son poil laineux, qui est brun foncé au commencement de l'année, devient presque blanc aux jours caniculaires. Il habite les contrées glacées des deux continents et constitue la principale richesse des Lapons, auxquels il sert de bête de somme et de trait, et qui trouvent dans

Fig. 465.

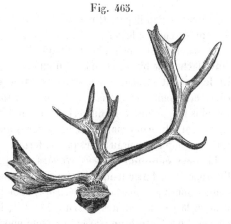

son lait et dans sa chair une nourriture substantielle, et dans sa peau un vêtement chaud et solide. La nourriture des rennes consiste principalement en une espèce de lichen nommé à cause de cela *lichen rangiferus* L. (*cenomyce rangiferina* Ach.), qui est presque la seule production végétale qui se développe pendant le long hiver des régions polaires.

Le **daim** (*cervus dama* L.) habite l'Europe tempérée et méridionale, une grande partie de l'Asie et se trouve aussi en Abyssinie. Il présente, chez le mâle seulement, des bois divergents, à base ronde avec un andouiller pointu, aplatis et dentelés en dehors dans le reste de leur longueur (fig. 466). C'est le *platyceros* de Pline, et non son *dama*, qui

Fig. 466   Fig. 467.

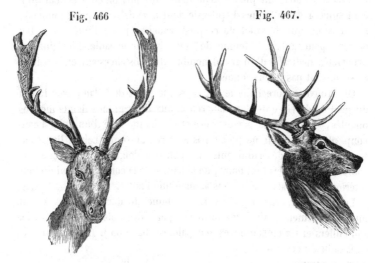

appartient aux antilopes. Il n'a pas de dents canines, mais il est pourvu d'un mufle comme le cerf.

Le daim est un peu plus petit que le cerf; il est en été d'un brun fauve tacheté de blanc, et en hiver d'un brun foncé uniforme. Cependant les fesses sont blanches en tout temps, avec une raie noire de chaque côté, et le ventre et l'intérieur des cuisses sont blanchâtres. La queue est plus longue que celle du cerf, noire en dessus, blanche en dessous. Les mœurs du daim sont analogues à celles du cerf. On en connaît une variété d'un brun noirâtre presque uniforme.

Le **cerf commun** (*cervus elaphus* L.) habite les forêts de toute l'Europe et de l'Asie tempérée, jusqu'au Japon. Le mâle est pourvu de dents canines à la mâchoire supérieure, et de bois ronds et ramifiés. Le mâle et la femelle adultes ont en été le dos, les flancs et le dehors des cuisses d'un fauve brun, avec une ligne noirâtre régnant tout le long de l'épine, et garnie de chaque côté de petites taches fauve pâle. En hiver, ces parties sont d'un gris brun uniforme. La croupe et la queue sont, en tout temps, d'un fauve beaucoup plus pâle. Le petit, âgé de moins de six mois, nommé *faon*, a tout le corps parsemé de petites taches blanches. A six mois environ, deux bosses commencent à se montrer sur le front du mâle ; mais ce n'est que pendant la seconde année que les bois se développent, sous la forme de tiges simples qui portent le nom de *dagues*. L'année suivante les branches ou *andouillers* se forment sur la face antérieure de la tige principale, nommée *perche* ou *merrain* ; enfin, pendant la quatrième année, les bois se couronnent d'une *empaumure* un peu élargie, divisée en plusieurs pointes (fig. 467). C'est au printemps qu'a lieu la chute de ces bois ; les vieux cerfs les mettent bas les premiers, vers le mois de février, et les plus jeunes en mars, avril ou mai. Tous se cachent alors dans les taillis, d'où ils ne sortent que lorsqu'ils ont la tête ornée d'un bois nouveau qui n'est complète- ment développé et durci que dans le courant d'août. Peu après com- mence la saison du rut, qui est pour le cerf un temps d'excitation et de fureur presque incroyable. Après cette époque, le cerf est d'une fai- blesse extrême et se retire dans les lieux abondants pour se refaire. Pendant l'hiver, les mâles et les femelles se réunissent en grandes troupes. La biche porte huit mois et met bas en mai ou juin. Elle a le plus grand soin de son faon, et si des chiens le poursuivent, elle se présente et se fait chasser elle-même pour les éloigner, et vient ensuite le rejoindre.

La chasse du cerf a fait de tout temps l'exercice des guerriers et l'amusement des hommes puissants. Sa chair est peu estimée, mais sa peau est recherchée pour la chamoiserie : ses bois constituent une sorte d'ivoire commun dont la coutellerie fait un assez grand usage.

Ces bois, principalement composés, comme les os, de phosphate de chaux, de carbonate de chaux et de gélatine, mais sans graisse, sont aussi usités en pharmacie sous le nom de *corne de cerf*. On les râpe et on les fait bouillir dans l'eau pour en faire des gelées, ou bien on les calcine au blanc, on les porphyrise ensuite, et l'on en forme des tro- chisques. On emploie également l'huile empyreumatique et l'esprit ammoniacal qui proviennent de leur décomposition dans une cornue.

Le commerce nous offre la corne de cerf sous deux formes : 1° sous celle de *cornichons*, qui sont les extrémités des andouillers ; on les des- tine à la calcination ; 2° *râpée :* celle-ci est sujette à être falsifiée avec des os de bœuf. Cette substitution est même tellement reçue, qu'on distingue deux sortes de corne de cerf râpée : *la grise*, qui est la véri- table, et *la blanche*, qui n'est formée que d'os râpés. A moins donc que d'insister pour avoir de la corne de cerf grise, on vous donnera des os râpés avec autant d'assurance et de repos de conscience qu'on vous livrera une autre fois du sulfate de soude sur une demande de sel

d'Epsom, par la raison qu'à force de substituer le premier au second,
on a fini par lui donner le nom absurde de *sel d'Epsom de Lorraine*,
et qu'il est devenu par là, aux yeux de bien des gens, une espèce de
sel d'Epsom.

On employait autrefois la graisse et la moelle de cerf; on pourrait le
faire encore, si l'on était certain de les avoir pures et en bon état;
faute de cette assurance, il n'y a pas d'inconvénient à les remplacer par
de la graisse et de la moelle de bœuf.

On employait également ce qu'on nommait l'*os de cœur de cerf*,
qui n'est autre chose que la crosse de l'aorte endurcie et presque ossi-
fiée dans les vieux cerfs ; elle est tout à fait oubliée.

Le **cerf du Canada** n'est probablement qu'une variété de notre cerf
commun ; il est d'un quart plus grand, et ses bois, qui sont très développés, n'offrent pas d'empaumure élargie à l'extrémité. Le **cerf de la
Louisiane** est au contraire plus petit que le nôtre; il a les bois plus
courts et courbés en arc de cercle en dedans et en avant. L'Inde possède aussi plusieurs espèces de cerf dont une très élégante, nommée
axis, ressemble beaucoup au daim par sa taille, sa livrée de taches
blanches répandues sur tout le corps, et la longueur de sa queue ; d'un
autre côté, l'axis se rapproche du cerf par ses bois ronds, mais il s'en
distingue parce qu'il ne porte jamais qu'un andouiller à la base de la
perche et un second vers l'extrémité. Ces bois se trouvent dans le commerce et peuvent être employés comme ceux du cerf.

Le **chevreuil** est le plus petit des cerfs d'Europe. Ses bois, peu développés, s'élèvent perpendiculairement sur la tête, sont ronds et ne

Fig. 468.

portent qu'un andouiller très court aux extrémités (fig. 468). Il est ordinairement d'un brun
roux. Il vit par couples dans les forêts élevées de
l'Europe tempérée, entre en rut en novembre,
perd son bois en décembre, et se refait pendant
l'hiver. La chevrette porte cinq mois et demi,
et met bas deux petits, l'un mâle, l'autre femelle, qui restent avec leurs parents jusqu'à ce
qu'ils aient eux-mêmes une famille. La chair du
chevreuil est très estimée.

La **girafe** (*camelopardalis girafa* L.) constitue à elle seule une des divisions de la famille
des ruminants, caractérisée par deux petites cornes coniques, persistantes et toujours recouvertes par une peau velue. Leur noyau
osseux est d'abord articulé par une suture sur l'os frontal; mais il
finit par s'y souder. Au milieu du chanfrein est un tubercule que l'on
doit considérer comme une troisième corne, plus large et beaucoup plus

courte que les deux autres. Cet animal est d'ailleurs un des plus remarquables qui existent, par la hauteur disproportionnée de ses jambes de devant et la longueur de son cou, qui élèvent sa petite tête à environ 6 mètres du sol. Son pelage est ras, lisse et de couleur grise, tout parsemé de taches anguleuses fauves. Il porte sur le cou une petite crinière grise ou fauve. Il habite les déserts de l'Afrique, où il se nourrit de feuilles d'arbres. Il est d'un naturel fort doux et vit par petites troupes de cinq ou six individus. Il fuit avec une grande vitesse devant le danger, mais se défend par des ruades vigoureuses si la fuite lui est impossible.

Les RUMINANTS A CORNES CREUSES NON CADUQUES sont très nombreux et renferment ceux dont l'homme civilisé fait sa principale nourriture. Leurs cornes sont principalement composées d'une gaîne élastique, formée de poils agglutinés, de même que le sabot de leurs pieds, et constituant la substance qui porte spécialement aussi le nom de *corne*. Ces cornes se développent sur deux protubérances de l'os frontal, et la principale différence d'organisation observée dans cette famille dépend de la structure de ces protubérances qui, dans le genre *antilope*, sont solides et sans cavités apparentes, tandis que dans les genres ou sous-genres *chèvre*, *mouton* et *bœuf*, ces protubérances ou chevilles osseuses présentent des cavités qui communiquent avec les sinus frontaux.

Les **antilopes** ressemblent pour la plupart aux cerfs, par l'élégance de leur taille et la vitesse de leur course. On en connaît un grand nombre d'espèces répandues par toute l'Afrique et dans une grande partie de l'Asie, où elles servent de pâture au lion, à la panthère, au tigre et aux autres forts carnassiers. Les principales espèces sont :

La **gazelle commune d'Afrique** (*antilope dorcas* L.; Buff., t. XII, pl. 23). Elle a la forme élégante du chevreuil, et la douceur de son regard fournit une comparaison sans cesse renaissante à la poésie galante des Arabes. Elle a les cornes rondes, grosses, noires, annelées, pointues et à double courbure. La *corinne*, le *kevel* et l'*ahu* de Kæmpfer en diffèrent très peu.

Le **saïga** (*antilope saïga* Pall., *colus* de Strabon), habite la Sibérie méridionale, la Russie, la Pologne, la Hongrie, la Moldavie et la Valachie. Il est grand comme un daim et a les cornes de la gazelle, mais jaunâtres et transparentes. Son museau cartilagineux, gros et bombé, le force à brouter en rétrogradant, comme l'élan. Il se réunit quelquefois en troupes de plus de dix mille.

L'**antilope des Indes** (*ant. cervicapra* Pall.; Buff., *Suppl.*, t. VI, pl. 18 et 19). Elle est très semblable à la gazelle, mais grande comme un daim et pourvue de cornes rougeâtres, à 3 ou 4 courbures. La femelle n'en porte pas.

Le **bubale des anciens** (*ant. bubalis* L. ; Buff., *Suppl.*, t. VI, pl. 14).
Il est commun en Barbarie. Il est de la taille d'un cerf, mais il a les
proportions plus lourdes, la tête plus longue et plus grosse, le pelage
fauve, excepté le bout de la queue, qui est terminé par un amas de poils
noirs. Ses cornes sont annelées, à double courbure dirigée en sens contraire des précédentes, avec la pointe brusquement tournée en arrière.
Le **caama**, ou *cerf du Cap* des Hollandais, en diffère peu.

L'**antilope à longues cornes droites** (Buff., *Suppl.*, t. VI, pl. 17).
Cet animal habite l'Afrique, au nord du cap de Bonne-Espérance. Il est
grand comme un cerf. Ses cornes sont noires, grêles, presque droites,
longues de 60 à 100 centimètres, annelées en spirales interrompues dans
leur moitié inférieure, presque unies dans l'autre moitié, et très aiguës
à la pointe. Ce doit être une arme fort dangereuse. La femelle en porte
de semblables, mais plus petites. Le même animal ou une espèce très
voisine, décrite par Pallas sous le nom d'*antilope oryx*, se trouve au
Thibet. C'est lui qui, ayant perdu accidentellement une de ses cornes, a
été décrit par les anciens naturalistes sous le nom de *licorne*.

L'**antilope à longues cornes courbes**, ou l'algazel (*antilope ga-
zella* L. ; *ant. leucoryx* Lichtenst.). Cette espèce habite l'Afrique septentrionale, depuis la Nubie jusqu'au Sénégal. Ses cornes ne diffèrent
de celles de la précédente que parce qu'elles sont courbées en un arc
de cercle tel que, pour une corde de 73 centimètres, la distance de la
corde au milieu de l'arc est de 12 centimètres (1). Cet animal est probablement l'*oryx* des anciens.

Le **coudous** (*antilope strepsiceros* Pall.). Ce bel animal se trouve représenté par Buffon, dans son *Supplément*, t. VI, pl. 13. Il est grand
comme un cerf, d'un gris brun rayé de blanc, et le mâle seul porte une
paire de cornes longues de 1 mètre (Buff., *Hist. nat.*, t. XII, pl. 39),
lisses, à triple courbure, avec une seule arête longitudinale légèrement
spirale. Il a une petite barbe sous le menton et une crinière le long de
l'épine. Il vit isolé au nord du cap de Bonne-Espérance.

Le **nylgau** (*ant. picta* Gmel. ; Buff., *Suppl.*, t. VI, pl. 10 et 11).
Grand comme un cerf et plus ; des cornes très courtes, unies, coniques,
courbées en avant ; un bouquet de barbe sous le milieu du cou ; des
doubles anneaux noirs et blancs fort tranchés aux quatre pieds, immédiatement au-dessus des sabots. La femelle n'a pas de cornes. Il habite
les Indes.

Le **gnou** (*antilope gnu* Gmel. ; Buff., *Suppl.*, t. VI, pl. 8 et 9).

(1) Une autre corne d'algazel, dont la corde a 88 centimètres, présente 15 centimètres de perpendiculaire au milieu ; une corne d'oryx du
Cap, dont la corne a 99 centimètres, ne présente que 6,7 de perpendiculaire.

Animal fort singulier, vivant dans les montagnes, au nord du Cap. Il a le corps et la croupe d'un petit cheval, avec une queue garnie de longs poils blancs, une crinière redressée sur le cou, une autre crinière sous la gorge et sous le fanon, un cercle de cils blancs autour des yeux et une garniture de longs poils tout autour du museau. Les deux sexes ont des cornes dirigées d'abord en avant, puis brusquement recourbées vers le haut.

Le **chamois** (*antilope rupicapra* L.; Buff., t. XII, pl. 16). C'est le seul ruminant propre à l'Europe que l'on puisse assimiler aux antilopes; car le saïga, qui en habite les parties orientales, paraît y être venu de la Sibérie. Le chamois est de la taille d'une grande chèvre; il a le pelage brun foncé, avec une bande noire descendant de l'œil vers le museau. Ses cornes sont droites avec une pointe subitement recourbée en arrière comme un hameçon (fig. 469). Il habite les Alpes et les Pyrénées, où il porte le nom d'*ysard*. Il court avec la plus grande facilité sur les

Fig. 469.

pentes les plus escarpées, et franchit les précipices en bondissant de rocher en rocher. Aussi sa chasse est-elle très pénible et souvent dangereuse. Sa chair passe pour être bonne à manger, tandis qu'elle serait malsaine, suivant d'autres. Il fournit un suif de bonne qualité, et sa peau débourrée, parée et foulée à l'huile, dans l'art du *chamoiseur*, présente quelques qualités particulières et une grande souplesse. Elle est surtout propre à passer le mercure que l'on veut débarrasser de ses impuretés, ou séparer des amalgames produits dans l'exploitation des métaux précieux.

Les **chèvres** et les **moutons** constituent non seulement un seul genre, mais sont formés d'espèces tellement voisines, que celles ci peuvent toutes produire ensemble des métis féconds, ce qui, joint à l'état de domesticité où la plupart ont été réduites, en multiplie beaucoup les variétés et rend la filiation des races difficile à établir. Quatre espèces primitives et sauvages, particulières à certaines contrées, paraissent cependant avoir produit toutes les races de chèvres et de moutons. Ce sont, pour les chèvres, l'*ægagre* et le *bouquetin*, et, pour les moutons, l'*argali* et le *mouflon*.

Les **chèvres** ont pour caractères particuliers : des cornes comprimées, dirigées en haut et en arrière, ridées transversalement; le chanfrein droit ou concave(1); le menton généralement garni d'une longue barbe.

_____

(1) Le *chanfrein* est le devant de la tête, depuis les yeux jusqu'aux naseaux.

L'**ægagre** (*capra ægagrus* Gm.) paraît être la souche de nos chèvres domestiques, dont il offre la taille et les allures ; mais il est d'un gris roussâtre en dessus, avec une ligne dorsale noire et la queue noire. La tête est pareillement noire en avant et rousse sur les côtés. La gorge et la barbe sont brunes. Le mâle, ou le *bouc*, a les cornes très grandes et fortement arquées en arrière, *sans retour sur les côtés*. Elles sont tranchantes par-devant, arrondies sur leur face postérieure, avec des anneaux transversaux très marqués. La femelle a des cornes très petites ou nulles. Cet animal habite par troupes les montagnes du Caucase, de l'Arménie, de la Perse et du Thibet. Les Persans le nomment *pasén* et attribuent de grandes propriétés à une concrétion résineuse formée dans ses intestins ; je la décrirai plus loin sous le nom de *bézoard oriental*.

Quelques personnes ont pensé que l'ægagre se trouvait également sur les montagnes d'Europe, et l'on voit souvent en effet, à la tête des troupeaux de chèvres qui paissent sur les Alpes et les Pyrénées, quelques individus d'une espèce plus grande, qui offrent les caractères de l'ægagre ; mais il y a lieu de croire que ce sont des métis nés du bouquetin et de la chèvre.

La **chèvre domestique** (*capra hircus* L.), bien représentée par Buffon (t. V, pl. 8 et 9), diffère de l'ægagre par ses cornes qui, après s'être élevées en se courbant en arrière, comme dans l'ægagre se recourbent horizontalement en dehors et un peu en avant, de manière à figurer un commencement de spirale (fig. 470). Elles sont arrondies sur chaque face et sur le bord postérieur et extérieur ; mais le bord antérieur est tranchant, inégal et quelquefois tuberculeux d'espace en espace. La sur-

Fig. 470.

Fig. 471.

face de ces cornes est marquée sur presque toute leur longueur d'annelures transversales, ondoyantes et très rapprochées. La femelle, ou la *chèvre* proprement dite, a souvent des cornes comme le bouc, mais elle les a moins fortes et moins grandes, et elle peut en manquer complétement (fig. 471). Les couleurs les plus ordinaires du bouc et de la chèvre sont le blanc et le noir, et il y en a de blancs et de noirs en entier; mais le plus grand nombre sont en partie noirs et blancs. Le poil est dur et de longueur inégale sur les différentes parties du corps. Ces animaux, malgré leur état de domesticité, ont conservé les allures de l'état sauvage ; ils sont vifs, alertes, capricieux, vagabonds, et aiment à grimper sur les endroits élevés. Ils ne prospèrent pas dans les pays de plaine et recherchent les pâturages secs et montueux ; ils ébourgeonnent aussi les arbres et leur causent un grand préjudice. La chèvre, lorsqu'elle est bien nourrie, donne beaucoup de lait proportionnellement à sa grosseur. Ce liquide a un goût particulier et ne produit qu'un beurre d'une qualité médiocre; mais on l'emploie avec avantage à la fabrication des fromages. On ne mange guère que la chair du chevreau; la peau de chèvre sert à faire du maroquin et du parchemin. Les outres dont on se sert dans les pays chauds pour contenir de l'eau, du vin et de l'huile, se font ordinairement en peau de bouc.

La domesticité et le croisement des races ont apporté de grands changements chez ces animaux. La chèvre commune a conservé les oreilles droites et mobiles ; mais la *chèvre mambrine* ou *de Syrie* les a très allongées et pendantes, avec les cornes très courtes et le poil fauve et court. La *chèvre d'Angora* a les oreilles pendantes également ; mais le mâle a les cornes très grandes et contournées en spirales cylindriques (en tire-bourre) qui s'écartent horizontalement de la tête, et la femelle les a plus courtes, réduites à former un seul cercle ou tour de spire, qui vient se terminer en avant, tout auprès de l'œil (Buffon, t. V, pl. 10 et 11). Mais ce qui donne du prix à cette variété, c'est son poil très long, très fin, ondoyant et lustré comme la soie, et dont on fait de très belles étoffes. Les *chèvres du Thibet*, dites *de Cachemire*, et celles du pays des Kirgis, qui ont été introduites en France en 1819, par les soins de M. Amédée Jaubert, sont encore plus précieuses sous ce rapport. Il ne paraît pas, malheureusement, que ces chèvres se soient répandues en France, ni qu'elles aient exercé une influence avantageuse sur notre race indigène.

Le **bouquetin**, ou bouc-estain (1) (*capra ibex* L.), habite les sommets les plus escarpés des Alpes. Il est de la taille d'un bouc ordinaire, couvert d'un poil gris fauve sur le dessus du corps, avec une bande noire sur toute l'épine du dos, jusqu'au bout de la queue; le dessous du corps est d'un blanc sale. Le mâle se distingue par la grandeur de ses cornes

(1) *Bouc-estain* signifie *bouc des rochers;* en allemand, *stein-bock.*

comparée à la sienne propre. Buffon en a fait figurer une paire ayant
89 centimètres de longueur ; mais celles qui existent à l'École n'ont que
72 centimètres pris suivant la courbure de l'arête interne de la face, et
42 centimètres pour la longueur de la corde. Elles ne sont guère séparées
sur le front que de l'épaisseur d'un doigt ; mais elles s'écartent insensi-
blement, en se recourbant en arrière et faiblement en dehors, de manière
à offrir à l'extrémité une ouverture de 69ᶜ,5. Elles ont 23ᶜ,5 de
tour à la base. Elles sont comprimées latéralement, plus en arrière
qu'en avant, et présentent une face antérieure rectangulaire, dont l'angle
interne est bien marqué par une arête saillante, et l'angle externe arrondi. Elles présentent des plis circulaires très nombreux et très rapprochés, qui, de distance en distance, prennent un plus grand développement et forment des saillies transversales, et plus haut, des tubercules
très proéminents. On compte ainsi 19 fortes saillies transversales tuberculeuses. La face postérieure des cornes est plus étroite que l'antérieure, beaucoup plus unie, arrondie des deux côtés, et finit en s'amin-
cissant par former une seule arête arrondie. Les deux cornes pèsent ensemble plus de 3 kilogrammes.

Le bouquetin de Crète, observé par Belon, diffère très peu du précédent, ainsi que le bouquetin du Caucase, dont les cornes sont cependant plutôt triangulaires que carrées, obtuses par-devant, mais du reste
semblables.

Le sang du bouquetin desséché était autrefois usité en médecine
comme antipleurétique. On le trouve encore dans le commerce, enfermé
dans de petites vessies qui ont la forme d'un saucisson. Il est noir, luisant, cassant et sans saveur. Il n'est plus employé.

Les **moutons** ont le chanfrein bombé, les cornes arrondies, ridées
et annelées, le menton non barbu. On les croit tous descendus de deux
races primitives, l'*argali de Sibérie* et le *mouflon de Corse*.

L'**argali de Sibérie** (*ovis ammon* L. ; Pall., *Spicilegia*, XI, 1,) porte
chez le mâle de très grosses cornes à base triangulaire, arrondies aux
angles, aplaties en avant, striées en travers, courbées en arrière et en
dehors, de manière à former un tour de spire presque complet, et à
venir se terminer près de l'œil. La femelle les a comprimées et en forme
de faux. Le poil d'été est ras et gris fauve ; celui d'hiver est épais, dur,
gris roussâtre. Cet animal habite les montagnes de toute l'Asie ; il est
grand comme un daim, et se rapproche plus par ses allures et son agilité du bouquetin que du mouton domestique.

Le **mouflon de Corse** (*ovis musimon* Pall.) était nommé par les
Latins *musmon* ou *musimon* ; les Sardes l'ont appelé *mufione*, et c'est de
l'une ou l'autre de ces appellations qu'est dérivé son nom actuel. Sa
taille est un peu plus grande et plus élancée que celle de nos moutons

domestiques. Sa toison de laine est courte et grisâtre, et disparaît sous un poil plus long, analogue à celui de la chèvre, fauve ou noirâtre; il a la queue courte, une crinière sous le cou, des cornes très grosses et arrondies qui se recourbent en demi-cercle et n'atteignent pas le garrot (le haut de l'épaule). La femelle n'a des cornes que rarement, et fort petites.

Le **mouton domestique** (1) (*ovis aries* L., fig. 472), au lieu d'avoir les formes sveltes et gracieuses et l'agilité des races sauvages, est lourd, indolent et presque dénué d'intelligence. Il présente un très grand nombre de variétés qui diffèrent par leur taille grande ou petite, par leurs cornes plus ou moins grandes, manquant chez la femelle ou dans les deux sexes; par leur laine commune ou fine, etc. Les variétés les plus recherchées pour leur toison sont celle du *mérinos d'Espagne*, à laine fine et crépue et à grandes cornes spirales chez le mâle, et celle *d'Angleterre*, à laine fine et longue. Les moutons des Indes et

Fig. 472.

de Guinée sont privés de cornes et ont la queue longue, les jambes élevées, le chanfrein très convexe, les oreilles pendantes, le poil ras. La race de Perse et de Tartarie a la queue entièrement transformée en un double globe de suif. Celle de Syrie et de Barbarie a la queue semblable, mais plus longue et quelquefois d'un poids si considérable, qu'on est obligé d'atteler l'animal à une brouette destinée à la supporter. Dans toutes deux, les oreilles sont pendantes, les cornes grosses aux béliers et la laine mêlée de poils.

Le mouton est précieux par sa chair, son suif, son lait, sa laine et son fumier. Les troupeaux qui en sont formés, étant bien employés, portent la fertilité partout. Sa peau, dépouillée de sa laine, a aussi d'importants usages. C'est avec elle que l'on prépare, suivant le procédé de fabrication, la *basane* qui couvre les livres reliés et les chaussures légères; la *peau blanche* qui sert à la confection des gants et à la doublure des souliers; le *parchemin*, le *vélin* et les peaux chamoisées et maroquinées, substituées souvent au chamois et au vrai maroquin.

(1) Le *mouton* est plus particulièrement le mâle châtré : mais comme c'est lui qui forme la plus grande partie des troupeaux, il a donné son nom à l'espèce; de même que la *chèvre*, composant la presque totalité des troupeaux de chèvres, a donné également son nom à l'espèce. Le mouton au-dessous d'un an porte le nom d'*agneau;* d'un an à deux, on le nomme *antenois;* le mâle adulte se nomme *bélier,* et la femelle *brebis.*

Les **bœufs** sont de grands animaux à mufle large, à taille trapue, à jambes robustes, dont les cornes sont dirigées de côté et reviennent ensuite, sous forme de croissants, en haut, en avant ou en arrière, suivant les variétés.

Le **bœuf commun** (1) (*bos taurus* L.) paraît avoir été naturellement répandu autrefois dans toutes les parties tempérées de l'ancien continent, mais il n'y existe plus aujourd'hui à l'état sauvage. Les anciens l'ont cependant connu à cet état et l'ont décrit sous le nom d'*urus*. Il a le front plat, plus haut que large, et les cornes rondes et coniques, placées aux deux extrémités de la ligne la plus élevée qui sépare le front de l'occiput. Dans les crânes fossiles qui paraissent avoir appartenu à la race sauvage, les cornes se recourbent en avant et vers le bas; mais dans les nombreuses variétés produites par la domesticité, elles ont des directions et des grandeurs bien différentes, quelquefois même elles manquent tout à fait.

Le bœuf commun a treize côtes et six vertèbres lombaires, comme la plupart des ruminants; sa tête est terminée par un large mufle, et la peau inférieure du cou, lâche et pendante, forme un grand pli, nommé *fanon*, qui se prolonge jusqu'à l'intervalle qui sépare les jambes de devant.

Il a le poil ras et couché sur la peau, à l'exception d'une petite crinière placée entre les cornes et sur la partie supérieure du cou. Il est le plus ordinairement de couleur fauve rougeâtre; mais il est souvent taché de noir et de blanc ou de couleur *pie*, et quelquefois tout noir ou tout blanc.

Le bœuf domestique s'est propagé en abondance dans les quatre parties du monde. Il s'est prodigieusement multiplié en Amérique, où il a été importé par les Espagnols, et il y est même retourné en partie à la vie sauvage. On en trouve dans l'Inde, dans la Perse, l'Arabie et dans dans toute l'Afrique au sud de l'Atlas, une variété nommée *zébu*, remarquable par une forte loupe graisseuse portée sur les épaules, et ces zébus peuvent différer considérablement par la taille, qui tantôt égale presque celle de notre bœuf, et tantôt ne dépasse pas celle du cochon. Tantôt également ils ont des cornes très grandes et solides, et d'autres fois ils en ont qui sont très petites, adhérentes seulement à la peau et mobiles, parce que l'axe osseux ne s'est pas développé. Les bœufs de nos climats diffèrent moins entre eux, quoiqu'ils offrent en-

---

(1) Le *bœuf* est proprement le mâle coupé; mais comme c'est lui qui domine dans les troupeaux, il a donné son nom à l'espèce et même à tout le genre. Le mâle se nomme *taureau*, la femelle *vache*, et, quand elle n'a pas encore été couverte, *génisse*; le petit se nomme *veau*.

core de grandes variations sous le rapport de la taille, de la grandeur et
de la direction des cornes, etc. Le bœuf ordinaire peut avoir de 2^m,20
à 2^m,45 de longueur en ligne droite, depuis l'extrémité du mufle jusqu'à
l'origine de la queue; 1^m,25 à 1^m,30 de hauteur aux épaules, 2 mètres
de circonférence derrière les jambes de devant, et il pèse, terme moyen,
350 kilogrammes. Mais, en France, les bœufs ne pèsent souvent que
250 kilogrammes, et l'on en a vu d'autres peser 1500 kilogrammes ou
davantage.

Les bœufs sont en général lents dans leurs mouvements et faciles à
conduire, mais leur force est considérable; la colère les rend furieux, et
leurs cornes, dont ils se font une arme puissante, les rendent alors très
dangereux. La vache est plus douce et susceptible d'attachement pour
les personnes qui la soignent; mais le taureau est toujours farouche et
très irascible. Aussi ne conserve-t-on entiers que ceux que l'on destine
à la propagation de l'espèce; tous les autres sont châtrés à l'âge de dix-
huit mois ou deux ans, puis employés aux travaux de l'agriculture pendant quelques années, et enfin engraissés pour être livrés au boucher.

Les vaches peuvent servir aux mêmes usages; mais, en général, on les
consacre exclusivement à la multiplication de l'espèce et à la production
du lait. Dans l'état demi-sauvage où elles se trouvent en quelques pays,
dans la Colombie, par exemple, les mamelles sont peu développées et le
lait se tarit aussitôt que le petit cesse de teter; mais dans l'état de domesticité, les mamelles prennent un volume considérable et continuent
à fournir du lait jusqu'au moment où la vache est près de vêler de
nouveau. La quantité qu'elle peut en fournir varie suivant l'âge, la race,
l'abondance de la nourriture, etc. C'est à l'âge de cinq ou six ans, et
dans les premiers mois qui suivent le part, qu'elle en donne le plus. Les
vaches ordinaires de nos campagnes en donnent près de 6 litres par
jour; les belles vaches suisses en fournissent de 10 à 11 litres, et celles
de la Frise jusqu'à 13 litres. La vache paraît n'avoir qu'une seule ma-
melle à quatre tetins (fig. 473), éloignée de la vulve de 60 centimètres
environ. Mais ces tetins sont disposés de manière que les deux
d'un même côté ne sont distants l'un de l'autre que de 5^c,5, tandis que
les deux postérieurs sont éloignés entre eux de 8 centimètres et les
deux antérieurs de 12 centimètres, ce qui

indique la connexion de deux mamelles collatérales portant chacune deux mamelons.
Cette distinction devient encore plus certaine à l'intérieur, où l'on trouve deux
glandes mammaires collatérales, réunies par
du tissu cellulaire, chaque glande mammaire

Fig. 473.

présentant à sa partie inférieure deux cavités qui répondent chacune à un tetin, et se terminent par un petit canal de 2 millimètres de diamètre (fig. 474).

L'aurochs, nommé par les anciens *bonasus* et *bison*, a passé pendant longtemps pour être la souche sauvage de nos bœufs domestiques; d'autant plus que le nom *urus* que les anciens donnaient au bœuf sauvage, aujourd'hui disparu, paraît être l'origine du nom *aurochs*. Mais les ossements fossiles du vrai bœuf sauvage, qui ont été trouvés en divers endroits de l'Europe, joints aux différences essentielles qui existent entre les squelettes du bœuf et de l'aurochs,

Fig. 474 (1).

montrent que celui-ci est une espèce très distincte du premier. L'aurochs a le front bombé, plus large que haut, et ses cornes sont attachées au-dessous de la crête occipitale. Il a une paire de côtes de plus et une vertèbre lombaire de moins; il a les jambes plus hautes, les cornes petites, la queue longue, et une crinière laineuse qui lui couvre la tête, toute l'encolure jusqu'aux épaules et le dessous de la mâchoire, le cou et le poitrail. Le mâle répand une forte odeur de musc. C'est un animal farouche, qui vivait autrefois dans toute l'Europe tempérée, mais qui n'existe plus aujourd'hui que dans les forêts marécageuses de la Lithuanie, de la Hongrie et du Caucase. C'est le plus grand des quadrupèdes propres à l'Europe; sa peau a deux fois l'épaisseur de celle du bœuf.

Le bison d'Amérique (*buffalo* des Américains) a beaucoup de rapport avec l'aurochs par sa grande taille (2), par sa tête couverte d'une longue laine crépue, ainsi que tout le cou, le poitrail et les épaules. Mais il a quinze paires de côtes, et quatre vertèbres lombaires seulement; il a le dos plus élevé et comme bossu à l'endroit des épaules, la croupe plus faible et la queue plus courte.

Le buffle est originaire de l'Inde, d'où il a passé, pendant le moyen

(1) Fig. 474. Tetin de vache ouvert, présentant une des cavités inférieures de la glande mammaire. Celle-ci est composée d'un nombre infini de granules mous d'une teinte jaunâtre ou rougeâtre, renfermant les dernières ramifications des vaisseaux sanguins et les premières des conduits lactifères. Ces conduits se réunissent peu à peu pour former huit ou dix conduits principaux *a a a*, qui viennent s'ouvrir dans la cavité du tetin.

c c c, Granules glanduleux; *d d*, tube conique du tetin, présentant un certain nombre de plis à sa surface interne; *e*, ouverture du tetin.

(2) Il a 3ᵐ,30 de longueur du bout du museau à l'origine de la queue, et pèse de 800 à 1000 kilogrammes.

âge, en Arabie, en Grèce et en Italie. Il a le front bombé, aussi large que haut, très épais. Ses cornes sont placées, comme dans le bœuf, aux deux extrémités de l'arête cervicale ; mais elles sont dirigées de côté et en arrière, et marquées en avant d'une arête longitudinale saillante. Il a le même nombre de côtes que le bœuf, la peau très épaisse et le poil très ras, excepté aux joues et à la gorge. Il aime les terrains marécageux et se nourrit de plantes grossières qui ne pourraient suffire au bœuf. Il est d'une force considérable, et très difficile à dompter.

Le **buffle du Cap** a les cornes très grandes, dirigées de côté et en avant, remontant de la pointe, aplaties, et tellement larges à leur base qu'elles recouvrent presque tout le front. C'est un très grand animal, d'un naturel excessivement féroce, qui habite les bois de la Cafrerie.

Le **bœuf musqué d'Amérique** (*bos moschatus* Gm.) a les cornes rapprochées et dirigées comme le précédent, mais se rencontrant sur le front par une ligne droite. Son front est bombé et le bout de son museau est garni de poils. Il est couvert d'un poil touffu qui pend jusqu'à terre. Il répand avec plus de force que tous les autres l'odeur musquée commune à tout le genre. On ne le voit que dans les parties les plus froides de l'Amérique septentrionale; mais on en a trouvé quelques ossements en Sibérie.

L'espèce du **bœuf domestique** ne se recommande pas seulement par les services qu'elle rend à l'agriculture, par le lait qu'elle fournit, et par sa chair qui, appliquée à la nourriture des nations européennes, est peut-être la cause première de leur suprématie numérique, intellectuelle et industrielle (1). Toutes les parties du bœuf sont utiles, et leur exploitation a créé un grand nombre d'industries que je ne puis qu'indiquer.

La *peau de bœuf* tannée, ou rendue imputrescible par la combinaison de l'acide tannique de l'écorce de chêne ou du sumac avec la substance gélatineuse qui la constitue presque entièrement, se change en *cuir fort*, qui forme la semelle de nos chaussures, et que l'on applique également à la carrosserie et à une multitude d'autres usages. Les peaux de vache et de veau fournissent des cuirs plus minces qui sont œuvrés, assouplis, imbibés de suif ou d'huile, teints en noir à l'aide du sulfate de fer, ou colorés de toute autre manière, ou laissés dans leur couleur naturelle, et appliqués de même à la confection des chaussures, à la carrosserie, à la sellerie, à la reliure des livres, etc. A Paris seulement, on tanne chaque année plus de 50000 peaux de bœufs ou de vaches, et plus de 60000 peaux de veaux. On évalue à plus de 36 millions la valeur des peaux employées annuellement en France par les tanneurs, et on estime que

(1) Il est évident que les Anglo-Américains font partie de la grande famille européenne.

leur conversion en cuir plus ou moins ouvré en double le prix ; mais toutes ces peaux ne proviennent pas du sol ; on en importe une grande quantité du Brésil, de Buenos-Ayres, de Russie, etc.

Les *poils* dont on dépouille ces peaux sont employés à divers usages : après les avoir filés, on en fait une étoffe grossière nommée *thibaude*, dont les rouliers se servent comme de manteau, et qui sert aussi à la doublure des tapis de pied.

La *corne* des bœufs, qui est formée d'une substance fibreuse, élastique, demi-transparente, de la même nature que les poils, est employée à faire des peignes et d'autres ouvrages de tabletterie. On la colore avec des sels métalliques pour lui donner l'apparence de l'écaille, ou bien on la décolore par le moyen du chlore, on la ramollit par une longue ébullition dans l'eau, on la soude et l'on en forme des masses comparables à l'agate, que l'on moule ou que l'on tourne pour en faire une foule d'ustensiles et d'objets d'ornement

La *membrane musculaire des petits intestins* sert aux boyaudiers pour faire des cordes pour les instruments de musique, et la membrane séreuse qui fixe ces intestins aux parois de l'abdomen, étant convenablement préparée, devient de la baudruche.

La *graisse de bœuf*, à laquelle on donne le nom de *suif*, est moins consistante à froid et un peu plus fusible que celle du mouton ; mais comme elle est beaucoup plus abondante, en raison du poids de l'animal, c'est elle qui forme la majeure partie du suif consommé par l'art du chandelier et aujourd'hui par le fabricant d'acide stéarique.

Le *sang de bœuf* récent est employé, à l'instar de l'albumine de l'œuf, pour la clarification des sirops de sucre, ou bien étant desséché, mélangé avec de la terre, il constitue un excellent engrais.

Les *os de bœuf* n'ont pas des applications moins variées ni moins importantes. Les plus gros, après avoir servi dans les cuisines, à la préparation du bouillon, sont livrés aux tourneurs et aux tabletiers qui en font des spatules, des manches de couteau, des étuis, des dominos, etc. C'est l'ivoire du peuple, comme la corne en est l'écaille. Les débris qui proviennent de cette fabrication, bien loin d'être perdus, servent à toutes les fabrications suivantes.

Les os ordinaires servent à la préparation de la gélatine. A cet effet, ils sont lavés, cassés ou broyés grossièrement, puis portés à l'ébullition dans l'eau, afin d'en extraire la graisse qui vient nager à la surface. On les traite ensuite par l'acide chlorhydrique affaibli, qui les prive de phosphate de chaux et les réduit à leur partie cartilagineuse. On soumet celle-ci à une forte ébullition dans l'eau qui la convertit en *gélatine* susceptible de se prendre en gelée ferme par le refroidissement. Cette gelée est ensuite coupée par plaques minces que l'on pose sur des cordes tendues sur des châssis, et dont on opère la dessiccation dans de vastes séchoirs. On peut également extraire la gélatine des os en les traitant directement par l'eau, à une température supérieure à 100 degrés, dans un autoclave ou marmite de Papin; mais on n'obtient par ce procédé qu'une gélatine de qualité inférieure. Les os qui ont subi cette opération et tous ceux qui ne servent pas à la fabrication de la gélatine, sont décomposés par le feu, dans des vases fermés, et convertis en *charbon animal*, *noir animal* ou *noir d'os*, très usité dans la peinture commune, et dont les raffineurs de sucre font aussi un grand usage pour la décoloration de leurs sirops.

La **gélatine animale** n'est pas toute extraite des os et prend différents noms dans le commerce, suivant qu'elle est destinée à l'alimentation ou aux arts. Celle qui est presque incolore, inodore, insipide, réduite en plaques très minces et de la plus belle transparence, s'appelle *grenétine*, du nom du fabricant de Rouen qui l'a préparée d'abord. On l'extrait des os traités par l'acide chlorhydrique, ou mieux encore de peaux récentes de jeunes animaux et de cartilages de veaux.

La *colle de Flandre* ordinaire est en plaques un peu plus épaisses, longues de 18 centimètres, larges de 5 à 6, jaunes et d'une transparence un peu nébuleuse. Elle est quelquefois sèche et inodore, et c'est la meilleure, le plus souvent hygrométrique et d'une odeur désagréable. On l'emploie dans une foule d'arts et en pharmacie, pour la composition des bains gélatineux. Enfin la *colle-forte des menuisiers* ou *colle de Givet*, est sous forme de plaques carrées, de 16 à 18 centimètres de côté, épaisses de 1 centimètre, plus ou moins brunes et en partie solubles dans l'eau.

Du Lait.

Le lait est un liquide blanc, opaque, d'une saveur douce et sucrée, sécrété du sang par les glandes mammaires, dans les animaux qui ont pris de cette conformation le nom de mammifères, et destiné à servir de première nourriture à leurs petits qui naissent vivants, mais hors d'état de se suffire à eux-mêmes. Ce liquide, considéré dans les animaux herbivores qui sont les seuls dont le lait soit appliqué à la nourriture de l'homme, et même dans d'autres animaux qui ne se nourrissent pas exclusivement de matières animales, comme est l'homme lui-même, est à peu près identique dans sa composition et ne varie guère que par la proportion de ses matériaux. Cette composition, qui est d'ailleurs assez simple, est telle qu'elle forme un aliment complet et qui suffit au développement des jeunes animaux. Elle leur présente, dans la *caséine*, une matière azotée organisable, capable de produire tous les tissus de l'économie; dans le *beurre* et le *sucre de lait* ou *lactose*, les éléments

combustibles qui deviennent la principale source de calorification ;
enfin dans ses *sels inorganiques*, ceux qui doivent faire partie du
sang et ceux qui doivent concourir au développement de la charpente
osseuse. La nature pourvoit à tout ce qui est nécessaire aux êtres qu'elle
a créés.

Les chimistes et les physiologistes ne sont pas encore d'accord sur la
manière dont les éléments qui viennent d'être énumérés sont réunis
dans le lait ; mais en m'en tenant à l'expérience la plus simple, l'observation microscopique, la seule qui n'apporte aucune modification à la
constitution du lait, je suis porté à regarder comme seule vraie, l'opinion
d'abord émise par M. Donné (1), que le lait tient à l'état de dissolution
complète tous ses principes, *caséine*, *lactose* et *sels*, et à l'état de suspension seulement le *beurre* ou la *butyrine*, sous la forme de très petits
globules sphériques qui nagent dans le liquide, sans être pourvus d'aucune enveloppe, comme se trouve l'huile dans une émulsion d'a-
mandes (2). Mais ce beurre, en raison de sa moins grande densité,
tendant à se séparer peu à peu du lait conservé en repos, se rassemble à sa surface et forme une couche plus ou moins épaisse et
jaunâtre, qui porte le nom de *crème*. A cette époque, la caséine est
encore presque entièrement dissoute ; mais déjà le lait, dont l'état nor-
mal est de montrer une faible réaction alcaline, en manifeste une sensiblement acide. Si le liquide reste plus longtemps abandonné à lui-même,
avec le contact de l'air, il s'aigrit par la formation de l'acide lactique,
et alors la caséine, devenant insoluble, forme un coagulum nommé
caséum ou *fromage*. Ce coagulum nage au milieu d'un liquide jaune-
verdâtre, nommé *sérum* ou *petit lait*, qui contient le sucre de lait et
les sels. Il arrive souvent que cette altération du lait n'est pas assez
avancée pour que le caséum en soit visiblement séparé ; mais la coagula-

(1) *Cours de microscopie*, Paris, 1844, p. 347 et suiv.
(2) Il y a probablement dans le lait deux variétés de caséine, inégalement
solubles, comme il y a dans la gomme arabique soluble plusieurs gommes
qu'on peut séparer par l'addition de substances plus solubles, qui précipitent
les unes et pas les autres. Mais ces deux variétés de caséine sont également
dissoutes dans le lait ; seulement, l'addition de l'éther, même très pur, suffit
pour rendre insoluble l'une de ces caséines et pour la précipiter autour des
globules butyreux, de manière à s'opposer à leur complète dissolution par
l'éther. Quant au filtre de papier qui retient, indépendamment du beurre, une
partie de la caséine, qui ne comprend que le lait ne peut être filtré sans être
altéré ? que l'on passe en revue tous les cas où le microscope a montré aux
observateurs autre chose que des globules huileux, transparents et sphériques,
nageant au milieu d'un liquide parfaitement limpide, et l'on verra que, dans
tous, le lait avait été altéré, soit par maladie, soit par une opération antérieure, telle que la filtration.

tion s'effectue aussitôt qu'on met le liquide sur le feu ; alors on est obligé de le rejeter. Pour s'opposer à cette altération du lait, qui est souvent présentée par celui que l'on apporte de la campagne dans les grandes villes, on le soumet préalablement à l'ébullition et on y ajoute souvent une petite quantité de bicarbónate ou de carbonate de soude.

C'est en battant la crème dans une sorte de tonneau fait exprès et nommé *baratte*, qu'on prépare le *beurre*. Dans cette opération, le sérum s'acidifie assez fortement pour redissoudre la caséine qui aurait pu se coaguler d'abord, et les molécules huileuses restant presque seules en présence les unes des autres, se réunissent peu à peu en une seule masse.

Le **beurre**, à part la petite quantité de caséum et de sérum qu'il contient encore, est composé de deux corps gras, la *margarine* et l'*oléine* ou l'*oléobutyrine*, et d'une petite quantité de quelques autres corps que la saponification change en acides odorants et volatils qui ont été nommés par M. Chevreul *acides butyrique*, *caprique* et *caproïque*. D'après M. Broméis, le beurre frais est composé de :

Margarine. 68
Oléobutyrine 30
Butyrine, caprine, caproïne. 2
                                        ——
                                        100

Le **caséum** sert à la fabrication des différents fromages. A cet effet on le sale et on lui fait subir différentes préparations qui le font varier à l'infini pour la consistance, la saveur et les autres caractères physiques.

Le **sérum** purifié donne le *petit lait*, que l'on prépare dans les pharmacies, en coagulant le lait par un acide qui est ordinairement le vinaigre ou l'acide tartrique, ou bien en se servant de *présure* qui est un lait caillé que l'on trouve dans l'estomac des jeunes veaux, salé et séché. Le même sérum, évaporé convenablement, fournit par le refroidissement une matière cristalline que l'on fait redissoudre et cristalliser de nouveau pour l'avoir plus blanche et plus pure, et qui est la *lactine* ou le *sucre de lait*, dont la composition relative ($C^{12}H^{12}O^{12}$) est semblable à celle du sucre liquide, du glucose séché à 100 degrés, de l'acide lactique liquide et de l'acide acétique hydraté (1).

Le **sucre de lait** est ordinairement en masses assez épaisses ou en bâtons cylindriques et stalactiformes, durs, demi-transparents, sans odeur, d'une saveur douce et faiblement sucrée. Il est inaltérable à l'air,

(1) L'acide lactique liquide égale $C^6H^6O^6$; l'acide acétique hydraté = $C^4 \underline{H} O$.

soluble dans 5 à 6 parties d'eau froide et dans 2 parties 1/2 d'eau bouillante; il est insoluble dans l'éther et l'alcool; il n'est précipité ni par
les dissolutions métalliques ni par la noix de galle; les acides minéraux
étendus le transforment en sucre de raisin ; l'acide nitrique concentré le
convertit en acide mucique et ensuite en acide oxalique. Il n'est pas
susceptible d'éprouver par lui même la fermentation alcoolique ; cependant il est reconnu qu'il peut fermenter dans le lait, mais après qu'une
partie a été convertie en acide lactique, qui paraît alors opérer la conversion de la partie non altérée en sucre de raisin fermentescible.

Pour en revenir au lait, ce liquide est toujours plus pesant que l'eau,
et, ce qui est facile à comprendre, il est plus dense lorsqu'il est écrémé
que lorsqu'il ne l'est pas. Sa densité varie même, pour le même animal,
d'une traite à l'autre, et du commencement d'une traite à la fin (1).
Cependant ces variations ne sont pas aussi fortes qu'on pourrait le
croire, et on peut se servir de la densité pour estimer la pureté et la
bonne qualité des laits les plus usuels. Voici, d'après Brisson, ces
laits rangés suivant l'ordre de leur plus grande densité moyenne :

Lait de brebis. 1,0409
　　　　d'ânesse. 1,0355
　　　　de jument 1,0346
　　　　de chèvre. 1,0341
　　　　de vache. 1,0324
　　　　de femme. . . . . 1,0203 (2).

Le lait étant d'autant plus nutritif qu'il contient plus de beurre, de
caséine, de lactose, de sels, et moins d'eau, on est souvent appelé à
déterminer la proportion de ces divers principes : je pense que le pro-
cedé suivant est à la fois le plus facile à suivre et le plus exact.

On prend un poids déterminé de lait récent et non écrémé; on le
chauffe presque jusqu'à l'ébullition, et on y verse par très petite quantité, et à la fin goutte à goutte, de l'acide acétique étendu de deux fois
son poids d'eau. Lorsque la coagulation est bien opérée, on passe à travers un linge fin pour recueillir le caséum, on filtre le sérum au papier,
et on l'évapore à la chaleur du bain-marie jusqu'à réduction des deux
tiers. On filtre de nouveau pour séparer une petite quantité de caséum
qu'on lave et que l'on réunit au premier. On réunit l'eau de lavage au

(1) Contrairement à ce qu'on aurait pu croire, le lait de la fin de la traite
est plus dense et plus chargé de principes solides, que celui du commencement.

(2) M. F. Simon, ayant examiné quatorze fois le lait d'une femme, dans
l'espace de quatre mois, a trouvé que la densité de son lait variait de 1,0300 à
1,0315 ; la moyenne était de 1,0324, comme pour le lait de vache.

sérum filtré on évapore à siccité, et on termine la dessiccation dans une étuve chauffée à 100 degrés Considérant le résidu comme formé de lactose et de sels inorganiques (ce qui suffit pour le but qu'on se propose), on le pèse et on le calcine dans un creuset jusqu'à incinération complète. On pèse le résidu salin, et la perte donne le poids du lactose.

D'un autre côté, on fait dessécher le caséum de la même manière qu'on a fait sécher le sérum, et on le pèse. En réunissant son poids à celui du sérum desséché, et en défalquant la somme de la quantité de lait employée, on connaît la quantité d'eau du lait. Enfin, en traitant le caséum desséché par l'éther pour lui enlever la matière grasse, le poids du résidu desséché donne la caséine, et l'éther évaporé fournit le beurre. C'est en opérant d'une manière semblable que MM. Chevallier et Ossian Henry ont obtenu les résultats suivants :

.LAITS	de brebis.	de chèvre.	de vache.	d'ânesse.	de femme.
Caséine sèche	4,50	4,02	4,48	1,82	1,52
Beurre.	4,20	3,32	3,13	0,11	3,55
Sucre de lait	5,00	5,28	4,77	6,08	6,50
Sels inorganiques	0,68	0,58	0.60	0,34	0,45
Eau	85,62	36,80	87,02	91,65	87,98
TOTAL.	100,00	100,00	100,00	100,00	100,00
Substances sèches. . . .	14,38	13,20	12,98	8,35	12,02

Ces analyses tiennent à peu près le milieu entre celles qui ont été faites par beaucoup d'autres chimistes, à l'exception de ce qui regarde le lait d'ânesse qui contient certainement moins de matière grasse que les autres laits, mais qui en renferme plus que n'en ont obtenu MM. Henry et Chevallier : M. Péligot en a extrait 1,28 pour 100. Le lait de femme contient plus de beurre que le lait d'ânesse, autant de sucre de lait et aussi peu de caséum. Il ne forme pas de coagulum isolé par les acides, quoique le caséum paraisse séparé au microscope ; mais il reste divisé dans le liquide. Ce lait est plus manifestement alcalin que ceux des animaux ; il est d'ailleurs très sujet à varier, en raison des causes morales qui agissent sur les femmes.

Le lait de vache éprouve beaucoup moins de variations ; mais en raison de la grande consommation que l'on en fait dans les villes, indépendamment de ce qu'il est presque toujours privé de sa crème, il est

toujours plus ou moins altéré par une addition d'eau (1). Pour reconnaître si un lait a été privé de sa crème, ou si on l'aime mieux, pour
apprécier la bonne qualité d'un lait, qui est toujours en raison directe
de la quantité de crème qu'il peut fournir, on remplit de ce lait, bien
mêlé, un tube de verre de la contenance de 100 centimètres cubes,
gradué par centimètres, et on le laisse en repos, pendant vingt-quatre
heures, dans un lieu frais. Sur 87 laits essayés de cette manière, par
M. Quevenne, 18, c'est-à-dire plus du cinquième, ont donné de 7 à
9 centièmes de crème ; ce sont les laits *faibles :* 51 (ou 58 pour 100)
ont donné de 10 à 12 centièmes de crème ; ce sont les *bons laits :* 12 ont
fourni de 13 à 14 centièmes de crème ; ce sont les laits *forts :* 2 ont
fourni 15 centièmes de crème, 3 en ont donné de 17 à 18, 1 en a
fourni 21 ; ce sont là des faits tout à fait exceptionnels.

Pour reconnaître si un lait a été coupé avec de l'eau, il faut en
déterminer la densité, soit au moyen d'un aréomètre-densimètre dont
la longue tige marque les densités de 1014 à 1040 : soit avec le pèse-sel
de Baumé offrant les degrés de 0 à 6 ; soit enfin avec le galactomètre cen-
tésimal de Dinocourt, fabriqué sur les indications de MM. Chevallier et
Henry, pour la température de 15 degrés centigrades, et qui porte une
double échelle pour le lait écrémé et non écrémé.

Voici quelques unes des indications fournies par cet instrument, que
l'on peut regarder comme approchant beaucoup de la vérité, moyennant l'attention d'opérer à la température de 15 degrés.

LAIT NON ÉCRÉMÉ.					LAIT ÉCRÉMÉ.				
MÉLANGE DE		Galacto-	Densimèt.	Pèse-sel de Baumé.	MÉLANGE DE		Galacto-	Densimèt.	Pèse-sel de Baumé.
Lait.	Eau.	mètre.			Lait.	Eau.	mètre.		
		degrés.		degrés.			degrés.		degrés.
100	0	100	1029	4,0	100	0	100	1032,2	4,5
90	10	90	1026	3,6	90	10	90	1029	4
80	20	80	1023	3,2	80	20	80	1025,8	3,5
70	30	70	1020	2,8	70	30	70	1022,3	3
60	40	60	1017	2,4	60	40	60	1019	2,6
50	50	50	1014	2,0	50	50	50	1015,2	2,15

(1) On a indiqué un assez grand nombre d'autres falsifications du lait ; mais
il en est très peu qui aient été constatées. Le *sucre* se reconnaît facilement à
la saveur et par la prompte fermentation que le lait éprouve, étant additionné
d'un peu de levure. On constaterait la présence de la *gomme,* en coagulant
le caséum par l'acide acétique, filtrant le sérum, et y ajoutant le double de son
volume d'alcool rectifié qui y forme, dans ce cas, un précipité très marqué
blanc-mat et opaque. L'*amidon* et la *farine* se reconnaissent facilement par

Consultez sur le lait les mémoires de MM. Payen, 1828, *Journ. chim. méd.*, t. IV, p. 118. — Lassaigne, 1832, *Ann. chim. phys.*; t. XLIX, p. 31. — Péligot, 1836, *Ibid.*, t. LXII, p. 61. — Lecanu, 1839, *Journ. pharm.*, t. XXV, p. 201. — Chevallier et Henry, 1839, *Journ. chim. méd.*, t. V, p. 145 et 195. — Quevenne, 1841, *Ann. d'hygiène*, t. XXVI. — Donné, *Cours de microscopie*, Paris, 1844. — Boussingault, *Annales de chimie et de physique*, t. LXXI, etc.

Bile de Bœuf, ou Fiel de Bœuf.

La *bile* ou le *fiel* est une sécrétion qui paraît essentielle à la fonction des organes digestifs d'un très grand nombre d'animaux, car on la trouve dans tous les vertébrés, dans les mollusques et dans une partie des animaux articulés. Dans le bœuf, qui nous fournit celle que nous employons, comme dans tous les mammifères, ce fluide ne paraît pas être sécrété directement du sang artériel, mais paraît résulter de l'action d'un organe nommé *foie*, sur le sang qui y est apporté de l'appareil intestinal par des veines réunies en un gros tronc, nommé *veine-porte*. Ce vaisseau, partagé en deux branches, pénètre dans le foie, et s'y divise à l'infini. Là, dans ses dernières ramifications, le sang se sépare en deux parties, dont l'une, qui est la bile, est portée par des conduits particuliers dans une poche nommée *vésicule du fiel*, lorsqu'elle existe (*ex.* dans le bœuf), ou est versée directement dans l'intestin *duodenum*, lorsque la vésicule manque (*ex.* dans le cheval) : l'autre partie du sang, qui n'a pas servi à la confection de la bile, est rendue à la circulation par les veines hépatiques.

La bile de bœuf est donc contenue dans une vésicule ; elle est d'un jaune verdâtre, plus ou moins épaisse et visqueuse ; d'une odeur nauséabonde qui lui est propre, d'une saveur amère repoussante. Elle présente une faible réaction alcaline ; elle se mélange avec l'eau en toutes proportions et donne un liquide qui mousse comme de l'eau de savon et en possède la propriété décrassante.

La bile a été examinée par un grand nombre de chimistes, parmi lesquels on doit citer M. Thénard, Berzélius, Gmelin, M. Demarçay, M. Liebig, M. Redtenbacher, etc. Mais ce sont les résultats obtenus

l'iode, auquel on joint, s'il est nécessaire, l'usage du microscope. On constate la présence des *œufs battus*, en filtrant le lait au papier, et soumettant le liquide filtré à l'ébullition. Il se trouble plus ou moins lorsqu'il contient de l'albumine en dissolution. La *cervelle de mouton*, que l'on dit aussi avoir été quelquefois ajoutée au lait, doit pouvoir se reconnaître par le même moyen, et aussi par l'usage du microscope qui ne doit montrer dans le lait de bonne qualité que des globules transparents de matière grasse, disséminés dans un liquide parfaitement transparent lui-même.

par M. Demarcay, principalement, et par M Liebig, qui ont fixé l'opinion sur la nature de cette sécrétion, et qui la font regarder comme une
sorte de savon à base de soude (*choléate* ou *bilate de soude*), coloré
par une matière qui n'est pas essentielle à sa composition ; quoiqu'il
faille reconnaître, cependant, que cette matière colorante, jaune, vert-
jaunâtre ou fauve, accompagne la bile et la caractérise dans toutes les
classes d'animaux où cette sécrétion peut se montrer.

La bile de bœuf, desséchée au bain-marie, se dissout aisément dans
l'alcool rectifié, avec une couleur verte jaunâtre foncée, et en laissant
une substance insoluble azotée, de la nature du mucus. On peut obtenir
la bile parfaitement incolore en mettant la solution alcoolique en digestion sur du charbon animal, ou en y ajoutant avec précaution de l'eau
de baryte qui forme une combinaison insoluble avec la matière colorante. Cette matière peut offrir différentes couleurs, qui paraissent
dépendre de plusieurs degrés d'oxigénation. Indépendamment de celle
qui est dissoute dans la bile de bœuf et qui lui communique sa couleur
verte-jaune, ce liquide en contient quelquefois une certaine quantité à
l'état de suspension, qui est d'un jaune foncé, et la vésicule du fiel
présente aussi quelquefois des concrétions de même couleur, qui sont
presque entièrement formées de la même matière et qui sont usitées
dans la peinture.

La bile de bœuf renferme de la cholestérine dont on peut la priver
en mélangeant sa dissolution alcoolique, décolorée avec le charbon et
concentrée, avec deux fois son volume d'éther. L'éther dissout la cholestérine et précipite la bile sous forme sirupeuse. La bile ainsi *purifiée*,
étant desséchée, forme une masse solide, transparente et friable, semblable à la gomme arabique, entièrement soluble dans l'eau et dans
l'alcool. C'est sous cet état que la bile est considérée comme formée
par la combinaison de la soude avec un acide organique azoté et probablement sulfuré, que M. Demarçay a nommé *acide choléique* et
M. Liebig *acide bilique*. Cet acide, obtenu à l'état de pureté (1), a lui-
même l'aspect de la gomme arabique ; il est très amer, rougit fortement le tournesol, est très soluble dans l'eau et dans l'alcool et insoluble
dans l'éther. Il éprouve, de la part des acides et des alcalis, des réactions très intéressantes, dont la principale est celle-ci : traité par l'acide
chlorhydrique affaibli, à la température de l'ébullition, il se dédouble en
une substance solide, d'apparence résineuse, insoluble dans l'eau, uniquement composée de carbone, hydrogène et oxigène, se combinant
aux oxides métalliques, et nommée *acide choloïdique*, et en une substance neutre, soluble dans l'eau, insoluble dans l'alcool, cristallisant

(1) *Traité de chimie* de M. Liebig, t. III, p. 294.

en gros prismes incolores, d une saveur fraîche, inaltérables à l'air.
Cette substance très remarquable a été découverte par Gmelin, qui la
croyait partie constituante de la bile et lui a donné le nom de *taurine*.
Des analyses faites par plusieurs chimistes la faisaient considérer comme
formée de carbone, hydrogène, azote et oxigène, lorsque M. Redtenbacher a constaté qu'elle contenait une proportion considérable de
soufre, ce qui force à conclure que ce corps est aussi un des éléments
de l'acide choléique.

Jaune Indien.

Je pense que cette magnifique couleur n'est autre chose que la substance décrite par Kæmpfer sous le nom de *masang de vaca* (1). Seulement Kæmpfer suppose que cette substance vient d'Afrique, tandis
que l'odeur très forte de cuir de Russie ou de castoréum de Sibérie,
qu'elle possède, jointe au nom de *naypaul kupur* sous lequel je l'ai
trouvée à la douane du Havre, m'a fait supposer qu'elle devait provenir
du nord de l'Asie, ou au moins des contrées septentrionales de l'Inde.
Ainslie mentionne également un *bézoard de bœuf* trouvé dans la vésicule du fiel d'une vache commune dans le Népaul, et un *bézoard de
chameau* retiré de la vésicule de cet animal, et très estimé comme couleur par les peintres hindous (*Mat. indica*, t. I, p. 36). Me fondant
encore sur l'odeur de cette concrétion, je la croirais plutôt produite par
un chameau que par un bœuf ou une vache, dont toutes les concrétions
intestinales sont empreintes d'une faible odeur ambrée musquée.

Le jaune indien, tel que je me le suis procuré à la douane du Havre,
en 1841, est sous forme de concrétions ou de masses arrondies d'un
volume variable, mais pouvant avoir jusqu'à 5 ou 7 centimètres de diamètre. Ces masses sont couvertes à la surface d'une sorte d'enduit noirâtre; mais, à l'intérieur, elles sont d'un jaune doré et d'un aspect
uniforme et pulvérulent. Elles ont un toucher un peu gras et s'écrasent
avec une grande facilité entre les doigts. Enfin elles ont l'odeur forte
indiquée plus haut et une saveur faiblement amère. Ce jaune indien,
examiné au microscope, paraît entièrement formé de cristaux plats,
jaunes, transparents, ayant la forme de fer de lance. J'en ai une seconde

(1) *Masang de vaca*. On nomme ainsi une concrétion biliaire qui se forme
dans la vésicule des vaches. Elle a quelquefois la grosseur d'un œuf de poule,
est de forme ronde, d'une couleur jaune, d'une substance legere, friable et
sèche, non formée de couches, mais d'une seule masse compacte et d'une
saveur amere. On la trouve principalement sur la terre d'Afrique, aux environs de l'île Mozambique, d'où les Portugais l'apportent dans l'Inde.
(Kæmpfer, *Amœn. exot.*, p 392.)

qualité qui est d'un jaune plus pâle et un peu verdâtre, d'une odeur moins forte, d'un aspect plus sec et comme terreux, qui paraît formé au microscope de particules cristallines brisées, mélangées d'une matière amorphe.

D'après M. Stenhouse, le jaune indien, connu dans le commerce sous le nom de *purree*, est essentiellement composé de magnésie en combinaison avec un acide organique non azoté, qu'il a nommé *acide purréique*, et auquel M. Erdmann a donné ensuite le nom d'*acide euxanthique*. Cet acide est peu soluble dans l'eau froide, plus soluble dans l'eau bouillante qui le laisse cristalliser en longues aiguilles jaunâtres; il est soluble dans l'alcool bouillant et dans l'éther. Il forme des combinaisons jaunes avec les alcalis et la plupart des oxides métalliques. Chauffé au-delà de 100 degrés, il donne lieu à un produit cristallin neutre qui a reçu le nom de *purréon*.

D'après M. Stenhouse, l'acide purréique $= C^{20}H^9O^{11}$, le purréate de plomb $= C^{20}H^9O^{11} + PbO$, le purréon $= C^{13}H^4O^4$. M. Stenhouse pense que le *purree*, au lieu d'être une matière animale comme on l'a cru, est un suc végétal saturé artificiellement par la magnésie et évaporé à siccité.

J'ai de la peine à croire qu'il en soit ainsi, et d'ailleurs la composition du jaune indien est plus compliquée qu'on ne vient de le dire. Celui que j'ai décrit d'abord est à peine attaquable par l'alcool; mais il est en partie soluble dans l'eau et communique à ce liquide, surtout à l'aide de l'ébullition, une couleur jaune un peu brunâtre et un peu verdâtre, assez semblable à celle de la bile; il lui cède de cette manière un composé magnésien soluble, d'où l'acide chlorhydrique précipite immédiatement l'acide sous forme de flocons grisâtres très abondants. La partie du jaune indien, insoluble dans l'eau, est d'un jaune magnifique et forme 60 pour 100 de la substance primitive.

Cette partie insoluble, traitée par l'éther, lui cède une petite quantité d'une matière jaune, cristallisable en belles aiguilles rayonnees, pouvant supporter une assez forte chaleur sans éprouver aucune alteration, mais finissant par se fondre et par se dissiper en une fumée blanche, inodore.

Le jaune indien qui a été traité par l'eau et par l'éther, étant délayé dans l'eau et additionné d'un peu d'acide chlorhydrique, éprouve une effervescence manifeste et perd aussitôt sa couleur jaune. Il se forme dans la liqueur un magma grisâtre très volumineux. Si l'on fait chauffer la liqueur, il se produit une seconde effervescence *très prolongée*, et qui paraît due plutôt à quelque réaction organique qu'à la décomposition d'un carbonate. La liqueur filtrée laisse précipiter, en se refroidissant, des flocons faiblement jaunâtres; mais la plus grande partie de l'acide organique paraît ne pas se dissoudre dans l'eau. Il est très soluble au

contraire dans l'alcool bouillant, et se prend presque en masse formée
de mamelons rayonnés, par le refroidissement.

La liqueur dans laquelle on a décomposé le jaune indien par l'acide
chlorhydrique retient la magnésie en dissolution.

Égagropiles.

Les *égagropiles* (1) sont des concrétions trouvées dans la caillette des
animaux ruminants, qui sont principalement formées de poils que ces
animaux ont avalés en se léchant, et que les mouvements de leur estomac
ont rassemblés en boules feutrées. On en trouve aussi quelquefois dans les
intestins du cheval. Les anciens attribuaient à ces concrétions des propriétés analogues à celles des bézoards; mais elles ne sont plus aujour-
d'hui que de simples objets de curiosité.

On se procure facilement dans les abattoirs de Paris les égagropiles
de veaux, de bœufs et de moutons. Les premiers sont d'une forme sphérique ou cylindrique, et sont uniquement composés de poils feutrés
d'une manière très dense, et tous couchés en tourbillonnant autour de
l'axe. Ils ne sont recouverts d'aucun enduit et acquièrent quelquefois
des dimensions considérables ; j'en ai un arrondi et un peu ovoïde, qui
a 8,5 centimètres de diamètre, et un autre cylindrique, long de
11,5 centimètres et épais de 5.

Les égagropiles de bœuf sont feutrés d'une manière toute différente,
les poils qui les forment étant entremêlés sans aucun ordre et dans toutes
sortes de directions. Ils sont de plus parfaitement sphériques, du volume
d'une grosse coloquinte, et couverts, seulement à leur surface, d'une
couche de mucus brun, poli et brillant. C'est un fait très remarquable
que ce mucus, qui n'a pas concouru à la formation de la concrétion,
soit sécrété à un moment donné par l'estomac, pour envelopper cette
masse qui le gêne et l'empêcher de s'accroître davantage. L'égagropile
de bœuf que je possède a 7 centimètres 1/2 de diamètre.

Les égagropiles de mouton présentent une forte odeur de bouc ; ils
sont plus ou moins sphériques, couverts, comme ceux du bœuf, d'un
enduit noirâtre, poli et brillant. Le plus gros que j'aie a 3,5 centimètres
de diamètre et ressemble à un gros biscaïen. A l'intérieur, ceux que
j'ai ouverts sont formés de poils feutrés sans ordre, comme ceux de
bœuf; mais ils offrent au centre une sorte de noyau dont les poils sont
plus courts et plus serrés que ceux de la couche extérieure, avec une
ligne de séparation très nette entre les deux feutrages.

On trouve sur les rivages de l'Océan et de la Méditerranée, vers

_____

(1) De αἰγίγριος, chèvre sauvage, et de πιλος, balle de laine.

Marseille surtout, dans les anses ou criques, des pelotes composées de fibres végétales feutrées par le ballottage des flots, et qui ont une forme exactement sphérique, avec le volume d'une orange ou plus. On donne à ces pelotes le nom de **pelotes de mer**, ou d'**égagropiles marins**. Elles peuvent être formées par les débris de plusieurs plantes marines ; mais celle dont elles sont le plus habituellement composées est la *zostère marine*, de la famille des nayadées, dont les feuilles desséchées servent à faire des emballages et des matelas doués d'une odeur iodée, qui ont été recommandés pour les enfants rachitiques et scrofuleux. Ces pelottes de mer, par leur volume, leur forme et le feutrage de leurs fibres, ressemblent tellement à des égagropiles de bœuf qui seraient privés de leur enveloppe de mucus, qu'on aurait peine à les distinguer à la vue. On reconnaît facilement leur origine à leur odeur iodée et à ce que leurs fibres chauffées sur une capsule de platine se charbonnent sans se ramollir, en dégageant une odeur végétale toujours mêlée de l'odeur d'iode, tandis que les fibres des égagropiles animaux se ramollissent en se charbonnant au feu et exhalent une fumée blanche qui a l'odeur de la corne brûlée.

Bézoards animaux.

On employait autrefois en médecine, sous le nom de *bézoards*, des calculs retirés des intestins de plusieurs mammifères ruminants, auxquels on attribuait la propriété toute merveilleuse et si banale de résister à la malignité des humeurs, à la peste, aux venins, etc. On les distinguait en *orientaux* et en *occidentaux*. Les premiers, qui étaient les plus estimés, étaient attribués généralement à l'ægagre de Perse ou *pasèn*, que l'on croit être, ainsi que nous l'avons vu, la souche de nos chèvres domestiques. Les seconds, que l'on supposait venir d'Amérique, étaient attribués aux lamas et aux vigognes; mais je n'ai jamais pu m'assurer qu'aucun bézoard du commerce vînt véritablement d'Amérique, et tout porte à croire au contraire qu'ils étaient tous apportés d'Asie.

Dans un Mémoire *sur les concrétions intestinales d'animaux, connues sous le nom de bézoards*, inséré dans la *Revue scientifique* de 1843, j'ai donné un extrait des *amœnitates* de Kæmpfer, sur les différentes espèces de bézoards, parmi lesquels il compte le *masang de vaca*, la *pierre de porc*, celle *de serpent*, un *calcul résineux bézoardique*, le *vrai bézoard oriental* produit par la chèvre pasèn, celui provenant de l'antilope *ahu*, la *pierre bugie* ou *pierre de singe*, et enfin le *bézoard artificiel* ou *pierre de Goa*. De tous ces produits je n'ai que le *masang de vaca*, décrit plus haut sous le nom de *jaune indien*, le vrai bézoard du Pasèn, le faux bézoard ou pierre de Goa, et, suivant ce que je crois, la pierre de porc et le bézoard de l'Ahu. Je vais les décrire successivement.

Bézoard de l'Ægagre. Cette concrétion porte aussi les noms de *vrai bézoard oriental*, *bézoard résineux vert*, et j'y ai ajouté celui de *bésoard lithofellique*, qui le caractérise par le nom de l'acide que MM. Gœbel et Wœhler en ont retiré. Celui que je possède m'a été donné par M. Périnet, ancien pharmacien major à l'hôtel des Invalides : il a une forme ovoïde triangulaire, et il pèse encore aujourd'hui 33 grammes, malgré la perte d'une partie de substance qui en a'été retirée autrefois pour l'usage médical. Celui qui a servi aux expériences de M. Wœhler pesait 40 grammes ; enfin celui conservé dans le Musée de Rennes devait peser dans son entier près de 200 grammes, si j'en juge par le morceau assez considérable que m'en a montré M. Malaguti.

Ce bézoard est d'un vert sale à l'extérieur et a l'apparence d'un morceau de cire polie. A l'intérieur, il est formé d'un très grand nombre de couches concentriques très minces, alternativement d'un vert clair et d'un vert foncé, *sans aucune texture cristalline*. Il n'a pas même la cassure grenue de la cire : il présente plutôt la cassure nette et luisante de la résine Il est très fragile et éclate en parcelles sous la scie. Il est pourvu d'une saveur amère et d'une odeur aromatique végétale toute particulière. Il pèse spécifiquement 1,132 ; il laisse sur un papier blanchi avec de la céruse une trace verte. Il fond très facilement à la chaleur, et se laisse pénétrer par une aiguille chauffée à la flamme de l'alcool et refroidie au point de n'être plus lumineuse ; il brûle avec l'éclat d'une résine ; enfin il est facilement soluble, même à froid, dans l'alcool à 95 centièmes, et se dissout encore plus facilement dans l'alcool chaud, et presque sans résidu. La liqueur filtrée est d'un vert brunâtre et laisse déposer en refroidissant quelques flocons noirâtres ; mais elle ne cristallise pas, à moins qu'elle ne soit très concentrée ou qu'on ne l'ait évaporée au tiers ou au quart de son volume. Alors il se forme au fond une couche cristallisée, blanche et brillante d'*acide lithofellique*. Cet acide cristallisé, qui avait été obtenu anciennement par Fourcroy et Vauquelin, se fond à 205 degrés ; mais si on le chauffe un peu au-dessus de son point de fusion, il se prend en refroidissant en une masse claire et vitreuse, fusible à 105 ou 110 degrés. Il se dissout en grande quantité dans l'acide acétique concentré et y cristallise par l'évaporation spontanée. Il se dissout aussi facilement dans l'ammoniaque, et la liqueur évaporée spontanément laisse l'acide exempt d'alcali, ce qui dénote une bien faible acidité. Il forme avec la potasse un composé soluble dans l'eau mais précipitable par un excès d'alcali, comme cela a lieu avec le savon et la bile ordinaire ; l'acide lithofellique est un acide ternaire dont la formule paraît être $C^{40}H^{36}O^{8}$ ou $C^{40}H^{35}O^{7} + HO$.

D'après Kæmpfer, la production du bézoard par la chèvre ægagre
ou pasèn, est subordonnée à la présence de quelques plantes très rési-
neuses et aromatiques que les chèvres broutent avec excès, et qui
croissent principalement sur le mont Baarsi, dans l'Aar et dans le Kora-
san, en Perse. Ce rapport entre les végétaux dominants d'une contrée
et certaines sécrétions animales m'a également frappé, et il y a longtemps
que je suis persuadé que les castoréums du Canada et de Sibérie, tout
aussi bien que les muscs de Chine, Tonquin et Kabardin, doivent leurs
différences d'odeur et de composition à la nature diverse des végétaux
dont se nourrissent les castors et les porte-muscs.

Bézoard fauve, ou bézoard ellagique. Je pense que ce bézoard
est celui dont Kæmpfer et beaucoup d'autres auteurs ont parlé sous le
nom de *pierre de porc*, ou de *porc-épic*, ou de *pierre de Malaca*.
En 1808, le schah de Perse en envoya trois en présent à Napoléon, ce
qui montre que ces concrétions, quoique très différentes de celles de
l'Ægagre, sont d'un très grand prix en Perse. Berthollet, qui fut
chargé de les examiner, les confondit cependant avec les précédents,
dont Fourcroy et Vauquelin les avaient bien distingués.

Le bézoard fauve n'est pas aussi rare que je l'avais cru d'abord :
l'École en possède plusieurs, dont un ovoïde-allongé, d'un fauve clair
et de la grosseur d'une petite noix, enfermé dans deux cercles d'argent,
surmontés d'un anneau destiné à suspendre le bézoard en forme d'amu-
lette, ou à le plonger dans l'eau pour en composer une boisson douée des
propriétés les plus merveilleuses, ainsi que l'indique Kæmpfer (p. 394).
Un autre est cylindrique, arrondi aux deux bouts, inégal et mamelonné
à sa surface, long de 38 millimètres, épais de 10, à surface polie et
d'un vert noir très foncé. Quatre autres sont de la grosseur d'une ave-
line, de couleur noirâtre ou fauve verdâtre, arrondis, mais de forme
très irrégulière, et mamelonnés à leur surface. Ayant brisé un de ces
calculs, je l'ai trouvé formé d'un globule excrémentitiel (1) occupant
la plus grande partie du bézoard, et recouvert d'un certain nombre de
couches mamelonnées, très compactes, d'un vert brunâtre et jaunâtre,
foncé. Plusieurs de ses couches réunies se séparent souvent facilement
des autres, et simulent, quant à la forme, celles de la malachite ou de
l'arsenic natif testacé. Indépendamment de leur forme testacée, ces
couches présentent presque toujours à la loupe une structure finement
rayonnée. Enfin l'École possède aujourd'hui un fort beau bézoard, évi-

(1) Ce globule excrémentitiel, dont la forme irrégulière détermine celle du
calcul, est fauve rougeâtre et formé d'un détritus végétal finement broyé. Il
ne ressemble nullement à celui des ruminants ni des pachydermes ; il a plus
de rapport avec celui des rongeurs dont le porc-épic fait partie.

demment semblable aux précédents, qui a appartenu à Baumé et dont M. Ménier lui a fait présent en 1846. Ce bézoard est ovoïde, un peu réniforme, du poids de 29,9 grammes, à surface polie et brillante, d'un brun foncé, fauve et un peu verdâtre à l'extérieur, mais fauve rougeâtre à l'intérieur.

J'ai dans mon droguier trois bézoards fauves ou ellagiques : l'un d'eux a la forme d'un cône arrondi aux deux bouts ; il est long de 57 millimètres, épais de 15 millimètres à la base, et pèse 15 grammes. Il a une surface très unie, brillante et d'un fauve verdâtre et brunâtre foncé. Le second, qui m'a été donné par M. Pelletier, a été décrit séparément dans la *Revue scientifique*, tome XIV, p. 29, sous le nom de *bézoard noirâtre rayonné ;* mais il est de même nature que les précédents. Il est cylindrique, arrondi aux deux bouts, et du poids de 4 grammes. Le dernier m'a été donné par M. O. Henry ; il est elliptique, un peu aplati d'un côté, très brillant à sa surface et d'un fauve un peu verdâtre. On trouve au centre une cavité en forme de croissant, propre et nette comme l'intérieur d'un noyau de fruit. C'est probablement cet état de vacuité apparente, dont Boèce de Boot a même fait une marque de qualité supérieure, qui a fait dire à Fourcroy et Vauquelin que ces sortes de calculs avaient presque toujours pour noyau une coque de fruit. Mais en réalité cette cavité est remplie par une matière peu cohérente, qui disparaît par le mouvement de va-et-vient de la scie, ou est emportée par le lavage.

Il résulte de ce qui précède que le bézoard fauve peut affecter toutes sortes de formes, mais qu'il ne paraît guère pouvoir dépasser le volume d'une noix. Il se distingue d'ailleurs du bézoard lithofellique par les caractères suivants :

Il pèse de 1,595 à 1,661. Il est dur, non fusible et ne se laisse pas pénétrer par la pointe d'une aiguille rougie au feu ; il est insipide, mais il exhale quand on le scie ou quand on le pulvérise une odeur nauséeuse et débilitante qui m'a paru semblable à celle dégagée du sang de porc par l'acide sulfurique. Il est très peu soluble dans l'alcool, même bouillant. J'ai montré du reste que l'alcool sépare le bézoard fauve en trois parties : 1° une matière résineuse brune, qui se dissout presque complétement par le premier traitement alcoolique ; 2° une matière peu soluble dans l'alcool bouillant, mais facile à obtenir par plusieurs traitements successifs, qui la laissent cristalliser par refroidissement. Toute cette matière étant redissoute dans l'alcool bouillant et cristallisée de nouveau, constitue l'*acide bézoardique* de MM. Merklein et Wœhler, mais plus pur probablement que ces chimistes n'ont pu l'obtenir en faisant agir la potasse caustique sur la totalité du calcul ; 3° le bézoard fauve épuisé par l'alcool laisse un résidu assez considérable formé de *matière jaune* unie à l'acide bézoardique qu'elle soustrait à l'action du liquide. On peut les séparer par l'ammoniaque qui forme avec la matière jaune un composé jaune-brun très soluble dans l'alcali, et avec l'acide bézoardique un sel insoluble dans l'ammoniaque, dans l'eau et dans l'alcool.

L'acide bézoardique cristallisé se présente sous forme de pyramides quadrangulaires très aiguës, ou de prismes à quatre pans, plus étroits à une extrémité qu'à l'autre et terminés par un ou deux biseaux très allongés. Il est infusible au feu et se décompose dans un tube fermé, en donnant naissance à des cristaux jaunes d'une substance volatile anciennement obtenue par Fourcroy et Vauquelin et présentée par eux comme le caractère distinctif du bézoard fauve. Enfin MM. Merklein et Wœhler, en comparant toutes les propriétés de l'acide bézoardique avec celles de l'acide ellagique de la noix de galle, regardent ces deux acides comme identiques. Ce résultat me paraît d'autant plus probable que, de même que l'acide bézoardique, dans le bézoard fauve, est accompagné d'un acide jaune très altérable à l'air dans ses dissolutions alcalines, de même l'acide ellagique est accompagné, dans la noix de galle, d'un acide jaune que j'ai fait connaître sous le nom d'*acide lutéogallique*, et qui jouit de la même altérabilité (*Revue scientifique*, t. XIII, p. 61). Cette coïncidence ne fait d'ailleurs que confirmer la proposition de Kæmpfer, que j'ai étendue à toutes les productions analogues, à savoir que les bézoards, le castoréum, le musc, la civette, etc., tirent principalement leurs principes huileux, résineux, salins et odorants, des végétaux qui servent à la nourriture des animaux qui les fournissent (1).

Bézoard factice, ou pierre de Goa. Cette pierre, destinée à être substituée aux vrais bézoards, est ainsi nommée du nom de la ville où elle est fabriquée. On la compose avec des espèces cordiales au nombre desquelles est la vraie pierre bézoard (Kæmpfer). Elle est de forme ovale ou ronde, grise intérieurement, noirâtre à l'extérieur, luisante, souvent recouverte d'une feuille d'or. Aujourd'hui, ajoute Kæmpfer, le révérend père *Nicolas Monitius* en fabrique qui se distinguent par les lettres N M gravées à la surface, le côté opposé portant le signe d'une chèvre ou d'un autre animal.

L'École de pharmacie possède une pierre de Goa qui porte ces deux indications. J'ajoute que ces pierres sont formées, pour la plus grande

---

(1) Consultez, sur les espèces et la nature des bezoards, les *Annales du Muséum d'histoire naturelle*, t. IV, p. 329 ; la *Revue scientifique et industrielle*, t. XIV, p. 5 ; le *Journal de pharmacie*, t. XXVII, p. 678, et le *Journ. de pharm. et chim.*, t. IX, p. 59, et t. X, p. 87.

partie, d'une argile plastique qui leur donne la douceur de toucher qu'on y recherche; qu'elles ont généralement une cassure terreuse, sans apparence de couches concentriques. Quelquefois cependant les fabricants sont parvenus à leur donner cette structure; mais la pierre artificielle se reconnaît toujours à la loupe qui fait apercevoir un mélange de différentes substances pulvérisées et de petites vacuoles d'air interposé.

Bézoards orientaux, de phosphate calcaire. Au nombre des bézoards qui existent dans la collection de l'École de pharmacie, il s'en trouve une espèce bien caractérisée, malgré ses différences de forme et de volume. Ces bézoards varient en effet, depuis le volume d'un pois jusqu'à celui d'une petite noix; ils offrent le plus souvent pour noyau quelques débris grossiers d'aliment végétal, comme de la paille ou des fragments de tige; quelquefois aussi de petites pierres ou de petits excréments semblables à ceux de chèvre; quelquefois enfin le noyau ne paraît pas différer du reste du calcul. Quant à la forme, elle est très variable. Beaucoup sont arrondis et formés de couches concentriques autour d'un noyau central; un certain nombre ont la forme conique d'une noix d'arec; d'autres sont didymes ou sont formés de deux calculs accolés, autour desquels se sont ensuite déposées des couches communes enveloppantes. Un de ces calculs a la forme d'un agaric comestible pourvu de son pédicule, d'autres sont lenticulaires. Enfin un dernier a la forme d'un tétraèdre sphérique dans lequel on entend sonner un noyau mobile. Ces bézoards sont généralement d'un blanc-jaunâtre à l'extérieur; mais ils sont souvent recouverts, par places, d'un enduit noirâtre. La substance même du calcul est blanche, assez peu dense, tantôt mate, tantôt brillante et nacrée. Dans ce dernier cas, la matière offre une structure cristalline et divergente, partant de différents centres, ce qui la fait ressembler à de la mésotype.

Dans la collection de l'École, ces bézoards portaient le nom de *bézoards occidentaux de l'antilope rupicapra* ou du chamois; mais je les avais dans ma collection particulière sous le nom de *bézoards orientaux*, et je crois cette désignation plus exacte, parce que ces bézoards me paraissent être ceux que Kæmpfer attribue à l'antilope *ahu*, bézoards qu'il dit être jaunes, roux ou de plusieurs couleurs, inégaux, difformes ou formés de un ou deux tubercules arrondis.

Ces calculs, traités par l'acide azotique concentré, se colorent en rouge, et l'acide prend lui-même la même couleur. Par la soude caustique, les calculs pulvérisés ne dégagent pas d'ammoniaque, et ne forment ni coloration ni dissolution apparentes. Après avoir été calcinés, ils se dissolvent sans effervescence dans l'acide azotique étendu; la liqueur précipite par l'oxalate de potasse, et on obtient ensuite, par l'addition de l'ammoniaque, une cristallisation peu abondante de phosphate ammoniaco-magnésien. Enfin ces calculs, pulvérisés et soumis à l'ébullition dans l'eau, forment un soluté de surphosphate de chaux mélangé de surphosphate de magnésie. Ils sont donc formés des phosphates neutres de ces deux bases, décomposables par l'eau bouillante, ainsi que je l'ai reconnu, en surphosphates solubles et en sousphosphates insolubles.

Dans mon Mémoire sur les bézoards, inséré dans le tome XIV de la *Revue scientifique*, j'ai fait connaître la composition de plusieurs autres concrétions animales, dont j'indiquerai seulement les résultats. Le n° IV, que j'avais dans ma collection, sous le nom de *bézoard occidental*, consiste en un fragment de calcul qui devait être ovoïde et d'un volume considérable. Il était composé de phosphate de chaux mélangé de phosphate ammoniaco-magnésien. C'est en analysant ce calcul que j'ai reconnu la propriété que possèdent les deux phosphates neutres de chaux et de magnésie et le phosphate ammoniaco-magnésien, de se transformer à l'aide de l'ébullition dans l'eau en surphosphates de chaux et de magnésie solubles et en sous-phosphates insolubles; propriété qui avait échappé à Vauquelin et à Berzélius, et qui avait conduit le premier à admettre l'existence peu probable de calculs de phosphate acide de chaux.

J'ai fait connaître également la composition d'un magnifique calcul intestinal donné par M. Dubail à l'École de pharmacie, qui m'a présenté le résultat le plus inattendu : il était composé d'oxalate de chaux presque pur. Ce bézoard est d'un blanc grisâtre et d'une forme ovoïde un peu aplatie; son plus grand diamètre est de 15 centimètres, et il pesait 1088 grammes. Il était formé d'un très grand nombre de couches superposées, et offrait au centre un espace de 4 centimètres sur 2,5, occupé par une masse de fibres végétales. Ce calcul entier offrait une faible odeur d'ambre gris, commune à beaucoup de calculs intestinaux de ruminants; mais par la pulvérisation l'odeur devenait semblable à celle du crottin de cheval. On suppose que ce calcul a pu provenir d'un chameau. Voici quelle en était la composition :

Oxalate de chaux.	96,56
Huile résineuse ⎫	
Chlorure alcalin ⎬	0,47
Sel calcaire soluble ⎭	
Phosphate de chaux.	0,20
Sulfate de chaux. . . . . (quantité indéterminée)	
Mucus animal	1,37
Eau.	1,40
	100,00

Un autre calcul de même nature, de la grosseur d'un œuf de cygne et du poids de 125 grammes, se trouvait dans ma collection. Il est d'un gris jaunâtre assez foncé, d'une odeur d'ambre gris et offre un noyau composé de fibres végétales entremêlées. La sciure du calcul, mélangée de celle de la substance ligneuse interne, a donné 90,33 pour 100 d'oxalate de chaux. Le calcul seul en contient par conséquent davantage.

Un dernier calcul (celui n° III), que j'ai présenté comme étant un calcul intestinal de cheval, avait probablement une origine différente, les calculs intestinaux de chevaux étant presque exclusivement formés de phosphate ammoniaco-magnésien (Lassaigne). Ce calcul est composé de :

Carbonate de chaux   43,55
Oxalate de chaux.   34,30
Sulfate de chaux.   2,85
Carbonate de magnésie.   2,34
Extrait alcoolique formé de graisse, résine et chlo-
    rure de sodium   1,34
Matière extractive obtenue par l'eau.   1,17
  — ligneuse, matière colorante et mucus animal. .   13,02
Eau   1,43
                               _____
                               100,00

ORDRE DES CÉTACÉS.

« Les cétacés sont des mammifères sans pieds de derrière ; leur tronc se continue avec une queue épaisse que termine une nageoire cartilagineuse horizontale, et leur tête se joint au tronc par un cou si court et si gros qu'on n'y aperçoit aucun rétrécissement. Enfin leurs membres antérieurs ont les premiers os raccourcis, et les suivants aplatis et enveloppés dans une peau tendineuse qui les réduit à l'état de nageoires. C'est presque en tout la forme des poissons, excepté que ceux-ci ont la nageoire de la queue verticale. Les vrais cétacés se tiennent constamment dans les eaux ; mais comme ils respirent par des poumons, ils sont obligés de revenir souvent à la surface pour y prendre de l'air. Leur sang chaud, leurs oreilles ouvertes à l'extérieur, quoique par des trous fort petits et sans conque externe ; leur estomac divisé en quatre poches comme celui des ruminants, ou en un plus grand nombre de cavités ; leur génération vivipare, les mamelles au moyen desquelles les femelles allaitent leurs petits, et tous les détails de leur anatomie, les distinguent d'ailleurs suffisamment des poissons. »

Cet ordre se compose de deux familles qui se distinguent par leur régime, leurs dents et plusieurs autres particularités d'organisation : ce sont les *cétacés herbivores,* dont les narines s'ouvrent au dehors à l'extrémité du museau, et les *cétacés souffleurs*, dont les narines sont percées au sommet de la tête.

Les CÉTACÉS HERBIVORES comprennent deux genres d'animaux, les *manates* et les *dugongs*, qui ont été longtemps confondus avec les phoques, dont ils ont la forme, moins les pieds de derrière, et dont ils partagent la vie amphibie. Ils ont des dents mâchelières à couronne plate, les membres antérieurs flexibles et propres à ramper sur terre, ce qui leur permet de venir paître sur le rivage. Ils ont des moustaches sur le mufle et des poils épars sur le reste du corps. Enfin ils portent deux mamelles sur la poitrine, ce qui de loin, lorsqu'ils font sortir verticalement leur partie antérieure hors de l'eau, a pu les faire prendre pour des femmes ou des hommes marins, et a pu donner lieu à l'ancienne fable des sirènes et des tritons.

Les VRAIS CÉTACÉS, ou CÉTACÉS SOUFFLEURS, ont tout à fait la forme des poissons et sont constitués pour vivre uniquement dans l'eau ; mais pour faciliter l'arrivée de l'air aux poumons, sans qu'ils aient besoin de sortir la tête ou la bouche hors de l'eau, leurs narines s'ouvrent au sommet de la tête. Mais elles leur servent encore à un autre usage : ces animaux engloutissant avec leur proie de grands volumes d'eau, il leur fallait une voie pour s'en débarrasser ; cette eau passe donc à travers les narines, au moyen d'une disposition particulière du voile du palais, et s'amasse dans un sac placé près de l'orifice extérieur de la cavité du nez, d'où elle est chassée avec violence par la compression de muscles puissants. C'est ainsi qu'ils produisent ces jets d'eau qui les font remarquer de loin des navigateurs. Ils n'ont aucun vestige de poils, et tout leur corps est couvert d'une peau lisse sous laquelle est un lard épais et abondant en huile, principal objet pour lequel on leur fait une chasse meurtrière. Leurs mamelles sont près de l'anus et ils ne peuvent rien saisir avec leur nageoires antérieures. Leur estomac a cinq et quelquefois jusqu'à sept poches distinctes ; ceux qui ont des dents les ont toutes coniques et semblables entre elles ; ils ne mâchent pas leur nourriture, mais l'avalent rapidement. Plusieurs ont sur le dos une nageoire verticale, de substance tendineuse, et non soutenue par des os. Leurs yeux petits et aplatis en avant ont une sclérotique épaisse et solide ; leur langue n'a que des téguments lisses et mous. Les principaux genres compris dans cette famille sont les *dauphins*, les *marsouins*, les *narvals*, les *cachalots* et les *baleines*.

Les **dauphins** ont des dents aux deux mâchoires, toutes simples et presque toujours coniques ; ils ont une nageoire dorsale, le front bombé, et leur museau forme en avant une espèce de bec plus mince que le reste. Ils sont très carnassiers et manquent de cœcum.

Les **marsouins** ne diffèrent des dauphins que parce que leur museau est court et uniformément bombé. Le marsouin ordinaire (*delphinus phocæna* L.), est le plus petit des cétacés et n'a pas plus de 1ᵐ,3 à 1ᵐ,6 de longueur; mais une autre espèce, nommée *épaulard*, acquiert souvent 7 à 8 mètres et est l'ennemi le plus cruel de la baleine. Il se réunit en troupe pour la harceler jusqu'à ce qu'elle ouvre la gueule, et alors il lui dévore la langue.

Les **narvals** n'ont pas de dents proprement dites, mais seulement une longue défense droite et pointue implantée dans l'os intermaxillaire et dirigée dans le sens de l'axe du corps. L'animal a bien le germe de deux défenses, mais d'ordinaire celle du côté gauche est la seule qui se développe et sorte de son alvéole. On ne connaît bien qu'une seule espèce de narval dont la défense est longue de 2 mètres 1/2 à 3 mètres et plus. Elle est formée d'un bel ivoire blanc, mais ne peut être utilisée pour les ouvrages du tour, étant creuse à l'intérieur et composée de grosses fibres distinctes, tordues en spirale à la manière d'une corde. Le corps du narval est assez gros, ovoïde allongé, marbré de brun et de blanc, et n'a guère que le double ou le triple de la longueur de la défense.

Les **cachalots** sont d'énormes cétacés dont la tête très volumineuse égale presque le tiers de leur longueur totale; mais le crâne ni le cerveau ne participent à cette disproportion, due tout entière à un énorme développement des os de la face. Leur mâchoire supérieure est large, élevée, privée de dents; leur mâchoire inférieure est beaucoup plus petite, étroite, allongée et est armée de chaque côté de grosses dents coniques qui se logent, lorsque la bouche se ferme, dans des cavités correspondantes de la mâchoire supérieure. L'évent est unique et non double comme celui de la plupart des autres cétacés souffleurs, et placé vers l'extrémité supérieure du museau, dont la face antérieure est large et comme tronquée. La partie supérieure de leur énorme tête ne consiste presque qu'en grandes cavités séparées par des cartilages, et remplies d'une huile qui se fige en refroidissant et dont la partie solide a été longtemps nommée *blanc de baleine* ou *sperma-ceti*, mais porte aujourd'hui le nom plus convenable de *cétine*. Cette substance fait le principal profit de la pêche des cachalots, leur corps n'étant pas garni de beaucoup de lard. Les cavités qui la renferment sont très différentes du véritable crâne qui est assez petit, placé sous la partie postérieure, et qui contient le cerveau, comme à l'ordinaire.

La plupart des naturalistes ont admis plusieurs espèces de cachalots, et quelques uns d'entre eux les ont même partagés en trois genres, sous les noms de *cachalots* proprements dits, de *physales* et de *physétères.* Il est possible, en effet, que ces plusieurs espèces existent, il est même probable qu'il n'y en a pas qu'une seule ; mais jusqu'à présent elles ne sont rien moins que prouvées, ainsi que le montre le passage suivant tiré des *Ossements fossiles* de Georges Cuvier, t. VIII, 2ᵉ part., p. 208-213 :

« Ne sera-ce pas maintenant une grande temerité, à moi, après avoir exposé les idées de tant de savants hommes, de prétendre qu'il n'y a encore aujourd'hui qu'une seule espèce de cachalot qui puisse être considérée comme vraiment connue, je veux dire le cachalot vulgaire, l'animal du *sperma-ceti ?*

» Et cependant lorsqu'on a fait justice des mauvaises combinaisons de synonymes et des doubles emplois, lorsqu'on a éliminé le *beliga* et le *grampus* ou le *globiceps*, confondus mal à propos dans ce genre, que reste-t-il, sinon des cétacés de très grande taille, à tête énorme, en grande partie remplie de *sperma-ceti*, à dents coniques plus ou moins arquées, plus ou moins émoussées, au nombre de quarante à cinquante environ, mais le plus souvent très mal comptées, dont le dos est muni d'une proéminence peu saillante, que les uns ont appelée nageoire, les autres arête longitudinale, et les autres bosse ou tubercule, et que quelques autres, comme Clusius (1), n'ont pas vue du tout, parce qu'ils n'ont observé qu'un animal échoué sur le dos, et que l'on ne retourne pas facilement un cadavre de 60 ou 70 pieds de long sur 20 pieds d'épaisseur ? A peine est-il sur le rivage, que la populace accourt et le dépèce ; heureux si le naturaliste en trouve encore quelques os intacts.....

» Quant à son extérieur, il paraît, d'après ce qu'il y a de plus authentique dans les rapports que l'on en a, que c'est un des plus grands cétacés, qu'il atteint 70 à 80 pieds de longueur, que sa tête est très grande, très grosse, et que l'on n'a pas beaucoup exagéré sa longueur en disant qu'elle fait le tiers du total ; que son museau est très obtus et comme tronqué ; que son étroite mâchoire inférieure est reçue entre les lèvres supérieures comme dans un sillon ; que ses dents entrent, quand sa gueule est fermée, dans des trous des bords du palais (quelques uns pensent même qu'il y a dans ou entre ces trous d'autres petites dents qui ne restent pas dans le squelette) ; que son évent est sur l'extrémité de son museau ; que ses pectorales sont petites et obtuses ; qu'il a une dorsale très peu saillante vers l'arrière du dos, quelquefois réduite à une protubérance, ou à deux ou trois ; que sa caudale, fort large, est échancrée au milieu et pointue de chaque côté ; que ses yeux sont non seulement fort petits, mais inégaux, et même qu'il ne voit pas de l'œil gauche ; que sa couleur est en dessus d'un gris plus ou moins noirâtre et quelquefois verdâtre, et en dessous blanchâtre ainsi qu'autour des yeux ; que l'immense concavité du dessus de son crâne, recouverte par une voûte simplement cartilagineuse ou tendineuse, est divisée intérieurement en concamérations également tendineuses communiquant les unes avec les autres, et en cellules remplies d'une huile qui est fluide tant que l'animal est chaud, et qui, en se refroidissant, prend la forme concrète sous laquelle on l'emploie. C'est cette

---

(1) Clusius a le premier donné une figure assez exacte et une bonne description du cachalot, dans le 6ᵉ livre de ses *Exoticorum*, p. 131.

huile à laquelle on donne le nom assez ridicule de *sperma-ceti*, et que plus ridiculement encore on a regardée pendant longtemps comme la cervelle de l'animal ; mais la véritable cervelle n'occupe dans l'intérieur du crâne qu'un fort petit espace. Cette substance du *sperma-ceti* est répandue aussi le long du dos et dans plusieurs parties du corps d'une manière qui n'est pas encore clairement expliquée. C'est dans les intestins de la même espèce que l'on trouve l'ambre gris ; mais on n'a point encore bien fait connaître dans quelle partie du corps il se forme, ni quelles sont les causes accidentelles de sa formation.

» Ce cachalot vit en grandes troupes, et à moins qu'il n'y ait entre ceux des divers parages des différences qui n'ont point été indiquées, on doit croire qu'il se trouve dans toutes les mers. Aujourd'hui c'est dans les mers méridionales et des deux côtés de l'Amérique que l'on en prend le plus.

» Existe-t-il en outre des cachalots à haute dorsale? en existe-t-il dont l'évent soit percé près du front sur le milieu de la tête ? en existe-t-il où les branches de la mâchoire inférieure ne soient pas réunies sur la plus grande partie de leur longueur en une symphyse cylindrique ? Voilà ce qui reste à chercher, ce qui reste à prouver autrement que par des figures tracées par des matelots. Ce n'est qu'après que des hommes éclairés auront observé ces êtres avec soin, et en auront déposé les parties osseuses dans des collections où elles puissent être vérifiées par des naturalistes, qu'il sera possible à la critique de les admettre dans le catalogue des animaux. »

Les **baleines** sont plus exactement connues. Elles égalent les cachalots pour la taille et pour la grandeur proportionnelle de la tête, mais elles n'ont aucunes dents. Leur mâchoire supérieure, en forme de carène, ou de toit renversé, a ses deux côtés garnis de lames transverses minces et serrées, appelées *fanons*, formées d'une espèce de corne fibreuse, effilées à leurs bords, et servant à retenir les petits animaux dont ces énormes cétacés se nourrissent. Leur mâchoire inférieure, soutenue par deux branches osseuses arquées en dehors et vers le haut, sans aucune armure, loge une langue charnue fort épaisse, et enveloppe, quand la bouche se ferme, toute la partie interne de la mâchoire supérieure et les lames cornées dont elle est revêtue. Ces organes ne permettent pas aux baleines de se nourrir d'animaux aussi grands que leur taille pourrait le faire croire. Elles vivent de harengs, de maquereaux, de sardines, et principalement de crustacés, de mollusques et de zoophytes d'une extrême petitesse, mais dont les légions innombrables, une fois entrées avec l'eau, dans leur énorme gueule, s'y trouvent retenues par les barbes de leurs fanons. Elles ont un cœcum très court.

Les baleines ont été divisées en trois sous-genres : le premier comprend la baleine franche (*balœna mysticetus* L.), qui manque de nageoire sur le dos et n'a pas la gorge plissée. Elle peut avoir 22 mètres de longueur et surpasse toutes les autres baleines par la grosseur de son corps, dont le poids équivaut presque à celui de 300 bœufs gras. Son

lard forme sous la peau une couche épaisse de plusieurs pieds, dont on
retire environ 120 tonneaux d'huile, et qui est la cause de la chasse
active qu'on lui fait tous les ans. Autrefois la baleine franche se mon-
trait dans nos mers et était assez commune dans le golfe de Gascogne ;
mais elle s'est retirée peu à peu jusqu'au fond du Nord, où le nombre
en diminue chaque jour. Outre son huile, elle fournit encore au commerce ses fanons noirâtres et flexibles, longs de $2^m,60$ à $3^m,25$, qui
sont connus sous le nom vulgaire de *baleines;* chaque individu en a
huit ou neuf cents de chaque côté du palais. On dit que ce monstrueux
cétacé ne se nourrit que de très petits mollusques qui fourmillent dans
les mers qu'il habite. Ses excréments sont d'un jaune safrané ou rougeâtre qui teint assez bien la toile.

Les **balénoptères** se rapprochent de la baleine franche par leur
gorge dépourvue de plis, mais en diffèrent par une nageoire dorsale.
On n'en connaît qu'une espèce nommée *gibbar* par les basques (*balæna physalus* L.), et encore n'est-il pas certain que ce gibbar ne soit
pas une jubarte mal observée. Le gibbar est aussi long, mais bien plus
grèle que la baleine franche ; il est très commun dans les mêmes
parages, mais les pêcheurs l'évitent parce qu'il donne peu de lard et
qu'il est difficile à prendre et dangereux pour les embarcations, à cause
de la violence de ses mouvements quand il est attaqué.

Les **roquals** ont une nageoire dorsale et la peau du dessous de la
gorge et de la poitrine plissée longitudinalement, et susceptible, en conséquence, d'une grande dilatation. On en connaît plusieurs espèces dont
une, nommée *jubarte des basques* (1), *balæna boops* L., surpasse par
sa longueur la baleine franche, mais présente, pour la pêche, les
mêmes inconvénients que le gibbar. Le roqual de la Méditerranée n'en
diffère que par quelques caractères peu importants.

Huiles de Cétacés.

Ces huiles sont produites principalement par la baleine, le cachalot,
les dauphins et les marsouins. Mais elles sont souvent mélangées d'huiles
de phoques, de morses et même d'huiles de poissons, ce qui rend
l'exposition de leurs caractères distinctifs difficile à faire.

L'**huile du marsouin à tête ronde** (*delphinus globiceps* Cuv.) a
été examinée par M. Chevreul, dans le cours de ses savantes recherches
sur les corps gras. Cette huile est d'un jaune citrin, d'une odeur forte
et d'une pesanteur spécifique de 0,9178 à la température de 20 degrés.
Elle est très soluble dans l'alcool, puisque 100 parties d'alcool à 0,812

---

(1) Par corruption sans doute du mot *gibbar.*

de densité en dissolvent 110 à la température de 70 degrés, et que 100 parties d'alcool anhydre en prennent 123 parties à la température de 20 degrés.

Cette huile, exposée pendant longtemps à des températures décroissantes de 10 à 3 degrés, laisse déposer des cristaux de *cétine*. L'huile privée de cétine est plus foncée en couleur, d'une odeur plus forte, et elle est encore plus soluble dans l'alcool ; elle se convertit par la saponification en *glycérine* et en *acides oléique, margarique* et *phocénique*. Ce dernier, dont la composition est $C^{10}H^7O^3, HO$, est un acide volatil analogue à l'acide butyrique. Il se produit en outre deux huiles non acides et plus fusibles que l'éthal, ce qui semble indiquer dans l'huile de marsouin la présence de corps gras différents de l'*oléine*, de la *margarine*, de la *phocénine* et de la *cétine*, qui la composent principalement.

Huile de baleine. Aussitôt qu'une baleine est morte d'épuisement, par suite de la perte de sang causée par la profonde blessure que lui a faite le harpon dont elle a été frappée, les pêcheurs la fixent comme une ceinture autour de leur navire ; puis, armés d'énormes couteaux et d'un instrument qui ressemble à une grande bêche, ils descendent sur son corps, enlèvent par tranches le lard qui le recouvre, et le déposent dans des barils pour être fondu à leur plus prochaine relâche. L'huile qui en résulte est plus ou moins brune, d'une odeur de poisson rance, épaisse et congelable à la température de *zéro*. Elle contient une plus grande quantité de cétine que l'huile de marsouin, beaucoup moins de phocénine, de l'oléine, de la margarine et d'autres corps bien moins déterminés.

Huile de cachalot et blanc de baleine. Ainsi que nous l'avons vu, l'huile de cachalot, peu abondante dans le tissu graisseux sous-cutané, est principalement contenue dans de vastes chambres qui occupent la partie supérieure et antérieure de leur énorme tête. Cette huile, qui est à l'état liquide, dans l'animal vivant, se fige en refroidissant et se présente sous la forme de lames cristallines, tenues en suspension dans une huile d'un jaune ambré. On lui donne en cet état le nom de *blanc de baleine brut*. En séparant par la filtration les deux parties dont elle se compose, on obtient une partie liquide qui est considérée comme *huile de baleine*, et une partie grenue, d'une couleur brune, d'une odeur forte et de la consistance d'un miel épais, qui est connue sous le nom de *blanc de baleine filtré*, et qui contient encore 60 pour 100 d'huile liquide. Cette matière, soumise à une forte pression, forme le *blanc de baleine pressé*, qui est de couleur beaucoup moins foncée, sec, sonore et de structure cristalline. Pour obtenir le *blanc de baleine purifié*, on traite celui qui a été exprimé par une faible solution de potasse, on le lave et on le fond dans l'eau bouillante. On le coule enfin sous la forme de pains carrés, du poids de 15 à 16 kilogrammes, qui sont d'un blanc éclatant, translucides, presque inodores, formés de cristaux brillants, nacrés, onctueux au toucher, un peu flexibles entre les doigts, se divisant, par une pression plus forte, en lames minces, transparentes et nacrées. A cet état, le blanc de baleine fond à 44 degrés, et n'est pas encore un produit simple. L'alcool froid, à 0,821 de densité en extrait une huile incolore, qui se saponifie en donnant les mêmes produits que la partie cristallisée, de sorte qu'on peut considérer ces deux parties comme deux états différents du même corps. La matière cristalline, ou la *cétine pure*, fond alors à 49 degrés; à la température de 360 degrés, elle entre en ébullition et peut être distillée sans altération; à une température plus élevée, elle se décompose en partie en produisant de l'acide margarique et de l'acide oléique. Elle brûle avec une belle flamme blanche, comme la cire; 100 parties d'alcool anhydre bouillant en dissolvent 15,8; mais l'alcool à 0,834 n'en dissout que 3, dont la plus grande partie se précipite par le refroidissement. Elle se dissout dans les huiles fixes et volatiles.

La cétine se saponifie beaucoup plus difficilement que les autres corps gras et laisse presque la moitié de son poids d'un corps neutre auquel M. Chevreul a donné le nom d'*éthal* (1), et qui paraît jouer, par rapport à la cétine, le rôle de la glycérine pour les corps gras ordinaires. Seulement M. Chevreul avait pensé que l'autre produit de la saponification de la cétine était un mélange d'acides oléique et margarique, tandis que M Laurence Smith a montré que ce produit est un acide particulier que M. Dumas avait déjà obtenu en faisant réagir la potasse caustique solide sur l'éthal, et qu'il avait nommé *acide éthalique*. Cet acide est également le même que l'*acide palmitique* résultant de la saponification de l'huile de palme; le nom d'*acide cétique* est celui qui lui conviendrait le mieux.

D'après M. Laurence Smith, la composition de la cétine $= C^{64}H^{64}O^4$, et, de même que pour les corps gras ordinaires, cette composition

(1) M. Chevreul, qui a parfaitement déterminé la composition de l'éthal hydraté ($C^{32}H^{34}O^2$), lui a donné ce nom, à cause des rapports de composition et de propriétés qui unissent ce corps à l'éther et à l'alcool. L'éthal, traité par l'acide phosphorique anhydre, se réduit en effet à l'état d'un carbure d'hydrogène liquide, nommé *cétène*, isomère du gaz oléifiant (C^4H^4), mais dont la composition, pour 4 volumes de vapeur, $= C^{32}H^{32}$. Alors l'éthal hydraté $C^{32}H^{32},H^2O^2$ est un bihydrate de cétène, de même que l'alcool (C^4H^4,H^2,O^2) est un bihydrate de carbure hydrique. Pareillement l'éthal anhydre ($C^{32}H^{33}O$ ou $C^{32}H^{32},HO$), tel qu'on le suppose exister dans la cétine, est le représentant de l'éther hydratique (C^4H^5O ou C^4H^4,HO).

L'éthal est solide, cristallisable, insipide, inodore, fusible à 48 degrés, soluble dans l'alcool et l'éther, volatil et pouvant être distillé sans altération.

correspond à celle de l'acide cétique et de l'éthal anhydres, de sorte qu'il faut y ajouter 2 équivalents d'eau, pour en retirer ces deux corps cristallisés et hydratés.

$$\begin{cases} C^{64}\underline{H}^{64}O^4 & = & C^{32}H^{31}O^3 & + & C^{32}\underline{H}^{33}O \\ \text{cétine} & = & \text{acide cétique anh.} & + & \text{éthal anhydre.} \end{cases}$$

$$\begin{cases} C^{64}\underline{H}^{64}O^4 + \underline{H}^2O^2 & = & C^{32}\underline{H}^{32}O^4 & + & C^{32}H^{34}O^2 \\ \text{cétine} & + 2\,\text{eau} = & \text{ac. cétique hydr.} & + & \text{éthal hydraté.} \end{cases}$$

On doit choisir le blanc de baleine le plus récent possible, car il se rancit très facilement, ce qu'il doit sans doute à la graisse liquide qu'il retient toujours. On l'emploie en pommade cosmétique, uni à l'huile d'amandes douces, mais son plus grand usage est pour la fabrication des bougies.

Fourcroy avait cru que le blanc de baleine, le gras des cadavres et la matière grasse des calculs biliaires, étaient un seul et même corps gras, et avait proposé de leur donner également le nom d'*apocire*. M. Chevreul a prouvé que ces trois substances étaient essentiellement différentes, et a proposé, pour le blanc de baleine pur, le nom plus convenable de *cétine*, tiré de χῆτος ou de *cetus*.

Ambre gris.

L'ambre gris est une matière solide, plus légère que l'eau, se ramollissant et se fondant comme de la cire à l'aide de la chaleur; d'une couleur grise jaunâtre ou noirâtre, qui disparaît souvent sous une efflorescence blanche formée à sa surface; il a une odeur assez douce, suave, susceptible d'une grande expansion; il est presque insipide.

L'ambre gris est en masses irrégulières, tantôt formé de petits grains blancs jaunâtres arrondis, dispersés dans une pâte grise uniforme; le plus souvent composé de couches concentriques superposées, comme un calcul ou un bézoard animal. Ses morceaux pèsent ordinairement moins de 500 grammes; mais on en cite des masses de 5 et de 10 kilogrammes, et quelques unes même de 50 à 100 kilogrammes. On le trouve flottant sur la mer, aux environs du Japon, des îles Moluques, de l'Inde, de Madagascar, du Brésil, des Antilles et des îles Lucayes, ou bien on le retire des intestins de plusieurs grands cétacés.

On a formé bien des hypothèses sur l'origine de l'ambre gris; on l'a successivement regardé comme un bitume, comme des excréments d'oiseaux, des rayons de cire, des résines végétales provenant des terres voisines, et ensuite bituminisées par l'action simultanée de l'eau salée, de l'air et du soleil. Plus récemment, Virey a émis l'opinion que

l'ambre gris était une espèce d'*adipocire* ou de *gras des cadavres*,
résultant de la décomposition spontanée des poulpes odorantes qui
abondent dans la Méditerranée et entre les tropiques; il est inutile
que je reproduise ici les raisons que j'ai opposées à cette hypothèse,
que rien ne justifie.

On fait généralement honneur à Schwédiawer ou Swédiaur, de l'opinion admise aujourd'hui que l'ambre gris est produit par un cétacé.
Pour être juste, il faut que je rapporte ce qu'a écrit L'Écluse ou *Clusius* sur l'origine de cette substance, bien avant Schwédiawer, et avant
bien des opinions erronées émises sur le même sujet. Voici ce que dit
L'Écluse dans ses *Exotiques*, p. 148, 149 :

« Quant à ce que peut être l'ambre gris, je dirai ce que m'a rapporté, en
1593, un homme d'une bonne foi éprouvée, Servat Marel, Bourguignon, qui
avait parcouru un grand nombre de pays pour faire le commerce de l'ambre,
du musc et des pierres précieuses. Lui ayant dit que je ne connaissais de
l'ambre que ce qu'en avaient décrit Garcias *ab horto* et Nicolas Monard, il me
répondit : Je les ai lus l'un et l'autre, mais que rapportent-ils autre chose que
des témoignages douteux d'auteurs qui s'égarent ? Croyez-moi, l'ambre n'est
autre chose qu'un résidu d'aliment amassé pendant longtemps dans l'estomac
(ou l'intestin) de la vraie baleine. Je dis *vraie*, parce que la plupart donnent
à d'autres cétacés, tels que l'orque, le *physeter* et autres pourvus de dents, le
nom de *baleine,* tandis que la baleine légitime n'a pas de dents, dévore les
poissons entiers, et aime surtout à se nourrir de mollusques, tels que poulpes,
seiches et autres. Cette nourriture étant mal digérée, il en résulte beaucoup
de matière épaisse, qui se coagule et se trouve rejetée chaque année, ou à des
intervalles plus courts, lorsque l'estomac en est trop surchargé. Cette matière
ainsi gardée pendant longtemps dans l'estomac, rejetée ensuite et nageant sur
la mer, est l'ambre gris, dans lequel on trouve quelquefois les becs des poulpes
dévorées (Swiediaur et Romé de l'Isle se sont disputé, deux cents ans après,
la découverte de ce fait). Lorsque la baleine est prise, étant récemment débar-
rassée de cette matière, on n'y trouve pas d'ambre gris ; quand on la prend
quelque temps après, on y trouve un peu d'ambre, mais d'une qualité inférieure ; mais la matière croît peu à peu, acquiert de la qualité en vieillissant,
et si l'on prend la baleine avant qu'elle ne l'ait rendue, c'est alors qu'on y
trouve la plus grande quantité et la meilleure qualité d'ambre. On en cher-
cherait en vain dans les autres cétacés que j'ai nommés. Il n'y a donc rien
d'étonnant si ceux qui les ont ouverts, les prenant pour des baleines, n'y ont
pas trouvé d'ambre gris. »

Kæmpfer, dans ses *Aménités*, p. 635, après avoir *vengé*, suivant
son expression, l'ambre gris des ridicules hypothèses du *Journal des
Savants*, nous apprend qu'on trouve très souvent de l'ambre gris dans
les intestins d'un cétacé nommé *mokos*, long de 3 à 4 brasses, que
l'on prend aux environs du Japon. L'ambre est commun au Japon, tant
celui trouvé dans les entrailles des baleines que celui qu'elles ont rejeté

à la mer, avec leurs excréments, pendant leur vie ; d'où les Japonais
appellent l'ambre *kusura no fuu*, c'est-à-dire *excrément de baleine*.

Suivant Swédiaur, cependant (*Journal de physique*, t. XXV, p. 278 ;
1784) , l'ambre gris est l'excrément du cachalot, *physeter macro-
cephalus* L., endurci contre nature, et mêlé avec quelques parties de
sa nourriture qui n'ont pu être digérées. Les raisons qu'il donne pour
attribuer l'ambre à ce cétacé, et non aux autres, sont : 1° que les
pêcheurs américains sont tellement convaincus de ce fait, que lorsqu'on
leur parle d'un parage où l'on trouve l'ambre gris, ils en concluent de
suite qu'il doit être fréquenté par le cachalot, qui est également l'animal
dont on retire le *blanc de baleine ;* 2° les gens qui sont employés à la
pêche de la baleine ne prennent que le cachalot macrocéphale, et l'exa-
minent d'abord pour s'assurer s'il contient de l'ambre gris, à moins que
l'animal n'ait vomi et rendu ses excréments après avoir été harponné ;
car alors il est inutile de rechercher l'ambre dans ses intestins ; 3° les
sèches font la nourriture principale du cachalot, et les becs de sèches
noirs et cornés, que l'on trouve dans l'ambre gris, sont encore une
preuve qu'il provient de ce cétacé.

Cette opinion de Swédiaur est tellement accréditée depuis longtemps
que j'ai peine à croire qu'elle ne soit pas fondée (1) ; cependant deux
des trois raisons sur lesquelles il l'appuie sont tout à fait inexactes ; car
il est faux que les gens qui vont à la pêche de la baleine ne prennent
que des cachalots, et il est faux également que ce cétacé se nourrisse
principalement de mollusques, puisqu'il a des dents dures et aiguës, et
qu'il poursuit avec acharnement les phoques, les baleinoptères, les
dauphins et les requins (Sonnini, *Histoire des cétacés*, p. 304).

La baleine franche, au contraire, comme l'a très bien remarqué
Servat-Marel (que Swédiaur a eu le tort de ne pas citer) , n'ayant pas
de dents, est obligée de se nourrir principalement de mollusques, et
cette observation, qui montre que l'homme qui l'a faite n'était pas un
simple marchand d'ambre gris, mérite que l'on examine de nouveau
si son opinion ne serait pas fondée, et si la baleine franche, plutôt que
le cachalot ou , tout au moins, tout aussi bien que lui, ne produirait
pas l'ambre gris.

Différents chimistes ont concouru à nous faire connaître la nature de
l'ambre gris, entre autres Geoffroy, Bucholz, et MM. Pelletier et
Caventou.

Geoffroy nous apprend , dans *Matière médicale*, t. I, p. 287, que

(1) Un cachalot trumpo mâle, échoué en 1741 près de Bayonne, fournit
dix tonneaux d'adipocire, et on trouva dans ses intestins une masse d'ambre
gris du poids de 13 livres. Ce fait prouve au moins que le cachalot peut produire de l'ambre gris.

l'esprit-de-vin ne dissout pas entièrement l'ambre gris ; qu'il reste un peu d'une matière noire sur laquelle il n'agit pas ; que sa dissolution forme, après quelque temps, un sédiment blanc très abondant, qui, desséché, devient folié et brillant, et qui n'est pas différent du blanc de baleine.

Suivant Bucholz (*Ann. de chim.*, t. LXXIII, p. 95), l'ambre gris, à part la petite quantité de matière noire insoluble dans l'alcool, est une substance *sui generis*, qui tient le milieu entre la cire et la résine, et qu'il a nommée *principe ambré*. Il a reconnu son insolubilité presque complète dans les alcalis, et a donné cette propriété comme un caractère distinctif de l'ambre gris.

Pelletier et M. Caventou sont partis de l'opinion de Geoffroy, que le principe cristallisable de l'ambre gris était du blanc de baleine ; ils en ont démontré la fausseté, et ont prouvé que ce principe, qu'ils ont nommé *ambréine*, était différent des autres connus jusque là, et que celui dont il se rapprochait le plus était la cholestérine, ou principe cristallisable des calculs biliaires humains.

Les auteurs du mémoire, s'appuyant sur ce rapprochement, discutent ensuite la question de l'origine de l'ambre gris Ils admettent, avec Swédiaur, que cette matière se forme dans les intestins du cachalot ; mais ils combattent son opinion qu'elle est un excrément endurci, et la regardent plutôt comme une sorte de bézoard ou de calcul biliaire (*Journ. de pharm.*, t. VI, p. 49).

En résumant les opinions les plus probables émises sur l'origine de l'ambre gris, on voit que Servat-Marel l'attribuait à la baleine franche, et Swédiaur au cachalot ; que celui-ci le considère comme un excrément endurci, et MM Pelletier et Caventou comme un calcul biliaire. Je puis éclaircir cette dernière question et montrer que l'ambre gris participe à la fois de la nature de l'un et de l'autre.

En 1832, j'ai vu chez M. Chardin-Hadancourt, parfumeur, de l'ambre gris récent, qui était formé d'excrément de cétacé recouvert de couches concentriques adipocireuses. L'excrément avait la forme du crottin de cheval, était mou et jaune, et avait l'odeur de la matière fécale humaine. Il était tantôt isolé, et d'autres fois réuni au nombre de 3 ou 4, au milieu des couches concentriques. Des masses plus considérables étaient formées de masses partielles ayant chacune leur noyau de 1, 2, 3 ou 4 excréments globuleux, puis réunies et enveloppées ensemble dans de nouvelles couches adipocireuses. C'est alors que l'ambre gris doit nuire aux fonctions des intestins et à la santé des individus qui le portent. Alors aussi on conçoit comment sa masse s'accroît promptement jusqu'à un poids considérable. La masse d'ambre du poids de 182 livres, qui appartenait à la compagnie hollandaise des Indes Orientales, et qui se trouve figurée dans le *Thesaurus cochlearum* de Vander (*Lugd. Bat.*, 1711, tab. LIII et LIV), est formée, comme je viens de l'indiquer, de masses partielles rapprochées et enveloppées dans un certain nombre de couches superficielles générales.

Le 31 octobre 1832, j'ai soumis à la dessiccation lente, dans une boîte de carton, un fragment d'ambre gris mou et récent, pesant 54,69 grammes. Il s'est desséché ou plutôt durci, sans perdre de son poids, et le 31 janvier 1836 il avait encore exactement le même poids; cependant il était tout à fait dur, d'une forte odeur d'ambre, et n'offrait plus d'indice de son odeur primitive qu'au centre du noyau excrémentitiel (1). Ce noyau est d'une pâte grise uniforme, parsemée de petites taches jaunes; les couches concentriques sont noires, comme huileuses, et constituent la variété d'ambre que l'on nomme *ambre noir*, moins estimé que le gris, quoique très odorant (d'autres fois les couches sont grises, plus sèches et forment alors l'ambre le plus estimé); le tout s'est recouvert d'une efflorescence très blanche d'ambréine.

L'ambre gris est employé en médecine comme excitant et aphrodisiaque; mais son plus grand usage est pour les parfums. Il est souvent falsifié dans le commerce : on reconnaîtra le bon en s'attachant aux caractères que j'ai indiqués au commencement, et encore plus peut être par l'habitude d'en manier.

DEUXIÈME CLASSE : LES OISEAUX.

Les oiseaux sont des animaux vertébrés, ovipares, à sang chaud, à circulation et respiration doubles, éminemment bipèdes et destinés à vivre dans l'air, où ils se soutiennent au moyen de leurs membres antérieurs développés en ailes.

« Leurs poumons non divisés, fixés contre les côtes, sont enveloppés d'une membrane percée de grands trous, et qui laisse passer l'air dans plusieurs cavités de la poitrine, du bas-ventre, des aisselles et même de l'intérieur des os, en sorte que ce fluide baigne, non seulement la surface des vaisseaux pulmonaires, mais encore celle d'une infinité de vaisseaux du reste du corps. Ainsi les oiseaux respirent, à certains

---

(1) Aujourd'hui 4 septembre 1850, ce morceau d'ambre pèse 54,30 grammes. Comme il est toujours resté, depuis l'année 1836, renfermé dans une conserve de verre, il possède une forte odeur d'ambre toujours mélangée d'une odeur d'étable, qui le rend moins agréable en nature que s'il était resté exposé à l'air; mais je suis persuadé que cet ambre aurait, pour la parfumerie, une puissance odoriférante beaucoup plus grande.

égards, par les rameaux de leur aorte comme par ceux de leur artère pulmonaire, et l'énergie de leur irritabilité, de même que l'augmentation de leur caloricité, sont une conséquence de la grande étendue et de la quantité de leur respiration.

» Les extrémités antérieures, destinées au vol, ne pouvant servir à la station ni à la préhension, les oiseaux sont bipèdes et prennent les objets à terre avec leur bouche ; alors leur corps devant être penché en avant de leurs pieds, les cuisses se portent aussi en avant, et les doigts s'allongent pour former au corps une base suffisante. Le bassin est très étendu en longueur pour fournir des attaches aux muscles qui supportent le tronc sur les cuisses ; il existe même une suite de muscles allant du bassin aux doigts, en passant sur le genou et le talon, de manière que le simple poids de l'oiseau fléchit les doigts. C'est ainsi qu'ils peuvent dormir perchés sur un pied.

» Le cou et le bec s'allongent pour pouvoir atteindre jusqu'à terre, et le premier a la mobilité nécessaire pour se reployer en arrière dans la station tranquille. Il a donc beaucoup de vertèbres. Au contraire, le tronc qui sert d'appui aux ailes a dû être peu mobile ; le sternum surtout, auquel s'attachent les muscles qui abaissent l'aile pour choquer l'air dans le vol, est d'une grande étendue et augmente encore sa surface par une lame saillante, dans son milieu, qui porte le nom de *bréchet*. La fourchette produite par la réunion des deux clavicules et les deux vigoureux arcs-boutants formés par les apophyses coracoïdes, tiennent les épaules écartées, malgré les efforts que le vol détermine en sens contraire. L'aile soutenue par l'humérus, par l'avant-bras, et par la main qui est allongée et montre un doigt et les vestiges de deux autres, porte sur toute sa longueur une rangée de *pennes* élastiques qui étendent beaucoup la surface qui choque l'air. Les pennes adhérentes à la main se nomment *primaires*, et il y en a toujours 10 ; celles qui tiennent à l'avant-bras s'appellent *secondaires* et leur nombre varie ; des plumes moins fortes attachées à l'humerus s'appellent *scapulaires;* l'os qui représente le pouce porte encore quelques pennes nommées *bâtardes ;* sur la base des pennes règne une rangée de plus petites plumes nommées *couvertures*.

» La queue osseuse est très courte, mais elle porte aussi une rangée de fortes pennes qui, en s'étalant, contribuent à soutenir l'oiseau ; leur nombre est ordinairement de 12, quelquefois de 14 ; dans les gallinacées, il va jusqu'à 18.

» Les membres postérieurs ont un fémur, un tibia et un péroné qui tiennent au fémur par une articulation à ressort dont l'extension se maintient sans effort de la part des muscles. Le tarse et le métatarse y sont représentés par un seul os terminé vers le bas en trois poulies.

» Il y a le plus souvent trois doigts en avant et le pouce en arrière ; celui-ci manque quelquefois. Le nombre des articulations croît à chaque doigt, en commençant par le pouce qui en a deux, et en finissant par le doigt externe qui en a cinq.

» L'œil des oiseaux est disposé de manière à distinguer également bien les objets de loin et de près ; une membrane vasculeuse et plissée, qui se rend du fond du globe au bord du cristallin, y contribue probablement en déplaçant cette lentille. La face antérieure du globe est d'ailleurs renforcée par un cercle de pièces osseuses ; et, outre les deux paupières ordinaires, il y en a toujours une troisième placée à l'angle interne, et qui, au moyen d'un appareil musculaire remarquable, peut couvrir le devant de l'œil comme un rideau. La cornée est très convexe ; mais le cristallin est plat, et le vitré petit.

» L'oreille des oiseaux n'a qu'un osselet, formé d'une branche adhérente au tympan, et d'une autre terminée par une platine qui s'appuie sur la fenêtre ovale ; leur limaçon est un cône peu arqué ; mais leurs canaux semi-circulaires sont grands et logés dans une partie du crâne, où ils sont environnés de toutes parts de cavités aériennes qui communiquent avec la caisse. Les oiseaux de nuit ont seuls une conque extérieure, qui cependant ne fait point de saillie comme celle des quadrupèdes. L'ouverture de l'oreille est généralement recouverte de plumes à barbes plus effilées que les autres.

» L'organe de l'odorat, caché dans la base du bec, n'a d'ordinaire que des cornets cartilagineux, au nombre de trois, qui varient en complication ; il est très sensible, quoiqu'il n'ait pas de sinus creusés dans l'épaisseur du crâne. La langue a peu de substance musculaire et est peu délicate dans la plupart des oiseaux.

» Les plumes, ainsi que les pennes, qui n'en diffèrent que par la grandeur, sont composées d'une tige creuse à la base, et de barbes latérales qui en portent elles-mêmes de plus petites ; elles tombent deux fois par an. Dans certaines espèces, le plumage d'hiver diffère par ses couleurs de celui d'été, et dans le plus grand nombre la femelle diffère du mâle par des teintes moins vives. Dans ce cas, les petits des deux sexes ressemblent à la femelle. Lorsque les adultes mâles et femelles sont de même couleur, les petits ont une livrée qui leur est propre.

» La trachée des oiseaux a ses anneaux entiers ; à sa bifurcation est une glotte le plus souvent pourvue de muscles propres, et nommée *larynx inférieur :* c'est là que se forme la voix des oiseaux. L'énorme volume d'air contenu dans les sacs aériens contribue à la force de cette voix, et la trachée, par ses diverses formes et par ses mouvements, à ses modifications. Le larynx supérieur, fort simple, y entre pour peu de chose.

» La face ou le bec supérieur des oiseaux, formée principalement
de leurs os intermaxillaires, se prolonge en arrière de deux arcades,
dont l'interne se compose des os palatins et ptérygoïdiens, et l'externe
des os maxillaires et des jugaux, et qui s'appuient l'une et l'autre sur
un os tympanique mobile, vulgairement dit *os carré*, répondant à l'os
de la caisse. En dessus, cette même face est articulée ou unie au crâne
par des lames élastiques; ce mode d'union lui laisse toujours quelque
mobilité. La substance cornée qui revêt les deux mandibules tient lieu
de dents et est quelquefois hérissée de manière à en représenter. Sa
forme, ainsi que celle des mandibules qui la soutiennent, varie selon le
genre de nourriture que prend chaque espèce.

» La digestion des oiseaux est en proportion avec l'activité de leur
vie et la force de leur respiration. L'estomac est composé de trois parties : le *jabot*, qui est un renflement de l'œsophage ; le *ventricule suc-
centurié*, sac membraneux garni dans l'épaisseur de ses parois d'une
multitude de glandes dont l'humeur imbibe les aliments; enfin le *gésier*,
armé de deux muscles vigoureux, et dans lequel les aliments se broient
d'autant plus aisément que les oiseaux ont soin d'avaler de petites pierres
pour augmenter la force de la trituration.

» Le cloaque est une poche ou aboutissent le rectum, les uretères
et les canaux spermatiques, ou, dans les femelles, l'oviducte. Il est
ouvert au dehors par l'anus. Dans la règle, les oiseaux n'urinent pas au
dehors, parce que leur urine, peu abondante, se mêle aux excréments
solides. Les autruches ont seules le cloaque assez dilaté pour que l'urine
s'y accumule à l'état liquide.

» Dans la plupart des genres, l'accouplement se fait par la seule
juxtaposition des anus ; les autruches et plusieurs palmipèdes ont cependant une verge creusée d'un sillon, par où la semence est conduite.
Les testicules sont situés à l'intérieur, au-dessus des reins et près du
poumon. Il n'y a qu'un oviducte de développé ; l'autre est réduit à
une petite bourse. »

L'œuf détaché de l'ovaire, où l'on n'y aperçoit que le jaune, s'entoure dans le haut de l'oviducte de la liqueur nommée le blanc ou
l'*albumen*, et se garnit de sa coque calcaire dans le bas du même canal.
C'est dans cet état que l'œuf est pondu ; mais le germe placé sur un
point blanchâtre (*cicatricule*) de la surface du jaune, ne s'y développe
que moyennant un certain degré de chaleur que communique la mère
à ses œufs, en les recouvrant de son corps, après les avoir déposés dans
un nid propre à les abriter. Entre tous les oiseaux, les autruches seules,
vivant au milieu des déserts sablonneux de l'Afrique, paraissent se dispenser de couver leurs œufs et peuvent les abandonner à la chaleur des
rayons solaires, après les avoir rassemblés dans un creux pratiqué dans

le sable ; 'mais elles les couvent dans les climats moins chauds. Après un temps d'incubation qui est constant pour chaque espèce, le petit, qui a épuisé la nourriture contenue dans l'œuf et qui est suffisamment développé pour pouvoir en recevoir du dehors, fend la coquille au moyen d'une.pointe cornée qu'il a sur le bout du bec et qui tombe peu après sa naissance.

On divise les oiseaux en six ordres, qui sont : les *rapaces*, les *passereaux*, les *grimpeurs*, les *gallinacés*, les *échassiers* et les *palmipèdes*.

« I. Les RAPACES, ou OISEAUX DE PROIE (*accipitres* L.), se reconnaissent à leur bec et à leurs ongles crochus, armes puissantes au moyen desquelles ils poursuivent les autres oiseaux et même les quadrupèdes faibles et les reptiles. Ils sont parmi les oiseaux ce que sont les carnassiers parmi les quadrupèdes. Les muscles de leurs cuisses et de leurs jambes indiquent la force de leurs serres ; leurs tarses sont rarement allongés ; ils ont tous quatre doigts ; l'ongle du pouce et celui du doigt interne sont les plus forts.

» Ils forment deux familles : les *diurnes* et les *nocturnes*.

» Les RAPACES DIURNES ont les yeux dirigés sur les côtés, une membrane, appelée *cire*, couvrant la base du bec et dans laquelle sont percées les narines ; trois doigts devant, un derrière, sans plumes ; les deux antérieurs externes presque toujours réunis à leur base par une courte membrane. Ils ont le plumage serré, les pennes fortes, le vol puissant. Leur estomac est presque entièrement membraneux, leurs intestins peu étendus, leurs cœcums très courts, leur sternum large et complétement ossifié pour donner aux muscles des ailes des attaches plus étendues, et leur fourchette demi-circulaire est très écartée, pour mieux résister dans les abaissements violents de l'humérus qu'un vol rapide exige. »

Les principaux genres ou sous-genres compris dans cette famille sont les *vautours*, les *griffons*, les *faucons*, les *aigles*, les *harpies*, les *autours*, les *milans*, les *buses*, les *busards* et les *messagers* ou *secrétaires*.

« Les RAPACES NOCTURNES ont la tête grosse, de très grands yeux dirigés en avant, entourés d'un cercle de plumes effilées, dont les antérieures recouvrent la cire du bec, et les postérieures l'ouverture de l'oreille. Leur énorme pupille laisse entrer tant de rayons qu'ils sont éblouis par le plein jour ; aussi volent-ils surtout pendant le crépuscule et le clair de lune. Leur crâne épais, mais d'une substance légère, a de grandes cavités qui communiquent avec l'oreille et renforcent probablement le sens de l'ouïe ; mais l'appareil relatif au vol n'a pas une grande force ; leur fourchette est peu résistante ; leurs plumes à barbes douces, finement duvetées, ne font aucun bruit en volant. Le doigt externe du pied se dirige à volonté en avant ou en arrière. Leur gésier est assez musculeux, quoique leur proie soit tout animale, consistant en souris, petits oiseaux et insectes; il est précédé d'un grand jabot et leurs cœcums sont longs et élargis à leur fond. Les petits oiseaux ont contre eux une antipathie naturelle et se réunissent de toutes parts, pendant le jour, pour les assaillir, ce qui fait qu'on les emploie pour attirer les oiseaux au piége. Les rapaces nocturnes comprennent plusieurs sous-genres nommés *hiboux*, *chouettes*, *effraies*, *chats-huants*, *ducs*, *chevêches* et *scops*.

» II. L'ordre des PASSEREAUX est le plus nombreux de toute la classe. Son caractère semble d'abord purement négatif, car il embrasse tous les oiseaux qui ne sont ni nageurs, ni échassiers, ni grimpeurs, ni rapaces, ni gallinacés. Cependant, en les comparant, on saisit bientôt entre eux une grande ressemblance de structure, et surtout des passages tellement insensibles d'un genre à l'autre, qu'il est difficile d'y établir des subdivisions.

» Ils n'ont ni la violence des oiseaux de proie, ni le régime déterminé des gallinacés ou des oiseaux d'eau; les insectes, les fruits, les grains, fournissent à leur nourriture : les grains, d'autant plus exclusivement que leur bec est plus gros; les insectes, qu'il est plus grêle. Ceux qui sont forts poursuivent même les petits oiseaux.

» Leur estomac est en forme de gésier musculeux; ils ont généralement deux très petits cœcums; c'est parmi eux qu'on trouve les oiseaux chanteurs et les larynx inférieurs les plus compliqués. »

Une première division peut être établie entre les passereaux, fondée sur la disposition de leurs deux doigts externes, qui tantôt sont inégaux et réunis par une ou deux phalanges seulement, et tantôt sont presque égaux et réunis jusqu'à l'avant-dernière articulation. On donne à ces derniers, qui sont peu nombreux, le nom de *syndactyles*. Les autres ont été divisés en quatre familles, d'après la forme de leur bec, et ont reçu les noms de *dentirostres*, *conirostres*, *fissirostres* et *ténuirostres*.

On trouve dans les DENTIROSTRES, dont le bec est échancré aux deux côtés de la pointe, les *pies-grièches* (pies-grièches propres, cassicans, choucaris, etc.), les *gobe-mouches* (tyrans, moucherolles, gobe-mouches propres, cotingas, etc.), les *tangaras*, les *merles*, les *martins*, les *loriots*, les *lyres*, les *becs-fins* (rubiettes, fauvettes et rossignols, roitelets, hochequeues, etc.), etc.

Les FISSIROSTRES sont peu nombreux, mais très distincts par leur bec court, large, aplati horizontalement, légèrement crochu, sans échancrure et fendu très profondément; en sorte que l'ouverture de leur bouche est très large, et qu'ils engloutissent aisément les insectes

qu'ils poursuivent au vol. Telles sont les **hirondelles**. charmants
oiseaux qui nous quittent à l'automne pour aller jusqu'en Afrique chercher la nourriture dont la mauvaise saison les priverait chez nous,
mais qui reviennent au printemps nous annoncer les beaux jours, et
reprendre à nos fenêtres, sous l'abri de nos toits ou sur nos cheminées,
le nid qu'ils y avaient laissé l'année précédente.

Parmi les hirondelles répandues dans les autres parties du monde,
il faut remarquer la **salangane**. très petite espèce de l'Archipel indien
(Rumphius, *Amboin.*, VI, p. 183, tab. 75), célèbre par ses nids
construits à l'aide d'une substance gélatineuse très estimée en Chine
comme aliment, et dont il s'y fait un commerce considérable.

J'ai décrit ces nids précédemment (tome II, p. 57).

Les CONIROSTRES comprennent les genres à bec fort, plus ou moins
conique et sans échancrure ; ils vivent d'autant plus exclusivement de
grains que leur bec est plus fort et plus épais. On y trouve :

Les *alouettes*, les *mésanges*, les *bruants*, les *moineaux* (tisserins,
moineaux francs, pinçons, linottes et chardonnerets, serins ou tarins,
veuves, gros-becs, etc.), les *bouvreuils*, les *becs-croisés*, les *cassiques*,
les *étourneaux*, les *corbeaux* (corbeaux propres, pies, geais, casse-
noix, etc.), les *rolliers*, les *oiseaux de paradis*, etc.

Les TÉNUIROSTRES renferment le reste des oiseaux du premier groupe
des passereaux, ceux dont le bec est grêle, allongé, tantôt droit tantôt
plus ou moins arqué, sans échancrure. Ils sont à peu près aux conirostres ce que les becs-fins sont aux autres dentirostres. On y trouve
les *sittelles*, les *grimpereaux*, les *colibris* et *oiseaux-mouches*, dont
une espèce (*trochilus minimus*) n'excède pas la grosseur d'une abeille,
les *huppes*, etc.

Les SYNDACTYLES, dernière famille des passereaux dans laquelle le
doigt externe, presque aussi long que celui du milieu, lui est uni
jusqu'à l'avant-dernière articulation, nous offrent les *guêpiers*, les
martins-pêcheurs, les *ceyx*, les *todiers* et les *câlaos*. Ces derniers sont
de grands oiseaux d'Afrique et des Indes, remarquables par leur énorme
bec dentelé, surmonté d'une proéminence quelquefois aussi grande
qu'eux-mêmes et qui les lie aux toucans, tandis que leurs habitudes les
rapprochent des corbeaux, et leurs pieds des martins-pêcheurs.

III. Le troisième ordre des oiseaux, ou les GRIMPEURS, se compose de ceux dont le doigt externe se dirige en arrière, comme le pouce,
d'où il résulte pour eux un appui plus solide, que quelques genres mettent
à profit pour se cramponner au tronc des arbres et y grimper. Ces
oiseaux nichent d'ordinaire dans les trous des vieux arbres ; leur vol est
médiocre ; leur nourriture, comme celle des passereaux, consiste en
insectes ou en fruits, selon que leur bec est plus ou moins robuste. Le

sternum de la plupart des genres a deux échancrures en arrière ; mais dans les perroquets il n'a qu'un trou, et souvent il est absolument plein. Les principaux genres compris dans cet ordre sont les *jacamars*, les *pies*, les *torcols*, les *coucous*, les *barbus*, les *couroucous*, les *toucans*, les *perroquets* (aras, perruches, cacatoës, perroquets propres, loris, psittacules, perroquets à trompe, etc.) ; on y a joint deux oiseaux de genres différents nommés *touraco* et *musophage*, qui ont de l'analogie avec les gallinacés.

« IV. GALLINACÉS. Les oiseaux de ce quatrième ordre sont ainsi nommés, à cause de leur affinité avec le coq domestique. Ils ont généralement, comme lui, la mandibule supérieure voûtée, les narines percées dans un large espace membraneux de la base du bec, et recouvertes par une écaille cartilagineuse. Ils ont le port lourd, les ailes courtes, le sternum diminué par deux échancrures si larges, qu'elles en occupent presque les deux côtés ; la crête en est tronquée obliquement en avant, en sorte que la pointe aiguë de la fourchette ne s'y joint que par un ligament ; toutes circonstances qui, en affaiblissant les muscles pectoraux, rendent le vol difficile. Leur queue a le plus souvent 14 et quelquefois jusqu'à 18 pennes. Leur larynx inférieur est très simple, aussi n'en est-il aucun qui chante agréablement. Ils ont un jabot très large et un gésier fort vigoureux. Si l'on excepte les alectors, ils pondent et couvent leurs œufs à terre, sur quelques brins de paille ou d'herbes grossièrement étalés. Chaque mâle a ordinairement plusieurs femelles et ne se mêle point du nid ni du soin des petits, qui sont généralement nombreux, et qui, le plus souvent, sont en état de courir au sortir de l'œuf.

» Cet ordre se compose d'abord d'une famille très naturelle (les *gallinacés* propres), à laquelle se rapportent spécialement les caractères précédents et qui nous fournit la plupart de nos oiseaux de basse-cour. Les genres qu'elle contient ont les doigts antérieurs réunis à leur base par une courte membrane, et dentelés le long de leurs bords. Pour ne pas trop multiplier les ordres, on leur a réuni la famille des *pigeons*, quoiqu'ils soient monogames, qu'ils aient un vol élevé, qu'ils nichent sur les arbres, que leurs doigts soient entièrement divisés et que leur queue n'ait presque toujours que 12 pennes, tous caractères qui les rapprochent des passereaux. »

Les principaux genres admis dans la famille des gallinacés sont les *alectors*, les *paons*, les *dindons*, les *pintades*, les *faisans* (coq et poule ordinaires, faisans propres, tragopans, etc.), les *tétras* (coqs de bruyère, perdrix, cailles, tridactyles, etc.). La famille des pigeons ne comprend qu'un genre divisé en trois sous-genres : les *colombi-gallines*, que leur manière de vivre, leur taille, et d'autres caractères, rapprochent des vrais gallinacés ; les *pigeons* propres comprenant les tourterelles; et les colombars d'Afrique, à bec plus gros, solide et comprimé sur les côtés.

« V. Les ÉCHASSIERS, qui forment le cinquième ordre des oiseaux, tirent leur nom de la nudité du bas de leurs jambes, et le plus souvent de la longueur de leurs tarses, deux circonstances qui leur permettent d'entrer dans l'eau jusqu'à une certaine profondeur, sans se mouiller les plumes, d'y marcher à gué et d'y pêcher, au moyen de leur cou et de leur bec, dont la longueur est généralement proportionnée à celle des jambes. Ceux qui ont le bec fort vivent de poissons ou de reptiles; ceux qui l'ont faible, de vers et d'insectes. Très peu se contentent de graines ou d'herbages, et ceux-là seulement vivent éloignés des eaux. Le plus souvent le doigt extérieur est uni par sa base à celui du milieu, au moyen d'une courte membrane; quelquefois il y a deux membranes semblables; d'autres fois elles manquent entièrement, et les doigts sont tout à fait séparés; il arrive aussi, mais rarement, qu'ils sont palmés jusqu'au bout; le pouce enfin manque à plusieurs genres, toutes circonstances qui influent sur leur genre de vie. Presque tous ces oiseaux, si l'on excepte les autruches et les casoars, ont les ailes longues et volent bien. Ils étendent leurs jambes en arrière, lorsqu'ils volent, au contraire des autres oiseaux, qui les reploient sous le ventre. On établit dans cet ordre cinq principales familles et quelques genres isolés. »

Les BRÉVIPENNES, qui forment la première famille, quoique semblables, en général, aux autres échassiers, en diffèrent beaucoup par la brièveté de leurs ailes qui leur ôte la faculté de voler ; mais leurs extrémités postérieures ont acquis en force ce que les ailes ont perdu ; aucun d'eux n'a de pouce ; leur bec et leur régime leur donnent d'ailleurs de nombreux rapports avec les gallinacés. On en a fait deux genres, les *autruches* et les *casoars*.

Les **autruches** ont les ailes revêtues de plumes lâches et flexibles, encore assez longues pour accélérer leur course. On connaît l'élégance des panaches formés de ces plumes à tige mince, dont les barbes, quoique garnies de barbules, ne s'accrochent point ensemble, comme celles de la plupart des oiseaux. Leur bec est déprimé horizontalement, de longueur médiocre, mousse au bout ; leur œil est grand et les paupières sont garnies de cils. Leurs jambes et leurs tarses sont très élevés, munis de muscles d'une grande force, qui leur permettent de dépasser tous les autres animaux à la course, et lorsqu'on les poursuit elles savent lancer des pierres en arrière, avec beaucoup de vigueur. Elles vivent d'herbages et de graines, mais ont un goût si obtus, qu'elles avalent à peu près indifféremment des cailloux, des morceaux de fer, etc. Elles ont un énorme jabot, un ventricule considérable entre le jabot et le gésier, des intestins volumineux , de longs cœcums , et un vaste réceptacle où l'urine s'accumule comme dans une vessie : aussi sont-elles les seuls oiseaux qui urinent. Leur verge est très grande et se montre souvent au dehors. On en connaît deux espèces, dont une (*struthio camelus* L.) habite les déserts sablonneux de l'Afrique et de l'Arabie, et atteint 2 à 3 mètres de hauteur; elle n'a que deux doigts à chaque pied, et le doigt externe, plus court de moitié que l'autre, manque d'ongle. Elle vit en grandes troupes , pond des œufs qui pèsent jusqu'à 1500 grammes, qu'elle se borne à exposer dans le sable, à la chaleur du soleil, dans les pays les plus chauds, mais qu'elle couve sous la latitude des tropiques, et qu'elle soigne et défend partout avec courage. L'autruche d'Amérique (*struthio rhea* L.) est de moitié plus petite, a les plumes moins fournies, d'un gris uniforme, et trois doigts à chaque pied , tous munis d'ongle. On n'emploie ses plumes que pour faire des plumeaux.

Les **casoars** ont les ailes encore plus courtes que les autruches, et totalement inutiles pour la course ; leurs pieds ont trois doigts, tous munis d'ongle ; leurs plumes ont des barbes si peu garnies de barbules qu'elles ressemblent, de loin , à des poils ou à des crins tombants. On en connaît deux espèces, le *casoar à casque* ou *emeu*, qui habite le grand archipel indien, et le *casoar à tête nue*, qui est propre à l'Australasie.

La famille des PRESSIROSTRES comprend des genres à hautes jambes, sans pouce, ou dont le pouce est trop court pour toucher le sol ; le bec est médiocre, assez fort pour percer la terre et y chercher des vers. Les espèces qui l'ont le plus faible parcourent les prairies et les terres fraîchement labourées pour y recueillir cette nourriture ; celles qui l'ont plus fort mangent en même temps des grains et des herbes. Les genres de cette famille sont les *outardes*, les *pluviers*, les *vanneaux*, les *huitriers*, les *coure-vite* et les *cariama*.

La troisième famille, ou celle des CULTRIROSTRES, se reconnaît à son bec gros, long et fort, le plus souvent même tranchant et pointu; dans un grand nombre d'espèces le mâle a la trachée diversement repliée; les cœcums sont courts et même les hérons proprement dits n'en ont qu'un. Linné avait réuni tous ces oiseaux dans son genre *ardea*, mais on en forme aujourd'hui trois tribus et dix genres qui sont les *grues* (agamis, numidiques, grues propres , courlans et caurales), les *savacous*, les *hérons* (crabiers, onorés, aigrettes , butors et bihoreaux), les *cigognes* , les *jabirus*, les *ombrettes,* les *becs-ouverts,* les *dromes*, les *tantales* et les *spatules*.

La famille des LONGIROSTRES, qui vient ensuite, est caractérisée par un bec grêle, long et faible, qui ne leur permet guère que de fouiller dans la vase pour y chercher des vers et de petits insectes. Tous ont à peu près les mêmes formes, les mêmes habitudes, et souvent même presque les mêmes distributions de couleurs, ce qui les rend très difficiles à distinguer entre eux. A l'exception des *avocettes*, dont le bec effilé est fortement courbé en haut, dont le pouce est beaucoup trop court pour toucher à terre, et dont les autres doigts sont palmés presque jusqu'au bout, tous les autres peuvent être rangés dans le seul genre *bécasse* (*scalopax*), qui renferme les oiseaux nommés *ibis*, *courlis*, *bécasses* propres, *barges*, *maubèches*, *alouettes de mer*, *cocorlis*, *combattants*, *tourne-pierres*, *chevaliers*, *échasses*, etc.

La dernière famille des échassiers, celle des MACRODACTYLES, a les doigts des pieds fort longs et propres à marcher sur les herbes des marais et même à nager ; cependant il n'y a pas de membranes entre leurs doigts. Le bec, plus ou moins comprimé sur les côtés, s'allonge ou se raccourcit selon les ₀enres, sans arriver jamais à la minceur ni à la faiblesse de celui de la famille précédente. Le corps de ces oiseaux est aussi singulièrement comprimé, conformation déterminée par l'étroitesse du sternum ; leurs ailes sont médiocres ou courtes, et leur vol faible. Ils ont tous un pouce assez long. Les principaux genres de cette famille sont les *jacanas*, les *râles*, et les *foulques* comprenant les poules d'eau, les poules sultanes, les foulques propres, etc. On place à la suite les *vaginales*, les *glaréoles* et les *flammants*.

VI. Les PALMIPÈDES, qui forment le sixième et dernier ordre des oiseaux, ont les pieds complétement faits pour la natation, c'est-à-dire, implantés à l'arrière du corps, portés sur des tarses courts et comprimés, et palmés entre les doigts. Ils sont pourvus d'un plumage serré, lustré, imbibé d'un suc huileux qui les garantit de l'eau sur laquelle ils vivent. Ce sont aussi les seuls oiseaux où le cou dépasse, et quelquefois de beaucoup, la longueur des pieds, ce qui leur permet de chercher leur nourriture au fond de l'eau, tout en nageant à sa surface. Leur sternum est très long, propre à garantir la plus grande partie de leurs viscères, et n'ayant de chaque côté qu'une échancrure ou un trou ovale garni de membranes. Ils ont généralement le gésier musculeux, les cœcums longs, et le larynx inférieur simple. Cet ordre se laisse assez nettement diviser en quatre familles, qui sont celles des *plongeurs*, des *longipennes*, des *totipalmes* et des *lamellirostres*.

Les PLONGEURS ont les jambes implantées plus en arrière que tous les autres oiseaux, ce qui leur rend la marche pénible et les oblige à se tenir sur terre dans une position verticale. La plupart d'ailleurs sont mauvais voiliers et plusieurs même ne peuvent pas voler du tout, ce qui les force à vivre presque dans l'eau : aussi leur plumage est-il des plus serrés et à surface lisse et lustrée. Ils nagent sous l'eau en s'aidant de

leurs ailes presque comme de nageoires. Leur gésier est assez musculeux et leurs cœcums médiocres. On en forme trois genres : les *plon-
geons*, les *pingouins* et les *manchots*.

Les LONGIPENNES ou GRANDS VOILIERS, sont au contraire des oiseaux
de haute mer, qui au moyen de leur vol étendu se sont répandus partout. Ils ont le pouce libre ou nul, les ailes très longues, le bec sans
dentelures, crochu dans les premiers genres, simplement pointu dans
les autres. De même que dans les précédents, le larynx inférieur n'a
qu'un muscle propre de chaque côté ; leur gésier est musculeux et leurs
cœcums courts. Cette famille comprend les *pétrels*, les *albatros*, les
goëlands, les *hirondelles de mer* et les *becs-en-ciseaux*.

Les TOTIPALMES ont cela de remarquable que leur pouce est réuni
avec les autres doigts dans une seule membrane, et que, malgré cette
organisation qui fait de leurs pieds des rames plus parfaites, presque
seuls parmi les palmipèdes, ils se perchent sur les arbres. Tous sont
bons voiliers et ont les pieds courts. On y compte les *pélicans* (pélicans propres, cormorans, frégates, fous), les *anhingas* et les *paille-en-
queue*.

Enfin, les LAMELLIROSTRES ont le bec épais, revêtu d'une peau molle
plutôt que d'une véritable corne ; les bords du bec sont garnis de lames
ou de petites dents ; la langue est large, charnue, dentelée sur les
bords ; les ailes sont de longueur médiocre. Ils vivent plus sur les eaux
douces que sur la mer. Dans le plus grand nombre, la trachée-artère du
mâle est renflée près de sa bifurcation en capsules de diverses formes.
Leur gésier est grand, très musculeux, leurs cœcums longs. Ces
oiseaux ne forment pour ainsi dire qu'un seul genre, celui des *canards*,
dans lequel se trouvent compris les cygnes, les oies, les bernaches et les
canards propres, comprenant eux-mêmes les macreuses, les eiders, les
souchets et les tadornes. Les *harles* forment un genre peu nombreux
qui a le port des canards, mais dont le bec est plutôt cylindrique qu'a-
plati, et armé tout le long de ses bords de petites dents pointues comme
celles d'une scie.

Je n'ai donné presque aucune description particulière des oiseaux,
malgré la place importante qu'ils occupent dans la création, la variété
et la vie qu'ils répandent dans l'immensité de l'air, les agréments qu'ils
procurent à l'homme par leurs mélodies ou les vives couleurs dont ils
sont souvent parés. Je dois en effet me restreindre, surtout, aux êtres
qui apportent quelque secours à la thérapeutique, et si un certain
nombre d'oiseaux ou de leurs produits ont autrefois fait partie de la
matière médicale, depuis longtemps ils en ont été bannis par les progrès
de la science et de la raison.

Faut-il rappeler d'ailleurs que dans nos temps d'égalité et de recher-

che du bien-être général, où les êtres ne sont plus estimés que par l'utilité réelle dont ils sont pour nous, un certain nombre d'oiseaux chasseurs dont l'usage et la possession étaient devenus l'apanage et la marque
distinctive d'une caste privilégiée, ont perdu toute leur importance et
ne sont plus guère cités que pour le soin que nous apportons à nous
garantir de leurs déprédations. Alors aussi, l'aigle, le roi des airs, était
rangé parmi les oiseaux *ignobles*, faute par lui d'avoir pu se plier au
service des grands; tandis que les faucons, les hobereaux, l'émerillon et
le gerfault, plus faibles, mais plus dociles, étaient qualifiés d'*oiseaux
nobles*. Qui pourrait rendre aux faucons le rang qu'ils ont perdu?

D'autres oiseaux encore, considérés au point de vue de l'homme,
peuvent être regardés comme des animaux nuisibles, par le dommage
qu'ils causent aux poissons, dont ils dépeuplent les rivières, les lacs et
les étangs : tels sont l'**orfraie** et le **balbusard** (*falco ossifraga* et *falco
haliaetus* L.), le **pélican** et le **cormoran** (*pelicanus onocrotalus* et
pel. carbo L.), le **héron** (*ardea major* L.), le cygne lui-même, qui fait
l'ornement des eaux tranquilles par la grâce et la majesté de son allure;
tandis que les oiseaux qui se nourrissent d'animaux nuisibles méritent
notre reconnaissance. C'est à ce titre que les anciens Égyptiens rendaient une espèce de culte à l'**ibis du Nil** (*ibis religiosa* Cav.) et à la
cigogne (*ciconia alba* Briss.), qui les délivraient des petits reptiles qui
abondaient sur les bords du Nil. C'est à ce titre que plusieurs rapaces
nocturnes, tels que le **grand-duc** (*strix bubo* L.), le **hibou** (*strix otus* L.),
la **chouette** (*strix aluco* L.) et l'**effraie** (*strix flammula* L.), au lieu
d'être un sujet d'effroi pour les crédules habitants de nos campagnes,
et d'être cloués morts à la porte des fermes, devraient être ménagés et
honorés pour la destruction des rats, souris, mulots, taupes et musaraignes qui nuisent tant à l'agriculture. Les gobe-mouches, tous les
becs-fins, les hirondelles, les engoulevents, les mésanges, les étourneaux, les rolliers, les pies, les coucous et beaucoup d'autres, qui vivent exclusivement d'insectes, en détruisent une immense quantité et
nous en délivrent d'autant.

La mollesse et le luxe se sont emparés des plumes des oiseaux pour
en faire des fourrures, de moelleux coussins ou des ornements. Le duvet de l'**eider** (*anas mollissima* L.) et celui du cygne, servent à faire
des fourrures, des manchons et des couvrepieds aussi chauds que
légers. Les petites plumes qui revêtent le corps de l'oie nous procurent,
par leur élasticité, des lits et des coussins où nous trouvons réunies la
chaleur et la souplesse. Le peuple, pour qui les plumes de l'oie sont trop
chères, les remplace par celles du canard, de la poule ou d'autres, et en
retire des avantages proportionnés à ses forces moins énervées. De tous
temps aussi, chez les nations sauvages, tout aussi bien que chez les plus

policées, les plumes ont servi à la parure des femmes, des chefs et des guerriers ; celles qui sont le plus usitées sont fournies par les autruches, les hérons-aigrettes (*ardea garzetta alba*), les paons, les faisans, les coqs, les toucans, les colibris, sans oublier les oiseaux de paradis (*paradisœa apoda*, *rubra* et *magnifica*), originaires de la Nouvelle-Guinée et des îles voisines, que les naturels fort barbares de ces contrées préparent pour en faire des panaches, en leur arrachant les pieds et les ailes ; en sorte qu'on a cru pendant quelque temps, en Europe, que ces oiseaux manquaient réellement de membres, et vivaient toujours dans l'air, soutenus par les longues plumes de leurs flancs. Ces oiseaux vivent de fruits et principalement de ceux des muscadiers. Ils appartiennent aux passereaux conirostres.

La chair des oiseaux est en général un aliment sain et agréable. Celle des oiseaux de proie est maigre et peu agréable, mais n'a rien de malsain. En général, les oiseaux qui se nourrissent de graines, d'herbes et de fruits, sont plus faciles à digérer que ceux qui vivent d'insectes, de chair ou de poisson. Les oiseaux le plus en usage sur les tables, en Europe, sont l'oie, le canard, la macreuse, la sarcelle, la pintade, le faisan, la poule et le coq, le coq de bruyère, la gelinotte, la perdrix, la caille, le pigeon, l'outarde, le pluvier, le vanneau, la bécasse, la poule d'eau, l'alouette, l'ortolan, la grive, etc. Les paysans mangent volontiers le paon, la pie, le geai et tous les petits oiseaux.

Les œufs de presque tous les oiseaux seraient une bonne nourriture si nous étions maîtres de les avoir à temps en notre possession ; la difficulté de se les procurer est cause que nous n'employons guère que ceux de poule, dont la fécondité est si grande qu'elle nous en donne assez pour satisfaire à nos besoins et à la propagation de son espèce. Les œufs de poule sont le premier aliment que les médecins permettent aux convalescents, un de ceux qu'ils conseillent aux personnes faibles, dont l'estomac digère mal la viande et les mets ordinaires ; ils conviennent également aux hommes en état de santé.

Le coq et la poule sont soumis depuis si longtemps à l'empire de l'homme, qu'on ignore le lieu de leur origine. On présume cependant qu'ils descendent d'une espèce sauvage trouvée à Java par Lechenault et nommée *gallus bankiva*. La domesticité en a produit un grand nombre de variétés. Le coq est assez connu par sa fierté, son courage, ses amours et ses combats ; la poule par sa patience, sa vigilance et sa tendre sollicitude pour ses petits. Le chapon, objet des mépris de l'un et de l'autre, est recherché sur nos tables, à cause de la succulence de sa chair. Une poule produit communément plus de cinquante œufs par an ; après en avoir pondu un certain nombre, au printemps, elle éprouve le besoin de couver et le manifeste par un cri particulier. L'incubation dure vingt et un jours, pendant lesquels les organes se forment et se dévelop-

pent successivement; car il n'est pas vrai, comme on le supposait autrefois, que le poulet existe en miniature, avec tous ses organes, dans le
germe placé sur l'un des points de la surface du jaune (1); il est certain, au contraire, que ce germe ne présente d'abord, aux plus forts
grossissements, qu'une ligne médiane blanchâtre, arrondie au sommet,
qui marque la placé où se développera le cordon cérébro-spinal. Vers la
dix-huitième heure de l'incubation, le germe se dessine davantage et
prend à peu prés la forme d'un fer de lance, arrondi à l'extrémité antérieure, vers laquelle se forme un pli transversal qui est le premier indice de la séparation de la tête et du tronc; vers la vingt-quatrième
heure, on voit apparaître, le long de la ligne médiane, trois paires de
points arrondis, qui sont les premiers rudiments des vertèbres, dont le
nombre augmente ensuite rapidement. Vers la vingt-septième heure,
apparaît le premier vestige de l'oreillette gauche du cœur; vers la trente-
sixième heure l'oreillette devient distincte du ventricule, et le cœur commence à battre; alors aussi on commence à apercevoir les yeux, puis
l'extrémité pointue qui correspond au bec, ensuite les premiers vestiges
des membres supérieurs, enfin successivement tous les autres. Lorsque
le petit poulet est prêt à naître, il brise sa coquille et peut presque immédiatement chercher sa nourriture.

La coquille de l'œuf, considéré en lui-même, est un corps d'une forme
elliptique, rétrécie à une extrémité, ce qui constitue proprement la
forme *ovale*. Il est composé d'abord d'une coquille blanche et dure, de
nature calcaire, sous laquelle s'étend une membrane mince, opaque,
assez consistante, qui enveloppe deux liquides albumineux de-viscosité
différente, et des ligaments visqueux destinés à suspendre le jaune au
centre de l'œuf, et disposés de telle manière que la partie du jaune où
se trouve la cicatrice est toujours tournée vers le haut et reçoit directement la chaleur de la mère, pendant l'incubation.

La coquille de l'œuf est composée, d'après l'analyse qu'en a faite
Vauquelin (*Annales de Chimie*, t. LXXXI, p. 304), de carbonate de
chaux, qui en fait la plus grande partie, de carbonate de magnésie, de
phosphate de chaux, d'oxyde de fer, et d'une matière animale probablement de la nature du mucus, qui sert de liant à ses parties. Pour l'usage
de la pharmacie, on lave les coquilles d'œufs, on les prive le plus exactement possible de leur pellicule intérieure, et on les fait sécher, pour
ensuite les pulvériser et les tamiser; enfin on les broie sur le porphyre
à l'aide de l'eau et l'on en fait des trochisques.

La pellicule de l'œuf est composée d'albumine coagulée, et probablement aussi d'un peu des principes fixes qui se trouvent dans la

(1) Cette observation s'étend au germe de tous les animaux.

coquille. On lui attribuait autrefois la propriété de guérir la fièvre intermittente, étant appliquée sur le bout du petit doigt au commencement de l'accès. La fièvre ne guérissait pas ; mais il paraît, d'après Lemery, qu'il en résultait une douleur assez vive, dont les causes et les effets pourraient être examinés de nouveau.

Le blanc d'œuf est composé, d'après les expériences de Bostock, d'albumine 15,5 ; mucus 4,5 ; eau contenant quelques sels de soude, 80,0 : total, 100,0. M. Couerbe, en abandonnant pendant un mois le blanc d'œuf à une température de 0° à 8 degrés, en a extrait un réseau membraneux non azoté, et qui diffère par conséquent de l'albumine et de la fibrine. Ce principe, qu'il a nommé *Ocnin*, est insoluble dans l'eau, solide, blanc, inodore, soluble dans l'acide chlorhydrique (*Journal de pharmacie*, t. XV, p. 497).

Le blanc d'œuf sert à clarifier les sirops et un grand nombre d'autres liqueurs ; cet usage est fondé sur la propriété que possède l'albumine, qui en forme la majeure partie, de se coaguler par la chaleur ; de sorte que, lorsqu'on mêle le blanc d'œuf battu avec de l'eau et contenant beaucoup d'air interposé, à une liqueur en ébullition, ou près d'y entrer, les molécules albumineuses, en se solidifiant et en se contractant, forment comme un réseau qui enveloppe l'air et les impuretés de la liqueur, et les fait monter à sa surface.

La coagulation de l'albumine, par les liqueurs alcooliques et acides, et par le vin qui est un mélange des deux, opère le même effet et produit la clarification de ces liqueurs ; la seule différence est que la matière coagulée, au lieu d'être portée à la surface par l'ébullition, en raison de la dilatation de l'air interposé, tombe au fond du liquide clarifié.

Le jaune d'œuf contient aussi de l'albumine (1), ce qui est cause qu'il se durcit par la chaleur ; mais il acquiert moins de consistance que le blanc, en raison de ce qu'il contient en outre de l'huile et une matière visqueuse brune, de nature complexe, qui se trouvent intimement mêlées à la première (2). Lorsqu'on délaie un jaune d'œuf dans de l'eau,

(1) Les chimistes admettent aujourd'hui que l'albumine du jaune d'œuf diffère par sa composition élémentaire de l'albumine du blanc, et lui donnent le nom particulier de *vitelline*.

(2) D'après les recherches très intéressantes de M. Gobley, cette matière visqueuse est composée d'acides oléique, margarique et phosphoglycérique, saponifiés par l'ammoniaque, et mélangés d'une substance organique azotée qui en dissimule la nature. Cette matière visqueuse est sans action sur le tournesol ; mais elle laisse, après sa calcination, un charbon acide qui ne peut être incinéré à cause de l'acide phosphorique qui le recouvre. L'acide phosphoglycérique du jaune d'œuf existe également dans la cervelle du poulet et dans celles de l'homme et du mouton. (*Journ. pharm. chim.*, t. IX, p. 5, 81 ; XI, 409 ; XII, 5.)

ses différents principes s'y divisent parfaitement et forment une liqueur jaune, émulsive, nommée *lait de poule*. Cette propriété du jaune d'œuf fait qu'on s'en sert comme d'intermède pour suspendre dans l'eau du camphre, des huiles ou des résines.

L'huile de jaune d'œuf est très estimée pour la guérison des gerçures au sein. On l'obtient, soit par l'expression à chaud des jaunes d'œufs desséchés au bain-marie, soit par l'action directe de l'éther sulfurique sur les jaunes d'œufs récents (*Pharmacopée raisonnée*, p. 136). Cette huile est d'une belle couleur jaune, d'une saveur très douce, peu soluble a froid dans l'alcool, soluble en toutes proportions dans l'éther. Elle est composée, indépendamment de sa matière colorante, d'oléine, de margarine et d'une petite quantité de stéarine et de cholestérine. Ces trois dernières substances s'en séparent en partie par le froid et lui donnent la consistance de l'huile d'olive figée.

Pour les voyages sur mer, et pour la mauvaise saison où les poules ne pondent que très rarement, il est très utile de pouvoir conserver les œufs dans leur état de fraîcheur. Le moyen d'y parvenir est d'obstruer d'une manière quelconque les pores de la coquille, par lesquels l'eau de l'intérieur s'évapore, et l'air de l'extérieur pénètre à l'intérieur. Un vernis résineux ou un léger enduit d'huile, de graisse ou de cire, produit ce résultat. On a aussi conseillé de remplir des vases de terre, lit par lit, avec des œufs et de la cendre. Il paraît même qu'on peut, en déposant simplement les œufs produits dans le mois d'août, dans des lieux frais et obscurs, les conserver assez bien pour les livrer au commerce, à mesure du besoin, pendant l'hiver. Mais le meilleur procédé de conservation consiste à remplir aux trois quarts d'œufs récents, dans le mois d'août, des pots en terre étroits et profonds, nommés *pots de tannevanne*. Chacun de ces pots peut contenir 200 œufs. On les place à la cave et on les remplit avec un lait de chaux préparé en faisant éteindre, pour chacun, environ 1 kilogramme de chaux vive dans suffisante quantité d'eau, et refroidi. On couvre chaque pot avec un couvercle de terre qui le ferme bien. La coquille des œufs ainsi conservés est beaucoup plus unie, plus compacte, et est devenue cependant manifestement moins opaque, à cause de la continuité qui s'est opérée entre ses parties. Ces œufs ne peuvent pas être couvés, la coquille n'étant plus propre à laisser pénétrer l'air dans l'intérieur. Lorsqu'on veut conserver les œufs pour les faire couver, il faut les recouvrir d'un vernis résineux à l'alcool, que l'on dissout par le même menstrue, lorsque le moment est venu de les employer.

TROISIÈME CLASSE : LES REPTILES.

« Les reptiles ont le cœur disposé de manière qu'à chaque contraction il n'envoie dans le poumon qu'une portion du sang qu'il a reçu des
diverses parties du corps, et que le reste de ce fluide retourne aux parties sans avoir passé par le poumon, et sans avoir respiré.

» Il résulte de là que l'action de l'oxigène sur le sang est moindre que
dans les mammifères, et que, si la quantité de respiration de ceux-ci, où
tout le sang est obligé de passer par le poumon, s'exprime par l'unité, la
quantité de respiration des reptiles devra s'exprimer par une fraction
d'autant plus petite que la portion de sang qui se rend aux poumons, à
chaque contraction du cœur, sera moindre.

» Comme c'est la respiration qui donne au sang sa chaleur, et à la
fibre musculaire sa susceptibilité pour l'irritation nerveuse, les reptiles
ont le sang froid et les forces musculaires moindres, en totalité, que les
quadrupèdes, et, à plus forte raison, que les oiseaux ; et quoique plusieurs sautent et courent fort vite en certains moments, généralement
leurs habitudes sont paresseuses ; ils n'exercent guère que les mouvements du ramper et du nager ; leur digestion est excessivement lente, et
dans les pays froids ou tempérés ils passent presque tous l'hiver en
léthargie. Leur cerveau est très petit et ne paraît pas être aussi nécessaire que dans les deux premières classes à l'exercice de leurs facultés
animales et vitales ; leurs sensations semblent moins se rapporter à un
centre commun ; ils continuent de vivre et de montrer des mouvements
volontaires, un temps très considérable après avoir perdu le cerveau ;
leur chair conserve également son irritabilité longtemps après avoir été
séparée du reste du corps ; leur cœur bat plusieurs heures après qu'on
l'a arraché, et sa perte n'empêche pas le corps de se mouvoir encore
longtemps. La petitesse des vaisseaux pulmonaires permet aux reptiles
de suspendre leur respiration sans arrêter le cours du sang ; aussi plon-
gent-ils plus aisément et plus longtemps que les mammifères et les oiseaux ; les cellules de leurs poumons sont moins nombreuses, beaucoup
plus larges, et ces organes ont quelquefois la forme de simples sacs à
peine celluleux.

» Les reptiles, n'ayant pas de sang chaud, n'avaient pas besoin de
téguments propres à retenir la chaleur, et ils sont couverts d'écailles ou
simplement d'une peau nue.

» Les femelles ont un double ovaire et deux oviductes ; les mâles de
plusieurs genres ont une verge fourchue ou double ; ceux du dernier
ordre (les batraciens) n'en ont pas du tout. »

Les reptiles sont ovipares comme les oiseaux, mais aucun ne couve ses œufs ; dans quelques genres, notamment dans les couleuvres, le petit est déjà formé et assez avancé au moment où la mère fait sa ponte : dans quelques espèces, l'œuf se déchire à ce moment même, et le petit naît vivant.

Les reptiles ont été partagés en quatre ordres, fondés sur la quantité de respiration, sur la forme générale du corps et sur la présence ou l'absence de membres.

I. Cœur à deux oreillettes ; corps arrondi, enveloppé de deux plaques cornées et porté sur quatre pieds. Ce sont les *chéloniens*, ou *tortues*.

II. Cœur à deux oreillettes ; corps fusiforme, revêtu d'écailles, porté sur quatre ou sur deux pieds. On les nomme *sauriens*, ou *lézards*.

III. Cœur à deux oreillettes ; corps très long, cylindrique, couvert d'écailles, dépourvu de pieds. Ce sont les *ophidiens*, ou *serpents*.

IV. Cœur à une oreillette ; corps nu ; la plupart passent, avec l'âge, de la forme d'un poisson privé de membres et respirant par des branchies, à celle d'un quadrupède respirant par des poumons. On les nomme *batraciens*.

I. CHÉLONIENS. Les reptiles qui composent ce premier ordre ont une forme tellement semblable et caractérisée, que tout le monde leur donne, en commun, le nom de *tortues*, et que Linné n'en a formé qu'un seul genre sous le nom latin *testudo*. Tous ont un cœur composé de deux oreillettes et d'un ventricule à deux chambres inégales qui communiquent ensemble. Le sang du corps entre dans l'oreillette droite ; celui du poumon, dans la gauche ; les deux sangs se mêlent plus ou moins en passant par le ventricule.

« Ces animaux se distinguent au premier coup d'œil par le double bouclier dans lequel leur corps est renfermé, et qui ne laisse passer au dehors que la tête, le cou, la queue et les quatre pattes.

» Le bouclier supérieur, nommé *carapace*, est formé par leurs côtes, au nombre de huit paires, élargies et réunies par des sutures dentées, n'étant unies entre elles qu'avec des plaques adhérentes à la portion annulaire des vertèbres dorsales, en sorte que toutes ces parties sont privées de mobilité. Le bouclier inférieur, nommé *plastron*, est formé de pièces qui représentent le sternum, et qui sont ordinairement au nombre de neuf. Un cadre composé de pièces osseuses auxquelles on a cru trouver quelque analogie avec la partie sternale ou cartilagineuse des côtes, entoure la carapace et réunit toutes les parties qui la composent. Les vertèbres du cou et de la queue sont les seules mobiles, et les deux enveloppes osseuses étant recouvertes immédiatement par la peau ou par les écailles qui la représentent, l'omoplate et tous les muscles du bras et du cou, au lieu d'être attachés sur les côtes et sur l'épine, comme dans les autres animaux, le sont par-dessous ; il en est de même des os du bassin et des muscles de la cuisse, ce qui fait que la tortue peut être appelée, à cet égard, un animal *retourné*.

» Les poumons sont fort étendus et dans la même cavité que les autres viscères. Le thorax étant immobile dans le plus grand nombre, c'est par le jeu de la bouche que la tortue respire, en tenant les mâchoires fermées et en abaissant et élevant alternativement son os hyoïde. Le premier mouvement laisse entrer l'air par les narines ; et la langue, fermant ensuite leur ouverture intérieure, le deuxième mouvement contraint cet air à pénétrer dans le poumon. »

Les tortues n'ont point de dents ; leurs mâchoires sont revêtues de corne comme celles des oiseaux, excepté dans les chélides, où elles ne sont garnies que de peau ; leur estomac est simple ; leurs intestins sont de longueur médiocre et dépourvus de cœcum. Elles ont une fort grande vessie. Le mâle a une verge simple et considérable ; la femelle produit des œufs revêtus d'une coque dure, qu'elle enfonce dans le sable, où la chaleur du soleil suffit pour les faire éclore. Les tortues sont très vivaces ; on en a vu se mouvoir sans tête pendant plusieurs semaines. Il leur faut très peu de nourriture, et elles peuvent passer des mois entiers sans manger.

Les tortues de Linné, ou les chéloniens, ont été divisés en cinq genres, qui sont : les *tortues de terre*, ou *tortues* proprement dites ; les *tortues d'eau douce*, ou *émydes* ; les *tortues de mer*, ou *chélonées* ; les *tortues molles*, ou *trionyx* ; et les *tortues à gueule*, ou *chélides*.

LES TORTUES DE TERRE, OU VRAIES TORTUES, ont la carapace bombée, toute solide et soudée par la plus grande partie de ses bords au plastron. Les jambes sont comme tronquées, à doigts fort courts et réunis de très près jusqu'aux ongles ; elles peuvent, ainsi que la tête, être retirées entièrement entre les boucliers. Les pieds de devant ont cinq ongles gros et coniques ; ceux de derrière, quatre. L'espèce la plus commune en Europe est la **tortue grecque** (*testudo græca* L.). Elle vit en Grèce, en Italie, en Sardaigne et tout autour de la Méditerranée. Sa carapace est large, également bombée, à écailles relevées, granulées au centre, striées au bord, marbrées de jaune et de noir. Elle atteint rarement 30 centimètres de long ; elle vit de feuilles, de fruits, d'insectes, d'escargots et de vers ; elle se creuse un trou pour y passer l'hiver, s'accouple au printemps et pond quatre ou cinq œufs semblables à ceux des pigeons. Elle se confond, sous le rapport alimentaire ou médical, avec la tortue bourbeuse et la tortue ronde ; mais elle passe pour donner un bouillon préférable, et c'est elle principalement que l'on tire de Barbarie pour cet usage. Diverses parties de la tortue, telles que la bile, le sang, les œufs, la graisse, étaient autrefois préconisées contre un grand nombre de maladies. Le bouillon seul, fait avec la chair, est encore usité comme analeptique, restaurant, dépuratif, sudorifique, rafraîchissant, etc., etc. On connaît un grand nombre d'espèces ou de variétés de tortues terrestres : telles sont la **tortue géométrique,** qui atteint à peu près la grandeur de la tortue grecque, et qui a la carapace noire et chacune de ses écailles régulièrement ornée de lignes jaunes rayonnantes, partant d'un disque de même couleur ; et la **tortue de l'Inde,** qui a plus de 1 mètre de longueur, et dont la carapace, comprimée en avant, a le bord antérieur relevé au-dessus de la tête.

Les TORTUES D'EAU DOUCE, ou les ÉMIDES, ont la carapace généralement plus aplatie que celle des tortues de terre ; leurs doigts sont plus séparés, mobiles, terminés par des ongles plus longs, et leurs intervalles sont occupés par des membranes. On leur compte de même cinq ongles aux pieds de devant et quatre à ceux de derrière. La forme de leurs pieds accuse des habitudes plus aquatiques. Ce genre, qui est très nombreux en espèces, a été divisé en deux sections : dans la première, le plastron est d'une seule pièce et immobile, de même que dans les tortues de terre ; dans la seconde, le plastron est divisé par une charnière en deux battants, dont un seul ou tous les deux sont mobiles. Je citerai la *tortue ronde* et la *tortue bourbeuse*, comme exemples de la première section, et la *tortue close*, comme exemple de la seconde.

La **tortue ronde,** ou **émyde d'Europe** (*emys europœa* Dum.; *testudo orbicularis* L.; *testudo europœa* Schn.), est répandue dans tout le midi et l'orient de l'Europe, jusqu'en Prusse, dans les eaux bourbeuses et les marais. Sa carapace est ovale, peu convexe, longue de 22 centimètres, large de 14 ; elle est assez lisse, noirâtre, toute semée de points jaunâtres disposés en rayons ; elle a cinq doigts onguiculés aux pieds de devant et quatre à ceux de derrière Elle vit dans les eaux bourbeuses et dans les marais, où elle se nourrit d'insectes, de mollusques, de petits poissons et d'herbes. On la vend sur quelques marchés en Allemagne, à cause de l'usage que l'on fait de sa chair, soit comme nourriture, soit pour l'usage de la médecine.

La **tortue bourbeuse** (*emys lutaria* Dum. ; *testudo lutaria* L.) est assez commune dans les eaux marécageuses de l'Europe méridionale, et on l'élève en domesticité dans beaucoup de jardins du midi de la France, qu'elle purge de limaçons, de vers de terre et d'insectes nuisibles. Sa carapace est un peu aplatie, noirâtre, longue de 22 centimètres, large de 11. Les plaques dorsales sont irrégulièrement sillonnées et faiblement pointillées dans le centre. La plupart des individus n'ont pas d'ongle au doigt extérieur des pieds de devant. La peau du cou est nue, plissée et épaisse ; celle des pattes est écailleuse ; la queue est longue et comme annelée, toujours roide et dirigée horizontalement en arrière.

L'**émyde close** (*emys clausa*) (fig. 475) habite les marais de l'Amérique septentrionale, et principalement de la Caroline. Elle a la carapace très solide, et l'on dit qu'elle peut supporter un poids de 500 livres sans cesser de marcher; mais il y a probablement erreur ou exagération dans le fait, car l'animal n'a guère que 16 à 19 centimètres de longueur. Il a les doigts presque palmés, cinq ongles aux pieds de devant, quatre seulement à ceux de derrière; la carapace brune, marbrée de jaune, fortement carénée. Le plastron est divisé en deux parties, dont l'antérieure seule est mobile, et peut être serrée avec assez de force contre la carapace pour étouffer les serpents, dont l'animal se nourrit en partie.

Fig. 475.

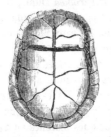

Les TORTUES DE MER, ou CHÉLONÉES, ont leur enveloppe trop petite pour recevoir leur tête et leurs pieds, qui sont très allongés (surtout ceux de devant), aplatis en nageoires, et dont tous les doigts sont réunis et enveloppés dans une même membrane. Les deux premiers doigts de chaque pied ont seuls des ongles pointus, les autres sont terminés par des lames écailleuses aplaties. Les pièces de leur plastron ne forment pas une plaque continue, mais sont dentelées et laissent entre elles de grands intervalles occupés par du cartilage. La queue est fort courte, conique, obtuse, couverte d'écailles; l'œsophage est armé de pointes cartilagineuses dirigées vers l'estomac. Elles se nourrissent de plantes marines et de mollusques. L'espèce la plus commune est la **tortue franche, ou tortue verte**, qui surpasse toutes les autres par la grandeur de sa taille et par son poids, car elle a souvent plus de 2 mètres de long, et elle pèse de 350 à 400 kilogrammes. Sa carapace est formée d'écailles verdâtres, ni imbriquées, ni carénées, dont celles du milieu figurent à peu près des hexagones réguliers. Sa chair fournit un aliment précieux et salutaire aux navigateurs, dans tous les parages de la zone torride, et leur graisse, qui est liquide et très abondante, sert d'huile à brûler. Cette tortue paît en grandes troupes les algues au fond de la mer et vient rarement à terre. L'accouplement a lieu dans la mer, et dure, d'après Catesby, plus de quatorze jours. Les femelles viennent faire leur ponte sur le rivage et déposent leurs œufs, en nombre considérable, dans un trou creusé dans le sable, au-dessus de la ligne de la plus haute marée. C'est alors qu'on s'en empare facilement en les renversant sur le dos. Les œufs sont ronds, volumineux, enveloppés d'une membrane molle, semblable à du parchemin mouillé; ils sont très bons à manger. L'écaille est peu estimée et n'est pas employée.

Une autre espèce non moins importante est le **caret** (*chelonia imbricata* Brongn.; *testudo imbricata* L.), quoiqu'il soit moins grand que la tortue franche (il pèse rarement plus de 100 kilogrammes), et que sa chair soit désagréable et malsaine; mais ses œufs sont très bons à manger et sa carapace fournit la plus belle écaille dont on se sert, de temps immémorial, pour fabriquer des coffrets, des étuis, des peignes, des manches de couteaux, des garnitures de meubles, etc. Le caret a le museau plus allongé que la tortue franche, les deux mâchoires dentelées, les écailles du dos lisses et se recouvrant par leur bord postérieur comme les tuiles d'un toit. Ces écailles sont transparentes, brunes-noirâtres, avec des taches irrégulières, blondes ou roussâtres. On les détache de la carapace en mettant du feu par-dessous; elles se soulèvent d'elles-mêmes. Elles peuvent prendre le plus beau poli, et on leur donne la forme que l'on veut en les soumettant à la presse, entre des moules, dans l'eau chaude. On peut même en fondre les fragments et les rognures, de manière à en former de l'*écaille fondue*, que l'on emploie aux mêmes usages que la naturelle, mais qui est moins belle, non transparente, et difficile à polir.

Le caret se trouve principalement dans l'océan Atlantique, proche des côtes de l'Amérique, et dans tout le golfe du Mexique. On le rencontre aussi sur les côtes de Guinée et dans la mer des Indes.

Dans le SECOND ORDRE de la classe des reptiles, celui des SAURIENS, le cœur est composé, comme celui des chéloniens, de deux oreillettes et d'un ventricule quelquefois divisé par des cloisons imparfaites. Leurs côtes sont mobiles, en partie attachées au sternum, et peuvent se soulever ou s'abaisser pour la respiration. Le poumon s'étend plus ou moins vers l'arrière du corps et pénètre souvent fort avant dans le bas-ventre; leur bouche est toujours armée de dents; leurs doigts portent des ongles, à très peu d'exceptions près; leur peau est revêtue d'écailles ou au moins de petits grains écailleux. Ils s'accouplent par une ou deux verges, suivant les genres; tous ont une queue plus ou moins longue, presque toujours fort épaisse à la base; le plus grand nombre a quatre jambes, quelques uns seulement n'en ont que deux. On les divise en six familles, qui sont : les *crocodiliens*, les *lacertiens*, les *iguaniens*, les *geckotiens*, les *caméléoniens* et les *scincoïdiens*.

Les CROCODILIENS sont de grands et puissants reptiles qui habitent les parties les plus chaudes de l'ancien et du nouveau continent, et se tiennent d'ordinaire dans les fleuves et les lacs d'eau douce. Ils sont très carnassiers et redoutables, même pour l'homme. Ils ont les mâchoires armées d'un seul rang de dents fortes et pointues, une langue plate et charnue, la queue aplatie sur les côtés, cinq doigts plus ou moins palmés aux pieds de devant, quatre aux pieds de derrière, sur lesquels les trois internes de chaque pied sont seuls armés d'ongles. Le dos et la queue sont couverts d'écailles carrées très fortes et surmontées d'une pointe conique ou d'une arête au milieu. Les poumons ne s'enfoncent pas dans l'abdomen, ce qui, joint à leur cœur divisé en trois loges, et où le sang qui vient du poumon ne se mêle pas avec celui du corps aussi complétement que dans les autres reptiles, rapproche un peu plus les crocodiliens des quadrupèdes à sang chaud (1). Leurs œufs sont durs, de la grosseur des œufs d'oie; les femelles les surveillent et soignent leurs petits pendant quelques mois après leur naissance. Les crocodiliens se divisent en trois sous-genres : les *gavials*, qui ont le museau très allongé et les dents à peu près égales; les *crocodiles*, qui ont le museau oblong et déprimé et les dents inégales; enfin les *caïmans*, qui ont le museau large et obtus, les dents inégales, et dont les quatrièmes d'en bas entrent dans des trous et non dans des échancrures de la mâchoire supérieure.

Les LACERTIENS ont une langue mince, extensible et terminée en deux filets comme celle des couleuvres; leur corps est allongé, leur marche rapide; tous leurs pieds ont cinq doigts armés d'ongles, séparés, inégaux, surtout ceux de derrière; leurs écailles sont disposées sous le ventre et autour de la queue par bandes transversales et parallèles. On compte parmi eux les lézards de nos pays et d'assez grands sauriens des pays chauds, qui ont reçu les noms de *monitors* et de *sauvegardes*, sur l'opinion, que l'on avait anciennement qu'ils avertissaient de l'approche des crocodiles : ils sont en réalité très utiles à l'homme, en détruisant beaucoup d'autres reptiles et en dévorant les œufs des crocodiles.

Les CAMÉLÉONIENS ne comprennent qu'un seul genre, les *caméléons*, animaux disgracieux, bien distincts des autres sauriens par plusieurs de leurs caractères. Ils ont toute la peau chagrinée par de petits grains écailleux; le corps comprimé et le dos comme tranchant; la queue ronde et prenante; cinq doigts à tous les pieds, mais divisés en deux paquets opposables l'un à l'autre, l'un de deux, l'autre de trois, chaque paquet réuni par la peau jusqu'aux ongles : cette disposition des doigts, jointe à leur queue prenante, en fait des animaux grimpants destinés

---

(1) La disposition du cœur est telle que toute la partie postérieure du corps reçoit un mélange de sang artériel et de sang veineux, tandis que la tête reçoit du sang artériel pur.

à vivre sur les branches d'arbres. Leur langue est charnue, cylindrique et extrêmement allongeable ; les dents sont trilobées ; les yeux très grands, mais presque couverts par la peau, excepté un petit trou vis-à-vis de la prunelle, et mobiles indépendamment l'un de l'autre ; l'occiput est relevé en pyramide ; les premières côtes se joignent au sternum, les suivantes se continuent chacune à sa correspondante pour envelopper l'abdomen par un cercle entier. Leur poumon est si vaste que, lorsqu'il est gonflé, leur corps paraît comme transparent. Ils vivent d'insectes qu'ils prennent avec l'extrémité gluante de leur langue, qu'ils meuvent avec une grande vitesse. Ces animaux, déjà si singuliers, le sont encore plus par la faculté qu'ils ont de changer de couleur presque subitement, et si l'on en croyait d'anciens écrivains, ils pourraient prendre successivement la teinte de tous les objets dont ils se trouvent environnés, afin de mieux se dérober à la vue de leurs ennemis. Aussi ont-ils été pris de tout temps pour l'emblème des courtisans, des flatteurs et des revireurs politiques. Les observations des modernes, tout en dépouillant l'histoire des caméléons des fables dont on l'avait chargée, ont en effet constaté qu'ils peuvent, sous l'impression des variations de température, de la crainte ou de la colère, éprouver des changements très remarquables, et être tantôt blancs, tantôt jaunâtres, d'autres fois verts, rougeâtres ou presque noirs. Pendant longtemps on a attribué ces changements à la distension plus ou moins grande des poumons et à des modifications correspondantes dans la quantité de sang envoyé à la peau ; mais il faut en chercher la cause dans la structure particulière de cette membrane qui renferme plusieurs matières colorantes, dont les unes peuvent tantôt se montrer à la surface et masquer les autres, et d'autres fois se retirer en dessous et laisser à découvert le pigment superficiel. Le caméléon le plus connu est celui

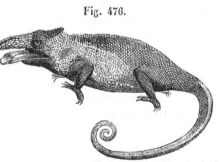

Fig. 476.

d'Égypte, que l'on trouve bien représenté dans l'atlas du *Règne animal* de Cuvier (*Rept.* , pl. 21). Celui qui est ici gravé (fig. 476) est le *caméléon à nez bifide* des îles Moluques.

La sixième famille des sauriens est celle des SCINCOÏDIENS, qui sont reconnaissables à leurs pieds très courts, à leur langue non extensible, et aux écailles égales et imbriquées qui leur couvrent tout le corps. Les uns ont la forme d'un fuseau ; d'autres, cylindriques et très allongés, ressemblent à des serpents ; chez plusieurs , les pieds sont trop courts pour servir à la locomotion, et il en est même chez lesquels l'une des deux paires de membres , soit l'antérieure, soit la postérieure, manque complétement. Aussi les scincoïdiens établissent-ils un passage évident entre les sauriens et les ophidiens.

Le **scinque officinal** (*lacerta scincus* L. ; *scincus officinalis* Schn.) a été autrefois usité en médecine. Il habite l'Égypte, l'Abyssinie et l'Arabie. Il est long de 19 à 22 centimètres, a les pieds courts (fig. 477), la queue presque d'une venue avec le corps et plus courte que lui ; le

Fig. 477.

corps jaunâtre , argenté , traversé de bandes noirâtres, couvert d'écailles uniformes, luisantes , disposées comme les tuiles d'un toit.

Pour le conserver , on en retire les intestins que l'on remplace par des plantes aromatiques ; on le fait sécher et on l'enveloppe de feuilles d'absinthe sèches. C'est ainsi qu'on nous l'envoie encore quelquefois ; on le croit aphrodisiaque ; il entre dans l'électuaire de mithridate.

On a vanté comme sudorifiques et antivénériens quelques autres reptiles sauriens mangés crus. Ce sont le **petit anolis des Antilles**, ou **roquet** (*anolis bullaris*), l'**iguane** (*iguana delicatissima* Latreille) (1), le **lézard commun** (*lacerta agilis* L.), et d'autres. Ils ne sont plus employés , du moins en France.

III. Les OPHIDIENS sont des reptiles sans pieds, et par conséquent ceux de tous qui méritent le mieux la dénomination de *reptiles* (2) ; leur corps, très allongé, se meut au moyen des replis qu'il fait sur le sol. On donne communément à tous le nom de *serpents ;* mais ce nom s'applique plus spécialement aujourd'hui à ceux qui présentent une organisation intérieure propre, distincte à la fois de celles des sauriens et des

_____

(1) Ces deux genres de reptiles appartiennent à la famille des iguaniens, avec les *stellions*, les *agames*, les *dragons*, les *basilics,* etc., dont j'ai cru pouvoir me dispenser de parler. On trouve également dans les anciennes couches calcaires du globe , depuis le lias jusqu'au terrain wealdien qui a précédé la craie, les restes fossiles d'un assez grand nombre de sauriens d'une taille gigantesque ; j'en ai suffisamment parlé dans mon introduction (tome I, p. 12) pour qu'il ne soit pas besoin d'y revenir.

(2) *Reptile* vient de *reptare*, ramper ; *ophidien* est dérivé d'ὄφις, serpent ; *chéloniens*, de χελώνη, tortue; *sauriens*, de σαῦρος, lézard; *batraciens*, de βάτραχος, grenouille.

batraciens, et on les divise en trois familles, sous les noms d'*orvets*, de
vrais serpents et de *cécilies*.

Les ORVETS, ou *anguis*, se rapprochent des sauriens, et particulièrement des scincoïdiens, par leur tête osseuse, leur langue charnue et peu
extensible, leur œil muni de trois paupières, et leur corps tout recouvert
d'écailles imbriquées. Enfin, on trouve chez plusieurs d'entre eux les
vestiges d'un bassin et des os de l'épaule. D'un autre côté, ils ressemblent aux vrais serpents par leur forme très allongée et par la petitesse
de l'un de leurs poumons. Ce sont des animaux très doux et qui ne
cherchent pas même à mordre quand on les saisit. Ils vivent de mollusques terrestres et d'insectes. Nous en avons une espèce fort commune
en Europe, nommée proprement *orvet* (*anguis fragilis* L.), qui est jaune
argenté en dessus, noirâtre en dessous, long de 35 à 40 centimètres.
Sa queue est très fragile, comme celle des lézards, et l'on dit même que
son corps peut se rompre quand il se roidit; il fait ses petits vivants.

La famille des VRAIS SERPENTS, qui est de beaucoup la plus nombreuse, comprend les genres sans sternum ni vestiges d'épaules, mais
dont les côtes entourent encore une grande partie de la circonférence
du tronc, et où le corps des vertèbres s'articule encore par une facette
convexe dans une facette concave de la suivante. Ils manquent de troisième paupière et de tympan, mais l'osselet de l'oreille existe sous la
peau et son manche passe derrière l'os tympanique. Plusieurs ont encore sous la peau un vestige de membre postérieur qui se montre même
au dehors, dans quelques uns, sous forme de petit crochet.

On les divise en deux tribus : 1° celle des DOUBLES-MARCHEURS, qui
a la mâchoire inférieure portée, comme dans tous les reptiles précédents, par un os tympanique immédiatement articulé au crâne, les deux
branches de cette mâchoire soudées en avant, et celles de la mâchoire
supérieure fixées au crâne et à l'os intermaxillaire. Cette disposition est
cause que leur gueule ne peut se dilater comme dans la tribu suivante,
que leur tête est tout d'une venue avec le reste du corps, et qu'elle se
confond facilement, à la première vue, avec leur extrémité postérieure,
qui est obtuse et à peu près aussi volumineuse. Cette forme leur permet
de marcher également bien en avant et en arrière, ce qui leur a valu
le nom de *doubles-marcheurs*, ou d'*amphisbènes* (1). Les anciens leur
croyaient même deux têtes. Ils ne sont pas venimeux.

« La seconde tribu, ou celle des SERPENTS proprement dits, a l'os tympanique, ou pédicule de la mâchoire inférieure, mobile et presque tou-

---

(1) En grec, ἀμφίσβαινα : de ἀμφί, des deux côtés, et de βαίνω, je
marche.

jours suspendu lui-même à un autre os analogue au mastoïdien (fig. 478),
attaché sur le crâne par des muscles et des ligaments qui lui laissent de
la mobilité. Les branches de cette mâchoire ne sont aussi unies l'une à
l'autre, et celles de la mâchoire
supérieure ne le sont à l'intermaxillaire, que par des ligaments,
en sorte qu'elles peuvent s'é-
carter et donner à ces animaux
la faculté d'ouvrir leur gueule
au point d'avaler des corps plus
gros qu'eux.

Fig. 478 (1).

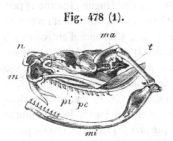

» Leurs arcades palatines par-
ticipent à cette mobilité, et sont armées de dents aiguës et recourbées
en arrière; leur trachée-artère est très longue; leur cœur placé fort
en arrière; la plupart n'ont qu'un grand poumon avec un petit vestige
d'un second.

» Ces serpents se divisent en *non venimeux* et *venimeux*, et ceux-ci
se subdivisent en *venimeux à plusieurs dents maxillaires*, et *venimeux
à crochets mobiles et isolés.*

» Dans les NON VENIMEUX, les branches des deux mâchoires ainsi que
les branches palatines, sont garnies tout du long de dents fixes et non
percées. Il y a donc quatre rangées de ces dents dans le dessus de la
bouche, et deux dans le dessous. »

Ceux d'entre eux qui ont les os mastoïdiens compris dans le crâne,
l'orbite incomplet en arrière, la langue épaisse et courte, ressemblent
encore aux doubles-marcheurs; ils ont été autrefois réunis avec les orvets,
et portent le nom de *rouleaux*. Ceux des serpents non venimeux qui ont
au contraire les mastoïdiens détachés, et dont les mâchoires peuvent
beaucoup se dilater, ont l'occiput plus ou moins renflé et la langue
fourchue et très extensible. On en fait deux genres principaux, les *boas*
et les *couleuvres*, distingués par les plaques du dessous de la queue, qui
sont simples dans les premiers, doubles dans les seconds.

C'est parmi les boas qu'on trouve les plus grands de tous les serpents; car il y en a qui atteignent de 10 à 13 mètres de longueur, et
qui, quoique non venimeux, sont à redouter à cause de leur force
prodigieuse et de leur agilité. Tapis sous l'herbe ou suspendus par la
queue aux branches des arbres, ils attendent le moment de s'élancer

(1) Fig. 478. Squelette d'une tête de crotale : *ma* l'os mastoïdien qui s'articule avec le crâne et porte à l'extrémité opposée l'os tympanique *t ; mi* mâchoire inférieure suspendue à l'os tympanique ; *n* vomer et os nasaux ; *m* os
maxillaire supérieur mobile ; *pi* et *pe* os ptérygoïdiens dont l'interne se continue en avant avec les arcades palatines.

sur leur proie, qu'ils entourent de leurs plis et qu'ils serrent si fortement, que l'animal est bientôt étouffé et a les os broyés. Alors, après l'avoir enduit de sa bave et avoir énormément dilaté ses mâchoires et son gosier, le boa l'avale lentement. On assure qu'ils se nourrissent ainsi de chiens, de cerfs et même de bœufs qu'ils mettent plusieurs jours à avaler. Après un repas semblable, les boas demeurent immobiles, dans un endroit écarté, jusqu'à ce que leur digestion, qui est fort longue, soit terminée. C'est alors qu'on peut les tuer avec le moins de danger.

Les couleuvres comprennent un nombre très considérable de serpents dépourvus de crochets mobiles, venimeux, et dont les plaques de dessous la queue sont divisées par deux ou rangées par paires; on les divise en un grand nombre de sous-genres ou de tribus, sous les noms de *pythons*, *cerbères*, *hétérodons*, *hurrias*, *oligodons*, *couleuvres* propres, *acrochordes*, etc. Je n'en mentionnerai que deux espèces de notre pays, la *couleuvre à collier* et la *couleuvre vipérine*.

La **couleuvre à collier** (*coluber natrix* L.) est très commune en France, dans les prés qui bordent des eaux et sur la lisière des bois; elle est longue de 7 à 14 décimètres, a la tête oblongue et ovale (fig. 479), déprimée, couverte d'un petit nombre d'écailles (ordinairement 9) beaucoup plus grandes que celles du cou et du dos. Les écailles sont carénées, c'est-à-dire relevées d'une arête au milieu; celles de dessus le cou sont blanchâtres ou jaunâtres,

et lui forment un demi-collier qui tranche avec la couleur de deux grandes taches noires triangulaires sur la partie postérieure de la tête, et de deux taches semblables en arrière du cou. Le corps est cendré avec des taches noires sur le dos, devenant plus larges le long des flancs. Du reste, il en existe beaucoup de

Fig. 479.

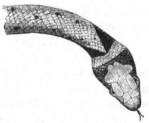

variétés qui diffèrent par leur couleur. Cette couleuvre, comme toutes ses congénères, vit exclusivement d'animaux vivants, tels que insectes, vers, mollusques, poissons, oiseaux, petits quadrupèdes, etc. Jamais elle ne mange de fruit dans les jardins, ni ne vient sucer le lait des vaches, comme le préjugé en a été répandu. Elle nage avec une grande facilité, et grimpe avec agilité sur les arbres pour aller surprendre les jeunes oiseaux. Elle est inoffensive pour les animaux dont elle ne peut se nourrir, ne cherche à les mordre que lorsqu'elle est très irritée, et sa morsure n'est pas dangereuse. On peut l'élever en domesticité; on la mange dans quelques pays et l'on en prépare des bouillons qui ont été recommandés contre les scrofules, les rhumatismes et les maladies de la peau. Elle pond de 15 à 40 œufs dans des trous sur le bord des eaux, dans le fumier, dans les meules de foin ; ils sont ovales, gros comme le doigt, attachés en chapelet, et éclosent au milieu de l'été.

La **couleuvre vipérine** (*coluber viperinus* Latr.) est longue seulement de 50 centimètres, d'un gris brun avec une suite de taches noires qui forment un zigzag le long du dos, et une autre de taches plus petites sur les côtés; le ventre est tacheté en damier, de noir et de grisâtre; les écailles sont carénées. Cet animal habite la France et peut se rencontrer dans les environs de Paris. Il est vivipare comme la vipère, et sa grande ressemblance avec ce dangereux reptile lui a valu son nom. On peut l'en distinguer à la forme de sa tête qui, de même que celle de la couleuvre commune, est ovale-oblongue, obtuse en avant (fig. 480), couverte de grandes plaques carénées ; à l'absence des crochets venimeux et à sa queue plus longue et moins brusquement rétrécie.

Fig. 480.

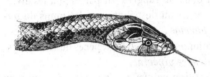

Le **serpent d'Esculape** est une espèce de couleuvre beaucoup plus grande (*coluber Æsculapii* Shaw), qui habite l'Italie, la Hongrie et l'Illyrie. Il est brun en dessus, jaune-paille aux flancs et en dessous, à écailles du dos presque lisses. C'est lui que les anciens ont représenté dans leurs statues du dieu de la médecine.

Les SERPENTS VENIMEUX par excellence, ou A CROCHETS ISOLÉS, ont une structure très particulière dans leurs organes de manducation. Leurs os maxillaires supérieurs sont très petits, portés sur un long pédicule, et très mobiles; il s'y fixe une dent aiguë, percée d'un petit canal, qui donne issue à une liqueur sécrétée par une glande considérable située sous l'œil. C'est cette liqueur qui, versée dans la plaie par la dent, porte le ravage dans le corps des animaux et y produit des effets si funestes. Cette dent se cache dans un repli de la gencive quand le serpent ne veut pas s'en servir, et il y a derrière elle plusieurs germes destinés à la remplacer lorsqu'elle se casse dans une plaie. L'os maxillaire supérieur ne porte pas d'autres dents, en sorte que, dans ces serpents, on ne voit, dans le haut de la bouche, que les deux rangées de dents palatines, qui sont aiguës et recourbées en arrière, conformation nécessaire pour retenir et faire avancer la proie, souvent très volumineuse, qui pourrait s'échapper par le manque de points d'appui et de force des mâchoires. (Voy. la fig. 478.)

Toutes ces espèces venimeuses, dont on connaît bien la reproduction, font leurs petits vivants; on les divise en deux genres principaux, les *crotales* et les *vipères*.

Les **crotales** sont célèbres, entre tous les autres serpents venimeux, par l'atrocité de leur venin. Ils'ont, comme les boas, des plaques trans-versales simples sous la queue; mais ce qui les distingue le mieux, c'est l'instrument bruyant qu'ils portent au bout de la queue (fig. 481), et qui est formé de cornets écailleux emboîtés lâchement les uns dans les autres, qui résonnent quand l'animal rampe ou quand il remue la

Fig. 481.

queue. Toutes les espèces viennent d'Amérique, et sont d'autant plus dangereuses que la contrée ou la saison sont plus chaudes; mais leur naturel est en général tranquille, et ils ne mordent que lorsqu'ils sont provoqués ou que la faim les y pousse.

Les **trigonocéphales** sont aussi dangereux que les crotales, et ont comme eux une petite fossette arrondie derrière chaque narine; mais ils manquent de l'appareil écailleux et sonore de la queue, dont les écailles peuvent être doubles ou simples. Le plus connu est le *trigono-céphale jaune des Antilles*, qui atteint 2 mètres et plus de longueur, vit dans les champs de cannes, où il se nourrit de rats; mais il fait aussi périr beaucoup de nègres.

Les **vipères** ont été confondues par Linné avec les couleuvres, comme ayant les plaques ventrales simples, et celles de la queue presque tou-jours doubles; mais elles ont dû en être séparées à cause de leurs cro-chets à venin. Elles se distinguent, d'un autre côté, des crotales et des trigonocéphales, par l'absence de fossettes derrière les narines. Voici, du reste, les caractères principaux auxquels on peut les reconnaître :

Reptiles de l'ordre des ophidiens ou des serpents, à mâchoires supé-rieures mobiles et armées de deux crochets a venin; tête raccourcie, élargie postérieurement, couverte en dessus d'écailles granulées ou de plaques; dessous de l'abdomen couvert de grandes plaques entières et transversales; queue ronde, conique, pointue, garnie en dessous d'un double rang de plaques disposées par paires. On peut les diviser en plu-

sieurs sous-genres, tels que les *vipères* propres, les *najas*, les *élaps*, les
oplocéphales, les *langahas*, etc.

L'espèce la plus redoutable pour nous, parce qu'elle habite la France
et toute l'Europe tempérée, est la **vipère commune** (*vipera Berus*
Daud.; *coluber Berus* L.) (fig. 482). Lorsqu'elle a pris tout son accroissement, elle est longue de 65 centimètres et épaisse de 22 à 24 millimètres, par le milieu du corps ; seulement la femelle est plus volumineuse
quand elle approche du moment de mettre au jour ses vipéreaux. La
vipère a la tête déprimée ou aplatie supérieurement, plus large à la partie

Fig. 482.

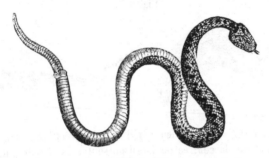

postérieure que le cou, qui est rétréci. Elle présente à l'avant une espèce de mufle un peu retroussé, formé par un repli de la peau, et elle a
une forme générale triangulaire, quoique arrondie aux angles. Elle diffère en cela de la couleuvre, qui a la tête ovoïde, non aplatie, et terminée
en avant par un contour émoussé et arrondi.

La tête de la vipère (fig. 483) a en tout 27 millimètres de long, 16 à
18 millimètres de large à la partie postérieure, 9 à 11 millimètres à la

Fig. 483.

hauteur des yeux, et 5 à 6 millimètres seulement de largeur à
l'extrémité du museau. Cette
extrémité est couverte par six
écailles un peu plus grandes que les autres, ou petites plaques, dont
les latérales sont percées par les narines. Entre cette extrémité et les

yeux se trouvent plusieurs rangs d'écailles ordinaires arrondies et imbriquées, dont plusieurs sont noirâtres et forment une ou plusieurs taches en cet endroit. Chaque œil se trouve surmonté par une plaque allongée et saillante, qui lui sert comme de sourcil, et entre ces plaques s'en trouvent cinq autres dont celle du milieu est la plus grande; mais aucune de ces plaques n'est comparable pour la grandeur à celles de la couleuvre; leur nombre est plus considérable, et tout le reste de la tête et couvert de petites écailles ovoïdes, imbriquées.

Le fond de la couleur de la vipère est variable, et il y a des vipères blanchâtres, grises, noirâtres, jaunâtres et rougeâtres; mais cette teinte générale est interrompue par des taches qui ont une certaine régularité, et qui peuvent encore servir à caractériser le reptile.

Ainsi, sur le sommet de la tête et en arrière des yeux, on trouve toujours deux taches linéaires noirâtres qui s'écartent d'avant en arrière, sous forme de V, et qui comprennent entre elles, et plus en arrière encore une tache ronde assez étendue, qui est la première des taches souvent disposées en zigzag que l'on observe tout le long du dos (1). Pareillement, en arrière de chaque œil et sur la même ligne horizontale, se trouve une longue tache linéaire qui est la première des taches arrondies et isolées qui se trouvent tout le long des flancs. Enfin, les plaques ventrales et les plaques doubles de la queue sont d'une teinte uniforme plus ou moins foncée, mais toujours ardoisée.

Les vipères changent de peau tous les ans, au printemps, et quelquefois en automne. Sous la peau écailleuse qu'elles quittent, il s'en trouve une autre toute formée, qui paraît d'abord bien plus belle que l'ancienne, et qui se ternit ensuite à mesure qu'il s'en forme une autre par-dessous.

Les yeux de la vipère sont très vifs, et son regard est fixe et menaçant; sa langue est renfermée dans une gaine d'où elle sort lorsque l'animal est irrité. Alors il la darde et la retire par des mouvements successifs et très rapides. Elle est linéaire, bifide à l'extrémité, et semble être une arme menaçante; mais elle ne pique pas et n'a rien de venimeux. Elle sert probablement à la vipère pour attraper de petits insectes, quoique sa nourriture principale consiste en mulots, taupes, lézards, grenouilles,

---

(1) Ces taches ne sont pas toujours disposées de la même manière sur le dos: tantôt elles forment des lignes transversales, parallèles et distinctes, comme dans la vipère de Charas (*coluber berus* L.); d'autres fois elles ne forment toutes ensemble qu'une ligne longitudinale ployée en zigzag, comme dans la vipère-aspic (*coluber aspis* L.) qui s'était beaucoup multipliée, il y a un certain nombre d'années, dans la forêt de Fontainebleau. On trouve aussi des vipères qui sont presque noires. Il ne faut pas confondre la vipère-aspic avec l'*aspic des anciens* ou *aspic de Cléopâtre*, qui est un naja.

crapauds, salamandres et jeunes oiseaux. Elle ne mange pas en captivité, et, de même que beaucoup d'autres reptiles, elle peut supporter un jeûne de plusieurs mois, et même, dit-on, de plusieurs années. Les vipères passent tout l'hiver engourdies, le plus souvent réunies en société et entrelacées les unes dans les autres, sous des pierres ou dans des troncs d'arbres cariés, où la gelée ne peut les atteindre. Elles s'accouplent au printemps et restent, pendant un temps fort long, embrassées dans une copulation dont le résultat est de vivifier de 12 à 25 œufs, qui éclosent dans le ventre de la femelle, où le vipereau, roulé sur lui-même, atteint la taille de 8 à 11 centimètres avant de paraître au jour.

On doit au célèbre Fontana ce qu'on sait de plus exact sur le venin de la vipère, contenu, ainsi que nous l'avons vu, dans deux glandes qui communiquent par un canal avec les deux crochets mobiles de l'animal.

Ce venin a une consistance qui tient le milieu entre celles de l'huile d'olive et d'une solution de gomme arabique ; il n'est ni acide, ni alcalin, et n'a pas de saveur bien marquée ; il jaunit par la dessiccation et se concrète à la manière du mucus ou de l'albumine ; il se conserve pendant longtemps sans altération dans la cavité de la dent, séparée ou non de l'os qui la supporte, et il est dangereux d'être blessé par les crochets d'une vipère morte.

Le venin de la vipère est innocent pour quelques animaux, tels que la vipère elle-même, l'orvet, la sangsue et le colimaçon. Parmi les autres animaux, il n'est constamment mortel que pour ceux de petite taille, qui servent de nourriture ordinaire au reptile ; un chat résiste quelquefois et un mouton échappe très souvent à ses suites. L'homme éprouve, à la suite d'une morsure de vipère, des accidents formidables, qui se terminent souvent par la mort, à moins qu'on n'applique à temps les moyens curatifs que l'expérience a fait connaître.

Ces symptômes sont ordinairement une douleur aiguë dans la partie mordue, qui devient gonflée, luisante, rouge, chaude, violette, puis livide, froide, et comme insensible ; la douleur et l'inflammation se propagent le long des gros troncs nerveux et des vaisseaux lymphatiques ; les yeux rouges et ardents versent des pleurs en abondance ; bientôt se manifestent des lipothymies, des nausées, de la gastralgie, de la dyspnée, de la cardialgie, des vomissements bilieux, une sueur froide et colliquative, de la tympanite, des tranchées aiguës, une vive douleur lombaire, un relâchement du sphincter de l'anus, une sorte de paralysie du col de la vessie, et par suite des selles et des évacuations d'urine involontaires. Alors aussi le pouls est petit, serré, concentré, intermittent, convulsif ; la peau acquiert la pâleur jaunâtre de la cire, et un sang noir, liquide et sanieux découle de la plaie en apparence gangrenée. Si un ensemble d'accidents aussi graves n'est pas bientôt calmé par les forces de la nature ou par les secours de l'art, ils s'augmentent encore, et les parties du corps envahies par l'œdème se couvrent de phlyctènes, qui annoncent le prochain développement d'un sphacèle précurseur de la mort. La première précaution à prendre, lorsqu'un homme a été mordu par une vipère, est, lorsque la disposition des parties·le permet, d'établir une ligature au-dessus de l'endroit blessé, et d'appliquer immédiatement une ventouse à pompe sur la plaie, pour en faire sortir le venin avec le sang; mais à défaut de cet instrument, il faut que le patient lui-même, si personne ne consent à le faire, suce la plaie avec persévérance; car cette opération· est absolument sans danger pour l'opérateur, pourvu qu'il n'ait pas d'excoriation aux lèvres ou dans la bouche. La succion opérée, si bien faite qu'on le suppose, ne dispense pas de recourir ensuite à la cautérisation, et à l'usage interne de l'ammoniaque, seul remède trouvé efficace; l'expérience ayant appris que la thériaque, l'orviétan, la poudre de vipère et tous les autres arcanes de l'ancienne polypharmacie, sont complétement inefficaces pour arrêter les effets du terrible venin.

Les expériences de Fontana ont démontré que le venin de la vipère, si dangereux lorsqu'il est porté dans le sang par une plaie faite à la peau, pouvait être introduit impunément dans la bouche et dans l'estomac, pourvu que la surface de ces organes fussent sans excoriations, et l'on a pu supposer que l'innocuité du poison, dans ce cas, provenait de ce qu'il était *digéré*, c'est-à dire altéré dans sa nature par l'action du fluide digestif. Mais indépendamment de ce que l'application inoffensive du venin de la vipère sur la conjonctive de l'œil et sur la membrane pituitaire d'une grenouille, avaient antérieurement démontré que l'action du suc gastrique n'entrait pour rien dans ce phénomène, les expériences toutes récentes de M. Claude Bernard sur le **curare**, poison très analogue à celui de la vipère, paraissent démontrer que cette innocuité des venins dans l'estomac est dû seulement à la propriété que possède sa membrane muqueuse de repousser ces poisons, et de les tenir en dehors de l'économie, jusqu'à ce qu'ils soient sortis de la cavité intestinale.

La vipère est très commune dans nos départements méridionaux; on la prend avec de petites pincettes de bois, et on la garde dans des tonneaux ou dans des boîtes garnies de son et percées de quelques trous. Elle peut vivre ainsi très longtemps, sans manger, à cause du peu de mouvement qu'elle se donne alors et de la perte extrêmement petite qu'elle fait par la transpiration. Lorsqu'on veut en faire usage, on la saisit avec des pincettes près de la tête, on coupe celle-ci avec des ciseaux, et on la reçoit dans un vase rempli d'alcool, afin de la faire mourir·et d'en éviter la morsure, qui serait encore dangereuse. On dépouille le corps de sa peau, on rejette les intestins et l'on fait sécher le reste, ou bien on l'emploie récent et coupé par morceaux pour en faire des gelées ou des bouillons, auxquels on a attribué les propriétés restaurante, sudorifique, aphrodisiaque, etc., accordées également autrefois à la poudre de vipère. La vipère sèche entre dans la thériaque.

Vipère rouge ou Æsping (*vipera Chersœa; coluber Chersœa* L., fig. 484). Cette vipère est très répandue en Suède, dans le nord de l'Allemagne, en Suisse et dans les Pyrénées; mais celle de Suède ne dépasse guères 16 centimètres de longueur,

Fig. 484.

tandis qu'elle atteint 50 à 60 centimètres en Suisse et dans les Pyrénées. On la dit encore plus dangereuse que la vipère commune; elle a la tête comme tronquée en avant, et le mufle un peu redressé; le dos est d'un gris rougeâtre et orné d'une bande longitudinale brune, garnie alternativement sur ses bords de petites taches semi-lunaires et noirâtres. Le ventre est blanchâtre, pointillé de brun noirâtre.

Les NAJAS sont des serpents venimeux très rapprochés des vipères, par la disposition de leurs plaques ventrales et caudales; mais qui peuvent redresser en avant leurs côtes antérieures, de manière à dilater

Fig. 485.

cette partie du tronc en un disque plus ou moins large. L'espèce la plus célèbre est le **naja** de l'Inde, **serpent à lunettes**, ou *cobra capello* des Portugais (*coluber naja* L., *naja tripudians* Merr), (fig. 485). Ce serpent est ainsi nommé à cause d'un trait noir, en forme de lunettes, dessiné sur la partie élargie du disque. Il est très venimeux; mais on prétend que la racine de l'*ophiorhyza mungos*, de la famille des rubiacées, est un spécifique certain contre sa morsure. Les bateleurs indiens apprivoisent ce serpent et savent le faire danser et jouer pour amuser le peuple, après, toutefois, lui avoir arraché les crochets à venin.

On en trouve une autre espèce en Égypte, nommée **haje** et qui n'est autre chose aussi que l'**aspic des anciens** dont Cléopâtre s'est servie pour se donner la mort. Son cou s'élargit un peu moins (fig. 486), et ne porte pas le signe noir en forme de lunettes de l'espèce indienne. L'habitude qu'a l'haje de se redresser, quand on l'approche, avait fait croire aux anciens Égyptiens qu'il gardait les champs qu'il habite ; ils en faisaient l'emblème de la

Fig. 486.

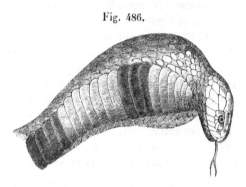

divinité protectrice du monde, et c'est lui qu'ils plaçaient sur le portail de tous leurs temples, des deux côtés d'un globe.

« Les BATRACIENS, qui forment le quatrième ordre des reptiles, n'ont au cœur qu'une seule oreillette et un seul ventricule. Ils ont tous deux poumons égaux, auxquels se joignent, dans le premier âge, des branchies qui ont quelque rapport avec celles des poissons, et que portent des arceaux cartilagineux qui tiennent à l'os hyoïde (fig. 488). La plupart perdent ces branchies et l'appareil qui les supporte, en arrivant à l'état parfait; Les *syrènes*, les *protées* et les *ménobranches* les conservent toute leur vie.

» Tant que les branchies subsistent, l'aorte, en sortant du cœur, se partage en autant de rameaux, de chaque côté, qu'il y a de branchies. Le sang des branchies sort par des veines qui se réunissent vers le dos en un seul tronc artériel, comme dans les poissons; c'est de ce tronc que naissent la plus grande partie des artères qui nourrissent le corps et même celles qui conduisent le sang pour respirer dans le poumon. Mais, dans les espèces qui perdent leurs branchies, les rameaux qui s'y rendent s'oblitèrent, excepté deux qui se réunissent en une artère dorsale et qui donnent chacun une petite branche au poumon. C'est une circulation de poisson métamorphosée en une circulation de reptile.

Les batraciens n'ont ni écailles ni carapace; une peau nue revêt leur corps; à un seul genre près, ils manquent d'ongles aux doigts. Leurs œufs sont couverts d'une simple membrane; le mâle dispose la femelle à les pondre par des embrassements très longs et, dans plusieurs espèces, ne les féconde qu'à l'instant de leur sortie. Toutefois il y a aussi des espèces vivipares.

On a divisé les batraciens en trois familles sous les noms de *B. anoures*, *urodèles* et *branchifères*. Les premiers n'ont ni queue ni branchies à à l'état parfait, et sont pourvus de quatre membres, ex. : les *grenouilles* et les *crapauds* ; les seconds ne perdent que leurs branchies, conservent leur queue et acquièrent des membres, par exemple les *salamandres* ; les troisièmes conservent toujours leurs branchies et leur queue qui, amincie et aplatie latéralement, leur donne une forme générale analogue à celle de poissons qui seraient pourvus de membres; tels sont l'*axolot* du Mexique, les *protées* et les *sirènes*. Plusieurs naturalistes retirent les *cécilies* ou *serpents nus* de l'ordre des ophidiens et en forment une quatrième famille de batraciens.

Les GRENOUILLES (fig. 487) ont quatre jambes et point de queue dans leur état parfait; leur tête est aplatie, leur gueule très fendue; leur langue est molle et ne s'attache pas au fond du gosier, mais au bord

Fig. 487.

de la mâchoire inférieure et se reploie en dedans ; la mâchoire supérieure est garnie tout autour d'un rang de petites dents fines, et il y en a une rangée transversale interrompue, au milieu du palais. Leur corps est effilé et couvert d'une peau lisse; leurs pieds de devant n'ont que quatre doigts; ceux de derrière, qui sont très longs et pourvus de cinq doigts palmés, leur permettent de faire des sauts considérables sur terre, et de nager avec vitesse dans l'eau. Leur squelette est dépourvu de côtes; une plaque cartilagineuse à fleur de tête tient lieu de tympan et fait reconnaître l'oreille par dehors. L'œil a deux paupières charnues et une troisième cachée sous l'inférieure, transparente et horizontale. Le mâle a de chaque côté, sous l'oreille, une poche à membrane mince qui se gonfle d'air quand il crie.

« L'inspiration de l'air ne se fait que par les mouvements des muscles de la gorge, laquelle, en se dilatant, reçoit de l'air par les narines, et en se contractant, pendant que les narines sont fermées au moyen de la langue, oblige ce fluide à pénétrer dans le poumon. L'expiration, au contraire, s'exécute par les muscles du bas-ventre; aussi quand on ouvre le ventre de ces animaux vivants, les poumons se dilatent sans pouvoir s'affaisser, et si l'on en force un à tenir la bouche ouverte, il s'asphyxie, parce qu'il ne peut plus renouveler l'air de ses poumons.

« Les embrassements du mâle sont très longs. Ses pouces ont un renflement spongieux qui grossit au temps du frai et qui l'aide à mieux serrer sa femelle. Il féconde les œufs au moment de la ponte. Ces œufs tombés au fond de l'eau y restent quelques jours, après lesquels ils montent à sa surface. Nommés alors *frai* ou *sperniole*, on les employait autrefois comme rafraîchissants. On y distingue une infinité de points noirs qui sont les germes, entourés chacun d'une matière glaireuse analogue à l'albumen de l'œuf. Peu à peu ces points noirs grossissent, s'allongent et sortent de leur enveloppe : à cet état on les nomme *têtards*. Dans les premiers temps le têtard reste encore logé dans la liqueur glaireuse, qui a beaucoup augmenté de volume en absorbant de l'eau, et qui nage au milieu de la masse de liquide comme un nuage ; il en sort seulement de temps en temps pour se fortifier par l'exercice : enfin il s'en sépare tout à fait.

Le têtard ressemble d'abord à un petit poisson et ne peut vivre que dans l'eau. Sa tête est très grosse, et son corps, dépourvu de membres, se termine par une queue comprimée qui, dans les jours suivants, s'allonge beaucoup. Sa bouche n'est encore qu'un trou à peine perceptible, et ses branchies ne consistent qu'en un tubercule placé de chaque côté à la partie postérieure de la tête. Bientôt ces appendices s'allongent et se divisent en lanières ; les yeux se dessinent à travers la peau. Un peu plus tard, les branchies se ramifient (fig. 488) et les lèvres se recouvrent d'une sorte de bec corné, à l'aide duquel l'animal se fixe aux végétaux dont il fait sa principale nourriture. Au bout de quelques jours, les franges branchiales, qui flottaient de chaque côté du cou, s'enfoncent sous la peau pour y former les branchies (fig. 489). Celles-ci sont de petites houppes très nombreuses, attachées aux quatre arceaux

Fig. 488.   Fig. 489.

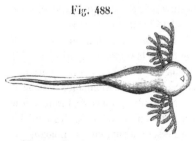

cartilagineux placés de chaque côté du cou et adhèrent à l'os hyoïde. L'eau arrive à ces branchies par la bouche, en passant par l'intervalle des arceaux et, après les avoir baignées, en sort par une ou deux fentes extérieures. L'appareil respiratoire présente alors la plus grande ressemblance avec celui des poissons. Quelque temps après, les pattes postérieures se montrent et se développent petit à petit (fig. 490) ; leur longueur est déjà assez grande, qu'on ne voit pas

Fig. 490.   Fig. 491.

encore les pattes antérieures. Celles-ci se développent sous la peau qu'elles percent plus tard (fig. 491) ; la queue est résorbée par degrés (fig. 492) ; le bec tombe et laisse paraître les véritables mâchoires ; les branchies s'anéantissent et laissent les poumons exercer seuls la fonction

Fig. 492.   Fig. 493.

de respirer qu'elles venaient de partager avec eux ; la queue disparaît complétement (fig. 493) et le petit animal prend la forme qu'il doit toujours conserver. Alors aussi il change de régime ; d'herbivore qu'il était d'abord il devient peu à peu exclusivement carnivore, et à mesure que sa métamorphose s'achève, son canal intestinal, de long, mince et contourné en spirale qu'il était, devient court et presque droit.

Les grenouilles se tiennent d'ordinaire sur le bord des mares et des ruisseaux et se précipitent dans l'eau au moindre danger ; elles ne se nourrissent que de proie vivante, comme larves d'insectes, vers, mouches et petits mollusques. Elles s'enfoncent pendant l'hiver sous terre, ou dans la vase, sous l'eau, et peuvent y vivre sans manger et sans respirer, tandis que, dans la belle saison, elles périssent si on les empêche de respirer, en leur tenant la bouche ouverte pendant quelques minutes. L'espèce la plus commune dans les eaux dormantes de nos contrées est la **grenouille verte** (*rana esculenta* L.), qui est d'un beau vert tacheté de noir, avec trois raies jaunes sur le dos et le ventre jaunâtre (fig. 487). Elle est très incommode en été par la continuité de ses clameurs nocturnes. Elle fournit un aliment sain et agréable. Les Allemands la mangent tout entière, la peau et les intestins exceptés ; mais en France on ne fait usage que du train de derrière. On en forme aussi des bouillons médicinaux. En 1789, Galvani, professeur d'anatomie à Bologne, en faisant des recherches sur l'irritabilité des cadavres de grenouilles par l'électricité, a reconnu les premiers faits d'électricité animale, qui ont conduit Volta à la découverte de la pile qui porte son nom, et qui ont été le point de départ de toutes les brillantes découvertes dues à l'électricité dynamique.

Les **rainettes** ne diffèrent des grenouilles que parce que l'extrémité de chacun de leurs doigts est arrondie en une pelotte visqueuse, qui leur permet de se fixer aux corps et de grimper aux arbres. Elles s'y tiennent en effet tout l'été et y poursuivent les insectes ; mais elles pondent dans l'eau et s'enfoncent dans la vase en hiver, comme les grenouilles. Le mâle a sous la gorge une poche qui se gonfle quand il crie.

Les **crapauds** ont le corps ventru, couvert de verrues ou papilles qui laissent suinter un enduit visqueux, et, derrière l'oreille, un gros bourrelet percé de pores qui sécrètent une humeur laiteuse et fétide. Ils manquent complétement de dents, ont les pattes de derrière peu allongées, sautent mal et se tiennent cependant plus généralement éloignés de l'eau. Ce sont des animaux hideux et dégoûtants, mais qui ne sont en aucune façon venimeux. Le **crapaud commun** (*rana bufo* L.) est gris roussâtre ou noirâtre, couvert de tubercules arrondis ; ses pieds de derrière sont demi-palmés. Il se tient dans les lieux obscurs et étouffés et passe l'hiver dans des trous qu'il se creuse. Son accouplement se fait dans l'eau, au printemps ; la femelle produit des œufs innombrables, réunis par une gelée transparente en deux cordons très longs, que le mâle traîne avec les pieds de derrière.

Le crapaud jouissait autrefois d'une grande réputation en médecine ; on l'appliquait tout vivant contre la céphalalgie, la gastralgie, les scrofules, le cancer, etc., ou bien desséché et réduit en poudre contre la fièvre quarte, l'épilepsie, etc. Il faisait partie du *baume de Leictour* et du baume tranquille, de même que les grenouilles figuraient encore dans le dernier siècle au nombre des ingrédients de l'emplâtre de Vigo, simple ou mercuriel.

QUATRIÈME CLASSE : LES POISSONS.

La classe des poissons, qui est la dernière des animaux vertébrés, se compose des vertébrés ovipares organisés pour vivre toujours dans l'eau. Leur circulation est complète, c'est-à-dire qu'aucune portion de sang veineux ne retourne au corps sans avoir été changé en sang artériel ; mais leur respiration s'opère uniquement par l'intermède de l'eau. A cet effet, ils ont aux deux côtés du cou un appareil nommé *branchies*, lequel consiste en feuillets suspendus à des arceaux tenant à l'os hyoïde, et composés chacun d'un grand nombre de lames recouvertes par d'innombrables vaisseaux sanguins. L'eau que le poisson avale s'échappe

entre ces lames par des ouvertures nommées *ouïes*, et agit, au moyen
de l'air qu'elle contient, sur le sang continuellement envoyé aux branchies par le cœur, qui ne représente que l'oreillette et le ventricule
droits des animaux à sang chaud.

Ce sang, après avoir respiré, ne repasse donc pas par le cœur, et se
rend directement dans un tronc artériel situé sous l'épine du dos, et
qui, faisant fonction de ventricule gauche, l'envoie par tout le corps,
d'où il revient au cœur par les veines.

La structure entière des poissons est aussi évidemment disposée pour
la natation que celle des oiseaux pour le vol. Suspendus dans un liquide
presque aussi pesant qu'eux-mêmes, les premiers n ont pas besoin de
grandes ailes pour se soutenir, et la plupart sont pourvus d'une vessie
pleine d'air, dite *vessie natatoire*, placée immédiatement sous l'épine, et
qui en se comprimant ou en se dilatant, fait varier la pesanteur spécifique
de l'animal, et l'aide à monter ou à descendre. La progression s'exécute
en partie par les mouvements de la queue qui choque l'air alternativement à droite et à gauche ; les branchies peuvent y contribuer aussi,
en poussant l'eau en arrière ; le reste de l'action progressive est produit
par les membres qui, se trouvant ainsi aidés, n'ont pas besoin d'être
bien puissants et sont en général fort réduits. Les pièces analogues aux
os des bras et des jambes sont très raccourcies, ou même entièrement
cachées; des rayons plus ou moins nombreux, soutenant une lame
membraneuse, représentent grossièrement les doigts des mains et des
pieds, et forment les *nageoires*. Celles qui répondent aux membres
antérieurs se nomment *pectorales* ; celles qui répondent aux postérieurs,
ventrales. D'autres rayons, attachés à des os placés sur ou entre les
extrémités des apophyses épineuses, soutiennent des nageoires supplé-
mentaires qui sont situées verticalement sur le dos, sous la queue ou à
son extrémité. On appelle les nageoires supérieures *dorsales*, les inférieures *anales* et celle du bout de la queue *caudale*.

On observe dans les poissons autant de variétés que parmi les reptiles
pour le nombre des membres (nageoires pectorales et ventrales). Le
plus souvent, il y en a quatre ; quelques uns n'en ont que deux ; d'autres
en manquent tout à fait. Dans la plupart, les vertèbres sont pourvues
de longues apophyses épineuses qui soutiennent la forme verticale du
corps; les côtes sont souvent soudées aux apophyses transverses. On
désigne communément ces côtes et ces apophyses par le nom d'*arêtes*.

La tête des poissons varie beaucoup quant à la forme, et cependant
elle se laisse presque toujours diviser dans le même nombre d'os que
celle des autres ovipares ; les narines sont de simples fossettes creusées
au bout du museau, presque toujours percées de deux trous et tapissées
d'une pituitaire plissée très régulièrement. Leur œil a la cornée très

plate, peu d'humeur aqueuse, mais un cristallin sphérique et très dur. Leur oreille est presque toujours logée tout entière dans la cavité du crâne, sur les côtés du cerveau, et ne consiste guère qu'en un vestibule surmonté de trois canaux semi-circulaires, auxquels les ondes sonores n'arrivent qu'après avoir mis en vibration les téguments communs et les os du crâne.

Les poissons sont très voraces, mais ils ont le goût peu développé et ils paraissent avaler sans choix tous les petits animaux qui sont à leur portée. Il y en a fort peu qui se nourrissent de matières végétales. Leur langue est en partie osseuse et souvent garnie de dents ou d'autres enveloppes dures ; il peut y avoir aussi des dents à l'intermaxillaire, au maxillaire, à la mâchoire inférieure, au vomer, aux palatins, aux arceaux des branchies et jusque sur des os situés en arrière de ces arceaux, tenant comme eux à l'os hyoïde et nommés *os pharyngiens* (fig. 494).

Outre l'appareil des arcs branchiaux, l'os hyoïde porte de chaque côté des rayons qui soutiennent la membrane branchiale. Une sorte de

Fig. 494 (1).

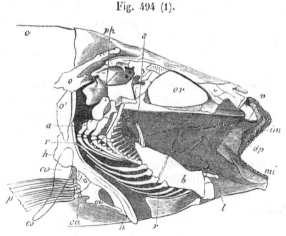

(1) Fig. 494. Tête osseuse de la perche dont on a enlevé, d'un côté, les mâchoires, la cloison jugale et l'opercule, pour montrer l'intérieur de la bouche et l'appareil hyoïdien : *c* crâne ; *or* orbite ; *v* vomer (armé de dents) ; *i m* mâchoire supérieure ; *d p* dents implantées sur l'arcade palatine ; *mi* mâchoire inférieure ; *l* os lingual ; *b* branches latérales de l'appareil hyoïdien ; *s* stylet servant à suspendre ces branches à la face interne des cloisons jugales ; *r* rayons branchiostèges ; *a* anneaux branchiaux ; *p h* os pharyngiens supérieurs ; *o* à *h* ceinture osseuse supportant la nageoire pectorale *p* ; *o* et *o′* omoplate divisée en deux pièces ; *h* humérus ; *a b* os de l'avant bras ; *c a* os du carpe ; *c o* os coracoïdien.

battant, composé de trois pièces osseuses, l'*opercule*, le *subopercule* et l'*interopercule*, se joint à cette membrane pour fermer la grande ouverture des ouïes; il s'articule à l'os tympanique et joue sur une pièce nommée le *préopercule*. Plusieurs poissons cartilagineux manquent de cet appareil.

L'estomac et les intestins varient beaucoup pour l'ampleur, la figure et les circonvolutions; les reins sont fixés le long des côtés de l'épine; mais la vessie est au-dessus du rectum et s'ouvre derrière l'anus et derrière l'orifice de la génération, ce qui est l'inverse des mammifères.

Les testicules sont deux énormes glandes appelées communément *laites*; et les ovaires, deux sacs à peu près correspondants aux laites pour la forme et la grandeur, et dans les replis internes desquels sont logés une quantité souvent innombrable d'œufs. Quelques poissons seulement peuvent s'accoupler et sont vivipares; tous les autres n'ont pas d'accouplement et pondent des œufs sur lesquels le mâle ne fait que passer pour y répandre sa laite et les féconder.

La peau des poissons est quelquefois nue, mais presque toujours elle est couverte d'écailles. Quelquefois ces écailles ont la forme de grains rudes, de tubercules très gros, ou de plaques épaisses; mais en général ce sont des lamelles fort minces, se recouvrant comme des tuiles et enchâssées dans des replis du derme. Quant aux couleurs dont elles peuvent être ornées, elles étonnent par leur variété et leur éclat; tantôt elles ne peuvent être comparées qu'à l'or ou à l'argent; tantôt ce sont les teintes les plus riches du vert, du bleu, du rouge ou du noir. La matière argentée, qui leur donne souvent un éclat métallique si beau, est sécrétée par le derme et se compose d'une multitude de très petites lames polies.

La classe des poissons est celle qui offre le plus de difficultés, quand on veut la diviser en ordres, d'après des caractères fixes et sensibles. Après bien des efforts, Cuvier s'est déterminé pour la classification dont voici le tableau :

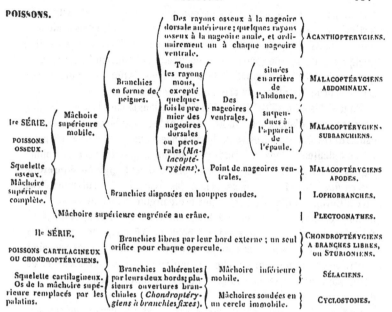

A ne voir que le tableau précédent, on prendrait une idée bien peu exacte de la valeur numérique relative des neuf ordres qui composent la méthode ichthyologique de Cuvier : les acanthoptériques qui paraissent ne former que le neuvième de la totalité de la classe des poissons, composent à eux seuls la moitié des familles et près des deux tiers des genres ou sous-genres (1). Ils forment, si l'on peut s'exprimer ainsi, le peuple ou la tourbe de l'immense nation des poissons, dont les individus se mangent bien un peu les uns les autres, mais qui deviennent, en définitive la proie des dominateurs de l'eau, sans compter l'homme qui leur fait une guerre active dans toutes les parties du monde, et qui les

	Familles.	Genres ou sous-genr.
(1) Acanthoptérygiens..........	15	243
Malacoptérygiens abdominaux..	5	86
— subrachiens ..	3	23
— apodes.....	1	17
Lophobranches............	1	4
Plectognates............	2	9
Sturioniens............	1	4
Sélaciens............	1	23
Cyclostomes............	1	5
	30	414

sacrifie par légions à la nécessité de pourvoir à sa propre nourriture. Je sortirais-tout à fait du cadre que je me suis tracé, si je citais seulement tous les poissons qui servent à la nourriture de l'homme; je ne dirai quelques mots que des principaux, en y joignant ceux qui offrent quelque particularité remarquable dans leur organisation, ou qui fournissent des produits utiles aux arts ou à la médecine.·

En tête des ACANTHOPTÉRYGIENS, et dans la famille des percoïdes, nous trouvons d'abord les PERCHES qui ont le corps oblong et couvert d'écailles dures; les nageoires ventrales attachées sous les pectorales; le préopercule dentelé , l'opercule osseux et terminé en deux ou trois pointes aiguës; la langue lisse. L'espèce principale qui est la **perche commune** (*perca fluviatilis* L.), vit dans les lacs, les rivières et les ruisseaux.d'eau vive d'Europe et d'Asie; elle atteint ordinairement 40 à 50 centimètres de longueur, avec un poids de 2 kilogrammes à 2 kil., 500, et quelquefois plus de 65 centimètres avec un poids de 15 kilogrammes. Elle est d'un vert doré. avec trois bandes verticales noirâtres, et les nageoires ventrales et l'anale rouges; elle se nourrit de vers, d'insectes et de petits poissons : c'est un des plus beaux et de nos meilleurs poissons d'eau douce.

Le **bars commun** (*labrax lupus* Cuv.) est un grand poisson des côtes de France, commun surtout dans la Méditerranée et très estimé pour la table. Il est de couleur argentée. avec des reflets d'un bleu céleste sur le dos; ses deux nageoires dorsales sont d'un rose tendre, les pectorales et les ventrales jaunâtres. Une tache noire marque la pointe de ses opercules. Sa grande voracité lui a fait donner le nom de *loup de mer:* il peut arriver au poids de 30 kilogrammes.

Les VIVES diffèrent des percoïdes précédents par là position de leurs nageoires ventrales qui, au lieu d'être attachées sous les pectorales, le sont sous la gorge, en avant des pectorales (1). Elles ont la tête comprimée , les yeux rapprochés, la bouche oblique, la première .dorsale très courte, la deuxième très longue, les pectorales très amples et un fort aiguillon à l'opercule. Elles habitent près des côtes de l'Océan et de la Méditerranée, et se tiennent le plus souvent cachées dans le sable; on redoute beaucoup la piqûre des aiguillons de leur première dorsale; leur chair est agréable.

Les MULLES ont deux dorsales très séparées; tout leur corps et leurs opercules sont couverts d'écailles larges qui tombent facilement; leur préopercule n'a point de dentelures; leur bouche est peu ouverte. faiblement armée de dents. et ils se distinguent surtout par deux longs

---

(1) On leur donne , à cause de cela, le nom de *percoïdes jugulaires;* les autres portent celui de *percoïdes thoraciques.*

barbillons qui leur pendent sous la mâchoire inférieure. On en connaît
surtout deux espèces . dont une , nommée **mulle barbu** , ou **rouget
barbu** (*mullus barbatus* L.) était recherchée des Romains débauchés
de l'Empire , qui faisaient cuire le rouget tout vivant sur leur table ,
dans des canaux de cristal remplis d'eau lentement chauffée , afin de
jouir du barbare plaisir de voir le rouge éclatant du poisson se changer
successivement en pourpre, en violet, en gris bleuâtre et en blanc , à
mesure qu'il approchait du terme de son existence. Le goût de cet
affreux spectacle devint même une telle fureur, qu'un ancien consul,
nommé Celer, paya un rouget 8000 sesterces (1558 francs), et que, sous
Tibère, trois autres furent achetés 30000 sesterces (5844 fr.); Tibère
lui-même en vendit un qui fut acheté par Octavius pour 5000 sesterces.
Il est vrai que ces mulles étaient d'un poids peu ordinaire, et que le
dernier pesait à peu près 5 livres romaines (1606 grammes).

Le rouget barbu est très répandu sur les côtes de la Méditerranée et
se trouve également sur celles d'Espagne, de Portugal et du golfe de
Gascogne ; on le vend quelquefois à Paris. Il est long de 22 à 27 centimètres , a le corps et la queue rouges, même après avoir été dépouillé
de ses écailles; il a la queue fourchue, la tête comme tronquée en
avant , et la mâchoire inférieure accompagnée de deux barbillons aussi
longs que les opercules. Il a la chair blanche, ferme et d'un goût
exquis. On lui substitue souvent le **surmulet** (*mullus surmuletus* L.)
qui est plus grand, à profil moins vertical, rayé en longueur de jaune,
et qui, étant plus commun sur les côtes de l'Océan , arrive plus facilement à Paris. On vend encore à Paris, sous le nom de **rougets** plusieurs
autres poissons du genre *trigla*, de la famille des *joues cuirassées*, qui
sont le **rouget commun** (*trigla pini* Bl.), le **rouget camard** (*trigla
lineata* L.), le **perlon** (*trigla hirundo* L.), la **lyre** (*trigla lyra* L.), le
gurnard (*trigla gurnardus* L.) et surtout le **grondin rouge** (*trigla
cuculus* Bl.). Tous ces poissons ont la tête très grosse, comme cubique,
dépourvue de barbillons en dessous; mais ils portent plusieurs rayons
libres en avant de leurs nageoires ventrales, et leurs nageoires pectorales
sont très développées quoiqu'elles ne le soient pas assez pour leur per-
mettre de s'élever au-dessus de l'eau, comme peuvent le faire les **dacty-
loptères** si connus sous le nom de *poissons volants*.

Les **épinoches** sont de très petits poissons d'eau douce, appartenant
aux joues cuirassées comme les précédents, dont les épines dorsales sont
libres et non réunies en nageoires, et dont le bassin, réuni à des os
huméraux très larges, garnit leur ventre d'une sorte du cuirasse osseuse;
de là vient leur nom générique *gasterosteus*. Leurs ventrales, placées
en arrière des pectorales, se réduisent presque à une seule épine. L'espèce la plus commune de nos ruisseaux est celle nommée **épinarde** ou

escharde (*gasterosteus aculeatus* L.); elle est longue de 8 à 9 centi-mètres; elle a la bouche grande, les yeux saillants, la ligne latérale du corps recouverte de plaques osseuses, formant de chaque côté une espèce de cuirasse; deux forts aiguillons allongés et un troisième plus petit en avant de la nageoire du dos, une forte épine double remplaçant les nageoires ventrales et une autre petite en avant de l'anale. Elle a le dos d'un brun verdâtre parsemé de points noirs; le ventre argenté, la gorge souvent rouge de rubis et les nageoires dorées. Sa chair est fade et sans saveur; aussi ne l'aurais-je pas citée, sans l'instinct particulier qui porte le mâle à construire un nid au fond de l'eau, dans lequel il appelle successivement plusieurs femelles dont il féconde les œufs, dont il se constitue le gardien, et qu'il défend avec courage contre l'attaque des autres poissons. Ces faits, déjà signalés en partie par Valmont de Bomare, ont été étudiés et complétés par M. Coste. (Voir les *Comptes rendus de l'Académie des sciences*, t. XXII, p. 814.)

La famille des SCOMBÉROÏDES se compose d'une multitude de poissons à petites écailles, à corps lisse, à cœcums nombreux, souvent réunis en grappes, dont la queue et la nageoire caudale sont très vigoureuses. Le genre des **scombres**, qui la commence présente une première nageoire dorsale entière, tandis que les derniers rayons de la seconde, ainsi que ceux qui leur correspondent à l'anale, sont au contraire divisés en plusieurs petits groupes formant ce qu'on nomme de *fausses nageoires*. Ce genre se subdivise en plusieurs sous-genres comprenant les *maquereaux*, les *thons*, les *germons*, les *sardes*, etc.

Le **maquereau commun** (*scomber scombrus* L.) a le corps en forme de fuseau, long de 40 à 80 centimètres, couvert d'écailles uniformément petites et lisses. Il a le dos bleu, marqué de raies ondées noires, et le ventre argenté, nuancé de jaune, de vert et de violet. La deuxième dorsale est séparée de la première par un espace vide, et il porte cinq fausses nageoires en haut et en bas; sa chair est ferme et très estimée. Ce poisson arrive en abondance en été sur nos côtes de l'Océan, et y donne lieu à des pêches et à des salaisons presque aussi importantes que celles du hareng. Il est remaquable qu'il n'ait pas de vessie natatoire, et que cet organe se trouve cependant dans plusieurs espèces très voisines.

Les **thons** ont autour du thorax une sorte de corselet formé par des écailles plus grandes et moins lisses que celles du reste du corps, et leur première dorsale se prolonge presque jusqu'à la seconde. Le **thon commun** (*scomber thinnus* L.) a neuf fausses nageoires au-dessus et au-dessous de la queue. Il peut acquérir des dimensions considérables, telles que 2m,25 à 3m,25 de longueur, 1m,8 de circonférence. et un poids de 150 à 200 kilogrammes. On le pêche depuis la plus haute antiquité dans la Méditerranée, et il forme une des richesses de la Provence et de la Sardaigne, par son abondance extraordinaire. Sa chair est très délicate et a beaucoup de rapports avec celle du veau. On la mange fraîche, salée, marinée ou conservée dans l'huile.

La **bonite des Tropiques** est une espèce de thon à quatre bandes longitudinales noirâtres, sur chaque côté du ventre.

L'**espadon** (*xiphias gladius* L.) appartient encore à la famille des scombéroïdes et se rapproche particulièrement des thons, par ses écailles infiniment petites, par les carènes des côtés de sa queue, par la force de sa caudale, et par toute son organisation intérieure. Il manque de nageoires ventrales et n'a qu'une longue dorsale très élevée de l'avant ; ses branchies, au lieu d'être divisées en dents de peigne, sont formées chacune de deux grandes lames parallèles réticulées ; son caractère distinctif le plus apparent consiste dans le bec ou la longue pointe en forme d'épée qui termine sa mâchoire supérieure et lui fait une arme offensive très puissante, avec laquelle il attaque les plus grands animaux marins. Il a souvent lui-même plus de 6 mètres de long, et nage avec une vitesse qui ne le cède à celle d'aucun autre habitant des mers. Il est très commun dans la Méditerranée et se rencontre aussi dans l'océan Atlantique et dans la mer des Indes. Sa chair est excellente à manger.

Les MALACOPTÉRYGIENS ABDOMINAUX, ou le second ordre des poissons osseux, sont formés de ceux dont tous les rayons des nageoires sont mous, excepté quelquefois le premier rayon des nageoires dorsales ou pectorales, et dont les nageoires ventrales sont situées en arrière de l'abdomen. Cet ordre est encore très nombreux, et comprend, indépendamment de plusieurs poissons marins, la plupart des poissons d'eau douce. Je citerai seulement les plus connus.

La carpe vulgaire . . . . *Cyprinus carpio* L.
La dorade de la Chine. . . . . — *auratus* L.
Le barbeau commun. . . . . — *barbus* L.
Le goujon . . . . — *gobio* L.
La tanche vulgaire. . . . . — *tinca* L.
La brême commune. . . . . — *brama* L.
L'ablette meunier . . . . — *dobula* L.
L'ablette commune . . . . — *alburnus* L.
Le véron. . . . . — *proxinus* L.
La loche franche. . . . . *Cobitis barbatula* L.
    d'étang. . . . . — *fossilis* L.

Le brochet. . . . . *Esox lucius* L.
L'exocet volant. . . . . *Exocetus volitans* Bl.

Le saluth des Suisses. . . . . *Silurus glanis* L.

Le saumon . . . . *Salmo solar* L.
La truite de mer . . . . — *schiefermulleri* Bl.
La grande truite du Léman. . . . . — *lemanus* Cuv.
La truite saumonée . . . . — *trutta* L.
— commune . . . . — *fario* L.
L'éperlan. . . . . — *eperlanus* L.

Le hareng commun . . . . *Clupea harengus* L.
La blanquette. . . . . — *latulus* Cuv.
La sardine. . . . . — *sardina* Cuv.
L'alose. . . . . — *alosa* L.
L'anchois vulgaire. . . . . — *encrasicholus* L.

Essence d'Orient. On nomme ainsi la matière nacrée qui entoure la base des écailles de l'**ablette**, et dont on se sert pour fabriquer les fausses perles. Pour l'obtenir, on écaille les poissons de cette espèce au-dessus d'un baquet plein d'eau. Lorsque le fond du baquet est couvert d'une certaine épaisseur d'écailles, on frotte celles-ci entre les mains, on laisse reposer et on décante l'eau qui est salie par du sang et des mucosités; on délaie le précipité dans l'eau et l'on jette le tout sur un tamis fin, au-dessus d'un autre baquet : l'essence d'Orient passe seule et tombe au fond de l'eau. On la lave plusieurs fois et on l'obtient enfin sous forme d'une masse boueuse d'un blanc bleuâtre, très brillante et nacrée. On la livre au commerce délayée dans suffisante quantité d'ammoniaque liquide qui la préserve de la putréfaction, et renfermée dans des flacons bouchés.

Les MALACOPTÉRYGIENS SUBRACHIENS sont caractérisés par leurs ventrales attachées sous les pectorales et par leur bassin immédiatement suspendu aux os de l'épaule. Ils présentent d'abord la famille des GADOÏDES, composée presque entièrement par le genre *gadus* de Linné, qui a les ventrales attachées sous la gorge et aiguisées en pointe, le corps médiocrement allongé, peu comprimé, couvert d'écailles molles peu volumineuses; la tête bien proportionnée, sans écailles; toutes les nageoires molles; les mâchoires et le devant du vomer armés de petites dents pointues, faisant la carde ou la râpe; les ouïes grandes, à sept rayons. Presque tous portent deux ou trois nageoires sur le dos, une ou deux derrière l'anus et une caudale distincte. Ils ont une vessie aérienne grande, à parois robustes, souvent dentelée sur les côtés. La plupart vivent dans les mers froides ou tempérées, et forment d'importants articles de pêche; ils ont la chair blanche, aisément divisible par couches et généralement saine, légère et agréable. On les divise aujourd'hui en plusieurs sous-genres qui sont les *morues*, les *merlans*, les *merluches*, les *lottes*, les *motelles*, les *brosmes*, etc. Les malacoptérygiens subrachiens comprennent encore les POISSONS PLATS, ou PLEURO-

NECTES de Linné, caractérisés par le défaut de symétrie de leur tête, où les deux yeux sont d'un seul côté, lequel reste supérieur quand l'animal nage, et est toujours fortement coloré, tandis que le côté où les yeux manquent est toujours blanchâtre. La bouche est aussi irrégulière, le corps est très comprimé, muni d'une dorsale qui règne tout le long du dos; l'anale occupe pareillement tout le dessous du corps et s'unit presque, en avant, avec les ventrales; il y a des rayons aux ouïes et pas de vessie natatoire. Les pleuronectes fournissent le long des côtes de presque tous les pays une nourriture agréable et saine; on les divise en *plies*, *flétans*, *turbots*, *soles*, etc. Les principales espèces sont :

La plie franche, ou carrelet. . . . . *Platesia platessa* Cuv.
Le flet, ou picaud . . . . — *flesus.*
La pole, ou limandelle. . . . . — *pola.*
La limande. . . . . — *limanda.*
Le turbot. . . . . *Rhombus maximus.*
La barbue . . . . — *barbatus.*
La sole . . . . *Solea vulgaris*, etc.

De tous les poissons de cet ordre, je ne traiterai en particulier que de la morue, dont le foie fournit une huile aujourd'hui universellement usitée contre toutes les formes de la dégénérescence scrofuleuse, et principalement contre la phthisie tuberculeuse.

La morue franche ou **cabelliau** (*morrhua vulgaris* Cloq.; *gadus morrhua* L.) est un poisson de la famille des gadoïdes, qui habite toutes les parties de l'Océan septentrional comprises entre le 40e et le 70e degré de latitude, et qui se rassemble tous les ans, vers le mois de mars, en nombre véritablement incalculable, sur une montagne sous-

Fig. 495.

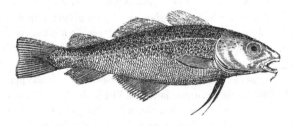

marine nommée le *grand banc de Terre-Neuve*, lequel occupe en avant de l'île du même nom un espace de 150 lieues. Ce poisson, lorsqu'il a pris tout son accroissement, est long de 100 à 130 centimètres, large de 30 centimètres environ, et pèse de 7 à 9 ou 10 kilogrammes. On en a

vu cependant de beaucoup plus grands. Il a la tête forte et comprimée,
la bouche grande et la mâchoire inférieure munie d'un barbillon
(fig. 495); les yeux grands et voilés par une membrane transparente;
le corps lisse et fusiforme, d'un gris jaunâtre, tacheté de brun sur le
dos; une large ligne blanche de chaque côté, allant de l'angle supérieur
des ouïes à la queue; le ventre blanchâtre. Les anciens, à cause de
cette couleur comparée à celle de l'âne ou du cloporte, donnaient à la
morue le nom d'*asellus*. Elle a trois nageoires dorsales, deux nageoires
anales et la caudale non fourchue. Le premier rayon de la première
anale est court et épineux.

L'estomac de la morue est vaste et robuste, et il est suivi, vers le
pylore, de six cœcums branchus; le canal intestinal est assez court, le
foie très gros et divisé en trois lobes allongés; la vésicule du fiel est d'un
volume médiocre, les ovaires renferment une énorme quantité d'œufs,
qui peut s'élever, d'après Leuwenhoëch, à 9.344.000 par individu. La
vessie natatoire, qui est grande, a des parois robustes et fortifiées encore
par un plan musculaire à fibres prononcées; elle est profondément lobée
sur les bords; elle peut fournir une bonne ichthyocolle et est d'ailleurs
considérée comme un manger délicat.

La morue est très vorace et se nourrit de poissons, de harengs
surtout, de mollusques et de crustacés. Elle digère très vite et paraît
avoir une croissance très rapide. On la pêche quelquefois sur les côtes
de la Manche, davantage sur celles de la mer du Nord, et principalement sur le banc de Terre-Neuve, qui est tous les ans, au printemps, le
rendez-vous des pêcheurs de toutes les nations maritimes; ceux-ci,
année commune, ne versent pas moins de 36.000.000 de morues,
salées ou séchées, dans le commerce de l'Europe.

Le foie de morue est très volumineux et fournit une grande quantité
d'huile qui est employée depuis longtemps, pour l'éclairage, dans les pays
maritimes, et qui est très usitée surtout sous le nom d'*huile de poisson*,
et préférablement à l'*huile de baleine*, pour la préparation des peaux
chamoisées. Mais on conçoit que tant que cette huile n'a pas été recommandée pour l'usage médical, on se soit peu inquiété de l'avoir pure; de
sorte que, en réalité, ce qu'on nommait *huile de poisson*, il y a une
dizaine d'années encore, quoique formé principalement peut-être
d'huile de foie de morue, contenait aussi l'huile des foies d'*anarrhique*,
de *lotte*, de *thon*, de *congre*, de *raie*, de *pastenague*, de *requin*, etc.
Aujourd'hui que l'*huile de foie de morue* est d'un si grand usage en médecine, je pense qu'on la livre à l'état de pureté au commerce, quoique
j'avoue ne pouvoir dire à quels caractères certains on peut reconnaître
qu'elle se trouve à cet état. J'admets d'ailleurs que l'on puisse employer
indifféremment l'huile des autres espèces de gades, telles que l'**égreßn**

(*gadus æglefinus* L.), le **dorsch** (*gadus callarias* L.), le **merlan noir**
gadus carbonarius L.), la **merluche** (*gadus merlucius* L.), la **lingue**,
ou **morue longue** (*gadus molus* L.), la **lotte** (*gadus lota* L.), etc.

Huile de foie de morue. A Paris, on se procure cette huile en la
tirant de nos ports de mer et principalement de Dunkerque, — d'Ostende,
d'Angleterre et de Hollande. M. le docteur de Jongh, qui a fait en 1842
et 1843 l'analyse des diverses huiles de morue du commerce, et qui
depuis s'en est fait marchand, tire la sienne de Bergen en Norwége, et la
donne pour de l'huile pure de foie de *dorsch*, ou *petite morue* des mers
du Nord, vendue quelquefois à Paris sous le nom de *faux merlan*.

On trouve dans le commerce trois variétés d'huile de foie de morue,
et ces trois variétés peuvent se retirer également du foie de tous les
poissons. L'*huile blanche* est celle qui se sépare la première, par le
simple tassement des foies rassemblés dans une cuve, et qui forme
environ la moitié de leur poids. L'*huile brune* se sépare plus tard,
lorsque le parenchyme hépatique commence à s'altérer ; l'*huile noire*
est obtenue en faisant bouillir dans l'eau la matière plus ou moins
putride qui a fourni les deux huiles précédentes. Il y a peu d'années
encore, ces trois huiles ne se trouvaient dans le commerce que telles
qu'elles étaient sorties des opérations précédentes, c'est-à-dire troubles,
épaisses et dégoûtantes à boire ; mais aujourd'hui on les trouve tout à
fait transparentes, souvent même décolorées par quelque procédé chimique, et plus ou moins privées de leur odeur caractéristique, ce qui
peut diminuer beaucoup leurs propriétés dans l'application médicale.
J'ai trouvé chez M. Ménier, pharmacien-droguiste à Paris quatre qualités différentes de ces huiles purifiées. La première est celle qui est
vendue par M. Jongh, comme véritable huile de foie de morue, préparée aux îles Lofodes en Norwége (1). Elle est transparente, de couleur
de vin de Malaga, de consistance onctueuse, d'une odeur très forte
d'huile de poisson, d'un goût supportable et privé de rancidité.

La seconde, vendue sous le nom d'*huile de foie de morue brune*, est
de couleur semblable à la première, mais plus fluide, d'une odeur
moins forte et d'un goût moins désagréable ; c'est celle qui est le plus
employée. La troisième, nommée *huile blonde*, est à peu près de la
couleur du vin de Madère, d'une odeur encore plus faible que la précédente, et peut être employée au début, pour accoutumer les malades
au goût de poisson. Quant à la dernière, vendue sous le nom d'*huile de
foie de morue blanche*, et qui vient d'Angleterre, elle est presque inco-

(1) Ces îles sont situées près de la côte de Norwége, au delà du cercle
polaire. Elles sont en hiver le rendez-vous de près de 400 bateaux montés
par 20.000 pêcheurs. On en exporte par an 16 millions pesant de morue sèche.

lore, d'un goût très faible, et doit avoir été décolorée, au moins à l'aide du charbon. Je la crois peu active, dans la persuasion où je suis que le principe aromatique particulier aux huiles de poisson doit entrer pour beaucoup dans leur propriété tonique et restaurante.

M. de Jongh a publié les analyses des trois huiles de foie de morue, *blanche*, *brune* et *noire*. Je suppose qu'il s'agissait alors des huiles brutes du commerce, et que ce qu'il nomme *huile blanche* est l'*huile blonde* d'à présent. M. de Jongh commençait par traiter l'huile par l'eau, pour en extraire les parties solubles, qui se composent principalement des éléments de la bile; ensuite il saponifiait l'huile et examinait tous les produits de cette opération ; le soufre et le phosphore ont été déterminés en détruisant l'huile au moyen de l'acide nitrique.

	HUILE noire.	HUILE brune.	HUILE blanche.
Acide oléique, gaduine et deux autres matières indéterminées	69,785	71,757	74,033
Acide margarique.	16,145	15,421	11,757
Glycérine	9,711	9,075	10,177
Acide butyrique	0,159	»	0,074
— acétique	0,125	»	0,046
Acides fellinique et cholinique.	0,299	0,062	0,043
Bilifulvine et acide bilifellinique.	0,876	0,145	0,263
Matière soluble dans l'alcool à 30 degr.	0,038	0,015	0,006
— insoluble dans l'eau, l'alcool et l'é-ther.	0,005	0,002	0,001
Iode.	0,0295	0,041	0,037
Chlore avec un peu de brôme	0,084	0,159	0,149
Acide phosphorique	0,054	0,079	0,091
— sulfurique.	0.010	0,086	0,071
Phosphore	0,0075	0,0114	0,021
Chaux.	0,082	0,012	0,009
Magnésie.	0,004	0,012	0,009
Soude.	0,018	0,068	0,055
Perte	2,569	2,603	3,009
	100,000	100,000	100,000

Plusieurs autres chimistes ont cherché à déterminer la composition de l'huile de foie de morue. En France, MM. Girardin et Preisser se sont plutôt occupés de la comparer à l'huile de foie de raie, et d'appuyer sur la supériorité de cette dernière pour l'usage médical ; mais cette supériorité était en partie fondée sur ce que l'huile de foie de raie, transparente et d'un jaune doré, préparée avec soin par des pharmaciens, répugnait beaucoup moins aux malades que celle de foie de morue du commerce, qui était trouble et noirâtre. On doit peu compter d'ailleurs sur les caractères qui ont été donnés pour distinguer ces deux huiles.

D'après MM. Girardin et Preisser, l'huile de foie de morue se colore rapidement en brun foncé par un courant de chlore, tandis que celle de foie de raie conserve sa couleur jaune, même après une demi-heure d'action.

L'huile de foie de morue prend rapidement une teinte noire par l'action d'un peu d'acide sulfurique froid. Le même acide colore l'huile de raie, en rouge clair, et le mélange agité après un quart-d'heure de contact acquiert une couleur violette foncée.

Les deux huiles contiennent l'iode à l'état d'iodure de potassium; 1 litre d'huile de foie de raie en a fourni 18 centigrammes et celle de foie de morue 15. (*Journ. de pharm. et chim.*, t. I, p. 504.)

D'après M. Gobley, l'huile de foie de raie, préparée par l'action directe de la chaleur sur le foie, est d'un jaune doré et présente une propriété caractéristique qui consiste à développer immédiatement une belle couleur violette, lorsqu'on mêle 1 gramme d'huile avec une goutte d'acide sulfurique concentré. Cette couleur passe au rouge après quelques instants. L'huile préparée par ébullition dans l'eau ne présente pas cette propriété.

Un litre d'huile de foie de raie, préparée par l'action directe du feu, a fourni à M. Gobley 25 centigrammes d'iodure de potassium. Ce chimiste n'a pu y découvrir la présence du phosphore. (*Journ. pharm. et chim.*, t. V, p. 306.)

D'après M. Personne, préparateur de chimie à l'École de pharmacie (1), les huiles de foie de morue et de raie contiennent l'iode à l'état de combinaison quaternaire avec les éléments ordinaires de l'huile, et non à l'état d'iodure de potassium; l'huile de foie de morue en contient plus que celle de raie; l'huile de foie de morue brune en contient plus que la blanche. Le foie de raie, résidu de l'extraction de l'huile, contient beaucoup plus d'iode que l'huile qui en a été retirée.

M. Personne pense que l'iode se trouve dans le foie à l'état d'iodure de potassium, et que c'est par l'action réunie de l'air et des acides gras résultant de l'altération d'une partie de l'huile, que l'iode est mis en liberté et réagit sur le corps gras, à la manière du chlore et du brome, en s'y combinant par substitution à l'hydrogène. M. Personne a été conduit par cette théorie à proposer de remplacer les huiles de morue et de raie, dans l'usage médical, par de l'huile d'amandes douces combinée artificiellement avec une dose déterminée d'iode, plus considérable et plus efficace que celle qui existe dans les huiles naturelles.

Suivant M. Personne, les huiles de foie de morue et de foie de raie pures ne renferment aucune trace de phosphore. Les huiles dans lesquelles ce corps a été trouvé, le contenaient à l'état de phosphate de chaux, inhérent au parenchyme hépatique tenu en suspension dans le liquide.

Quant aux caractères de coloration développés par des agents chimiques, les expériences suivantes, comparées à celles de MM. Girardin et Gobley, montrent que ces caractères sont trop variables pour pouvoir servir à la distinction des huiles. J'ai opéré sur huit sortes d'huiles :

N° 1. Huile de foie de morue du docteur Jongh.
N° 2. —   —   —   brune, Ménier.
N° 3. —   —   —   blonde, Ménier.

---

1) Mémoire présenté à l'Académie nationale de médecine, le 30 août 1850, et encore inédit.

Nº 4. Huile de foie de morue blanche, anglaise, Ménier.

Nº 5. — — — purifiée, de MM. Cabaret et Rivet, à Bruxelles.

Nº 6. — — de raie, de M. Gobley.

Nº 7. — — — de M. Faucher, à Batignolles.

Nº 8. — de poisson ordinaire du commerce.

Première expérience. J'ai versé sur un verre de montre 1 gramme de chacune des huiles ci-dessus, 3 gouttes d'acide sulfurique concentré, et j'ai agité immédiatement avec un tube de verre.

Nº 1. Couleur pensée un peu claire, passant au rouge et s'éclaircissant de plus en plus. Après dix minutes, couleur jaune brunâtre.

Nº 2. Couleur pensée magnifique, s'éclaircissant peu à peu et passant au rouge cerise. Après dix minutes, couleur jaune noirâtre.

Nº 3. Couleur pensée claire et rougeâtre, s'affaiblissant et passant au rouge par l'agitation. Elle devient ensuite hyacinthe brunâtre.

Nº 4. Couleur vineuse devenant promptement terne et finissant par devenir noirâtre.

Nº 5. Couleur vineuse violacée, s'éclaircissant après quelques instants, passant ensuite au rouge brunâtre et au noirâtre.

Nº 6. Couleur vineuse violacée foncée, passant promptement au brunâtre et finissant par devenir presque noire.

Nº 7. Couleur pensée claire, passant au rouge vineux, puis au rouge jaunâtre.

Nº 8. Couleur jaune brunâtre passant promptement au noir.

Deuxième expérience. Huile 6 gouttes, acide sulfurique concentré 2 gouttes; agitation immédiate.

Nº 1. Couleur pensée rougeâtre, passant au rouge et à l'hyacinthe.

Nº 2. Belle couleur pensée foncée, passant au rouge, puis à l'hyacinthe.

Nº 3. Couleur vineuse un peu violacée, passant presque immédiatement à l'hyacinthe.

Nº 4. Couleur rouge hyacinthe.

Nº 5. Rouge violacé, passant immédiatement à l'hyacinthe.

Nº 6. Couleur brune foncée, devenant immédiatement brune hyacinthe, puis noire jaunâtre.

Nº 7. Couleur jaune hyacinthe, avec une nuance violacée sur les bords, devenant ensuite brunâtre, puis noire jaunâtre.

Nº 8. Couleur hyacinthe jaunâtre devenant noirâtre.

Après vingt-quatre heures, tous les essais précédents présentent une couleur noirâtre avec un melange de rouge ou de jaune verdâtre.

La même huile peut présenter tantôt une nuance, tantôt l'autre.

Troisième expérience. — Traitement par le chlore.

Nº 2. *Huile de foie de morue brune.* Prend promptement une couleur noirâtre et se trouble.

Nº 4. *Huile de foie de morue blanche.* Se trouble aussitôt et paraît se décolorer. En continuant le courant de gaz, le liquide redevient transparent et d'un jaune obscur ou noirâtre.

Nº 6. *Huile de foie de raie, Gobley.* Brunit beaucoup, mais reste transparente. Abandonnée à elle-même pendant plusieurs jours, on ne la distingue plus du n° 2.

N° 8. *Huile de poisson commune.* Brunit moins que la précédente, conserve une teinte jaune et reste transparente. Après plusieurs jours de repos, elle est devenue d'un brun noir.

Si l'on considère la coloration en violet par l'acide sulfurique comme le caractère distinctif de la meilleure huile de foie de morue, on mettra au premier rang l'*huile brune* du commerce ; au deuxième rang, l'huile vendue par le docteur Jongh ; au troisième rang , l'huile blonde du commerce , qui est peut-être la même que celle de MM. Cabaret et Rivet.

L'huile blanche anglaise paraît être de mauvaise qualité ; peut-être n'est-ce pas de l'huile de foie de morue.

L'huile de foie de raie paraît être très inférieure à l'huile de foie de morue brune.

On a voulu expliquer l'action restaurante de l'huile de foie de morue, dans les cas de consomption rachitique et de phthisie tuberculeuse, par la présence de l'iode et du phosphore ; mais nous venons de voir que ce dernier corps n'existe pas dans l'huile brune purifiée, qui est certainement la plus active. Quant à l'iode , on ne peut douter qu'il ne contribue pour quelque chose à l'action médicatrice de l'huile. Mais le principe huileux par lui-même, en fournissant à la respiration l'élément combustible propre à entretenir la chaleur animale, sans qu'il en coûte rien à un corps amaigri , peut contribuer beaucoup à la restauration presque immédiate, mais malheureusement souvent passagère , de l'individu. Le principe aromatique et âcre de l'huile de poisson ne doit pas être étranger non plus à son action sur l'économie ; aussi suis-je persuadé que l'huile simplement additionnée d'iode , proposée par M. Personne comme succédanée de l'huile de foie de morue , pourra rendre de grands services à la médecine , sans cependant remplacer complétement l'huile de foie de morue.

Les MALACOPTÉRYGIENS APODES, ou qui manquent de nageoires ventrales, ont tous une forme allongée, une peau épaisse et molle qui laisse peu paraître leurs écailles ; on les divise en plusieurs genres principaux, sous les noms de *anguilles*, *gymnotes*, *donzelles*, *équilles*, etc.

Les **anguilles** ont les opercules petits, entourés concentriquement par les rayons, et recouverts, aussi bien qu'eux, par la peau qui ne s'ouvre que fort en arrière par un trou, ce qui, abritant mieux les branchies, permet à ces poissons de rester plus ou moins longtemps hors de l'eau, sans périr. Leur corps est long et grêle ; leurs écailles, comme encroûtées dans une peau grasse et épaisse, ne se voient bien qu'après la dessiccation de celle-ci ; ils manquent tous de nageoires ventrales et de cœcums, et ont l'anus placé assez loin en arrière. On les divise encore en *anguilles* proprement dites, *ophisures*, *murènes*, *synbranches*, etc.

Les *anguilles proprement dites* ont des nageoires pectorales et ont la dorsale et la caudale sensiblement prolongées autour du bout de la queue, de manière à y former, par leur réunion, une caudale pointue. On y trouve d'abord nos **anguilles communes**, dont la mâchoire supérieure est plus courte que l'inférieure et dont la nageoire dorsale commence à une assez grande distance en arrière des pectorales. Ces poissons, longs d'environ 55 centimètres, mais que l'on dit pouvoir acquérir une taille beaucoup plus grande, habitent pendant la plus grande partie de leur vie les eaux douces de presque tous les pays, les mares et les étangs, aussi bien que les rivières; cependant ils viennent de la mer, et tous les ans, au printemps, on observe à l'embouchure des rivières des myriades de petites anguilles auxquelles on donne le nom de *montée*, qui viennent remplacer celles que la pêche ou la voracité des autres poissons ont détruites, et qui ne paraissent retourner à la mer que pour y déposer leur frai. Les anguilles nagent également bien en arrière et en avant, et leur peau est si glissante qu'on les saisit très difficilement. Elles peuvent quitter l'eau et traverser les prairies, soit pour y chercher des limaces ou des vers, soit pour gagner d'autres cours d'eau ou pour se glisser dans les fontaines, les puits, les citernes etc. Elles ont la vie fort dure, et on les voit remuer et palpiter pendant un certain temps, après avoir été écorchées et coupées par tronçons; leur chair est blanche grasse, d'un goût très agréable, mais elle est difficile à digérer.

Les **congres** diffèrent des anguilles communes par leur mâchoire supérieure plus longue que l'inférieure et par leur dorsale qui commence assez près des pectorales. Le **congre commun**, que l'on vend à Paris sous le nom d'*anguille de mer*, atteint 2 mètres de longueur et la grosseur de la cuisse.

Les **murènes** manquent tout à fait de pectorales, mais ont encore la dorsale et l'anale bien visibles; leurs branchies s'ouvrent par un petit trou de chaque côté; leurs opercules sont très minces et leurs rayons branchiostèges complétement cachés sous la peau; l'espèce la plus célèbre est la **murène commune**, poisson très répandu dans la Méditerranée et dont les anciens faisaient grand cas. Ils en élevaient dans des viviers, et l'on a souvent cité la cruauté de Védius Pollion, qui faisait jeter aux siennes ses esclaves fautifs.

Les **gymnotes** ont, comme les anguilles, les ouïes en partie fermées par une membrane; mais cette membrane s'ouvre au-devant des nageoires pectorales. L'anus est placé fort en avant; la nageoire anale règne sous la plus grande partie du corps et le plus souvent jusqu'au

bout de la queue ; mais il n'y a pas du tout de nageoire dorsale. Il y en
a une espèce fort célèbre qui habite les rivières de l'Amérique méridionale : c'est le **gymnote électrique**, à qui sa forme allongée et tout
d'une venue, et sa tête et sa queue obtuses, ont fait donner aussi le
nom d'*anguille électrique*. Il atteint 2^m,5 à 3 mètres de longueur et
donne des commotions électriques si violentes qu'il abat les hommes et
les chevaux. L'organe qui produit ces effets règne tout le long du dessous de la queue, dont il occupe la moitié de l'épaisseur. Il est formé
de quatre faisceaux longitudinaux, composés d'un grand nombre de
lames parallèles, très rapprochées, aboutissant d'une part à la peau,
de l'autre au plan vertical moyen du poisson, et recevant un très grand
nombre de nerfs.

Les POISSONS CHONDROPTÉRYGIENS, ou CARTILAGINEUX,
forment une série (1) peu nombreuse, mais très remarquable par ses
formes variées et son organisation. Ils ont le squelette essentiellement
cartilagineux, c'est-à-dire qu'il ne s'y forme pas de fibres osseuses, mais
que la matière calcaire s'y dépose par petits grains discontinus; ils n'ont
pas de sutures à leur crâne, qui est toujours formé d'une seule pièce.
Ils manquent d'os maxillaires et intermaxillaires, dont les fonctions sont
remplies par les os analogues aux palatins, ou par le vomer. La substance
gélatineuse qui, dans les poissons ordinaires, remplit les intervalles des
vertèbres et communique de l'une à l'autre seulement par un petit trou,
forme, dans plusieurs chondroptérygiens, une corde qui enfile toutes les
vertèbres, sans presque varier de diamètre.

Les chondroptérygiens se divisent en deux ordres: ceux dont les branchies sont *libres*, comme dans les poissons ordinaires, et ceux dont les
branchies sont *fixes*, ou attachées à la peau par leur bord extérieur,
en sorte que l'eau n'en sort que par des trous de la surface. Le premier
ordre ne forme qu'une famille dite des *sturioniens;* le second ordre forme deux familles les *sélaciens* et les *cyclostomes*.

Les STURIONIENS tiennent encore d'assez près aux poissons ordinaires,
par leurs ouïes, qui n'ont qu'un seul orifice très ouvert et garni d'un
opercule, mais sans rayons à la membrane. Ils ne forment que trois genres
dont le principal est celui des esturgeons.

Les **esturgeons** ont aussi la forme générale des poissons osseux et
établissent par la conformation de leur squelette, le passage entre ceux-ci
et les vrais chondroptérygiens; car plusieurs os de leur tête et tous ceux
de l'épaule sont complétement durcis; leur mâchoire supérieure se compose des palatins soudés aux maxillaires, et l'on trouve dans l'épaisseur
des lèvres des vestiges des intermaxillaires. Leur corps est plus ou moins

(1) Voir le tableau de la classification des poissons, page 157.

garni d'écussons implantés sur la peau en rangées longitudinales; leur bouche est petite et dépourvue de dents; leur nageoire dorsale est située en arrière des ventrales et au-dessus de l'anale; enfin la caudale entoure l'extrémité de la queue et présente en dessous un lobe saillant. Ces poissons sont en général de grande taille et sont doués d'une force musculaire considérable; mais ils ont des habitudes paisibles et ne sont guère redoutables que pour les petits poissons. Au printemps, les esturgeons remontent par troupes nombreuses de la mer dans les fleuves, pour y déposer leurs œufs, et les jeunes paraissent gagner promptement la mer et y rester jusqu'à l'âge adulte. Leur fécondité est très grande, car on assure avoir trouvé près de 1500 mille œufs dans une femelle du poids de 139 kilogrammes, et dans une autre, pesant 1400 kilogrammes, les œufs seuls en pesaient 400. Nous avons dans toute l'Europe occidentale l'**esturgeon commun** (*acipenser sturio* L.), long de plus de 2 mètres, à museau pointu, et pourvu de 5 rangées d'écussons forts et épineux. On le rencontre également dans les fleuves qui se jettent dans la mer Noire et dans la Caspienne, mais il y est accompagné d'autres espèces, et principalement du **grand esturgeon** (*acipenser huso* L.) (fig. 495), dont les boucliers sont plus émoussés, les barbillons plus courts et la peau plus lisse que dans l'esturgeon ordinaire. Il atteint souvent 4 à 5 mètres

Fig. 495.

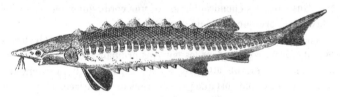

de longueur et plus de 600 kilogrammes de poids. C'est avec ses œufs pressés et salés que l'on prépare le **caviar**, mets très recherché dans les pays du Nord, et avec sa vessie natatoire que l'on fait l'*ichthyocolle* ou *colle de poisson*.

Ichthyocolle, ou **colle de poisson**. Cette substance se prépare surtout en Russie, avec la vessie aérienne du grand esturgeon. On nettoie ces vessies, on les roule sur elles-mêmes, on les fait sécher, et, sur la fin de leur dessiccation, on leur donne la forme d'une lyre ou d'un cœur, comme on leur voit dans le commerce : d'autres fois aussi on se contente, après qu'elles ont été nettoyées et séchées en partie, mais non roulées, de les plier en carré, à peu près comme nous faisons d'une serviette, et l'on en achève la dessiccation après les avoir rapprochées à la manière des feuillets d'un livre, et fixées à l'aide d'un bâton qui les traverse. Ces trois modes de préparation, qui constituent les trois sortes de colle de poisson du commerce, *en lyre*, *en cœur* et *en livre*, donnent toujours des produits plus ou moins colorés ; on les blanchit en les exposant à la vapeur du soufre. On doit les choisir blanches, demi-transparentes, sans odeur, se dissolvant dans l'eau bouillante presque sans résidu, et lui donnant, par le refroidissement, une forte consistance gélatineuse. Lorsqu'on les interpose en feuille mince entre l'œil et la lumière, elles présentent un chatoiement irisé semblable à celui de la nacre de perle.

Des trois sortes de colle de poisson que je viens de nommer, la plus chère et la plus estimée dans le commerce est celle *en lyre*, dite aussi *petit cordon*, à cause de sa petitesse, comparativement à celle *en cœur* que l'on nomme communément *gros cordon* ; après vient le gros cordon et enfin la colle de poisson *en livre*, qui est la moins estimée. Je ne crois pas que cette gradation soit bien raisonnée, car j'ai éprouvé, par expérience, que le gros cordon se dissolvait bien plus facilement dans l'eau que le petit, qu'il fournissait au moins autant de gélatine, et laissait plutôt moins de résidu qu'autant. Quant à la colle en livre, elle m'a paru moins facilement soluble que le petit cordon ; mais, en définitive, elle ne laisse pas plus de résidu, et sa qualité est presque égale.

La colle de poisson est très usitée pour faire des gelées, et pour clarifier différentes liqueurs, comme la bière et le vin blanc. Elle possède à cet égard une propriété beaucoup plus marquée qu'aucune des colles ou gélatines obtenues par décoction de diverses substances animales. Cela tient à ce que, au lieu d'être un produit désorganisé, soluble dans l'eau, l'ichthyocolle est formée d'un tissu organique qui se gonfle et se divise seulement dans l'eau, en formant un réseau qui se resserre par suite de sa combinaison avec quelque principe astringent des liqueurs, entraînant toutes les impuretés dans sa précipitation.

Autres colles de poisson :

Colle de poisson anglaise. Cette colle est en lanières filiformes, longues de 55 millim. environ, qui paraissent avoir été coupées dans de l'ichthyocolle en feuilles, d'une qualité supérieure. Elle est presque transparente, très chatoyante à la lumière, très facilement et complétement soluble dans l'eau, donnant une gelée transparente et incolore. C'est la plus belle et la meilleure des ichthyocolles naturelles.

Colle de poisson vitreuse. Cette substance, fabriquée probablement avec de véritable ichthyocolle, est la plus belle des colles artificielles que j'aie vues. Elle est en lames très minces, incolores et transparentes comme du verre, à surface *resplendissante*, rayée de lignes parallèles rapprochées. Elle a la consistance et presque la ténacité de la corne, est quelque temps à se dissoudre dans la bouche, mais se dissout complétement dans l'eau bouillante, et forme une gelée aussi belle et aussi consistante que l'ichthyocolle. Il ne faut pas la confondre avec les gélatines de

quadrupèdes, que l'on prépare aujourd'hui très minces et fort belles,
mais qui ne produisent jamais avec l'eau une gelée aussi abondante ni
aussi tremblante.

Fausse ichthyocolle en lyre. Cette substance a tout à fait la forme de
l'ichthyocole en lyre, et est fabriquée comme elle avec une membrane
de poisson roulée, contournée et desséchée; mais ils est douteux qu'elle
provienne de l'esturgeon. Elle est plus grosse que le petit cordon, d'une
couleur terne, grise ou jaune sale, d'un aspect corné, à peine chatoyante,
très difficile à diviser, et ne se dissolvant tout au plus qu'à moitié dans
l'eau. Il convient de la rejeter.

Fausse colle de poisson en feuilles. Cette substance paraît être une
membrane intestinale de veau ou de mouton. Elle est en feuilles très
minces, longues de 22 à 27 centimètres, larges de 6 à 8; elle est
bosselée, opaque, d'un blanc terne et non chatoyante; elle se déchire
facilement en tous sens, tandis que la véritable colle de poisson ne se
déchire que dans le sens de ses fibres. Elle offre une saveur salée.

Elle se ramollit dans l'eau, se tuméfie et s'y divise en grumeaux. Elle
laisse un résidu considérable lorsqu'on la traite par l'eau bouillante, et
la liqueur ne se prend pas en gelée en refroidissant. On trouve souvent
de cette fausse colle de poisson chez les épiciers de campagne.

Colle de machoiran de Cayenne. J'ai reçu anciennement, d'une
personne qui occupait un poste supérieur à Cayenne, trois vessies de
machoirans (1), qui sont très épaisses, comme musculeuses et formées
d'une cavité supérieure cordiforme, plus large que haute, séparée par
un étranglement d'une seconde cavité oblongue ou fusiforme. La plus
petite de ces vessies, à l'état de dessiccation, est longue de 22 centimètres; large de 10 à sa partie supérieure, et pèse 102 grammes. La
seconde vessie présente une cavité supérieure large de 13 centimètres,
haute de 11, une cavité inférieure longue de 15, large de 7, et est d'un
poids total de 278 grammes. La troisième, dont je n'ai que la cavité
cordiforme, volumineuse et très déformée, pèse 460 grammes. Cette
ichthyocolle m'a paru peu soluble dans l'eau et ressembler beaucoup,
pour la qualité, à la fausse colle en lyre, décrite ci-dessus. Mais on
trouve dans le commerce une très belle colle fabriquée à Cayenne, que
l'on suppose appartenir à la vessie natatoire d'un machoiran, et qui, si
elle est tirée de ce poisson, ne peut provenir que de sa peau même, préparée et blanchie. Cette colle, telle qu'elle se trouve dans la collection
de l'Ecole, est en une feuille très mince, incolore, presque transparente, luisante à sa surface, faiblement nacrée, non irisée, longue de 90

---

(1) Ces poissons appartiennent à la famille des siluroïdes, de l'ordre des
malacoptérygiens abdominaux.

centimètres, large de 14, offrant la forme générale d'un poisson. Dans la substance même de la feuille se trouvent imprimés, en lettres transparentes, les mots : *P. Pouget, à Cayenne.*

Cette ichthyocolle, de même que la fausse colle en feuille ci-dessus, se déchire facilement en tous sens ; mise à tremper dans l'eau, elle s'y gonfle considérablement et se dissout en grande partie par l'ébullition, en laissant cependant un résidu floconneux et opaque assez abondant.

Les SÉLACIENS forment plusieurs genres principaux qui sont les *squales*, les *marteaux*, les *anges*, les *scies*, et les *raies*. Les *squales* ont un corps allongé, des pectorales médiocres, des ventrales situées en arrière de l'abdomen et des deux côtés de l'anus ; une queue grosse et charnue ; leurs yeux sont placés aux côtés de la tête, et leurs branchies aux côtés du cou ; au total, leur forme générale est celle des poissons ordinaires. Leurs os de l'épaule sont suspendus dans les chairs en arrière des branchies, sans s'articuler ni au crâne, ni à l'épine ; leurs petites côtes branchiales sont apparentes, et ils en ont aussi de petites le long de l'épine qui est entièrement divisée en vertèbres. Chez un grand nombre de ces poissons, il existe à la partie supérieure de la tête deux ouvertures nommées *évents*, qui servent à porter aux branchies l'eau nécessaire à la respiration, lorsque la gueule est remplie par une proie trop volumineuse. Plusieurs sont vivipares, les autres font des œufs revêtus d'une coque dure et cornée ; aussi la fécondation a-t-elle toujours lieu avant la ponte.

On divise les *squales* en plusieurs sous-genres, tels que les *roussettes*, les *requins*, les *milandres*, les *grisets*, les *pélerins*, les *humantins*, les *aiguillats*, les *leiches*, etc.

Les **roussettes** ont le museau court et obtus, les narines percées près de la bouche, continuées en un sillon qui règne jusqu'au bord de la lèvre, et plus ou moins fermées par un ou deux lobules cutanés ; leurs dents sont formées d'une pointe au milieu et deux plus petites sur les côtés. Elles ont des évents et une nageoire anale répondant à l'intervalle des deux dorsales, qui sont elles-mêmes placées fort en arrière. La **grande roussette**, ou **chien de mer** (*scyllium canicula*) atteint près de 1^m,5 de longueur, est très vorace, et suit les vaisseaux pour saisir tout ce qui en tombe. Sa peau desséchée est connue dans le commerce sous les noms de peau de *roussette*, de *chien de mer*, ou *de chagrin*, elle est toute couverte de petits tubercules cornés, qui lui donnent la dureté d'une rape, et qui la rendent propre à polir le bois, l'ivoire et même les métaux. Le foie de roussette cause de graves accidents à ceux qui en mangent. Il fournit, à l'aide du feu, une grande quantité d'huile.

Les **requins** ont en dessous de leur museau proéminent des narines non prolongées en sillon, et une large gueule demi-circulaire, munie de dents tranchantes et pointues, dentelées sur leurs bords. Ils manquent d'évents, ont la première dorsale bien avant les ventrales, et la deuxième à peu près vis à vis l'anale. Le **requin vrai** (*carcharias verus*) a huit ou dix mètres de long, une gueule fortement fendue au-dessous du museau, et d'un contour égal environ au tiers de la longueur de l'animal. Il est d'une force et d'une voracité extrêmes, et est l'effroi des navigateurs dans presque toutes les mers. Il avale les hommes tout entiers et fait sa nourriture habituelle des thons, des phoques et des morues.

La peau du requin sert aux mêmes usages que celle de la roussette. On en couvre aussi des malles, et l'on en fait des liens, des courroies, des outres à contenir de l'huile, etc.

Les **scies** ont la forme allongée des squales; mais leur corps est aplati en avant, leurs branchies sont ouvertes en dessous, comme dans les raies, et leur museau se prolonge en un long bec osseux, déprimé en forme de lame d'épée, et armé, de chaque côté, d'une série de grandes pointes tranchantes, implantées comme les dents d'une scie. Ce bec, qui leur a valu leur nom, est une arme puissante avec laquelle ces poissons ne craignent pas d'attaquer les plus gros cétacés. Les vraies dents de leurs mâchoires ont la forme de petits pavés.

Les **raies** forment un genre non moins nombreux que celui des squales. Elles se reconnaissent à leur corps aplati horizontalement et semblable à un disque, à cause de son union avec des pectorales très amples et charnues, qui se joignent en avant avec le museau, et qui s'étendent en arrière jusque vers la base des ventrales. Les yeux et les évents sont à la face dorsale; la bouche, les narines et les orifices des branchies à la face ventrale. Les nageoires dorsales sont presque toujours sur la queue. On les divise en *rhinobates*, *torpilles*, *raies* proprement dites, *pastenagues*, etc.

Les torpilles (fig. 496 et 497) ont la queue courte et encore assez charnue; le disque de leur corps est à peu près circulaire, le bord antérieur étant formé par deux productions du museau qui se rendent de côté pour atteindre les pectorales. L'espace entre ces pectorales, la tête et les branchies, est rempli de chaque côté par un appareil extraordinaire (fig. 497), formé de petits tubes membraneux serrés les uns contre les autres, comme des rayons d'abeilles, subdivisés par des diaphragmes horizontaux en petites cellules pleines de mucosités, et animés par des nerfs abondants venant de la huitième paire. C'est dans cet appareil que réside la puissance électrique qui a rendu ces poissons si célèbres et qui leur a valu leur nom. Ils ne sont pas cependant aussi

redoutables que le gymnote électrique dont j'ai parlé précédemment
(page 170). On connaît un troisième genre de poisson électrique appartenant aux malacoptérygiens abdominaux et à la famille des siluroïdes :

Fig. 496 (1).   Fig. 497.

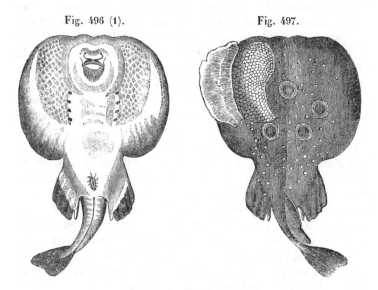

c'est le *silure* ou *malaptérure électrique*, le *raasch* ou *tonnerre* des
Arabes, qui habite le Nil et le Sénégal.

Les **raies** proprement dites ont le disque rhomboïdal, la queue mince,
garnie en dessus, vers la pointe, de deux petites dorsales, et quelquefois
d'un vestige de caudale. Nos mers en fournissent beaucoup d'espèces
encore mal déterminées ; l'une des plus estimées pour la table est la
raie bouclée (*raja clavata* L.) qui se distingue par son âpreté et par
les gros tubercules osseux, ovales et garnis chacun d'un aiguillon recourbé, qui hérissent irrégulièrement et en nombre très variable ses
deux surfaces.

L'huile de foie de raie, telle qu'on la prépare dans les pharmacies, est d'un jaune doré, transparente et de propriétés analogues à
celles de l'huile de foie de morue ; elle paraît contenir moins d'iode
(voyez page 166).

Les pastenagues diffèrent des raies par leur queue armée d'un long
aiguillon dentelé des deux côtés, ce qui en fait une arme très dangereuse. C'est à ce genre qu'appartient le **sephen** de la mer Rouge et de

_____

(1) Fig. 496, 497. **Torpille commune**, *torpedo narke* Risso ; *raja torpedo* L.

la mer des Indes, qui fournit à l'industrie cette peau dure et tuberculeuse appelée *galuchat*, du nom d'un ouvrier de Paris qui paraît l'avoir mise en usage. La plupart des sélaciens, tels que les *roussettes*, les *requins*, les *humantins*, les *aiguillats*, les *leiches*, etc., sont d'ailleurs pourvus d'une peau rude et tuberculeuse, dont on se sert pour faire des courroies, couvrir des malles, des étuis, des boîtes à bijoux, des garnitu. es d'armes, ou pour polir le bois, l'ivoire et les métaux. La plus grande confusion régnant dans le commerce entre ces peaux, chaque commerçant leur appliquant à sa fantaisie les noms de *peau de requin*, *de chien de mer*, *de chagrin* et même *de galuchat*, je me suis procuré celles que j'ai pu, afin de les décrire et d'en déterminer l'espèce autant que possible.

1. **Peau de requin.** Je n'ai pas trouvé cette peau dans le commerce; celle d'un jeune requin desséché, qui fait partie de la collection de l'Ecole, est mince, couverte partout de très petites écailles imbriquées, d'une couleur grise uniforme, à demi translucides, rayées dans le sens longitudinal, et *à bord entier et circulaire*. Ce bord est libre sur le corps de l'animal, ce qui donne à la peau de la rudesse au toucher, mais il est soudé sur les nageoires, qui offrent un toucher très doux. Cette peau pourrait servir à couvrir des malles, des meubles ou des étuis; mais fort peu à polir les ouvrages de bois ou d'ivoire; c'est pour cela sans doute qu'on ne la trouve pas dans le commerce.

2. **Peau de roussette mouchetée.** Cette peau est ouverte par le ventre; elle a le museau court et arrondi; les évents placés tout près des yeux, un peu au-dessous et en arrière. Les branchies ont cinq ouvertures dont les deux dernières sont placées au-dessus des pectorales; celles-ci sont coupées carrément et les ventrales le sont obliquement. Les deux dorsales sont placées bien en arrière des ventrales, et l'anale répond à l'intervalle des deux dorsales. La caudale se compose de deux parties presque distinctes : une inférieure, grande et triangulaire, obscurément lobée en arrière; une terminale, courte, élargie, coupée carrément à l'extrémité, arrondie aux angles, faiblement échancrée au milieu, et formant deux lobes arrondis, peu marqués.

Tous ces caractères appartiennent à la première section des roussettes (*scyllium* de Cuvier), mais j'en ignore l'espèce. Ces peaux sont longues de 70 à 73 centimètres, larges de 14 à 16 centimètres un peu en avant des pectorales, ce qui est le point de leur plus grande largeur. Toute la peau du dos, comprise entre les nageoires, et depuis l'extrémité du museau jusqu'à celle de la queue, est couverte d'une infinité de taches rondes et brunâtres, sur un fond blanchâtre. Le ventre, en étant dépourvu, est blanc. Les taches sont assez grandes et distinctes sur les côtés du corps, principalement à la face supérieure des pectorales, qui présente la disposition des taches du guépard ou de serval Ces taches diminuent de grandeur, se rapprochent et finissent presque par se confondre sur la ligne médiane du dos, qui est, à cause de cela, d'un gris noirâtre plus foncé que le reste du corps (1). Toute cette peau est couverte d'*écailles tuberculeuses* imbriquées, très fines et très serrées ; cornées, très dures, *transparentes*. Chacune de ces écailles est triangulaire et comme formée de trois pointes épineuses soudées, dont les deux latérales sont courtes et élargies, et celle du milieu proéminente, plus longue et terminée par une pointe aiguë. Toutes ces écailles, dont la pointe est dirigée en arrière, donnent à la peau un reflet velouté et lui communiquent la rudesse d'une râpe. Cette peau est d'un très grand usage pour polir ; on en forme aussi, à ce qu'on m'a assuré, ce que je nomme du *faux galuchat*, en usant par le frottement les écailles, qui laissent sur le derme l'impression d'un réseau carré, lequel devient très apparent en collant la peau ainsi préparée sur un papier vert, recouvrant lui-même les objets de gaînerie auxquels on veut donner cette couverture. Mais je suis persuadé que ce faux galuchat est obtenu plutôt avec la peau d'aiguillat dont il sera question ci-après.

3. **Peau de leiche.** Cette peau e t celle que l'on vend le plus communément sous le nom de *peau de chien de mer*, aux ébénistes, pour polir le bois. Elle est ouverte par le dos, longue de 1m,45, large de 0m,46 en arrière des pectorales, et présente, dans son état de dessiccation, une forme à peu près rhomboïdale. La tête a dû être fort obtuse et le museau court ; les narines sont placées à l'extrémité du museau et éloignées de la bouche ; l'ouverture des yeux est placée en arrière de chaque narine : elle est assez grande et ovale - oblongue. Les évents en sont assez éloignés ; les ouvertures branchiales sont au nombre de cinq ; les deux dernières sont très rapprochées, et la dernière touche aux nageoires pectorales. Toutes les nageoires, à l'exception de la caudale, qui est plus grande, sont sensiblement égales et ont 13 à 14 centimètres de longueur. Les nageoires pectorales commencent à 24 centimètres de l'extrémité du museau ; la première dorsale à 48, les deux ventrales à 86, la deuxième dorsale à 90, et la caudale à 1m, 10 ; il n'y a pas d'anale. La caudale est entière, plus large au commencement, en dessous qu'en dessus, en forme de fer de lance et longue de 35 centimètres.

Toute cette peau est d'un gris brunâtre uniforme et présente l'aspect

---

(1) Une peau de roussette , un peu différente des précédentes , est longue de 55 centimètres, large de 14, d'une teinte grise à peu près uniforme, offrant des taches très nombreuses peu distinctes , à peu près également réparties partout , cependant toujours plus rapprochées sur le dos que sur les flancs.

et le toucher d'une râpe Elle est toute couverte d'écailles tuberculeuses, disposées en quinconce, très rapprochées, mais laissant cependant un espace distinct entre elles. Ces écailles sont toutes égales, comme rhomboïdales, fixées au derme par l'angle antérieur, libres et terminées en pointe aiguë à l'angle postérieur. Elles sont demi-transparentes, de nature cornée, et présentent à leur surface 3 ou 4 sillons qui convergent vers la pointe.

4. **Peau d'aiguillat.** Elle est ouverte par le ventre, longue de 90 centimètres, mais l'extrémité de la tête et la queue manquent. Les évents sont situés de chaque côté, vers le sommet de la tête ; les branchies ont 4 ou 5 ouvertures transversales, placées en avant des pectorales. La première nageoire dorsale est placée peu en arrière des pectorales, et la seconde dorsale est très éloignée de la première, en arrière des ventrales. Il n'y a pas d'anale. Chaque nageoire dorsale est précédée par un aiguillon aplati, corné et aigu, long de 4 centimètres. La surface de la peau est comme polie et luisante, marquée d'un grain très fin et uniforme ; elle est d'un gris brunâtre sur le dos et d'un gris blanchâtre sur le ventre. Cette peau appartient évidemment au *spinax acanthias* (Cuv.), qui est assez commun sur nos marchés, mais dont la chair est dure, filandreuse et peu agréable au goût. La peau, vue à la loupe, paraît toute couverte de petites écailles épaisses, carrées, disposées en quinconce, d'une transparence opaline et nacrée, incisées ou dentées comme une petite coquille du côté antérieur ; terminées à l'angle postérieur par une pointe très obtuse, non redressée, ce qui prive cette peau de la rudesse qui distingue les précédentes, et fait dire aux ouvriers *qu'elle ne mord pas.* Mais la régularité de son grain et son éclat nacré la font rechercher des gaîniers et des armuriers, pour faire des étuis et des fourreaux d'épées. Je pense que c'est avec elle également que l'on fabrique le faux galuchat, dont j'ai parlé plus haut.

5. **Peau de sagre** (*spinax niger* Cuv.). Je n'ai qu'un très petit carré de cette peau avec un de ses aiguillons ; la peau entière n'a pu être retrouvée. Elle ne diffère de la précédente que par ses tubercules plus gros, par une rudesse plus marquée et par une couleur grise plus foncée ; l'aiguillon est arrondi à la base, aplati seulement à l'extrémité, long de 6,5 centimètres. Ce qui me fait attribuer cette peau au sagre, c'est que ce poisson a les tubercules du ventre plus gros et plus colorés que ceux du dos, et que l'aiguillon que j'en ai, ayant été détaché du bord de la peau, celle-ci était par conséquent ouverte par le dos, qui en est, en effet, la partie la moins estimée. Cette peau sert aux mêmes usages que la précédente, mais elle est beaucoup plus belle et plus rare.

6. **Galuchat** ou **peau de sephen.** Cette peau, tirée du dos du *trygon sephen* Cloq., se trouve dans le commerce en morceaux roulés,

longs de 40 à 60 et quelquefois 65 centimètres. Elle présente, sur un fond gris foncé, un nombre infini de tubercules très serrés, proéminents, arrondis, blanchis par le frottement, et qui sont à l'intérieur blancs, opaques et nacrés. Ces tubercules grossissent en allant vers le milieu de la peau, dont le centre est toujours occupé par un amas de quelques tubercules beaucoup plus volumineux que les autres. On couvre, avec la peau de sephen, des poires à poudre; on en fait des fourreaux ou des poignées de sabres et de poignards, etc. Quelques fabricants la blanchissent complétement ou la teignent de différentes couleurs; mais elle est, à mon avis, plus belle avec sa couleur naturelle, étant simplement à moitié polie par le frottement, qui met à découvert la blancheur nacrée de ses tubercules.

La dernière famille des poissons, celle des SUCEURS ou des CYCLOSTOMES, comprend les plus imparfaits des animaux vertébrés; ils n'ont ni pectorales, ni ventrales; leur corps allongé se termine en avant par une lèvre charnue et circulaire ou demi-circulaire; tous les corps des vertèbres sont traversés par un seul cordon tendineux, rempli intérieurement d'une substance mucilagineuse non étranglée. On n'y voit pas de côtes ordinaires; mais les petites côtes branchiales, à peine sensibles dans les squales et les raies, sont ici fort développées et unies les unes aux autres, pour former comme une espèce de cage, tandis qu'il n'y a point d'arcs branchiaux solides. Le principal genre est celui des **lamproies** dont l'anneau maxillaire est entièrement circulaire et armé de fortes dents. La langue a deux rangées longitudinales de petites dents, et se porte en avant et en arrière comme un piston; ce qui sert à l'animal à opérer la succion qui le distingue. Ils ont une dorsale en avant de l'anus, et une autre en arrière, qui s'unit à la nageoire de la queue.

Ils vivent dans l'eau des mers, des fleuves et des rivières, et doivent à leur forme cylindrique et à leur peau nue, lisse et visqueuse, une grande ressemblance avec les anguilles et les serpents nus. Ils sont privés de vessie natatoire et tombent au fond de l'eau, aussitôt qu'ils cessent de mouvoir. Ils ont l'habitude de se fixer, comme les sangsues, aux pierres (1) et aux autres corps solides, à l'aide du disque concave de leur ventouse. Ils attaquent par le même moyen de grands poissons et parviennent à les percer et à les dévorer. La **lamproie marine** (*petromizon marinus* L.), qui atteint une longueur de 70 à 100 et même 160 centimètres, est très estimée dans quelques pays, tandis qu'elle passe ailleurs pour être pernicieuse.

(1) De là le nom de *petromyzon* qui leur a été donné par Artédi. Le nom de *lamproie* a la même signification, et vient de *lambere petras*.

DEUXIÈME EMBRANCHEMENT.

ANIMAUX ARTICULES (1).

———•◆•———

PREMIÈRE CLASSE : LES INSECTES.

Les insectes ont constamment six pieds; leur corps, dont le nombre des segments ne dépasse jamais douze, est partagé en trois portions pincipales : la *tête*, le *thorax* et l'*abdomen;* quelques uns n'ont pas d'ailes, conservent toute leur vie la forme qu'ils avaient en naissant, et ne font que croître et changer de peau. Les autres ont des ailes, mais ces organes et souvent même les pieds, ne paraissent pas d'abord, et ne se développent qu'à la suite de changements plus ou moins remarquables, nommés *métamorphoses*. La tête porte les *antennes*, organes du tact et peut-être de l'ouïe, les *yeux* et la *bouche*. La bouche est en général composée de six pièces principales, dont quatre latérales, disposées par paires, se meuvent transversalement; les deux autres, opposées l'une à l'autre, dans un sens contraire à celui des précédentes, remplissent les vides compris entre elles : l'une est située au-dessus de la paire supérieure, et l'autre au-dessous de l'inférieure. Dans les insectes *broyeurs* ou qui se nourrisent de matières solides, les quatre pièces latérales font l'office de mâchoires, et les deux autres sont considérées comme des lèvres. Les deux mâchoires supérieures ont reçu le nom de *mandibules*, et les deux inférieures, qui ont conservé celui de *mâchoires*, portent chacune un ou deux filets articulés, appelés *palpes*. La lèvre supérieure se nomme *labre* et l'inférieure *lèvre;* celle-ci est formée de deux parties : l'une, plus solide et inférieure, est le *menton;* la supérieure, qui porte le plus souvent deux palpes, est la *languette*.

Dans les insectes *suceurs*, ou qui ne prennent que des aliments fluides, les divers organes de la manducation présentent deux sortes de modifications générales : dans la première, les mandibules et les mâchoires sont remplacées par des petites lames en forme de scies ou de lancettes, composant par leur réunion, une sorte de suçoir reçu dans une gaîne, soit cylindrique ou conique, et articulée en forme de *rostre;* soit membraneuse ou charnue, inarticulée et terminée par deux lèvres, et formant une *trompe*. Le labre est triangulaire, voûté, et recouvre la

———

(1) Voir, à la page 3, les caractères généraux des animaux articulés.

base du suçoir. Dans le second mode d'organisation, le labre et les mandibules sont presque oblitérés; la lèvre n'est plus un corps libre, et ne se distingue que par la présence de deux palpes dont elle est le support; les mâchoires ont acquis une longueur extraordinaire, et sont transformées en deux filets tubuleux, réunis par leur bords et forment une trompe roulée en spirale. A la base de chacun des filets est un palpe très petit et peu apparent.

Le *thorax* ou *corselet*, qui fait suite à la tête, se compose de trois anneaux appelés *prothorax*, *mésothorax* et *métathorax*, presque toujours soudés entre eux et portant chacun une paire de pattes. Lorsqu'il existe des ailes, c'est sur l'arceau dorsal des deux derniers anneaux thoraciques qu'elles sont insérées.

Les ailes sont des pièces membraneuses, sèches, transparentes, attachées sur les côtés du dos du thorax. Les premières, lorsqu'il y en a quatre, ou lorsqu'elles sont uniques, sont fixées sur le mésothorax, et les secondes sur le métathorax. Elles sont composées de deux membranes appliquées l'une sur l'autre, et parcourues par des nervures qui sont des tubes trachéens. Dans les papillons, les ailes sont couvertes de très petites écailles, semblables à de la poussière, qui leur donnent les couleurs dont elles sont ornées. Cette poussière s'enlève facilement avec le doigt; examinée au microscope, elle présente les formes les plus variées.

Beaucoup d'insectes, tels que les hannetons, les cantharides, etc., ont, au lieu des ailes antérieures ou supérieures, deux écailles plus ou moins solides et opaques, qui s'ouvrent et se ferment, et sous lesquelles les ailes sont repliées transversalement, dans l'état de repos. Ces écailles, formant étuis, ont reçu le nom d'*élytres;* les insectes qui les portent ont reçu le nom de *coléoptères* (1). Dans d'autres insectes, l'extrémité de ces étuis est membraneuse comme les ailes; on les nomme *demi-étuis* ou *hémélytres*, et les insectes qui les portent *hémiptères*.

Les pieds sont composés d'une hanche de deux articles, d'une cuisse, d'une jambe d'un seul article, et d'un doigt nommé habituellement *tarse*, divisé en 3 à 5 articulations, dont la dernière est ordinairement terminée par deux crochets.

L'abdomen, qui forme la troisième et dernière partie du corps, renferme les viscères, les organes sexuels, et présente 9 à 10 segments plus ou moins mobiles les uns sur les autres. Les parties de la génération sont situées à son extrémité postérieure et sortent par l'anus. Les derniers anneaux de l'abdomen forment, dans plusieurs femelles, un ovi-

---

(1) **Coléoptères**, de κολεός, étui, et πτερόν, aile; *élytres*, de ἔλυτρον, gaine ou enveloppe.

ducte plus ou moins compliqué et leur servant de tarière. Il est remplacé par un aiguillon dans les femelles de beaucoup d'hyménoptères.
Des crochets ou des pinces accompagnent presque toujours l'organe
fécondateur du mâle. Les deux sexes ne se réunissent ordinairement
qu'une seule fois, et cet accouplement suffit, dans quelques genres,
pour plusieurs générations successives. La femelle fait sa ponte et dépose ses œufs de la manière la plus favorable à leur conservation, et de
telle sorte que les petits, venant à éclore, trouvent à leur portée les aliments convenables. Il arrive très souvent, par exemple dans les papillons, que le petit animal sorti de l'œuf ne ressemble en rien à un papillon, et présente seulement un corps très allongé, partagé en anneaux,
à tête pourvue de mâchoires et de plusieurs petits yeux, ayant des pieds
très courts, dont six écailleux et pointus, placés en avant, et d'autres,
en nombre variable, membraneux, attachés aux derniers anneaux. Ces
animaux, nommés *chenilles*, vivent un certain temps dans cet état, et
changent plusieurs fois de peau. Enfin il arrive une époque où, de cette
peau de chenille, sort un être tout différent, de forme oblongue, sans
membres distincts, et qui cesse bientôt de se mouvoir, pour rester longtemps, avec une apparence de mort et de desséchement, sous le nom de
chrysalide. Après un temps plus ou moins long, la peau de la chrysalide
se fend, et le papillon en sort humide et mou, avec des ailes flasques et
courtes; mais en peu d'instants ses ailes croissent et se raffermissent, et
il est en état de voler. Il a six pieds, des antennes, une trompe en spirale,
des yeux composés; en un mot il ne ressemble en rien à la chenille d'où
il est sorti.

Voilà ce qu'on appelle les *métamorphoses* des insectes. Leur premier état se nomme, d'un nom plus général, *larve*; le second, *nymphe*; le dernier, *état parfait*. Ce n'est que dans celui-ci qu'ils peuvent
se reproduire.

Tous les insectes ne passent pas par ces trois états : ceux qui n'ont
pas d'ailes sortent généralement de l'œuf avec la forme qu'ils doivent
toujours garder; et parmi ceux qui ont des ailes, un grand nombre ne
subissent d'autre changement que de les recevoir : on les nomme *insectes
à demi-métamorphoses*.

Les yeux des insectes sont de deux espèces : *à facettes* ou *composés*,
simples ou *lisses*. Les premiers, situés d'ordinaire sur les côtés de la
tête, sont très volumineux et présentent une cornée convexe, divisée en
une multitude de petites facettes, dont chacune représente un œil complet, pourvu d'un enduit de matière colorée ordinairement noire, d'une
choroïde fixée par son contour à la cornée, et d'un filament nerveux
particulier. Le nombre de ces yeux est quelquefois prodigieux, car on
en compte près de 9000 dans le hanneton, plus de 17000 chez les pa-

pillons, et l'on connaît des insectes (les *mordelles*, par exemple) qui en ont plus de 25000.

Plusieurs insectes ont, outre ces yeux composés, des yeux simples ou lisses, nommés aussi *ocelles*, dont la cornée est tout unie. Ces yeux sont ordinairement au nombre de trois, et disposés en triangle sur le sommet de la tête. Dans la plupart des insectes aptères et des larves de ceux qui sont ailés, ils remplacent les précédents et sont souvent réunis en groupe.

Le système nerveux des insectes est généralement composé d'un cerveau formé de deux ganglions opposés, réunis par leurs bases, donnant huit paires de nerfs et deux nerfs solitaires, et de douze ganglions inférieurs réunis entre eux par des cordons longitudinaux. Les deux premiers de ces ganglions sont situés près de la jonction de la tête au thorax, et sont contigus longitudinalement. L'antérieur donne des nerfs à la lèvre inférieure et aux parties adjacentes; le second et les deux suivants sont propres à chacun des trois segments du thorax; les autres ganglions appartiennent à l'abdomen, de manière que le dernier ou douzième correspond au septième anneau de l'abdomen, suivi immédiatement de ceux qui composent les organes sexuels.

La circulation du sang dans les insectes paraît être très incomplète et est peu connue. On voit bien, près de la surface du dos, un tube longitudinal qui exécute des mouvements alternatifs de contraction et de dilatation, analogues à ceux du cœur chez les animaux vertébrés; mais ce vaisseau dorsal ne fournit aucune branche. Le fluide nourricier y pénètre par des ouvertures latérales garnies de valvules qui empêchent le sang de refluer au dehors. Le vaisseau dorsal lui-même paraît être partagé en plusieurs chambres par d'autres valvules qui s'opposent au retour du sang vers les parties postérieures, et le poussent, au contraire, dans une artère unique qui le transporte dans la tête. De là, on suppose qu'il repasse dans l'abdomen par une sorte d'imbibition générale, et qu'il rentre dans le vaisseau dorsal par les ouvertures latérales dont il a été parlé. Ce fluide nourricier, quelle que soit d'ailleurs sa nature, a besoin d'être vivifié par le contact de l'oxigène atmosphérique, ou par la *respiration*. Celle-ci s'opère par des ouvertures nommées *stigmates*, situées de chaque côté de l'abdomen, et communiquant par un canal avec deux vaisseaux aérifères principaux, nommés *trachées*, qui s'étendent parallèlement l'un à l'autre dans toute la longueur du corps. Ces deux trachées principales se subdivisent à l'infini en d'autres trachées de plus en plus petites, qui portent l'air dans toutes les parties du corps, et le mettent en contact avec le sang dont ces parties sont imbibées.

Il n'y a aucune classe d'animaux qui soit aussi nombreuse en espèces que celle des insectes; on en connaît plus de soixante mille, et la vie d'un homme suffirait à peine pour en faire une étude approfondie. Leur division en ordres repose principalement sur des considérations tirées de leur appareil buccal, de leurs organes de locomotion et de leurs métamorphoses. Le tableau suivant, emprunté aux *Eléments de zoologie* de M. Milne Edwards, donnera une idée exacte des principaux caractères employés dans cette classification.

INSECTES

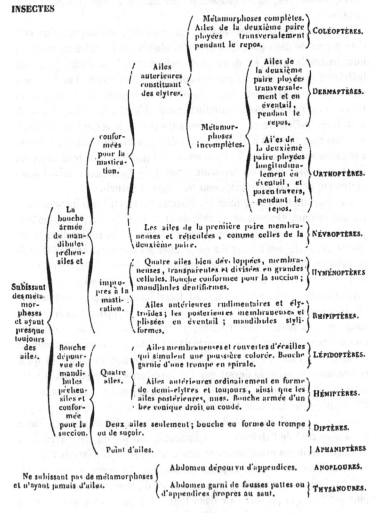

Subissant des métamorphoses et ayant presque toujours des ailes.	La bouche armée de mandibules préhensiles et	conformées pour la mastication.	Ailes antérieures constituant des élytres.	Métamorphoses complètes. Ailes de la deuxième paire ployées transversalement pendant le repos. **COLÉOPTÈRES.**
				Métamorphoses incomplètes. Ailes de la deuxième paire ployées transversalement et en éventail, pendant le repos. **DERMAPTÈRES.**
				Ailes de la deuxième paire ployées longitudinalement en éventail, et pas en travers, pendant le repos. **ORTHOPTÈRES.**
		impropres à la mastication.	Les ailes de la première paire membraneuses et réticulées, comme celles de la deuxième paire. **NÉVROPTÈRES.**	
			Quatre ailes bien développées, membraneuses, transparentes et divisées en grandes cellules. Bouche conformée pour la succion ; mandibules dentiformes. **HYMÉNOPTÈRES**	
			Ailes antérieures rudimentaires et élytroïdes ; les postérieures membraneuses et plissées en éventail ; mandibules styliformes. **RHIPIPTÈRES.**	
	Bouche dépourvue de mandibules préhensiles et conformée pour la succion.	Quatre ailes.	Ailes membraneuses et couvertes d'écailles qui simulent une poussière colorée. Bouche garnie d'une trompe en spirale. **LÉPIDOPTÈRES.**	
			Ailes antérieures ordinairement en forme de demi-élytres et toujours, ainsi que les ailes postérieures, nues. Bouche armée d'un bec conique droit ou coudé. **HÉMIPTÈRES.**	
			Deux ailes seulement ; bouche en forme de trompe ou de suçoir. **DIPTÈRES.**	
		Point d'ailes.	**APHANIPTÈRES**	
Ne subissant pas de métamorphoses et n'ayant jamais d'ailes.		Abdomen dépourvu d'appendices. **ANOPLOURES.**		
		Abdomen garni de fausses pattes ou d'appendices propres au saut. **THYSANOURES.**		

ORDRE DES COLÉOPTÈRES.

L'ordre des coléoptères comprend tous les insectes pourvus d'élytres et subissant une métamorphose complète. Leur tête offre deux antennes de formes variées, mais dont le nombre des articles est presque toujours de onze ; deux yeux à facettes et pas d'yeux lisses; une bouche composée d'un labre, de deux mandibules de consistance cornée, de deux mâchoires portant chacune un ou deux palpes, et d'une lèvre composée de deux pièces, le menton et la languette, et accompagnée de deux palpes insérés sur cette dernière pièce.

Le segment antérieur du thorax, nommé *prothorax* ou plus communément *corselet*, porte la première paire de pieds et surpasse de beaucoup en étendue les deux autres segments. Ceux-ci s'unissent étroitement avec l'abdomen, et leur partie inférieure, ou la *poitrine*, sert d'attache aux deux autres paires de pieds, tandis que leurs bords latéraux et supérieurs donnent naissance aux élytres et aux ailes. Les élytres sont crustacées et, dans l'état de repos, se joignent sur la ligne médiane, par une ligne droite. Presque toujours elles cachent les ailes, qui sont grandes et plissées transversalement. Quelquefois les ailes manquent, mais les élytres existent toujours. L'abdomen est largement uni au tronc ; il est composé de 6 à 7 anneaux, membraneux en dessus, solides en dessous. Le nombre des articles des tarses varie depuis trois jusqu'à cinq.

Les coléoptères subissent une métamorphose complète : leur larve ressemble à un ver, ayant une tête écailleuse, une bouche analogue à celle de l'insecte parfait et ordinairement six pieds. La nymphe est inactive et ne prend pas de nourriture. Elle est recouverte d'une peau membraneuse qui s'applique sur les parties situées au-dessous et les laisse apercevoir. On divise cet ordre en quatre sous-ordres, de la manière suivante :

	cinq articles à tous les tarses.	PENTAMÈRES.
COLÉOPTÈRES ayant	cinq articles aux tarses des quatre pattes antérieures, et quatre seulement aux pattes de derrière.	HÉTÉROMÈRES.
	quatre articles aux tarses de tous les pieds. . .	TÉTRAMÈRES.
	trois articles ou moins aux tarses.	TRIMÈRES.

Les habitudes des coléoptères varient trop pour que nous puissions en rien dire de général. Le nombre en est immense, puisqu'on en connaît plus de cinquante mille espèces ; mais ce nombre même m'autorise à les passer tous sous silence, à l'exception de ceux qui sont usités comme vésicants en médecine.

Cantharide officinale.

Le nom de *cantharide* est d'origine grecque (χανθαρις) ; mais il est fort douteux que les anciens le donnassent à l'insecte qui le porte aujourd'hui. Ainsi Dioscoride , en conseillant de récolter les cantharides qui se trouvent dans les froments, et en disant que les meilleures de toutes sont celles qui ont des raies jaunes en travers de leurs ailes, désigne assez clairement le *mylabre de la chicorée;* et lorsqu'il ajoute que celles qui sont d'une seule couleur sont inertes, il est évident qu'il veut parler d'un insecte différent de notre cantharide officinale Il est probable que ce sont ces considérations qui ont déterminé Linné à donner le nom de *cantharide.* à un autre genre de coléoptères , qui a formé depuis les deux genres *malachie* et *téléphore*, et à comprendre la cantharide officinale dans son genre *meloe*, sous le nom de *meloe vesicatorius.* Fabricius, divisant ensuite le genre *meloe*, donna à la cantharide le nom de *lytta vesicatoria ;* enfin Geoffroy lui a rendu son nom officinal , *cantharis vesicatoria* , aujourd'hui généralement adopté.

La cantharide (fig. 498) est un insecte coléoptère, hétéromère, trachélide; autrement, insecte à quatre ailes , dont les deux supérieures, nommées *élytres*, en forme d'étuis; à cinq articles aux quatre premiers tarses et seulement quatre aux deux derniers; à tête en cœur séparée du corselet par un rétrécissement brusque en forme de cou. Chacun des deux crochets des tarses est profondément divisé ou double; les antennes sont filiformes, atteignant au moins la longueur de la moitié du corps, et sont composées de onze articles dont le premier est ovoïde et renflé, le second annulaire et très petit, et les autres allongés; les élytres sont longues et flexibles.

Fig. 498.

Le genre *cantharide* comprend plusieurs espèces qui diffèrent par leur grandeur, leur couleur et d'autres caractères peu importants : toutes sont vésicantes, mais à des degrés différents. Celle que nous employons, qui est la plus commune et la plus active, est d'un vert doré, sauf les neuf derniers articles des antennes et les tarses, qui sont d'un violet noirâtre. Elle a de 14 à 23 millimètres de longueur et 5 à 7 de largeur ; son odeur est forte, vireuse et très désagréable : cette odeur annonce le voisinage des essaims, et aide à les découvrir lorsqu'on veut en faire la récolte. Les cantharides paraissent sous le climat de Paris vers le solstice d'été ; elles se rassemblent ordinairement en troupes sur les peupliers , les troënes, les rosiers et par préférence sur les frênes dont elles dévorent les feuilles; il est dangereux de reposer sous les arbres qu'elles habitent. La récolte des cantharides se fait le matin avant le lever du soleil, et lorsqu'elles sont encore engourdies par la fraîcheur et l'humidité de la nuit. Une personne masquée et gantée secoue les

arbres, au-dessous desquels on a étendu des draps où tombent les
cantharides; on les fait mourir à la vapeur du vinaigre, contenues
dans des nouets de linge ou étendues sur des tamis; enfin on les fait
sécher dans une étuve. Elles perdent beaucoup de leur poids dans cette
opération, au point que, après, il en faut environ 13 pour peser
1 gramme.

Les cantharides sont éminemment âcres et corrosives, et sont à présent
presque le seul épispastique usité; elles sont poison prises intérieurement,
même à une très petite dose, ce qui fait qu'on ne doit administrer ainsi
quelques unes de leurs préparations qu'avec une extrême prudence.
Leur action se porte surtout sur les voies urinaires, et est si intense
qu'il suffit pour la produire de la simple application des cantharides sur
le bras. Malgré ces propriétés si énergiques, les cantharides deviennent
avec le temps la proie de plusieurs espèces de mites qui en détruisent
les parties les plus actives, et ne laissent guère que les élytres et les
autres parties vertes. Le moyen de les préserver de cette altération consiste à les renfermer, après les avoir entièrement desséchées, dans des
vases hermétiquement fermés (*Jour. de chim. méd.*, t. III, p. 49 et 435).

Robiquet s'est occupé de l'analyse des cantharides, et nous a éclairés
sur le siége de leur propriété vésicante. Voici quelques uns de ses résultats (*Ann. de chim.*, t. LXXVI, p. 302) :

1° Le principe vésicant des cantharides se dissout dans l'eau à l'aide
de l'ébullition.

2° Les cantharides, épuisées par l'eau et desséchées, donnent dans
l'alcool une teinture qui produit par son évaporation une huile verte
nullement vésicante.

3° La décoction aqueuse évaporée donne un extrait que l'alcool sépare en deux parties : l'une noire et insoluble; l'autre jaune, visqueuse,
très soluble; toutes deux vésicantes.

4° La matière noire, parfaitement privée de matière jaune par l'action
réitérée de l'alcool employé bouillant, ne conserve rien de vésicant.

5° La matière jaune, caractérisée par sa solubilité dans l'alcool et dans
l'eau, perd sa propriété vésicante au moyen de l'éther sulfurique, qui
en sépare une substance particulière, insoluble dans l'eau et dans l'alcool
froid, dissoluble dans l'alcool bouillant, et qui s'en précipite, par le refroidissement, en paillettes cristallines.

6° Cette dernière substance, absolument séparée de toutes les autres
qu'elle a laissées inertes, se trouve soluble en toutes proportions dans
les huiles, qu'elle rend éminemment caustiques. On doit la considérer
comme le véritable principe vésicant des cantharides. (Depuis on lui
a donné le nom de *cantharidine;* elle n'est pas azotée et a pour formule
$C^{10}H^6O^4$.)

7° L'infusion des cantharides fraîches contient du phosphate de magnésie qui s'y trouve dissous par deux acides : l'un l'acide acétique, l'autre l'acide urique.

Substitutions. Quoiqu'il existe un assez grand nombre de coléoptères parés d'une couleur verte dorée, plus ou moins semblable à celle des cantharides, il y en a peu qui puissent être confondus avec elles, à cause de leur grandeur ou de leur forme différente, et des caractères tirés de leurs antennes ou de leurs pattes. Si l'on admet cependant que ces insectes soient privés de leurs appendices, alors la confusion deviendra possible et l'on pourra prendre, par exemple, un **callichrôme musqué** (Atlas du *Règne animal* de Cuvier, pl. 65, fig. 8) pour une cantharide un peu forte. Cet insecte est commun sur les saules vers le mois de mai ; il appartient aux coléoptères tétramères et à la famille des longicornes ; il est long de 27 millimètres, a les antennes filiformes et plus longues que le corps, les cuisses des pieds postérieurs allongées, les jambes très comprimées. Il exhale une odeur de rose très marquée. Privé de ses appendices et comparé à une cantharide, il en diffère encore par son thorax beaucoup plus volumineux et arrondi, presque du même diamètre que l'abdomen, et par ses élytres un peu coniques et plus larges à la partie antérieure qu'à l'autre extrémité, tandis que les élytres de la cantharide sont d'égale largeur partout, et présentent la forme d'un rectangle long, arrondi aux angles. L'**euchlore de la vigne** (*Ibid.*, pl. 43, fig. 7), le **diphucéphale soyeux** (*Ibid.*, fig. 3), le **mélyre vert** (*Ibid.*, pl. 32, fig. 18), n'ont qu'une ressemblance plus éloignée avec les cantharides, et d'ailleurs ne s'y trouvent jamais mêlés ; mais la **cétoine dorée** (*Ibid.*, pl. 45, fig 6) s'y rencontre souvent et en quantité assez considérable, quoique sa forme ramassée et ovalaire la rende très facile à distinguer Elle est longue de 16 à 22 millimètres et large de 10 à 12. Sa tête est très petite, unie immédiatement à un corselet conique dont la base est aussi large que les élytres, et est accompagnée d'un écusson triangulaire très apparent. Les élytres portent une nervure saillante près de leur bord interne, et sont marquées de quelques petites lignes transversales blanches dans leur partie postérieure. Le test vert qui recouvre la tête, le corselet et les élytres, est partout marqué de très petites piqûres ou de petites cicatrices, qui me paraissent analogues à celles qui, sur les anneaux du ventre et sur les membres, donnent naissance aux poils roux dont ces parties sont garnies. Cet insecte, qui n'est nullement vésicant, appartient à la famille des lamellicornes des coléoptères pentamères ; on le voit par toute l'Europe sur les fleurs de rosier, de sureau, de sorbier, d'ombellifères, etc. ; lorsqu'on le saisit, il laisse échapper par l'anus une liqueur fétide.

Mylabre de la Chicorée (fig. 499).

Il est d'autant plus probable que cet insecte est celui qui a été désigné par Dioscoride comme la meilleure espèce de cantharide, qu'il n'a pas cessé d'être employé comme épispastique dans tout l'Orient et jusqu'en Chine. Il appartient, comme la cantharide, aux coléoptères hétéromères trachélides. Il se distingue génériquement des cantharides par ses antennes un peu terminées en massue, et par ses couleurs ternes ou non métalliques, et variées. Le mylabre de la chicorée est long de 14 à 16 millimètres, large de 5 ; son corps est cylindrique, bombé et comme bossu, couvert d'élytres jaunes, avec trois bandes transversales, faites en zigzag et de couleur noire. La première bande est assez près du corselet et est quelquefois réduite à l'état de taches isolées ; la seconde dépasse la moitié des élytres, et la troisième est placée à l'extrémité. Les autres espèces de mylabre sont peu différentes de celle-ci.

Fig. 499.

Méloé proscarabée (fig. 500).

Meloe proscarabæus L. Insecte coléoptère, hétéromère, trachélide, pourvu d'antennes à articles grenus et arrondis comme des grains de chapelet, et amincies en pointe à leur extrémité. La tête est plus large que le corselet, qui est carré; les élytres sont molles, courtes et ne recouvrent qu'une petite partie de l'abdomen qui est renflé ; les ailes manquent.

Fig. 500.

Cet insecte est long de 28 millimètres, large de 11, de forme ovoïde oblongue, d'un noir violet ; il marche péniblement, à cause du poids de son abdomen. Il serait très exposé, en raison de sa nudité presque complète, à la voracité des oiseaux et de quelques mammifères ou reptiles, s'il ne faisait suinter de ses articulations, au moment du danger, une humeur onctueuse, probablement caustique et d'une odeur repoussante, qui éloigne ses ennemis par le dégoût qu'elle leur inspire.

Cette espèce et le **méloé de mai** ont été autrefois employés en médecine. On en composait des exutoires et on les administrait à l'intérieur. Quoique moins actifs que les cantharides, leur action ne laissait pas d'être dangereuse. On a prétendu qu'ils étaient efficaces contre la rage.

ORDRE DES HYMÉNOPTÈRES.

Les hyménoptères (1) ont une bouche composée de mandibules et de
mâchoires avec deux lèvres, et quatre ailes membraneuses et nues. Les
deux ailes supérieures, toujours plus grandes, ne présentent que des
nervures longitudinales peu nombreuses, et les inférieures suivent, en
s'écartant du corps, les mouvements des supérieures auxquelles elles
s'accrochent. Les femelles ont l'abdomen terminé par une tarière ou un
aiguillon.

Ils ont tous des yeux composés et trois petits yeux lisses ; des antennes
variables selon les genres et même selon les sexes de la même espèce,
néanmoins filiformes ou sétacées dans la plupart. Les mâchoires et la
lèvre inférieure sont généralement étroites, allongées, attachées dans une
cavité profonde de la tête par de longs muscles ; formées en demi-tube à
leur partie inférieure, souvent repliées à leur extrémité, plus propres à
conduire des sucs nutritifs qu'à la mastication, et réunies dans plusieurs
en forme de trompe mobile, mais non susceptible de s'enrouler. Il y a quatre
palpes, dont deux maxillaires et deux labiaux. Le premier segment du
thorax est très court, et les deux autres sont confondus en un ; les ailes
sont croisées horizontalement sur le corps ; l'abdomen est suspendu le
plus souvent à l'extrémité du corselet par un étranglement ; tous les
tarses ont cinq articles non divisés ; la tarière ou l'oviducte et l'aiguillon
sont ordinairement composés de trois pièces longues et grêles, dont deux
servent de fourreau à la troisième, et dont la supérieure a une coulisse
en dessous pour emboîter les deux autres.

Les hyménoptères subissent une métamorphose complète ; la plupart
de leurs larves ressemblent à un ver et sont dépourvues de pattes ; mais
dans la famille des *porte-scie*, les larves ont six pattes à crochet, et souvent douze à seize autres simplement membraneuses ; on a donné à ces
larves le nom de *fausses chenilles*. Les unes et les autres ont la tête
écailleuse, avec des mandibules, des mâchoires et une lèvre à l'extrémité de laquelle est une filière pour le passage de la matière soyeuse qui
doit former la coque de la nymphe. Le régime de ces larves varie beaucoup ; plusieurs ne peuvent se passer de secours étrangers, et sont
élevées en commun par des individus stériles réunis en société. Dans
leur état parfait, les hyménoptères vivent sur les fleurs. La durée de
leur vie, depuis leur naissance, est bornée au cercle d'une année.

On divise les hyménoptères en deux sous-ordres, celui des *térébrants*,
dont les femelles portent une tarière, et celui des *porte-aiguillon*, où

---

(1) De ὑμὴν, ἑνός, membrane, et de πτερὸν, aile : *ailes membraneuses.*

il n'existe pas de tarière, et où la femelle présente toujours, près de l'anus, un appareil sécréteur destiné à produire un liquide vénéneux que l'animal emploie pour sa défense. Quelquefois l'insecte se borne à lancer ce venin au dehors, comme le font plusieurs fourmis; mais presque toujours la petite poche au venin communique avec un aiguillon destiné à verser le liquide délétère dans la plaie faite par l'instrument. Les mâles sont toujours privés de cette arme; mais les femelles, et souvent les individus stériles, en sont pourvus, et sa piqûre détermine une inflammation douloureuse.

Les HYMÉNOPTÈRES TÉRÉBRANTS contiennent, dans la petite tribu des gallicoles, le genre *cynips*, dont plusieurs espèces produisent les nombreuses galles de chêne, que j'ai décrites tome II, pages 276-286. Ces insectes paraissent comme bossus, ayant la tête petite et le thorax gros et élevé. Leur abdomen est séparé du corselet par un étranglement très prononcé; il est comprimé en carène à sa partie inférieure, et tronqué obliquement à son extrémité. Il renferme, chez les femelles, une tarière formée d'une seule pièce longue et très déliée, roulée en spirale à sa base, et en partie logée entre deux valvules allongées, qui lui forment un demi-fourreau. L'extrémité de cette tarière est creusée en gouttière, avec des dents latérales qui servent à élargir les entailles que l'insecte fait au végétal pour y placer ses œufs. Les sucs de la plante s'épanchent à l'endroit qui a été piqué et y forment une tumeur ou excroissance, dont j'ai décrit plusieurs espèces. On trouve des galles analogues sur un grand nombre d'autres végétaux, tels que le rosier sauvage, le lierre terrestre, le chardon hémorrhoïdal, etc. Mais toutes les galles ne sont pas dues à des cynips: telles sont celles de l'orme, du térébinthe et du *distylium racemosum* (tom. III, pag. 460, 462, 703), qui sont produites par des pucerons (*aphis*), de l'ordre des hémiptères.

Les HYMÉNOPTÈRES PORTE-AIGUILLON, indépendamment de l'aiguillon de trois pièces, caché et rétractile, dont sont ordinairement pourvus les femelles et les neutres, ont les antennes toujours simples et composées de treize articles dans les mâles et de douze dans les femelles; les palpes sont ordinairement filiformes et les quatre ailes toujours veinées. L'abdomen, uni au thorax par un pédicule, est composé de sept articles chez les mâles et de six chez les femelles. Les larves n'ont pas de pieds, et vivent des aliments que les femelles ou les neutres leur fournissent. On en forme quatre familles; savoir: les *hétérogynes* (ex. : les fourmis), les *fouisseurs* (ex. : les scolies), les *diploptères* (ex. : les guêpes), et les *mellifères* (ex. : les abeilles).

Les FOURMIS vivent en société, et nous offrent trois sortes d'individus, dont les mâles et les femelles sont ailés, et les neutres privés d'ailes; leurs antennes sont coudées, et celles des femelles et des neu-

tres, qui ne sont que des femelles incomplètes, vont en grossissant vers
l'extrémité ; la longueur de leur premier article égale au moins le tiers
de la longueur totale. Les mâles et les femelles ont trois yeux lisses,
disposés en triangle sur le sommet.de la tête ; ces yeux manquent chez
les neutres, qui se font en outre remarquer par la grosseur de leur tête
et par la force et la longueur de leurs mandibules.

Les fourmis neutres, que l'on nomme aussi *ouvrières*, constituent
la partie la plus nombreuse de la société à laquelle elles appartiennent,
et sont seules chargées des travaux nécessaires à la prospérité générale. Les unes se creusent une demeure souterraine, au bas d'un mur
exposé au soleil, ou au pied des vieux arbres, tandis que d'autres réunissent en commun une masse énorme de débris ligneux, de feuilles
desséchées, ou d'autres matières recueillies sur les végétaux, pour en
construire une sorte de ville, où sont pratiquées une infinité de routes
et de ruelles, avec des carrefours ou des places publiques. Les mâles et les
femelles ne participent pas aux travaux, ne restent même dans la fourmilière que fort peu de temps lorsqu'ils sont parvenus à leur état parfait, et
les premiers périssent aussitôt qu'ils ont fécondé les femelles. Celles-ci
quittent la demeure commune en même temps que les mâles ; mais après
avoir été fécondées dans les airs, et s'être dépouillées de leurs ailes,
elles sont ramenées dans la fourmilière par les ouvrières, et placées
dans les chambres les plus retirées, où elles sont nourries par leurs
gardiennes (1). Dès qu'elles pondent un œuf, une ouvrière s'en empare
et le transporte dans une autre chambre. Les larves reçoivent aussi, de
la part des ouvrières, les soins les plus assidus ; lorsque le temps est
beau, on voit ces nourrices actives porter leurs élèves dehors la fourmilière, pour les exposer au soleil, les défendre contre leurs ennemis, les
rapporter dans leur nid à l'approche du soir, et les entretenir dans un
état de grande propreté. Pendant que certaines ouvrières s'occupent de
ces soins, d'autres vont récolter des sucs sucrés sur les fleurs et sur les
fruits : mais elles sont surtout avides d'un suc particulier, qui suinte du
corps des pucerons. Quelquefois même elles ne se contentent pas de
prendre la gouttelette sucrée que le puceron leur abandonne lorsqu'il
se sent caressé par leurs antennes ; souvent elles portent ces insectes
dans leur demeure, et les y élèvent comme une sorte de bétail. Enfin,
il y a des fourmis qui, non contentes d'avoir un bétail, se font aussi
des esclaves, en allant prendre de force, dans d'autres fourmilières, des
larves et des nymphes d'une espèce plus faible, les transportent dans

_____

(1) Les fourmis femelles périssent aux approches de l'hiver ; il n'y a que
les ouvrières qui passent cette saison engourdies sous la terre et qui, au printemps, assurent le salut de la nouvelle génération.

leur propre demeure et appliquent les insectes qui en proviennent à tous les travaux de leur communauté.

Toutes les fourmis ne sont pas pourvues d'aiguillon.

La **fourmi fauve des bois**, *formica rufa* L. (fig. 501), est de ce nombre. L'individu neutre (fig. 502) est long de 8 millimètres, noirâtre, avec une grande partie de la tête, le thorax et l'écaille ou le pédicule, fauves. Elle forme dans les bois des nids en pain de sucre ou en dôme, composés de terre et de débris ligneux. Elle laisse échapper un liquide acide qui forme des

Fig. 501 (1). Fig. 502.

traces rouges sur les fleurs bleues. Elle contient en outre une huile résineuse, âcre et odorante, qu'on peut obtenir, mélangée avec l'acide, par le moyen de l'alcool; la teinture qui en résulte est l'*eau de magna nimité d'Hoffmann*, et passe pour aphrodisiaque.

L'acide libre des fourmis, ou l'*acide formique*, a été pris par quelques chimistes pour de l'acide acétique. Mais dès l'année 1777, Arvidson et Oehrn, chimistes suédois, avaient démontré sa nature particulière, qui a été confirmée depuis par Gehlen et par Berzelius. M. Doebereiner a montré aussi que cet acide se formait par un grand nombre de réactions sur les principes organiques, et notamment lorsqu'on traite l'acide citrique, l'acide tartrique, le sucre, l'amidon, etc., par le peroxide de manganèse et l'acide sulfurique. Cet acide, tel qu'on peut l'obtenir, est hydraté, liquide, volatil, non cristallisable; la propriété qui le distingue le plus facilement de l'acide acétique est celle de réduire, à l'aide de l'ébullition, les oxides et les sels de mercure et d'argent. Combiné aux bases et anhydre, il est formé de C^2HO^3. L'acide liquide contient un atome double d'eau en sus, ou HO.

La **fourmi rouge** (*myrmica*, Latr.), qui habite aussi dans les bois, est pourvue d'un aiguillon, et pique assez vivement. Le pédicule de son abdomen est formé de deux nœuds; le mulet est rougeâtre, avec l'abdomen lisse et luisant, et une épine sous le premier nœud du pédicule.

Abeille domestique.

Apis mellifica, L. L'abeille est un insecte hyménoptère, principalement caractérisé par ses quatre ailes nues et transparentes; son corps

_____

(1) Fig. 501. Fourmi fauve femelle.

velu, sa lèvre supérieure courte, ses antennes filiformes, moins longues que la tête et le corselet réunis; ses tarses postérieurs, dont le
premier article est aplati en une palette carrée, concave sur une de ses
faces. Cet insecte vit en sociétés nombreuses, composées de trois sortes
d'individus, savoir: des *neutres* ou ouvrières, dont le nombre est de
15 à 20000 et quelquefois de 30000; d'environ 6 à 800 mâles, nommés vulgairement *bourdons* ou *faux bourdons* (1), et communément
d'une seule femelle, dont les anciens faisaient un roi, mais que les
modernes désignent sous le nom de *reine*.

Cette femelle (fig. 503, B) est plus grande et plus forte que les
mâles, surtout lorsqu'elle est fécondée; elle a la tête triangulaire, un
peu moins large que le corselet; les ailes courtes, l'abdomen très allongé,

Fig. 503.

et terminé par une pointe percée d'une ouverture qui donne issue à un
aiguillon rétractile, et permet l'introduction des parties génitales du
mâle; ses jambes sont aplaties et concaves, non garnies de brosses à
leur partie interne.

Les mâles (fig. C) sont plus gros et plus velus que les ouvrières; leur
tête est arrondie; garnie d'yeux très gros, qui se touchent supérieurement, et de mandibules fort courtes, bidentées, entièrement cachées

_____

(1) Il ne faut pas confondre ces abeilles mâles avec les vrais **bourdons**
qui constituent une autre espèce d'insectes apiaires, beaucoup plus gros,
vivant dans des habitations souterraines, en sociétés beaucoup moins nombreuses que les abeilles, mais composées de même d'ouvrières, de mâles et
de femelles.

par le poil de la face. Leur corselet est très large et très velu inférieurement ; leur abdomen est tronqué à la base, non percé à la pointe et
dépourvu d'aiguillon.

Les ouvrières (fig. A) sont les plus petits individus de la peuplade ;
leur corps n'a que 14 millimètres de longueur au plus ; elles ont des
mandibules en cuiller, beaucoup plus longues que celles des mâles et de la
femelle ; leur front est beaucoup moins velu ; leur tête triangulaire ;
leur abdomen court, conique, percé à l'extrémité d'une très petite
ouverture pour la sortie de l'aiguillon. Leurs jambes de derrière sont
triangulaires, élargies, lisses, présentant du côté extérieur un enfoncement qui a reçu le nom de *corbeille* ; le premier article des tarses de
ces jambes est aussi très élargi, de forme carrée et creusé en gouttière ;
enfin, des espèces de *brosses* couvrent toute la partie interne des jambes
et du premier article.

C'est au printemps, et en été surtout, qu'on voit les abeilles sur les
fleurs, où elles rassemblent les matériaux des deux produits précieux
qu'elles savent fabriquer et dont nous les dépouillons pour notre utilité.
Avant que nous eussions appris à les réunir dans des demeures artificielles, auxquelles on donne le nom de *ruches*, les abeilles vivaient en
société dans les bois, et se cachaient dans de grandes cavités pour se
mettre à l'abri des intempéries de l'air. C'est ce qu'on observe encore
dans les vastes forêts de la Russie, de la Pologne, en Italie et dans quelques unes de nos provinces méridionales.

A leur arrivée dans une ruche, les abeilles neutres, qui sont les
seules qui travaillent, commencent par en boucher tous les trous par
où la lumière pourrait pénétrer et les insectes entrer, avec une matière
particulière, nommée *propolis*. Cette matière, qui est de nature résineuse, gluante et aromatique, paraît provenir de l'enduit balsamique,
qui défend contre l'humidité les bourgeons des arbres et arbrisseaux ,
et principalement ceux des peupliers, des bouleaux et des saules.

Cet ouvrage est à peine achevé, que les abeilles se mettent à construire leurs rayons (fig. 503 D), composés d'un grand nombre de
lames verticales, distantes d'environ 35 millimètres, et formées, sur
chaque face, d'une infinité de cellules hexagones (1), destinées à recevoir les œufs de la femelle et à contenir le miel qui excède les besoins

(1) La figure 503 D, indépendamment d'un certain nombre de cellules
hexagones servant à contenir le miel, ou à recevoir les œufs qui produiront
des ouvrières, représente une cellule beaucoup plus grande, à parois plus
épaisses et scrobiculées, dans laquelle la reine dépose un œuf destiné à produire une femelle. Il n'y a qu'un très petit nombre de ces cellules dans chaque
ruche. Les cellules destinées aux mâles sont semblables à celles qui reçoivent
les ouvrières ; elles sont seulement un peu plus grandes.

de la ruche. La matière de ces rayons est la *cire*, substance sécrétée par des organes propres aux abeilles ouvrières, et qui aboutissent à huit poches situées sous les segments inférieurs de leur abdomen : les mâles et la femelle en sont privés.

Le miel est d'une origine toute différente : il provient des liqueurs sucrées contenues dans les nectaires des fleurs, qui ont été pompées par les abeilles ouvrières, et qui sont restituées à la communauté, après avoir été élaborées dans leur estomac. Il est réservé pour la mauvaise saison : mais l'homme est là qui se l'approprie, et qui souvent couronne sa spoliation par la ruine entière de la république.

La fécondation de l'abeille femelle s'opère dans l'air ; elle paraît n'avoir lieu qu'une fois, ou du moins on a cru s'être assuré que la femelle, après cette seule approche d'un des mâles, pouvait produire des œufs fécondés pendant deux années.

Dès que les œufs déposés dans les cellules sont éclos, les ouvrières nourrissent les larves d'une sorte de bouillie toujours élaborée dans leur estomac, mais différente du miel. On remarque aussi qu'elles prennent un soin particulier de celles qui doivent fournir des femelles, et qu'elles leur donnent une nourriture plus abondante, d'une nature différente, et sans doute propre à développer chez elles les organes de la génération ; car les ouvrières ne sont que des femelles en qui ce développement n'a pas eu lieu. Peu de jours après que les larves sont nées, elles se filent une coque dans laquelle elles restent huit à dix jours à l'état de *nymphes;* après ce temps, elles en sortent abeilles parfaites.

Au moyen de cette génération, et ordinairement du 25 au 30 juillet, la ruche se trouve trop pleine, de sorte que les abeilles se divisent en deux partis, ayant chacun une seule femelle à leur tête. La plus ancienne quitte ordinairement la ruche, et va chercher une nouvelle demeure. Elle rassemble ses ouvrières autour d'une branche d'arbre, en un peloton plus ou moins pesant, que l'on a l'adresse d'attirer peu à peu dans une ruche préparée d'avance. C'est ainsi qu'on les multiplie.

Les abeilles fournissent trois produits à la pharmacie et aux arts, la propolis, le miel et la cire.

La **propolis** est de nature résineuse ; elle est rougeâtre, odorante, soluble dans l'alcool, et saponifiable par les alcalis. On s'en sert dans les arts pour prendre des empreintes, et on l'emploie quelquefois en médecine sous la forme de fumigation, ou appliquée à l'extérieur comme résolutive. Elle présente la plus grande analogie, par son odeur, avec la matière résineuse qui recouvre les bourgeons de peuplier.

Le **miel** et la **cire** sont d'un usage bien plus étendu. La récolte s'en fait dans les mois de septembre et d'octobre ; pour cela on frotte intérieurement de miel une ruche vide, on la renverse auprès de la ruche pleine que l'on veut couper, et l'on glisse celle-ci dessus de manière à recouvrir l'autre exactement; on retourne les deux ruches, de manière que la pleine se trouve en bas et renversée, et l'on frappe légèrement dessus. Les abeilles en sortent et se portent dans la ruche supérieure que l'on place ensuite sur l'appui. Alors, on coupe à l'aise la moitié ou les deux tiers au plus des rayons, et, cette opération faite, on remet les abeilles dans leur ancienne ruche de la même manière qu'on les en avait retirées.

Pour séparer le miel de la cire, on expose les gâteaux sur des claies au soleil. Le miel en découle, et est reçu dans des vases placés au-dessous; ce miel, qui est le meilleur de tous, se nomme *miel vierge*.

On soumet ensuite les gâteaux à la presse, et l'on obtient une quantité de miel plus coloré, d'une saveur et d'une odeur moins agréables. Enfin, on fond les rayons dans de l'eau pour les priver du restant du miel, et l'on coule la cire dans des vases de terre ou de bois.

Le miel le plus estimé vient de Narbonne, dans le département de l'Aude. Il est blanc, très grenu, aromatique et d'un goût très agréable. Quelques personnes, cependant, n'aiment pas son parfum, et il a l'inconvénient, lorsqu'il est mis en sirop, de se candir au bout de quelque temps.

Le miel le plus estimé, après celui du Languedoc, est celui du Gâtinais (1); il est plus uni que celui de Narbonne, moins aromatique, communément blanc; c'est celui qu'on doit préférer pour mettre en sirop. Presque toutes les autres provinces de France donnent aussi des miels, mais qui ne sont pas renommés, si ce n'est ceux de Bretagne, par leur mauvaise qualité: ils sont en général très colorés, coulants et pourvus d'une saveur résineuse désagréable, attribuée au sarrasin, que l'on cultive en abondance dans cette province.

Le miel, quoique élaboré par les abeilles, a conservé toute son origine végétale; il est formé: 1° d'une grande quantité de *sucre grenu* ou *glucose*, semblable au sucre solide de raisin et au sucre solide qui résulte de l'action d'acides sur le sucre de canne ou l'amidon, et, comme eux, faisant dévier vers la droite le plan de la lumière polarisée; 2° d'une petite quantité de *sucre de canne*, qui dévie également vers la droite le plan de la lumière polarisée, mais dont l'action sur ce plan est intervertie vers la gauche par les acides, ce qui n'a pas lieu

(1) *Gâtinais*, ancienne province de France, dont la partie septentrionale, appartenait à l'Ile-de-France et nommée *Gâtinais français*, comprenait toute la partie du département de Seine-et-Marne située au sud de la Seine, et dont la partie méridionale, faisant partie de l'Orléanais et nommée *Gâtinais orléanais*, comprenait les arrondissements de Pithiviers, de Montargis et de Gien, dans le département du Loiret.

pour le glucose concrétionné ; 3° de *sucre incristallisable*, analogue
au sucre non cristallisable qui provient de l'action des acides sur le
sucre de canne ou l'amidon, ma:s exerçant une déviation à gauche
beaucoup plus marquée sur la lumière polarisée (1); 4° d'un acide libre ;
5° d'un principe aromatique ; 6° de cire, dont il contient d'autant
moins qu'il a été obtenu avec plus de soin. Le miel de Bretagne contient, en outre, du *couvain*, qui en détermine la prompte fermentation et la destruction.

　　Falsification du miel. Depuis quelques années, le miel est souvent
falsifié avec du glucose solidifié. Une apparence mate particülière et
une saveur plus ou moins étrangère au miel, indiquent déjà cette
sophistiquerie ; mais on ne peut en devenir certain qu'en constatant la
présence du sulfate de chaux, qui accompagne toujours le glucose,
tandis que le miel n'en contient pas. Pour faire cet essai, on fait dissoudre, à froid, un peu de miel dans l'eau distillée. Si le miel est de
belle qualité et que la liqueur soit transparente, on peut l'essayer immédiatement par le nitrate de baryte et l'oxalate d'ammoniaque, qui ne
doivent pas la troubler. Mais lorsque le miel est de qualité inférieure,
quoique non falsifié, il fournit une liqueur trouble ; alors il faut la filtrer
préalablement à travers un papier pur, qu'on lave d'ailleurs soi-même
avec de l'acide chlorhydrique affaibli d'abord, et ensuite avec de l'eau
distillée. Ce lavage préliminaire est nécessité par la propriété que possède le miel de dissoudre avec une grande avidité tous les sels calcaires ;
en sorte que, si le papier en contenait les moindres traces, le miel les
dissoudrait, et pourrait paraître falsifié lorsqu'il ne l'est pas.

　　La **cire** est la matière qui compose les rayons dans lèsquels l'abeille
dépose ses œufs et le miel qui doit servir à sa nourriture pendant
l'hiver. On a cru longtemps, d'après Réaumur, qu'elle était le produit
du pollen des fleurs récolté par des abeilles ouvrières, rapporté par
elles à la ruche dans les petits cuillerons dont sont munies leurs pattes
postérieures, et avalé alors par d'autres ouvrières qui, bientôt après,
le rendaient sous la forme d'une bouillie liquide, avec laquelle elles
construisaient leurs rayons. Cependant, dès l'année 1768, Bonnet de
Genève annonça, d'après une Société de Lusace, que la cire était le produit d'une sécrétion qui s'opérait sous les anneaux du ventre ; et Hunter,
en 1791, avait consigné dans les *Transactions philosophiques* la découverte qu'il avait faite des organes destinés à cette sécrétion. Depuis,
Huber a vérifié cette découverte, et a d'ailleurs prouvé directement
que le pollen des fleurs était inutile à la production de la cire, en renfermant un nouvel essaim d'abeilles, pendant cinq jours, dans leur ruche,

────────────

(1) Soubeiran, *Journal de chimie et de pharmacie*, t. XVI, p. 252.

et leur donnant seulement à discrétion du miel et de l'eau : au bout de
ce temps, elles avaient fabriqué cinq rayons de la plus belle cire, d'un
blanc parfait et d'une grande fragilité.

J'ai exposé précédemment comment on vidait les ruches, et les
moyens de séparer le miel de la cire. Celle-ci, fondue dans l'eau, pour
la priver du miel qu'elle retient encore, est coulée dans des vases de
terre ou de bois. On la nomme *cire jaune.*

On doit choisir la cire jaune d'un jaune pur et sans mélange de gris,
ce qui est dû à du dépôt qui n'en a pas été séparé : mais il est indiffé-
rent que le jaune en soit pâle ou foncé ; car souvent on lui donne cette
dernière nuance artificiellement, et elle ne lui communique d'ailleurs
aucune bonne qualité. Il faut aussi que cette cire, mâchée dans la
bouche, n'offre aucun goût de suif ; elle doit, au contraire, avoir un
léger goût aromatique assez agréable. Échauffée dans les doigts, elle s'y
ramollit assez pour y être facilement pétrie ; mais elle doit conserver de
la ténacité entre ses parties, et ne pas se diviser en grumeaux, qui
adhèrent aux doigts, ainsi que cela a lieu quand elle est mélangée de
cire de *myrica.*

Delpech, pharmacien à Bourg-la-Reine, a signalé une autre falsification que la cire jaune subit assez souvent dans le commerce. Ayant
fait dissoudre de cette cire altérée, dans de l'huile de térébenthine, elle
a laissé un résidu blanc et pulvérulent, qui s'est trouvé être de la fécule
de pomme de terre, dont la quantité s'élevait au tiers du poids de la
cire employée. Cette cire était d'une couleur jaune terne, moins onctueuse et moins tenace que la cire pure ; mais le meilleur moyen de
s'assurer de la bonne qualité d'une cire, consiste à la traiter par l'essence de térébenthine, qui doit la dissoudre entièrement.

La cire jaune doit sa couleur, son odeur et une certaine onctuosité
qui lui reste encore, à des corps qui lui sont étrangers, et qui proviennent des principes colorants et aromatiques des plantes ; de même que
certains principes végétaux amers, résineux, colorants ou aromatiques,
communiquent leurs propriétés à plusieurs de nos humeurs, et même
à nos solides. On débarrasse la cire de ces propriétés étrangères en la
fondant à une douce chaleur, et la faisant tomber par filets sur un grand
cylindre plongé horizontalement dans l'eau, et tournant continuellement
sur son axe. De cette manière, la cire se divise en grenailles ou en
rubans ; on l'expose, ainsi divisée, sur un pré, à un pied d'élévation de
terre, et étendue sur des châssis de toile. On l'arrose légèrement tous
les soirs, et on la laisse ainsi exposée au soleil et à la fraîcheur des nuits,
jusqu'à ce qu'elle soit parfaitement blanche. Elle est alors *très sèche* et
friable. On la fond en y ajoutant un peu de suif, pour lui restituer le
liant qu'elle a perdu, et on la coule en petites plaques rondes. Il faut

toujours choisir celle qui, par sa fragilité et l'absence de toute saveur de suif, paraît être la plus pure. La cire pure est blanche, solide, cassante, presque sans odeur et saveur ; elle est un peu plus légère que l'eau, et pèse 0,966. Elle devient molle et ductile à une chaleur de 35 degrés, se fond à environ 70 degrés, et se congèle à 62,75, sans offrir aucune cristallisation. Elle se volatilise, et se détruit en partie à une chaleur approchant de la chaleur rouge.

La cire blanche est aujourd'hui très souvent falsifiée avec de l'acide stéarique ; on reconnaît cette falsification par l'alcool bouillant, qui dissout, presque en toutes proportions, l'acide stéarique, et qui le laisse cristalliser en grande partie par le refroidissement ; tandis que la cire est très peu soluble dans l'alcool bouillant ; de plus, en trempant un bon papier de tournesol bleu dans la dissolution alcoolique, et le laissant sécher à l'air, il arrive un moment où l'acide stéarique rougit le tournesol ; la cire pure ne produit pas cet effet.

La cire est entièrement insoluble dans l'eau ; elle est soluble dans les huiles fixes en toutes proportions, soluble dans les huiles volatiles à l'aide de la chaleur. L'alcool très rectifié bouillant en dissout 0,0486 de son poids, d'après M. Boullay, et seulement 0,01 suivant M. Chevreul ; il l'abandonne en se refroidissant. L'éther bouillant en dissout 0,25, qu'il abandonne de même en très grande partie. D'ailleurs, la cire paraît formée de deux principes différents qui peuvent être isolés par le moyen de l'alcool. Lorsqu'on traite, en effet, la cire blanche par une grande quantité d'alcool bouillant, elle laisse environ 0,3 d'une substance insoluble qui a reçu le nom de *Myricine*, et donne par l'évaporation de l'alcool 0,7 d'une autre substance nommée *Cérine*, bien distincte de la première par ses propriétés.

La *Myricine* est à peine soluble dans l'alcool bouillant, et s'en précipite entièrement par le refroidissement ; elle fond à 65 degrés centigrades, peut se distiller presque sans altération dans une cornue, et n'est pas saponifiée par les alcalis. La *Cérine* est soluble dans l'alcool bouillant et lui communique, par le refroidissement, une consistance gélatineuse. Elle fond à 62 degrés ; elle se décompose au feu ; traitée par les alcalis, elle se convertit en acide margarique sans glycérine, et avec production ou séparation de myricine. (F. Boudet et Boissenot, *Journ. de pharm.*, tom. XIII, pag. 38.)

La cire jaune ou blanche entre dans la composition de presque tous les emplâtres ou onguents.

ORDRE DES LÉPIDOPTÈRES.

Les insectes de cet ordre présentent, à l'état parfait, quatre ailes re-

couvertes, sur les deux faces, de petites écailles colorées (1), semblables
à une poussière farineuse, et qui s'enlèvent au toucher. Ils ont, pour
pomper le miel des fleurs, qui est leur seule nourriture, une trompe
roulée en spirale, entre deux palpes (les *inférieurs*) hérissés d'écailles
ou de poils. Cette trompe est composée de deux filets tubulaires, représentant les mâchoires, et portant chacun, près de leur base extérieure, un très petit palpe (*supérieur*) ayant la forme d'un tubercule.
Deux petites pièces, à peine distinctes, semblent être des vestiges de
mandibules. Les antennes sont toujours composées d'un grand nombre
d'articles, mais sont de forme variable; les trois segments du thorax se
réunissent en un seul corps; l'écusson est triangulaire, avec la pointe
dirigée vers la tête. Les ailes ne présentent que des veines longitudinales.
A la base de chacune des deux supérieures, est une pièce en forme
d'épaulette. L'abdomen, composé de 6 ou 7 anneaux, est attaché au
thorax par une très petite portion de son diamètre et n'offre ni aiguillon
ni tarière. Ils n'ont pas d'individus neutres.

Les larves des lépidoptères sont connues sous le nom de *chenilles*
(fig. 504). Elles ont six pieds écailleux ou à crochets, qui répondent à
ceux de l'insecte parfait, et, en outre, de quatre à dix pieds membraneux,
dont les deux derniers sont situés près de l'anus, à l'extrémité du corps.
Le corps de ces larves est en général allongé, presque cylindrique, mou,

Fig. 504 (2).

diversement coloré, tantôt nu ou ras, tantôt hérissé de poils, de tubercules, d'épines, et composé, la tête non comprise, de 12 anneaux,
avec neuf stigmates de chaque côté. Leur tête est revêtue d'un derme
corné ou écailleux, et présente, de chaque côté, six petits grains luisants
qui paraissent être des yeux lisses. Elle a, de plus, deux antennes très
courtes, et une bouche composée de deux fortes mandibules, de deux
mâchoires, d'une lèvre et de quatre petits palpes. Cette bouche, ainsi
armée, leur sert à dévorer les feuilles des végétaux, et d'autres fois les
fleurs, racines, bourgeons ou graines; d'autres, encore, rongent les
draps et les autres étoffes de laine, les pelleteries, et sont pour nous

(1) De là le nom de *lépidoptères*: de λεπίς, écaille, et de πτερὸν, aile.
(2) Fig. 504. Chenille du bombyx du mûrier, dite *ver à soie*, dans son plus
grand développement.

des hôtes très pernicieux. Quelques unes, enfin, se nourrissent de cuir, de graisse, de lard ou de cire.

Les chenilles changent ordinairement quatre fois de peau, avant de passer à l'état de nymphe ou de chrysalide. La plupart se renferment alors dans une coque formée d'un fil très fin, qui constitue la soie. Cette matière est élaborée dans deux vaisseaux intérieurs, longs et tortueux, qui viennent aboutir à la lèvre inférieure, sous forme d'un petit mamelon qui donne issue au fil de soie. D'autres chenilles se contentent de lier, avec de la soie, des feuilles, des molécules de terre, ou les parcelles des substances où elles ont vécu, et se forment ainsi une coque grossière ; d'autres, enfin, restent à découvert, et se suspendent, au moyen d'un cordon de soie, à un corps solide. Beaucoup de ces nymphes, appartenant aux lépidoptères diurnes, sont ornées de taches dorées qui ont donné lieu à la dénomination générale de *chrysalides* Toutes ces nymphes sont *emmaillottées* ou en forme de *momie;* c'est-à-dire qu'elles sont enfermées sous une membrane assez dure, sous laquelle on distingue les parties extérieures de l'insecte parfait. La durée de cet état d'insensibilité, ou de mort apparente, est très variable ; tantôt elle n'est que de quelques jours, et d'autres fois la chrysalide passe l'hiver et l'insecte ne subit sa dernière métamorphose qu'au printemps ou dans l'été de l'année suivante. En général, les œufs pondus dans l'arrière-saison n'éclosent qu'au printemps.

L'ordre des lépidoptères se divise en trois familles également distinctes par les mœurs et la conformation, savoir : les DIURNES, reconnaissables à leurs ailes élevées perpendiculairement dans l'état de repos ; les CRÉPUSCULAIRES, dont les ailes sont horizontales pendant le repos, et les antennes en forme de massue allongée ; et les NOCTURNES dont les ailes sont également horizontales ou inclinées en forme de toit, et dont les antennes diminuent de grosseur de la base à la pointe. Les premiers, qui comprennent le genre des *papillons proprement dits,* sont les plus remarquables par la vivacité de leurs couleurs ; mais ils ne nous offrent aucune espèce que nous devions citer particulièrement. Les seconds renferment le genre des *sphinx,* dont une grande espèce de notre pays est remarquable par l'image d'une tête de mort figurée sur son thorax. La troisième famille, formée par les *phalènes* de Linné, est aujourd'hui divisée en un grand nombre de genres, parmi lesquels nous citerons le genre *saturnie* dont une belle espèce, nommée le *grand paon de nuit (saturnia pavonina),* est le plus grand des lépidoptères d'Europe ; nous y trouvons aussi le *bombyx du mûrier,* si connu sous le nom de *ver à soie,* et la *pyrale de la vigne,* qui produit de si grands dégâts dans les pays vignobles. Nous nous bornerons à faire l'histoire du bombyx du mûrier.

Bombyx du Mûrier.

Bombyx mori **L.**, insecte lépidoptère de la famille des nocturnes , dont les ailes sont blanchâtres, avec deux ou trois raies obscures transversales, et une tache en croissant sur les ailes supérieures. Il est originaire des provinces septentrionales de la Chine (la Sérique des anciens), où la manière de l'élever et celle d'en utiliser la soie sont connues depuis très longtemps (1). Deux moines grecs en apportèrent les œufs à Constantinople, sous le règne de Justinien : à l'époque des premières croisades, la culture s'en répandit en Sicile et en Italie ; mais ce ne fut guère que du temps de Henri IV que cette branche d'industrie acquit quelque importance dans nos provinces méridionales, dont elle forme aujourd'hui l'une des principales richesses.

Les œufs du bombyx du mûrier sont désignés par les agriculteurs, sous le nom de *graine de vers à soie*. Ils sont un peu ovales ou ellipsoïdes et lenticulaires ; ils se dessèchent à l'air , s'aplatissent encore davantage, et peuvent se conserver pendant assez longtemps en bon état, pourvu que la dessiccation n'ait pas été trop forte et qu'on les préserve aussi de l'humidité. Leur poids est donc variable et n'est pas exactement le même pour les différentes races ; cependant, en moyenne, il en faut environ 1350 pour peser un gramme, ou 44000 pour faire une once métrique de 31 grammes 25. Ces œufs sont d'un jaune jonquille lorsqu'ils viennent d'être pondus ; dans l'espace de 8 jours, ils deviennent bruns-rougeâtres , puis d'un gris cendré , couleur qu'ils conservent jusqu'au moment où commence le travail de l'incubation, qui a lieu ordinairement du 15 avril au 15 mai, suivant la température moyenne du lieu où elle se fait.

Dans le midi de la France , on appelle les vers à soie *magniaux* , *magnians* ou *magnans*, d'où est venu le nom de *magnaneries* donné aux établissements dans lesquels on les élève. Ceux qui voudront connaître toutes les conditions de cet art difficile , mais productif, ne pourront mieux faire que de consulter les nombreux mémoires publiés sur ce sujet de 1839 à 1848 par M. Robinet, pharmacien , membre de l'Académie de médecine et de la Société centrale d'agriculture (2). Je me bornerai à dire ici que les œufs , pour éclore, doivent être placés

---

(1) D'après les chroniques chinoises, la femme de l'empereur Ho-ang-ti, nommée Si-ling-chi, chargée par ce prince de faire des essais pour utiliser le fil des vers à soie, trouva non seulement la façon d'élever ces insectes , mais encore la manière de dévider leur soie et de l'employer pour la fabrication des étoffes. Cette découverte se faisait il y a environ 4540 ans.

(2) Principalement le *Manuel de l'éducateur de vers à soie*. Paris, 1848.

dans une étuve dont on élève progressivement la température de 15 à 27 ou 28 degrés, et où l'air est maintenu à un degré convenable d'humidité. Après huit ou dix jours de chaleur croissante, les œufs deviennent blanchâtres et bientôt après les larves commencent à en sortir. Elles ont environ deux millimètres de longueur, pèsent moins que l'œuf qui leur a donné naissance et sont d'abord d'une couleur brune foncée et presque noire.

Le premier soin que réclament les petits vers à soie est celui d'être séparés de leurs coques. A cet effet, on les recouvre d'une feuille de papier criblée de trous, à travers lesquels les vers passent pour arriver à leur nourriture, qui consiste en feuilles de mûrier blanc, placées au-dessus. Ils vivent, à l'état de larve, environ 34 jours pendant lesquels ils augmentent rapidement de poids et de volume, et changent quatre fois de peau. A l'époque de chaque mue (1), ils s'engourdissent et cessent de manger ; mais après avoir changé de peau, leur faim redouble et la quantité de feuilles qu'ils consomment augmente prodigieusement. On compte que, pour les larves provenant d'une once ou de 31 grammes de graine, il faut de 3 à 4 kilogrammes de feuilles mondées, pendant le premier âge ; 10 à 11 kilogrammes pendant le deuxième âge ; 35 kilogrammes pendant le troisième ; 105 kilogrammes pendant le quatrième, et de 6 à 700 kilogrammes pendant le cinquième (2). C'est le sixième jour de ce dernier âge qu'a lieu leur plus grande faim, ou ce qu'on appelle *la grande frèze*. Les vers dévorent alors de 100 à 150 kilogrammes de feuilles dans un jour et font, en mangeant, un bruit qui ressemble à une forte averse. Le dixième jour, le ver à soie cesse de manger et s'apprête à subir sa première métamorphose. Il se vide d'excréments et grimpe sur des branchages qu'on a eu soin de placer au-dessus des claies où il était resté jusqu'alors ; il cherche une place convenable à son établissement, et pose d'abord, çà et là, quelques fils forts qu'il multiplie dans tous les sens, de manière à former un lacis, auquel on donne le nom de *banc*, de *banne* ou de *bourre de soie*. C'est alors que, suspendus au milieu de ce lacis, ils construisent leur *cocon*, en tournant continuellement sur eux-mêmes en divers sens, et en agglutinant les unes contre les autres, en allant toujours nécessairement du dehors

(1) Chaque mue constitue un nouvel âge pour le ver à soie. Le premier âge, depuis la naissance jusqu'à la première mue, dure ordinairement 5 jours ; le second âge, de la première mue à la seconde, dure 4 jours ; le troisième âge, 7 jours ; le quatrième âge, 7 jours ; le cinquième et dernier âge, 9 à 11 jours. Cette durée peut être abrégée ou retardée par des circonstances dépendantes de la température, de la nourriture et d'autres causes.

(2) La figure 504 représente le ver à soie parvenu à son cinquième âge.

au dedans, les diverses parties du fil qui sort de leur filière. Le résultat de cette manœuvre est la formation d'une enveloppe assez ferme, et de forme ovoïde ou elliptique plus ou moins allongée, souvent un peu rétrécie par le milieu (fig. 505). Cette enveloppe est formée par un seul fil qui a plus de mille mètres de longueur (1), et qui est tellement ténu qu'il en faut à peu près 3750 mètres pour peser un gramme. Ce fil si ténu n'est cependant pas un fil simple; il est formé par la soudure de deux fils provenant des deux réservoirs intérieurs collatéraux, et qui se sont réunis avant d'arriver au seul et unique conduit aboutissant à la lèvre inférieure de l'animal.

Le ver à soie emploie trois à quatre jours pour filer son cocon; presque aussitôt après, il éprouve des changements successifs qui déterminent la séparation de la peau et de ses annexes d'avec la chrysalide

Fig. 505.

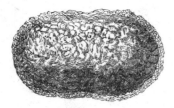

Fig. 506.

formée en dedans. Enfin la peau est rejetée tout entière à l'extrémité postérieure, et la chrysalide paraît à nu (fig. 506), d'une couleur presque blanche d'abord, devenant bientôt d'un rouge brun. A travers son enveloppe, on voit se dessiner la tête, les antennes, les ailes et les pattes du papillon. Enfin, au bout de 16 à 18 jours, le papillon étant complétement formé, sort de la chrysalide et songe à percer le cocon. A cet effet, il en humecte une extrémité, avec une humeur particulière qu'il dégorge et qui a la propriété de ramollir ou de dissoudre la soie. Il heurte ensuite la tête contre le point ramolli, le perce et passe peu à peu à travers l'ouverture. On a remarqué que les papillons mâles sortaient en plus grand nombre dans les 2 ou 3 premiers jours, et les femelles en plus grand nombre dans les jours suivants, de telle sorte qu'il y a en totalité un peu plus de femelles que de mâles. La femelle est plus forte (fig. 507), et son ventre est surtout très volumineux en raison des œufs qu'il renferme. Elle est lourde, peu empressée de quitter sa place et ne vole pas; elle a les ailes blanches, les antennes peu developpées et d'une couleur pâle. Le papillon

(1) Le fil retiré d'un cocon n'a guère plus de 6 à 800 mètres; mais cela tient à ce que ce fil devient d'autant plus fin qu'on approche plus du centre, et qu'il se rompt bien avant que le cocon soit entièrement dévidé.

mâle (fig. 508) est plus petit ; son ventre est plus allongé et pointu;
ses ailes colorées par un dessin plus prononcé, ses antennes plus grandes
et noirâtres. Il ne vole pas dans les pays où la température n'est pas
assez élevée ; mais il est cependant très vif et très alerte. Il court en
agitant ses ailes avec beaucoup de vivacité , surtout lorsqu'il sent une
femelle. Il s'en approche avec ardeur, se place parallèlement à son côté,
saisit avec les crochets dont son anus est armé l'extrémité du ventre
de la femelle et s'y cramponne. Il se retourne alors et se place sur la
même ligne, la tête diamétralement opposée à celle de la femelle. L'accouplement dure quelquefois 3 et 4 jours ; mais ordinairement il se termine dans la même journée; d'autres fois on l'abrége , et l'on fait
servir le mâle à plusieurs accouplements. La femelle , peu d'instants

Fig. 507.   Fig. 508.

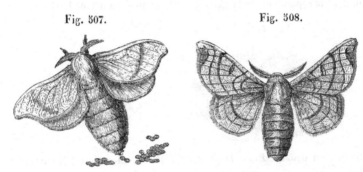

après qu'elle est séparée du mâle, s'occupe de sa ponte. Elle dépose ses
œufs humides et envisqués d'une mucosité très tenace qui les fixe aux
corps solides qui l'entourent. Souvent elle pond plus de cinq cents œufs.
De même que le mâle, elle ne prend aucune nourriture ; leur seule
fonction, une fois arrivés à l'état de papillon, est d'assurer la reproduction de leur espèce. Une fois ce grand but de la nature rempli, ils
dépérissent, se dessèchent et meurent tous en quelques jours. Les œufs
se conservent à l'air, naturellement ou artificiellement, jusqu'au printemps suivant.

Pour utiliser la soie des cocons, il faut empêcher l'insecte d'en sortir,
car le trou une fois fait, il devient impossible de les dévider. Dans les
magnaneries, on ne laisse donc vivre que le nombre de chrysalides nécessaires pour assurer la récolte des œufs (1). On tue les autres en plaçant
les cocons dans un four médiocrement chaud, ou, ce qui vaut mieux,
dans un appareil nommé *étouffoir*, où ils sont renfermés dans des
caisses chauffées au moyen de la vapeur de l'eau. Chaque cocon est

(1) On compte qu'il faut environ 500 grammes de cocons pour retirer des
papillons qui en naîtront 30 grammes d'œufs.

formé, comme nous l'avons déjà dit, par un seul fil d'une longueur immense et d'une finesse extrême, qu'il faut dévider. Pour faciliter cette opération, on est obligé de tremper les cocons dans de l'eau chaude, afin de ramollir la matière gluante qui colle entre eux les divers tours de ce fil; puis on réunit plusieurs de ceux-ci en un seul faisceau, qui, à l'aide de machines appropriées, est enroulé autour d'un dévidoir, et constitue un seul brin de soie filée. La soie connue sous le nom d'*organsin* se compose de trois ou quatre de ces fils réunis et tordus, et, dans la soie appelée *trame*, on fait entrer ordinairement depuis huit jusqu'à vingt de ces fils dans le même brin. Toute la coque ne peut se dévider de la sorte. D'ordinaire on ne retire que 500 grammes de soie de 5 à 6 kilogrammes de cocon. Il reste ensuite des pellicules que l'on carde avant de les filer, et qui donnent ainsi diverses matières, connues dans l'industrie sous les noms de *filoselle*, de *fantaisie*, etc.

On connaît deux espèces principales de soie: celle qui est naturellement blanche et la jaune. Nous possédons celle-ci depuis plus de deux siècles: on la blanchit en la soumettant au décreusage, opération qui consiste à lui enlever de la cire, une matière colorante et la substance glutineuse qu'elle contient; mais cette opération, si bien faite qu'elle soit, donne un blanc moins durable que celui de la soie blanche native, et de plus altère beaucoup la force de la soie: aussi accorde-t-on la préférence à la soie blanche native dont les Chinois ont eu long-temps l'exclusive possession: ce qui lui a fait donner le nom de *soie sina*.

Il n'y a guère que quatre-vingts ans que le gouvernement français, frappé des avantages qui résulteraient de l'importation du ver à soie sina, en fit venir de la graine de Chine, et la distribua à différents propriétaires. Cette opération parut manquée, quand on apprit, en 1808, que l'espèce s'était conservée chez quelques uns d'entre eux; la culture en fut encouragée; et aux différentes expositions des produits de l'industrie française, on a pu se convaincre que l'éducation de cette précieuse espèce était définitivement établie en France. (*Ann. de chim. et phys.*, t. XIII, p. 238.)

La soie, distillée dans une cornue, donne un huile ammoniacale très fétide, qui fait la base des *gouttes céphaliques d'Angleterre*.

ORDRE DES HÉMIPTÈRES.

Les hémiptères se rapprochent des coléoptères par la structure de leur squelette tégumentaire et par leurs ailes, qui sont au nombre de quatre, et dont les deux supérieures sont en général plus consistantes que les inférieures; mais ils s'en éloignent beaucoup par la structure de leur bouche qui est dépourvue de mâchoires et toujours conformée pour la succion, et par le peu d'importance de leurs métamorphoses, le jeune insecte ne changeant ni de forme ni d'habitudes, et acquérant seulement des ailes dont il était d'abord privé.

On divise les hémiptères en deux sous-ordres, savoir : 1° les HÉTÉ-ROPTÈRES, dont les ailes supérieures sont coriaces et crustacées vers la base et membraneuses à l'extrémité (1), et dont le bec naît du front ; 2° les HOMOPTÈRES, dont les ailes supérieures ont partout la même consistance et diffèrent peu des inférieures, et dont le bec naît de la partie la plus inférieure de la tête et très près de la poitrine.

Dans les HÉTÉROPTÈRES, le corselet est grand et souvent triangulaire ; les élytres et les ailes sont horizontales ou à peine inclinées, le bec est en général gros et court. Ce groupe se subdivise en deux familles dont l'une est terrestre et l'autre aquatique. La première porte le nom de GÉOCORISES, ou de *punaises terrestres*, et comprend la **punaise des lits**, un des insectes les plus incommodes pour l'homme et l'un de ceux pour lequel il éprouve le plus de répulsion. Il est dépourvu d'ailes, a le corps mou, orbiculaire et très aplati ; le corselet très élargi, la tête fort petite, pourvue de deux antennes brusquement terminées en forme de soie et d'un suçoir à trois articles distincts.

La seconde famille prend le nom de HYDROCORISES, ou de *punaises d'eau*. Ils ont les antennes très courtes et cachées sous les yeux, et les pieds antérieurs souvent élargis, recourbés en avant en forme de pince, et leur servant à saisir d'autres insectes dont ils se nourrissent : tels sont les *nèpes* et les *ranatras*.

Le sous-ordre des HOMOPTÈRES se compose d'insectes qui vivent exclusivement du suc des végétaux. Leurs ailes antérieures sont tantôt coriaces, tantôt membraneuses et semblables aux inférieures. Enfin les femelles ont en général une tarière, à l'aide de laquelle elles percent l'épiderme des végétaux pour y loger leurs œufs. On les divise en trois familles : les *cicadaires*, les *aphydiens* et les *gallinsectes*.

Les **cigales,** qui forment le type de la première famille, sont pourvues de trois yeux lisses et ont six articles aux antennes ; leurs élytres sont transparents et veinés, et les mâles portent, de chaque côté de la base de l'abdomen, un organe particulier à l'aide duquel ils produisent une espèce de chant monotone. Ces insectes se tiennent sur les arbres ; les femelles ont une tarière avec laquelle elles percent les petites branches de bois mort pour y déposer leurs œufs. Les jeunes larves quittent cette retraite pour s'enfoncer en terre où elles vivent en suçant les racines, et se changent en nymphes après être restées engourdies pendant l'hiver.

(1) Cette section comprend les véritables *hémiptères*, dont le nom veut dire *moitié d'ailes :* de ἥμισυς, demi, et de πτερόν, aile.

Ces nymphes ont des rudiments d'ailes et les pattes de devant très développées, afin de pouvoir ouvrir la terre pour revenir au jour et monter sur les arbres, où elles se dépouillent de leur enveloppe et prennent des ailes. Un insecte de ce genre, nommé la **cigale de l'orne**, vit en Italie sur l'ornier, ou frène à la manne, et en fait exsuder le suc sucré par les blessures qu'il fait à son écorce. Mais on a eu tort de supposer que le produit de cette exsudation constituait la manne du commerce, dont les larmes ou masses sont évidemment trop volumineuses pour avoir une pareille origine, et qui sont d'ailleurs certainement le produit d'incisions faites à la main (t. II, p. 533).

La famille des APHIDIENS se distingue de la première famille par les tarses, qui n'ont que deux articles, et par les antennes filiformes, plus longues que la tête, composées de 6 à 11 articles. Ce sont de très petits insectes, dont le corps est mou et les élytres presque semblables aux ailes. Ils vivent sur les plantes et pullulent prodigieusement. On y trouve d'abord les **psylles** ou **faux pucerons**, qui ont 10 ou 11 articles aux antennes, dont les deux sexes ont des ailes et qui peuvent sauter; viennent après les **pucerons** proprement dits, qui ont les antennes fort longues et composées de 7 articles, et deux cornes ou deux mamelons à l'extrémité de l'abdomen. Ces insectes, fort singuliers par leur mode de génération, vivent en société sur les végétaux qu'ils sucent avec leur trompe. Ils ne sautent pas et marchent lentement. Les deux cornes que l'on observe à l'extrémité de l'abdomen sont des tuyaux creux, d'où s'échappent souvent de petites gouttes d'une liqueur transparente et mielleuse, dont les fourmis sont très friandes. Au printemps, chaque société ne se compose que de femelles aptères, ou n'ayant que des vestiges d'ailes, comme des nymphes. Ces pucerons produisent tous, sans accouplement préalable, des petits qui naissent vivants, sortant à reculons du ventre de leur mère. Plusieurs générations de femelles se succèdent ainsi jusque vers la fin de la belle saison, époque à laquelle, seulement, naissent des mâles qui fécondent la dernière génération produite par les individus précédents, et consistant en femelles non ailées et qui ne sont plus vivipares. Ces femelles produisent donc des œufs qui restent fixés tout l'hiver aux branches des arbres, et d'où sortent au printemps de nouveaux pucerons femelles, devant bientôt se multiplier sans le secours des mâles.

Le puceron du rosier est très commun dans nos jardins; il est vert avec des antennes noires. Le puceron du chêne est brun et se fait remarquer par son bec plus de trois fois plus long que son corps. Le puceron du hêtre est tout couvert d'un duvet blanc, cotonneux. Les pucerons de l'orme et des pistachiers, en piquant les feuilles ou les jeunes rameaux de ces végétaux, y produisent des excroissances vésiculeuses dont plusieurs ont été décrites au tome III, page 459 et suivantes.

Les **gallinsectes**, qui forment la troisième famille des hémiptères, n'ont qu'un seul article aux tarses. Le mâle est dépourvu de bec et n'a que deux ailes; son abdomen est terminé par deux soies. La femelle est sans ailes et munie d'un bec, les antennes sont filiformes et composées le plus souvent de onze articles. Plusieurs espèces de gallinsectes ont eu, ou ont encore une grande importance commerciale, à cause de leur matière colorante rouge.

Cochenille du Mexique.

Coccus cacti L. Insecte hémiptère homoptère, de la famille des gallinsectes; il n'a qu'un article aux tarses, avec un seul crochet au bout.

Fig. 509.

Fig. 510.

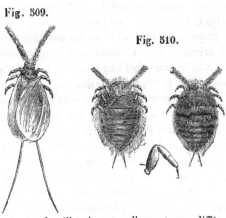

Le mâle (fig. 509) est dépourvu de bec, et n'a que deux ailes qui se recouvrent horizontalement sur le corps ; son abdomen est terminé par deux longues soies. La femelle (fig. 510) est sans ailes et munie d'un bec ; les antennes sont en forme de fil ou de soie, le plus souvent de onze articles.

La cochenille vit naturellement sur différents nopals du Mexique, mais n'y acquiert qu'une qualité inférieure à celle que les habitants savent lui donner par la culture. A cet effet, ils plantent autour de leurs habitations les espèces de *cactus* reconnues pour être les plus propres à la nourriture de l'insecte, et surtout le *cactus cochinillifer* et le *cactus opuntia* L., qui est nommé *raquette* dans nos jardins, à cause de la forme singulière de ses feuilles. Ils vont chercher les cochenilles femelles dans les bois, avant qu'elles aient fait leur ponte, et les déposent au nombre de dix à douze dans de petits nids de bourre de coco, qu'ils fixent sur les épines des *cactus*. L'insecte y opère sa ponte et meurt ; mais utile encore à sa famille, son corps desséché et changé en coque lui sert de rempart contre les agents extérieurs ; et ce n'est qu'après cette sorte d'incubation, que les œufs étant éclos, les petits se répandent par milliers sur la plante, s'y attachent et y subissent toutes leurs métamorphoses. A la dernière, les femelles prennent l'état d'immobilité de leur mère ; les mâles acquièrent des ailes, s'approchent des femelles, les fécondent et meurent bientôt après. C'est à cette époque que l'on recueille les femelles, seules restées sur la plante, en les faisant tomber avec un pinceau sur un drap étendu à terre ; mais on en laisse une certaine quantité qui produit une seconde génération, et celle-ci une troisième, que l'on récolte encore la même année. La cochenille de la première récolte est la plus estimée, et celle de la dernière l'est le moins. On la fait mourir en la plongeant pendant un instant dans l'eau bouillante, et on la dessèche au soleil, dans des fours ou sur des plaques de fer chaudes.

On dit aussi qu'on la fait quelquefois sécher immédiatement dans les fours, sans l'avoir passée à l'eau bouillante, et c'est à cette différence de préparation qu'on attribue celle que l'on observe entre les cochenilles *noire* et *grise* du commerce ; on suppose que la cochenille noire, qui est privée en grande partie de l'enduit blanchâtre et écailleux qui recouvre la grise, a été passée à l'eau bouillante, et l'autre pas ; mais comme la cochenille noire contient généralement plus de matière colorante que l'autre, et que ce résultat est directement le contraire de ce qui devrait arriver si elle était la seule qui eût été plongée dans l'eau, il est plus raisonnable d'attribuer la différence des deux cochenilles, et la qualité supérieure de la noire, à une variété de culture, et à ce qu'elle est encore plus éloignée de l'état sauvage que l'autre. (Voyez à ce sujet le *Journ. de chim. méd.*, t. VII, p. 205, et, pour la culture de la cochenille, la note de M. Bazire dans le *Journ. de pharm.*, t. XX, p. 515.)

La **cochenille noire** du commerce ne ressemble guère à un insecte. C'est un petit corps orbiculaire, anguleux, de 2 millimètres de diamètre environ, privé de membres, noirâtre ou d'un rouge brun, avec quelques restes d'un enduit blanchâtre situé dans l'intérieur des rides. Lorsqu'on la fait tremper dans l'eau, elle se gonfle et prend une forme ovoïde, aplatie en dessous ; on distingue alors facilement les onze anneaux qui la composent ; elle donne une poudre d'un rouge cramoisi, devenant d'un rouge brun très foncé par l'eau ou la salive.

La **cochenille grise** ou **jaspée** diffère de la précédente par l'enduit blanchâtre qui la recouvre presque entièrement, par la couleur moins foncée de sa poudre, et par la teinte moins intense qu'elle communique à l'eau. Elle est sujette à contenir du talc ou de la céruse, ainsi que l'a fait connaître M. Boutron (*Journ. de pharm.*, t. X, p. 46) ; mais ce n'est pas à cette fraude seule qu'il faut attribuer la différence des deux cochenilles : car il est certain que la grise constitue une sorte distincte, indépendamment des substances étrangères que la cupidité peut y introduire.

Cochenille silvestre. On nomme ainsi la cochenille qui croît naturellement dans les bois, au Mexique, et qu'on y récolte quelquefois, pour la verser directement dans le commerce. Cette sorte est d'une couleur rougeâtre, terne et non argentée. Examinée à la simple vue, elle paraît formée de deux sortes de parties : 1° d'insectes isolés, beaucoup plus petits que ceux qui constituent les cochenilles noire et grise ; 2° de parties agglomérées, globuleuses ou ovées, qui paraissent composées d'une matière furfuracée, blanche et rouge, entremêlée de poils. Cette substance, gonflée par l'eau, laisse alors distinguer facilement, à l'aide de la loupe, un, deux, ou trois insectes semblables aux précédents, munis de leurs pattes et quelquefois de leur bec, renfermés dans une matière blanche et pulpeuse ; souvent aussi on y découvre un certain nombre de petites cochenilles imperceptibles qui paraissent nouvellement nées. Ces parties agglomérées sont donc des espèces de nids ou de cocons, que l'insecte se forme pour se mettre à l'abri des intempéries de l'air. Elles ne donnent à l'eau qu'une couleur vineuse foncée, qui produit peu à la teinture ; les insectes isolés fournissent une teinte rouge beaucoup plus belle et très foncée, mais qui produit encore beaucoup moins que la teinture d'une pareille quantité de cochenille noire ou grise ; aussi la cochenille silvestre est-elle peu estimée et peu répandue dans le commerce.

Nous devons à Pelletier et à M. Caventou une belle analyse de la cochenille, et la découverte de son principe colorant, auquel ils ont donné le nom de *carmine*. Voici un exposé de leur travail :

La cochenille, traitée par l'éther sulfurique bouillant, cède à ce véhicule une matière grasse odorante, d'un jaune orangé, qui, par un examen subséquent, se trouve composée d'un peu de carmine, de stéarine et d'élaïne semblables à celles qui composent la graisse des mammifères ; enfin, d'une matière odorante et acide qui paraît être à la matière grasse de la cochenille ce que l'acide butyrique est au beurre.

La cochenille, épuisée par l'éther, ayant été traitée par de l'alcool très rectifié, l'a coloré en rouge jaunâtre ; le liquide, refroidi et évaporé spontanément, a laissé précipiter une matière d'une très belle couleur rouge, grenue, comme cristalline, soluble dans l'eau, mais ne se dissolvant pas entièrement dans l'alcool très rectifié et froid, qui en séparait une *matière brunâtre très animalisée*, semblable à celle que l'eau extraira tout à l'heure de la cochenille : la portion de matière rouge dissoute par l'alcool n'était pas encore de la carmine pure ; car la liqueur ayant été mêlée de partie égale d'éther sulfurique qui en a précipité la *carmine pure*, on en a ensuite retiré un peu de matière grasse semblable à celle déjà obtenue par l'éther.

La cochenille épuisée par l'éther et l'alcool était toujours très colorée, la carmine qu'elle contient encore étant défendue de l'action du dernier de ces menstrues par la matière animale qui y est insoluble. Cette cochenille, bouillie dans l'eau, l'a colorée en rouge cramoisi ; et, lorsqu'elle ne lui a plus rien cédé, il n'est plus resté qu'une matière translucide, gélatineuse, brunâtre, dont quelques parties seulement étaient incolores. Les dernières décoctions, qui étaient incolores également, ne contenaient que de la *matière animale* semblable à celle qui n'avait pas été dissoute, et qui composait le squelette de l'insecte, à cela près cependant de l'altération qu'a dû lui causer sa dissolution même. Les premières liqueurs contenaient en outre de la carmine et de la matière grasse.

La matière animale de la cochenille a paru à MM. Pelletier et Caventou différente de la gélatine, de la fibrine et des autres matières animales connues ; ils pensent qu'elle peut être commune dans la classe des insectes, comme les premières le sont dans celles des mammifères et des autres animaux vertébrés. Quant à la carmine, voici ses propriétés :

Elle est d'un rouge pourpre éclatant, inaltérable à l'air, fusible à 50 degrés centigrades, décomposable à une chaleur plus élevée, et ne fournissant pas d'ammoniaque parmi les produits de sa décomposition.

Elle est très soluble dans l'eau et incristallisable, beaucoup moins soluble dans l'alcool, insoluble dans l'éther.

Sa dissolution n'est pas précipitée par les acides, qui ne font que changer sa couleur du rouge cramoisi au rouge vif et au rouge jaunâtre (elle est précipitée par les acides lorsqu'elle contient de la matière animale que les acides précipitent). Les alcalis lui restituent sa couleur, et la font ensuite tourner au violet. L'alumine se conduit avec elle d'une manière singulière, et qui semble encore difficile à expliquer. Mise en gelée dans la dissolution de carmine, elle l'en précipite, s'y combine, et forme une laque d'un beau rouge à froid, qui, par l'action continue de la chaleur, devient cramoisie et violette ; si avant d'ajouter l'alumine à la dissolution de carmine, on a rougi celle-ci par un acide, la laque sera d'abord d'un rouge éclatant, mais la moindre chaleur la fera passer au violet ; si, au contraire, c'est un alcali qu'on a d'abord ajouté à la dissolution, la liqueur, qui était devenue violette par son action, redeviendra tout de suite rouge par celle de l'alumine, et la laque rouge qui se formera sera à peine altérée par une ébullition prolongée ; de sorte qu'il semblerait que l'alumine mise en contact avec la carmine et un alcali agit comme un acide, et qu'elle présente au contraire l'énergie alcaline, lorsque c'est avec un acide et la carmine qu'elle se trouve mêlée.

La cochenille est très employée dans la teinture, et pour fabriquer le carmin et la laque carminée. (Voyez le *Journ. de pharm.*, t. **IV**, p. 193.) La cochenille n'est usitée en pharmacie que pour colorer différentes teintures, des opiats et des poudres dentifrices.

Kermès animal, ou Graine d'Écarlate.

Coccus ilicis, **L.** Insecte du genre de la cochenille, qui vit sur les feuilles d'une espèce de chêne vert nommé *quercus coccifera*, et que l'on récolte dans le midi de la France, en Espagne, en Italie, et dans le Levant. Le mâle du kermès a deux ailes, la femelle n'en a pas; c'est celle-ci qui se fixe sur les feuilles de l'arbre pour y vivre immobile, y croître, y être fécondée et y déposer ses œufs qu'elle recouvre de son corps; après quoi elle meurt. Alors il ne reste plus de l'insecte qu'une coque rougeâtre, qui se remplit d'un suc rouge participant de la nature du végétal et de l'animal, et qui contient ses œufs. Cette coque croît encore, et lorsqu'elle a acquis son volume, et avant que les œufs soient éclos, on en fait la récolte. On tire par expression du kermès récent un suc rouge chargé d'une matière féculente, dont on fait un sirop en y ajoutant un peu de sucre : ce sirop, qui nous est apporté de Montpellier, doit être dépuré avant d'être mis en usage. Ou bien on fait sécher le kermès, après l'avoir exposé à la vapeur du vinaigre pour faire périr les œufs, et on le répand dans le commerce : il est alors sous la forme de coques rondes, lisses et d'un brun rougeâtre, de la grosseur d'un petit pois, contenant une poudre de la même couleur, composée des débris de l'insecte et de ses œufs.

Le kermès est peu employé en pharmacie actuellement. Son plus grand usage est encore dans la teinture, où il peut, dans plusieurs cas, être substitué à la cochenille. Sa couleur n'est pas aussi belle.

On connaît en Pologne une espèce de cochenille, nommée *coccus polonicus*, qui était pour ce pays l'objet d'un commerce assez considérable avant l'introduction de celle du Mexique en Europe. La femelle de cet insecte a la forme d'un grain rougeâtre et se fixe sur les racines du *scleranthus perennis*, et sur celles de plusieurs *polygonum*. On dit qu'elle produit une aussi belle teinture que la cochenille; on en fait ncore usage en Allemagne, en Pologne et en Russie.

ORDRE DES DIPTÈRES.

Les diptères ont deux ailes membraneuses, derrière lesquelles on trouve presque toujours une paire de petits appendices ayant la forme de balanciers, et souvent aussi, à leur base, deux autres petites pièces membraneuses semblables à des valves de coquilles, et nommées *ailerons* ou *cuillerons*. La bouche des diptères est organisée pour la succion seulement. Elle présente le plus ordinairement une trompe, tantôt molle et rétractile, tantôt cornée et allongée, terminée par deux lèvres et offrant, à sa partie supérieure, un sillon longitudinal dans lequel est reçu un suçoir composé de soies cornées, très aiguës.

Le nombre des diptères est très considérable ; on peut se faire une idée assez exacte de leur forme générale, par celle de la **mouche domestique.** Leurs pieds sont en général longs, grêles et terminés par un tarse de cinq articles, dont le dernier est souvent garni de pelotes vésiculeuses. Leur abdomen est souvent pédiculé et, chez la femelle, il est souvent terminé en une pointe qui peut s'allonger comme un tuyau de lunette, et constitue une sorte de tarière. Tous ces insectes subissent des métamorphoses complètes ; leurs larves sont dépourvues de pattes, ont la tête molle et la bouche munie de deux crochets. Tantôt elles changent plusieurs fois de peau et se filent une coque pour se transformer ; tantôt elles ne muent pas, et leur peau, durcie et racornie, devient pour la nymphe une coque solide, ayant l'apparence d'une gaîne.

Un assez grand nombre de diptères nous sont fort incommodes par leurs piqûres, ou nous portent préjudice, soit en piquant la peau des animaux domestiques pour vivre de leur sang ou pour y déposer leurs œufs, soit en infectant, pour les mêmes motifs, les viandes que nous conservons. Ceux qui nous tourmentent le plus, personnellement, sont les **cousins** (*culex* L.), qui sont répandus depuis la zone équatoriale, où on leur donne les noms de *moustiques* et de *maringouins*, jusque sous le cercle polaire. Ils habitent principalement le voisinage des eaux, à la surface desquelles les femelles déposent leurs œufs, et où leurs larves vivent et éprouvent toutes leurs métamorphoses. Les insectes parfaits ont le corps et les pieds fort allongés et velus ; les antennes très garnies de poils et formant un panache chez les mâles ; les palpes avancés, filiformes, velus, de la longueur de la trompe et composés de cinq articles chez les mâles, plus courts et moins articulés chez les femelles ; la trompe composée d'un tube membraneux, terminé par deux lèvres formant un petit renflement, et d'un suçoir de cinq filets écailleux produisant l'effet d'un aiguillon.

On sait combien ces insectes sont importuns et fâcheux ; avides de notre sang, ils nous poursuivent partout, entrent dans nos habitations, particulièrement le soir, s'annoncent par un bourdonnement aigu, et percent notre peau, que nos vêtements ne garantissent pas toujours. Ils distillent dans la plaie une liqueur venimeuse qui y détermine une vive irritation et de l'enflure. Dans les pays chauds, on se préserve de leurs atteintes en enveloppant sa couche d'une gaze ; dans les pays froids , on les éloigne par le feu.

Les **taons** (*tabanus* L.) ressemblent à de grosses mouches un peu velues , et sont connus par les tourments qu'ils font éprouver aux chevaux et aux bœufs , dont ils percent la peau et sucent le sang. Ils ont la tête aussi large que le thorax, presque hémisphérique et presque entièrement couverte par deux yeux d'un vert doré , avec des taches pourpres. Les ailes sont étendues horizontalement de chaque côté du corps ; les cuillerons recouvrent presque entièrement les balanciers ; l'abdomen est triangulaire et déprimé ; les tarses ont trois pelotes. Ces insectes commencent à paraître vers la fin du printemps et volent en bourdonnant. Ils poursuivent même l'homme ; mais les bêtes de somme, n'ayant pas les moyens de les repousser, sont plus exposées à leurs attaques.

Les **œstres** (*œstrus* L.) ont le port d'une grosse mouche très velue, et leurs poils sont souvent colorés par zones, comme ceux des bourdons. A la place de la bouche, ils n'offrent que trois tubercules, ou de faibles rudiments de la trompe et des palpes. Leurs antennes sont très courtes et terminées par une palette arrondie, portant une soie simple. Leurs ailes sont écartées ; les cuillerons sont grands, et cachent les balanciers ; les tarses sont terminés par deux crochets et deux pelotes.

On trouve rarement ces insectes à l'état parfait, le temps de leur apparition étant très borné. Ils déposent leurs œufs sur le corps de plusieurs quadrupèdes herbivores, tels que le bœuf, le cheval, l'âne , le renne, le cerf, le chameau, le mouton, le lièvre même, qui paraissent tous craindre singulièrement l'insecte, lorsqu'il cherche à faire sa ponte. Chaque espèce d'œstre est ordinairement parasite d'une même espèce de mammifère , et choisit pour placer ses œufs la partie du corps qui convient le mieux à ses larves, soit qu'elles doivent y rester, soit qu'elles doivent passer de là dans un endroit plus favorable à leur développement. C'est ainsi que l'**œstre du bœuf** dépose ses œufs, un à un, sous le cuir des bœufs et des vaches âgés de deux ou trois ans au plus, et les mieux portants. Il s'y forme des bosses ou des tumeurs, dont le pus intérieur alimente la larve. Les chevaux y sont aussi sujets. L'**œstre du cheval** dépose ses œufs, sans presque se poser, se balançant dans l'air et par intervalles , sur la partie interne de ses jambes et sur les côtés de ses épaules , où la bouche du cheval va les prendre , pour leur ouvrir la route de l'estomac. L'**œstre hémorrhoïdal** place les siens sur les lèvres mêmes du cheval, d'où ses larves parviennent, ainsi que les précédentes, dans l'estomac de l'animal, où elles vivent de l'humeur sécrétée par sa membrane interne. L'**œstre du mouton** place ses œufs sur le bord interne des narines de ce quadrupède, qui s'agite alors et fuit la tête baissée. La larve s'insinue dans les sinus maxillaires et frontaux, se fixe à la membrane qui les tapisse, au moyen de deux forts crochets dont sa bouche est armée, et y reste depuis le mois de juin ou de juillet, jusqu'au mois d'avril de l'année suivante. Lorsqu'il se trouve plusieurs larves dans les sinus d'un mouton, l'animal peut tomber frappé de vertige. Lorsque toutes ces larves ont acquis leur dernier accroissement, elles quittent leur demeure, par une des voies naturelles du quadrupède, se laissent tomber à terre et s'y cachent pour se transformer en nymphe sous leur propre peau, ainsi que le font les diptères de la même famille (celle des athéricères).

ORDRE DES APHANIPTÈRES, OU DES SUCEURS.

Cet ordre ne renferme qu'un seul genre, celui des **puces** (*Pulex* L.), dont le corps est ovale, comprimé latéralement, revêtu d'une peau cartilagineuse, et divisé en douze segments, dont trois composent le thorax, qui est court, et les autres l'abdomen. La tête est petite, très comprimée, arrondie en dessus, tronquée et ciliée en avant; elle a, de chaque côté, un petit œil arrondi, derrière lequel est une fossette où l'on découvre un petit corps mobile, garni de quelques épines. Au bord antérieur, tout près du bec, sont insérées deux antennes composées de quatre articles. La bouche est en forme de bec ou de suçoir, et présente trois soies renfermées entre deux lames articulées, dont la base est recouverte par deux écailles mobiles. Ce suçoir est ordinairement caché entre les hanches des pattes antérieures, qui sont dirigées dans le sens de la tête. Comme les hanches de toutes les pattes sont très développées, celles ci paraissent composées de quatre parties: les jambes et les tarses ont tous cinq articles et sont très épineux. Les pattes postérieures sont plus fortes et plus longues que les autres, et sont conformées pour le saut.

Dans la **puce commune** (fig. 511), qui vit du sang de l'homme et de celui des animaux qui habitent avec lui, le mâle est beaucoup plus petit que la femelle et se trouve renversé entre ses pattes pendant l'accouplement, durant lequel la femelle l'emporte avec elle dans les sauts qu'elle fait pour se soustraire aux dangers qui peuvent la menacer.

Fig. 511.

La femelle pond une douzaine d'œufs qui sont arrondis, un peu allongés, blancs, lisses, polis, assez semblables à la graine de perles. En secouant, pendant l'été, les coussins où les chiens et les chats dorment habituellement, on en fait tomber un nombre considérable qu'il faut éviter de laisser glisser dans les fentes des parquets ou dans les encoi gnures des appartements où ils écloraient; il faut au contraire les détruire avec soin. Les larves qui en sortent ressemblent à de petits vers sans pieds et très vifs qui, après 12 ou 15 jours, se filent une petite coque soyeuse où elles se changent en nymphes. Elles en sortent à l'état parfait après un espace de temps à peu près égal. On connaît en Amérique, sous le nom de *chique* (*pulex penetrans* L.), une espèce de puce fort incommode, qui s'introduit sous les ongles des pieds ou sous la-peau du talon, et y devient bientôt du volume d'un petit pois, par le prompt accroissement des œufs que renferme son abdomen. La famille nombreuse à laquelle elle donne naissance occasionne, par son séjour dans la plaie, un ulcère difficile à guérir et quelquefois mortel. On se préserve de ces accidents en entretenant la propreté des pieds et en les lavant avec une décoction de tabac. Les nègres savent aussi extraire avec adresse l'animal de la partie du corps où il s'est établi.

ORDRE DES ANOPLOURES, OU DES PARASITES.

Les insectes de cet ordre vivent tous à la surface du corps des animaux; ils ont six pieds comme tous les vrais insectes et sont complétement aptères, ainsi que les aphaniptères et les thysanoures; ils n'ont que deux ou quatre-petits yeux lisses; leur bouche est en grande partie intérieure et ne présente au dehors qu'un museau ou mamelon avancé, renfermant un suçoir rétractile, ou deux lèvres rapprochées avec deux mandibules en forme de crochets. Ils ne subissent aucune métamorphose. C'est dans cet ordre que l'on trouve le genre des **poux** (*pediculus* de G.). Ils ont le corps aplati, presque transparent, distinct de la tête, et composé de 9 à 10 anneaux, dont les trois antérieurs, appartenant au thorax, portent les trois paires de pattes; les stigmates sont très distincts. Ils ont pour bouche un mamelon très petit, tubulaire, situé à l'extrémité antérieure de la tête et renfermant un suçoir; leurs antennes sont courtes, composées de cinq articles; leurs yeux sont au nombre de deux seulement, lisses et situés aux deux côtés de la tête; leurs pattes sont de longueur à peu près égale, et formées de plusieurs articles dont le dernier est armé d'un ongle très fort qui peut se replier sur l'extrémité de l'article faisant saillie, ce qui permet à l'insecte de s'accrocher solidement aux cheveux de l'homme, ou aux poils des animaux dont il suce le sang.

L'homme nourrit trois espèces de poux: celui *de la tête* (*pediculus humanus capitis* de Geer) est gris cendré, taché de brunâtre. Il a le corps ovoïde allongé, un peu atténué à l'extrémité, et les lobes de l'abdomen arrondis. Le mâle est plus petit que la femelle, pourvu à l'extrémité d'une petite pièce conique. La femelle est au contraire un peu échancrée à l'extrémité (fig. 512); après l'accouplement, elle pond, en six jours de temps, une cinquantaine d'œufs qui éclosent en six autres jours, et les petits qui en proviennent ont pris tout leur accroissement, s'accouplent et pondent au bout de 18 jours; en sorte que, en supposant toutes les circonstances favorables, la seconde génération d'une seule femelle pourrait s'élever à 2500 individus, la troisième à 125000, etc. Cet insecte habite la tête des hommes malpropres et surtout des enfants; on le détruit par les préparations de soufre, de mercure, l'eau de savon, les poudres ou décoctions de staphisaigre, de cévadille, de coque du Levant, de tabac, de jusquiame; mais surtout par une grande propreté.

Fig. 512.

Le **pou du corps humain** est blanc, étiolé, avec les yeux brunâtres et les bords de l'abdomen dentelés. Il pullule d'une manière effrayante dans certaines maladies, et peut amener le dépérissement de l'individu. Le **pou du pubis**, ou **morpion**, diffère des deux précédents par son corps large et arrondi, son thorax très court et se confondant presque avec l'abdomen, et ses quatre pieds postérieurs très forts. Il s'attache aux poils des parties sexuelles et aux sourcils; sa piqûre est très forte. On s'en débarrasse par les moyens déjà indiqués, et surtout par des lavages avec une faible dissolution de deutochlorure de mercure.

Il existe, sans aucun doute, d'autres espèces de poux sur un grand nombre de quadrupèdes et sur les oiseaux; mais ils sont peu connus et il n'est pas certain que tous doivent être comptés au nombre des insectes aptères. La **tique des chiens**, ou **ricin**, et la **smaridie des moineaux**, entre autres, appartiennent aux arachnides trachéennes.

(1) Figure 512. Pou femelle, vu du côté du ventre, *a* œufs ou *lentes* fixées sur un cheveu.

SEPTIÈME CLASSE : LES ARACHNIDES (1).

Les arachnides sont des animaux articulés, organisés pour vivre dans l'air comme les insectes ; mais qui en diffèrent parce qu'elles ont toutes la tête confondue avec le thorax, pas d'antennes, des yeux simples en nombre pair, quatre paires de pattes et jamais d'ailes. Enfin le plus grand nombre respirent à l'aide de cavités pulmonaires et ont un système circulatoire complet.

Les arachnides pondent des œufs comme les insectes ; un certain nombre les enveloppent dans un cocon de soie, et quelquefois la mère demeure avec sa jeune famille pour la protéger. Elles subissent toutes plusieurs mues avant d'arriver à l'état adulte, et quelques unes éprouvent une sorte de métamorphose, qui consiste en ce qu'elles n'ont que trois paires de pattes dans leur jeune âge et qu'elles n'acquièrent la quatrième paire qu'à un âge plus avancé.

On divise les arachnides en deux ordres fondés sur leur mode de respiration et de circulation. On nomme *pulmonaires* celles qui ont à l'intérieur plusieurs cavités garnies d'une multitude de lamelles, où leur sang, qui est blanc, reçoit l'action de l'air atmosphérique ; leurs yeux sont au nombre de huit ou de six. On nomme *araignées trachéennes* celles qui, respirant par des trachées, n'ont que des vestiges d'organes circulatoires ; les yeux sont, au plus, au nombre de quatre.

Les ARACHNIDES PULMONAIRES forment deux familles :

1° Les *aranéides*, dont les palpes sont petits, en forme de pieds, et non terminés par une pince ; on les nomme aussi *pulmonaires fileuses*. On y trouve les *mygales* et les *araignées*.

2° Les *pédipalpes*, dont les palpes sont très grands, et terminés par une pince ou une griffe qui en fait un puissant organe d'appréhension. Cette famille comprend les *phrines* et les *scorpions*.

Les **mygales** sont remarquables par la force de leurs mandibules et de leurs pattes ; leurs yeux, au nombre de huit, sont situés à l'extrémité antérieure du céphalothorax (2) ; leurs palpes partent de l'extrémité des mâchoires et ressemblent à des pattes composées de six articles,

---

(1) Je passe la petite classe des MYRIAPODES que Latreille et Cuvier comprenaient encore parmi les insectes, mais qui en diffèrent par un corps très allongé, toujours privé d'ailes, et composé d'un très grand nombre d'anneaux dont chacun porte une paire de pattes. Cependant leur organisation intérieure les rapproche des insectes. Cette classe comprend les *scolopendres* et les *iules* de Linné, subdivisés aujourd'hui en un certain nombre de genres.

(2) On désigne ainsi le lobe antérieur du corps des arachnides, formé par la réunion de la tête et du thorax.

dont la mâchoire serait le premier. Chacun de ces palpes est terminé par un fort crochet replié en dessous ; on admet aussi que, chez les mâles, ces palpes portent à l'extrémité leurs organes générateurs. Leurs serres frontales, ou mandibules, sont terminées par un crochet mobile, replié inférieurement et offrant à son extrémité, toujours très pointue, une petite fente pour la sortie du venin contenu dans une glande renfermée dans la mandibule. L'abdomen est suspendu au thorax par un court pédicule ; il renferme le canal intestinal et ses annexes, quatre poches pulmonaires communicant avec l'extérieur par autant de petites ouvertures placées à la face inférieure, et, dans les femelles, deux ovaires conduisant à deux oviductes qui débouchent dans une même vulve placée assez près du pédicule. L'anus est à l'extrémité du ventre, entouré de quatre mamelons par lesquels s'échappe la soie élaborée dans des vaisseaux intérieurs très compliqués.

Fig. 513.

C'est à ce genre qu'appartiennent les plus grandes aranéides. Dans l'Amérique méridionale, on en trouve une espèce, la *mygale oviculaire* (fig. 513), qui atteint quelquefois 55 millimètres de longueur et qui, lorsque ses pattes sont étendues, occupe un espace circulaire de 22 à 24 centimètres. On assure que ces énormes araignées sont assez fortes pour s'emparer des colibris et des oiseaux-mouches. Leur corps est entièrement velu et d'un brun noirâtre. Elles établissent leur domicile dans les gerçures de l'écorce des arbres ou entre des pierres, et se construisent, pour demeure, un tube d'un tissu très fin et serré. Elles passent pour venimeuses. On en trouve d'autres espèces plus petites, dans le midi de l'Europe, qui se creusent, dans les lieux secs et montueux, des galeries souterraines dont elles tapissent l'intérieur d'un tissu soyeux, et dont elles ferment l'entrée à l'aide d'un couvercle à charnière, formé de fils de soie mélangés de terre gâchée.

Les **araignées** diffèrent des mygales parce qu'elles n'ont qu'une paire de sacs pulmonaires et de stigmates, par leurs palpes insérés sur le côté extérieur et près de la base des mâchoires, et par le nombre de leurs filières, qui est de six. On les divise en *araignées sédentaires*, qui font des toiles, ou jettent au moins des fils pour surprendre leur proie, et se tiennent tout auprès, ainsi que près de leurs œufs ; et en *araignées vagabondes*, qui ne font pas de toile, saisissent leur proie à la course ou en sautant sur elle. A la première section appartiennent les **araignées** proprement dites, qui construisent dans l'intérieur de nos habitations, aux angles des murs, sur les plantes, etc., une toile grande, à peu près horizontale, à la partie supérieure de laquelle est un tube de soie, où elles se tiennent en embuscade, sans faire aucun mouvement. Au nombre des araignées vagabondes se trouvent les **lycoses** de Latreille, dont une espèce a reçu le nom de **tarentule**, de celui de la ville de Tarente, en Italie, aux environs de laquelle elle est commune. Cette espèce jouit d'une grande célébrité, en raison des fables débitées à son sujet. On a répandu l'opinion que sa morsure était mortelle pour l'homme ; mais qu'on s'en guérissait en dansant longtemps au son de la musique. Si le fait était vrai, il faudrait en conclure que le venin de la tarentule est moins délétère qu'on ne le suppose ; dans tous les cas, la médecine offrirait des moyens plus sûrs de guérison.

Les PÉDIPALPES diffèrent beaucoup des aranéides, non seulement à cause de leurs palpes très grands et terminés par une pince ou une griffe, mais encore par leur abdomen à segments très distincts et sans filières au bout. Les uns ont l'abdomen plus ou moins pédiculé, sans lames ni aiguillon à son extrémité ; leurs stigmates, au nombre de quatre, sont situés près de l'origine du ventre et recouverts d'une plaque cornée ; leurs palpes sont terminés seulement par un crochet mobile : on en fait deux genres, les *phrines* et les *théliphones*. Les autres ont l'abdomen réuni au thorax dans toute sa largeur, offrant à la base de sa partie inférieure deux lames mobiles en forme de peignes, et ter-

Fig. 514.

miné par une queue noueuse, armée à l'extrémité d'un aiguillon venimeux ; leurs stigmates sont au nombre de huit, découverts et disposés quatre par quatre, de chaque côté de la longueur du ventre. Leurs palpes sont très forts, courbés en avant en arc de cercle, et terminés par deux doigts en forme de pince, dont l'extérieur est mobile. Ils forment le genre des **scorpions**, et sont redoutés pour la violence de leur venin. Le **scorpion d'Afrique** est long de 13 à 16 centimètres, d'un brun noirâtre, pourvu de huit yeux, et de treize dents aux lames abdominales. Il habite aussi l'Asie et l'île de Ceylan. Le **scorpion roussâtre** (fig. 514) atteint seulement 55 millimètres de longueur ; il a huit yeux comme le précédent ; les serres de ses palpes sont très larges et massives ; la queue est plus longue que le tronc, munie au-dessus de chaque article d'une arête raboteuse ; ses peignes sont à quatorze dentelures; il habite l'Algérie et l'Espagne : sa piqûre est dangereuse.

Le **scorpion d'Europe** se trouve dans le midi de la France; il n'atteint guère que 27 millimètres de longueur. Il est d'un brun noirâtre, à serres anguleuses, à queue plus courte que le corps. Il n'a que six yeux et neuf dentelures aux peignes. Il ne paraît pas que sa piqûre soit suivie de graves accidents.

Dans les ARACHNIDES TRACHÉENNES, les organes respiratoires consistent en trachées qui reçoivent l'air par deux *stigmates*, et le distribuent dans tout l'intérieur du corps, afin de suppléer au défaut de circulation du sang ; leurs yeux sont au nombre de deux ou de quatre, ou manquent tout à fait. On divise cet ordre en trois familles, sous les noms de *faux scorpions*, de *phalangites* et d'*acarides*. Ces derniers seuls vont nous occuper.

Les *acarides* ou les *mites* ont le thorax et l'abdomen réunis en une seule masse, sous un épiderme commun ; le thorax est tout au plus divisé en deux, par un étranglement; leur bouche est conformée en suçoir, et leurs organes de mastication sont plus ou moins enfermés dans une gaîne ou une sorte de cuiller formée par la lèvre inférieure. Les palpes maxillaires sont libres, et leur extrémité est ordinairement armée d'un crochet ou d'une petite pince. Les uns ont quatre ou deux yeux ; d'autres un seul; et plusieurs en sont tout à fait privés. Ils naissent en général avec six pattes, et n'en acquièrent une quatrième paire qu'après leur première mue. La plupart de ces animaux sont très petits et presque microscopiques; ils sont ovipares et pullulent beaucoup. Les uns sont errants sous les pierres, les feuilles, les écorces d'arbres, dans la terre, sous l'eau, partout où il peut se trouver des matières organiques en décomposition, et principalement dans la farine, sur la viande, les animaux desséchés dans les collections, le fromage, les vieux ulcères, etc. D'autres vivent en parasites sur la peau ou dans la chair des animaux vivants, et peuvent les affaiblir beaucoup par leur excessive multiplication. D'autres encore paraissent être la cause première de maladies contagieuses. Des habitudes aussi variées devaient amener de grandes différences d'organisation dans des êtres que leur petitesse rend en apparence assez semblables; aussi le nombre de ceux qui sont connus est-il déjà fort considérable. Je mentionnerai seulement :

1. La **tique des chiens**, que les Latins nommaient *ricinus*, et les Grecs, *croton* (χρότων). Latreille aurait mieux fait de prendre l'un ou l'autre de ces noms comme appellation générique, que de former le mot *ixode* (visqueux) qui n'a aucun rapport avec cette petite arachnide. M. Duméril la nomme *croton ricinus:* elle habite les arbustes peu élevés, dans les bois, et s'attache aux oreilles des chiens, aux fanons des

bœufs et aux chevaux ; elle engage tellement son suçoir dans leur chair qu'il faut un assez grand effort pour l'en détacher : elle était auparavant très aplatie avec les pattes fort distinctes ; mais quand elle a été fixée pendant quelque temps comme parasite, son corps se gonfle comme une vessie ; elle ressemble alors à une verrue arrondie ou ovale, portée sur un court pédicule, formé par la réunion de toutes les pattes insérées près du suçoir. Les piqueurs lui donnent le nom de *louvette*.

2. Le **lepte rouget** (*acarus autumnalis* L.) qui est très commun au mois d'août sur les graminées et d'autres plantes ; on l'observe souvent aussi dans les jardins, au sommet des mottes de terre, au haut des échalas, sur les pommes des caisses d'orangers, etc., où il attend le moment de pouvoir s'accrocher aux passants. Il est à peine visible à la vue, lorsqu'il est isolé ; sa bouche consiste seulement en une sorte de bec sans mâchoires ; il cause des démangeaisons fort vives et même de l'inflammation à la peau. L'alcool et le vinaigre camphré, et les préparations mercurielles le font périr. On le trouve représenté avec six pattes dans l'*Atlas du Dictionnaire des sciences naturelles*, et avec huit dans celui du *Règne animal* de Cuvier.

3. **Mite domestique** (*acarus domesticus*), de Geer, *Insect.*, t. VII, pl. V, fig. 1 à 8. Mite blanche à deux taches brunes, à corps hérissé de longs poils, ovale avec un rétrécissement au milieu, à pattes égales.

Ce petit être microscopique et le suivant auraient peu d'intérêt pour nous s'ils ne se trouvaient mêlés, jusqu'à un certain point, à l'histoire de la gale humaine. Il vit en grande quantité sur le vieux fromage, sur la viande sèche ou fumée, sur les oiseaux et les insectes desséchés des cabinets d'histoire naturelle ; on l'aperçoit à peine, à la vue simple. Il est d'un blanc sale, avec deux taches brunes internes, que l'on distingue à travers le corps. Sa partie antérieure est conique et se termine par une petite tête à peine distincte du reste, munie d'un très petit bec composé de deux pièces dentelées, et accompagné, à la base, de deux tentacules dirigés en avant. Les deux paires de pattes antérieures sont dirigées vers la tête et les deux autres vers le côté opposé ; les unes et les autres sont articulées, de longueur à peu près égale, munies à l'extrémité d'une petite pelote ovale, qui sert à l'insecte à se maintenir sur les corps étrangers, dans toutes les positions. Il court avec beaucoup d'agilité : c'est lui que j'ai trouvé dans la vermoulure des cantharides nouvelles. (*Journ. chim. méd.*, t. III, 1827, p. 440, *second insecte.*)

4. **Mite de la farine** (*acarus farinæ*), de Geer, VII, pl. V, fig. 15. Mite allongée, blanche, à tête roussâtre, à grosses pattes coniques égales, roussâtres.

Cet acarus est plus petit que le précédent, à corps ovale et allongé ;

sa tête est grosse, conique, et s'avance en forme de museau. Ses pattes diminuent peu à peu de volume et se terminent en pointe mousse, sans pelote transparente, mais avec un petit crochet à l'extrémité ; les côtés du corps et les pattes sont garnies d'un certain nombre de poils assez longs, et celui qui sort de l'avant-dernière articulation de chaque patte est plus fort que les autres. Cet acarus a une démarche très lente ; je l'ai observé, en quantité innombrable, dans des cantharides qui avaient été mouillées d'acide pyroligneux, dans le but de les conserver (*Journ. chim. méd.*, t. III, p. 438-440). Il se répand avec une grande facilité sur le corps humain, sans y produire la gale. Supposant anciennement que cet *acarus* était le même que celui trouvé par Galès, dans les vésicules de la gale, j'en avais conclu qu'il n'était pas essentiel à la production de cette maladie, laquelle pouvait exister sans lui. J'ajoutais que si on le suppose amené d'ailleurs, il s'attachera aux pustules et s'y multipliera, comme dans tous les lieux humides où se trouvent des matières animales en décomposition. Aujourd'hui encore je regarde cette conclusion comme l'expression de la vérité ; seulement il faut y ajouter que, indépendamment de cet acarus accidentel, il en existe un autre essentiel à la production de la gale humaine, qui avait été vu avant Galès, qui lui a échappé, et que d'autres, plus habiles, ont retrouvé depuis.

5. **Mite rhomboïdale.** Puisque je me suis trouvé amené à parler des mites développées dans les cantharides vermoulues, je donnerai ici les caractères et la figure de la troisième espèce mentionnée dans le mémoire précité, p. 441 ; ne l'ayant pas trouvée décrite dans de Geer, ni ailleurs, je puis supposer qu'elle est nouvelle (1). — Mite parfaitement visible à la vue simple, munie de huit pattes semblables à celles du sarcopte de Galès, ou de la mite de la farine ; mais elle a une marche bien plus rapide, sans cependant avoir la vélocité de l'acarus domestique. Elle est presque entièrement dépourvue de poils; sa tête, qui est très mobile (fig. 515), est armée de deux forts tentacules, semblables à des pieds courts, épais, contractiles et terminés chacun par un doigt mobile et par un autre appendice plus petit, qui en forme une sorte de main. Dans

Fig. 515.

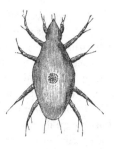

(1) Bory de Saint-Vincent a décrit, dans les *Annales des sciences naturelles*, Paris, 1828, t. XV, p. 125, un *acarus* assez semblable à celui-ci, mais d'une espèce évidemment distincte. D'ailleurs les circonstances dans lesquelles l'*acarus* de Bory de Saint-Vincent a été observé sont essentiellement différentes : il naissait par milliers sur le corps d'une femme qui avait l'apparence de la santé, mais qui mourut quinze jours après.

sa jeunesse, cette mite n'a que six pieds. Ses deux tentacules, qui sont alors presque soudés avec la tête, sont très peu mobiles.

6. **Sarcopte de la gale**, de Galès. Je reviens sur cet acarus dont l'histoire se trouve liée à celle de la gale humaine. Galès, qui était à la fois pharmacien en chef de l'hôpital Saint-Louis et docteur en médecine, a publié, en 1812, une dissertation sur la gale (1), accueillie d'abord avec une grande faveur; mais qui l'a laissé en butte, plus tard, à la plus grave des accusations. Dans cette thèse, après avoir rendu pleine justice aux observateurs qui l'avaient précédé, et principalement à Abynzoar, médecin arabe du XIIᵉ siècle; à Moufet, naturaliste anglais; à Cestoni, à Linné et à de Geer, Galès rend compte de ses propres observations sur l'insecte de la gale, et annonce en avoir vu plus de 300, ayant constamment la

Fig. 516.

même forme, à cela près de la grosseur et du nombre des pattes, qui était tantôt de six, tantôt de huit. Galès n'a donné aucune description de l'insecte observé par lui, et s'est borné à en faire dessiner la figure que je reproduis ici (fig. 516). Il est évident que cet insecte diffère totalement de celui décrit par tous les auteurs, et l'on trouve également qu'il offre la plus grande ressemblance avec la mite de la farine décrite et figurée par de Geer. Faut-il croire que Galès, ainsi que M. Raspail l'en a accusé, a voulu tromper sciemment le monde savant, en présentant la mite du fromage au lieu et place de celle de la gale, qu'il n'avait pas su trouver? Je ne puis admettre cette accusation infamante : d'abord parce que ce n'est pas à la mite du fromage que ressemble le dessin de Galès, c'est à la mite de la farine gâtée; ensuite parce que Galès prévient lui-même de la différence qui existe entre l'insecte trouvé par lui et celui observé par de Geer et Cestoni; et plutôt que de soupçonner l'exactitude de de Geer, il en conclut qu'il doit y avoir plusieurs espèces d'acarus à la gale. Il trouve ensuite que la mite de la farine se rapporte si exactement à l'insecte qu'il a trouvé dans la gale, qu'il lui serait presque impossible de le décrire autrement; ce qui semblerait absoudre Linné du reproche qu'on lui fait d'avoir considéré ces deux cirons comme des variétés l'un de l'autre. Enfin, malgré leur ressemblance, Galès croit pouvoir dire que les deux insectes sont différents, celui de la farine s'étant montré tout à fait inerte pendant une nuit passée sur son bras, tandis que la

(1) *Essai sur le diagnostic de la gale*, etc. Paris, 1812, in-4°.

mite de la gale la lui a inoculée. Tout cela me paraît dit de trop bonne foi pour y soupçonner de l'imposture, et je suis porté à croire que Galès, ne cherchant pas la mite de la gale là où elle se trouve (dans les sillons qu'elle se creuse sous la peau), mais trouvant dans les pustules purulentes, ou dans les *croûtes* (p. 21) résultant d'une gale ancienne accompagnée d'une grande malpropreté, un *acarus* analogue à celui de la farine gâtée, aura pris cet insecte pour celui qui donne la gale et l'aura décrit comme tel. Cela est d'autant plus probable qu'il dit (p. 22) avoir remarqué nombre de fois, dans le fluide où se trouvait son sarcopte, un autre petit insecte d'une telle ténuité et si agile, qu'il n'a pu en saisir la forme. C'est là de la maladresse, de l'inhabileté; mais ce n'est pas de la fourberie.

7. **Mite de la gale,** ou *acarus scabiei* de de Geer; *acarus exulcerans* L.; *acarus humanus subcutaneus*, Geoffr.

« Dans les ulcères produits par la gale sur les mains et les autres parties du corps humain, on trouve de très petites mites qui sont l'unique cause de cette maladie. Linné, qui d'abord leur avait donné le nom d'*acarus humanus subcutaneus*, mais qui ensuite les a regardées à tort comme ne formant qu'une espèce avec celles de la farine et du vieux fromage, en parle de cette manière : « Cette mite habite sous la peau » humaine, où elle cause la gale; elle y produit une petite vésicule d'où » elle ne s'éloigne guère. Après avoir suivi les rides de la peau, elle » se repose et excite une démangeaison. Celui qui y est accoutumé peut » la voir à l'œil simple, au-dessous de l'épiderme, et il est facile de » l'ôter avec la pointe d'une épingle. Elle est très petite de forme ar-» rondie, et sa tête n'est presque pas visible; la bouche et les pattes » sont rousses ou jaunâtres; le ventre est ovale, d'apparence aqueuse; » le dos est marqué de deux lignes courbes brunes. »

» Les huit pattes de notre mite sont en général assez courtes; les pattes antérieures sont grosses, de figure conique, divisées en plusieurs articulations, ayant des poils dont quelques uns sont assez longs. Elles portent à l'extrémité une longue partie déliée, droite et cylindrique, terminée par une petite vessie arrondie que la mite appuie sur la place où elle marche. Cette partie déliée est mobile sur le reste de la jambe avec laquelle elle fait des angles différents, à la volonté de l'animal. Les quatre pattes postérieures sont placées à une certaine distance des premières, et sont encore plus courtes; mais elles sont terminées par une partie déliée, fort longue et de couleur brune, qui m'a paru être un peu courbée, et à l'extrémité de laquelle je n'ai pu distinguer de boule vésiculeuse. » (De Geer.)

Nous avons vu plus haut comment Galès, oubliant les instructions de ses devanciers, n'avait pas su trouver l'acarus de la gale et en avait pris un autre pour lui. Pendant vingt-deux ans, les médecins français, égarés par les conseils de Galès, ne furent pas plus heureux, et en vinrent à penser que l'acarus de la gale n'existait pas. Mais en 1834, M. Renucci, élève en médecine, natif de Corse, où la gale est commune, ayant fait connaître la manière de trouver l'*acarus scabiei*, il fut alors facile de l'étudier. La figure que j'en donne ici (fig. 517) est, je crois, celle qui a été publiée par M. Renucci. M. Raspail en a publié

Fig. 517.

une autre dans son *Nouveau système de chimie organique* (pl. XV, fig. 1, 2, 3), et en a donné une description plus complète, mais identique, dans ses parties essentielles, avec celle de de Geer. Enfin M. le docteur Bourguignon a vu, en 1850, ses recherches sur la gale humaine honorées d'une récompense par l'Académie des sciences. Il s'est surtout livré à l'examen microscopique le plus complet de l'*acarus scabiei*, et en a dessiné un très grand nombre de figures qui sont jointes à un Mémoire actuellement sous presse, pour être publiées dans la *Collection des savants étrangers*, t. XII, à laquelle je suis obligé de renvoyer.

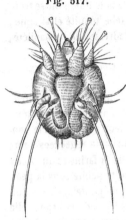

On a observé des *acarus* sur divers animaux attaqués de gale, tels que le cheval, le chameau, le mouton, le chat, le chien et le renard. Chacun de ces *acarus* paraît propre à l'espèce qui le porte, et est très probablement la cause de la maladie et celle de sa transmission. Des expériences faites notamment par Walz, sur les *acarus* du mouton et du renard, paraissent prouver, de plus, que ces insectes ne sont pas transmissibles d'une espèce de quadrupède à l'autre, ni du quadrupède à l'homme ; ou plutôt qu'ils ne s'y propagent pas et qu'ils y meurent bientôt après. D'un autre côté, un très grand nombre de faits établissent que le contact d'un cheval, d'un chien, d'un chat, d'un chameau galeux, peut développer dans l'homme une maladie de la peau qui a beaucoup d'analogie avec celle qui lui a donné naissance. Ce sujet, qui est d'une grande importance à cause des rapports fréquents de l'homme avec ces animaux, réclame donc de nouvelles recherches.

CLASSE DES CRUSTACÉS.

La classe des crustacés comprend tous les animaux articulés et à pattes articulées, qui sont pourvus d'un cœur et de branchies, pour respirer dans l'eau. Les crabes et les écrevisses forment le type de ce groupe ; mais on y range un grand nombre d'animaux dont la structure est beaucoup moins compliquée et dont la forme extérieure est différente. Les derniers crustacés sont même si imparfaits qu'ils ne peuvent vivre que fixés en parasites sur d'autres animaux, et que beaucoup de naturalistes les ont rangés parmi les vers intestinaux.

Le squelette tégumentaire des crustacés offre en général une consistance considérable et une dureté pierreuse dues à la présence d'une grande proportion de carbonate calcaire. On peut considérer cette enveloppe solide comme une espèce d'épiderme qui se détache et tombe à certaines époques. On comprend, en effet, la nécessité de cette mue, chez des animaux dont tout le corps est enfermé dans une gaîne solide qui, ne pouvant croître comme les organes intérieurs, opposerait à leur développement un obstacle invincible, si elle ne tombait au moment où elle est devenue trop petite pour les loger commodément. En général, les crustacés sortent de leur ancien test sans y occasionner la moindre déformation, et, lorsqu'ils le quittent, toute la surface de leur corps est déjà revêtue de sa nouvelle gaîne; mais celle-ci est très molle et n'acquiert la solidité qu'elle doit avoir qu'au bout de quelques jours.

Les crustacés sont tous ovipares. Les femelles se distinguent en général des mâles par la forme plus élargie de leur abdomen. Après avoir pondu leurs œufs, elles les portent pendant un certain temps, suspendus sous cette partie du corps, ou même renfermés dans une espèce de poche formée par des appendices appartenant aux pattes. Quelquefois les petits naissent dans cette poche et y restent jusqu'à ce qu'ils aient subi leur première mue. En général, les jeunes n'éprouvent pas de véritable métamorphose, et acquièrent seulement quelquefois un plus grand nombre de pattes.

M. Milne Edwards divise les crustacés en trois groupes naturels d'après la conformation de leur bouche, savoir :

1° Les CRUSTACÉS MASTICATEURS, dont la bouche est munie de mâchoires et de mandibules propres à la mastication.

2° Les CRUSTACÉS SUCEURS, dont la bouche est composée d'un bec tubuleux armé de suçoirs.

3° Les CRUSTACÉS XIPHOSURES, dont la bouche ne présente pas d'appendices qui lui appartiennent en propre, mais qui est entourée de pattes dont la base fait l'office de mâchoires.

Les CRUSTACÉS MASTICATEURS comprennent le plus grand nombre de ces animaux et ceux dont l'organisation est la plus compliquée. M. Milne Edwards les a divisés en neuf ordres d'après les caractères suivants.

CRUSTACÉS MASTICATEURS

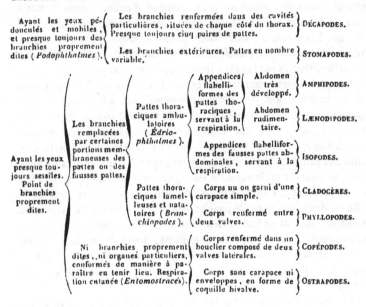

Les CRUSTACÉS DÉCAPODES forment trois tribus distinguées par la conformation de l'abdomen et par la position des ouvertures destinées au passage des œufs. La première tribu, qui a reçu le nom de DÉCA-PODES BRACHYURES, se compose des crustacés connus vulgairement sous le nom de *cancres* ou de *crabes*, dont l'abdomen est presque rudimen-taire, et qui ne ont en apparence composés que d'un large thorax en forme de gâteau aplati, portant, à la partie antérieure, les yeux, la bouche et les antennes, et renfermant l'estomac, le foie, les branchies, le cœur et les organes de la génération qui sont doubles dans les deux sexes, et qui s'ouvrent par deux ouvertures percées dans le bouclier inférieur. Ils ont cinq paires de pattes, dont celles de la première paire se terminent par une forte pince très solide, en forme de main. Les crabes les plus communs sur nos côtes sont le **crabe commun** (*can-cer mœnus* L.), et le **tourteau** ou **poupart** (*cancer pagurus* L.), dont la chair est assez estimée; il pèse quelquefois 2 kilog. 500 gram.

La deuxième tribu, celle des DÉCAPODES ANOMOURES, tient le milieu entre les *brachyures* et les *macroures*, par leur abdomen qui, sans être un organe puissant de natation, comme cela a lieu dans la dernière tribu, n'est cependant pas réduit à un état aussi rudimentaire que chez les brachyures. On y trouve des animaux fort singuliers, du genre des *pagures*, généralement connus sous les noms de *Bernard-l'Ermite*, de *soldat*, etc. Ils ont l'abdomen gros, contourné sur lui-même et tout à fait membraneux, tandis que le reste de leur corps est revêtu d'un tégument crustacé, comme à l'ordinaire. Cette conformation, qui rend leur abdomen très sensible et facile à blesser, les détermine à se loger dans la coquille vide de divers mollusques gastéropodes ; ils s'y cramponnent à l'aide de leurs pattes postérieures qui sont courtes, et traînent partout avec eux cette demeure, dans laquelle ils peuvent à volonté se retirer en entier.

Les DÉCAPODES MACROURES qui forment la troisième tribu, se reconnaissent au grand développement de leur abdomen qui se termine toujours par une grande nageoire composée de cinq lames disposées en éventail. Ils sont essentiellement nageurs, et en frappant l'eau avec leur puissante queue ils se lancent en arrière avec une grande vitesse. Leur corps est allongé et presque toujours comprimé latéralement. Ils ont des antennes très longues, et le dessous de leur abdomen est garni de fausses pattes natatoires. Nous y trouvons le genre des *langoustes* et celui des *écrevisses*.

Les **langoustes** sont de très gros crustacés macroures, caractérisés par deux antennes extérieures très fortes, beaucoup plus longues que le corps tout entier, sétacées, hérissées de poils et de piquants, et portées chacune sur un grand et gros pédoncule formé de trois articles épineux. Elles ont en outre deux antennes intérieures beaucoup plus faibles, mais cependant encore assez longues, formées de trois articles, et terminées par deux petites branches multi-articulées. Toutes leurs pattes sont monodactyles ; seulement celles de la première paire sont plus grosses et plus courtes que les autres. La carapace est hérissée de pointes ; les yeux sont ronds et portés sur des pédoncules étroits, transversaux, qui semblent partir du même point au milieu du front.

Ces animaux se tiennent dans les profondeurs de la mer, et se rapprochent des rivages rocailleux dans les mois de mai, juin, juillet, pour s'accoupler et déposer leurs œufs. L'espèce la plus connue sur nos côtes est la **langouste commune** (*palinurus locusta* Oliv.), qui atteint jusqu'à 50 centimètres de longueur avec un poids de 3 à 6 kilogrammes, lorsqu'elle est chargée d'œufs. Son test est épineux, garni de duvet, avec deux fortes dents dentelées au-devant des yeux. Le dessus du corps est d'un brun verdâtre ou rougeâtre, et la queue est tachetée de jaunâtre; sa chair est très estimée.

Les **écrevisses** ont les antennes extérieures aussi longues que le corps, sétacées, portées sur un pédoncule formé de trois gros articles, et les antennes intérieures beaucoup plus courtes, bifides et sétacées. Leur bouche est garnie de six paires de membres non développés ou atrophiés, dont ceux de la première paire portent le nom de *mandibules* et ceux de la dernière le nom de *pieds-mâchoires*, à cause de leur conformation plus rapprochée de celle des autres pieds, et de leur dentelure intérieure, qui en fait de véritables organes masticateurs. Les pieds thoraciques sont au nombre de dix, dont ceux de la première paire sont beaucoup plus forts que les autres, inégaux, terminés par une forte pince osseuse, en forme de tenailles dentelées, dont le mordant extérieur est fixe et l'intérieur plus petit et mobile. Ces pieds étant très lourds et beaucoup plus gros à l'extrémité qu'à leur point d'attache, sont très sujets à se rompre, principalement un peu au-dessus de la seconde articulation, et ils peuvent se reproduire, surtout lorsqu'ils sont rompus en cet endroit. On a même cru remarquer que, lorsque les pattes sont coupées plus près de l'extrémité, la partie qui excède le point où doit se faire la reproduction tombe avant que celle-ci commence à s'opérer. Les quatre dernières paires de pieds sont plus minces et à peu près égales; cependant la seconde et la troisième sont encore terminées par de petites pinces dont le doigt extérieur est mobile. La quatrième et la cinquième paire ne portent qu'un ongle simple, pointu et crochu; la carapace est allongée, demi-cylindrique, atténuée en avant en un rostre pointu, tronquée en arrière et marquée au milieu d'un sillon transversal. L'abdomen est grand, formé de six articles, recourbé en dessous, muni de cinq paires de fausses pattes servant à la natation, et terminé par cinq grandes lames ciliées, dont les deux latérales sont formées chacune de deux pièces distinctes, transversales. Leurs yeux sont demi-sphériques, et d'un diamètre qui ne dépasse pas celui de leur pédoncule.

L'écrevisse de mer. ou **homard** (*astacus marinus* Fabr.; *cancer gammarus* L.), acquiert jusqu'à 50 centimètres de longueur. Il se tient sur les côtes de l'Océan, de la Manche et de la Méditerranée, dans les lieux remplis de rochers. Sa carapace est unie, terminée antérieurement par un rostre pourvu de trois pointes de chaque côté; ses pinces sont très grosses, de nature calcaire, inégales, l'une ovale avec des dents fortes et mousses, l'autre oblongue avec de petites dents nombreuses. Il est d'une couleur brune-verdâtre avec les filets des antennes rougeâtres. Son test devient d'un beau rouge par la cuisson, comme ceux de la langouste et de l'écrevisse: sa chair est très estimée.

L'écrevisse de rivière (*astacus fluviatilis* Fabr. ; *cancer astacus* L.) (fig. 518) se trouve dans les eaux douces de l'Europe et du nord de l'Asie. Elle se tient ordinairement sous les pierres, dans les cavités des berges, et ne paraît en sortir que pour chercher sa proie. Elle vit de mollusques, de petits poissons, de larves d'insectes et de chairs corrompues qui flottent dans les eaux. Son existence peut se prolonger vingt ans et au delà, et sa taille augmente proportion-

Fig. 518.

nellement à son âge. Chaque année, vers la fin du printemps, elle se dépouille de son test, et, quelques jours après, la nouvelle enveloppe crustacée est presque aussi solide que la précédente et plus grande, quelquefois d'un cinquième. C'est aux approches de la mue qu'on trouve dans l'estomac de l'écrevisse les deux concrétions calcaires nommées *pierres* ou *yeux d'écrevisse;* et comme elles disparaissent peu après, à mesure que le nouveau test se durcit, on croit avec fondement qu'elles servent à sa reproduction (1).

Les plus belles pierres d'écrevisse nous viennent d'Astracan sur la mer Caspienne. Pour se les procurer, on met les écrevisses pourrir en tas, ou mieux on les pile grossièrement et on les agite dans l'eau afin d'en séparer les pierres qui tombent au fond. On lave ces pierres et on les fait sécher.

Les pierres d'écrevisse sont formées de couches concentriques superposées; elles sont convexes d'un côté, creuses de l'autre, avec un rebord saillant tout autour, ce qui leur donne une sorte de ressemblance avec un œil, et leur a valu le nom vulgaire d'*yeux d'écrevisse.* Leur diamètre varie de 9 à 18 millimètres, et leur poids de 5 à 15 décigrammes. Elles sont formées de couches concentriques de carbonate de chaux, dont les parties sont liées à l'aide d'un mucus animal. On les emploie comme absorbantes en pastilles, et comme dentifrices en opiat.

On dit qu'on fabrique de fausses pierres d'écrevisse. Quoique je n'en

(1) J'ajoute à cette raison l'observation que les pierres d'écrevisse plongées dans l'eau bouillante prennent une couleur rosée qui est une dégradation de la couleur rouge que leur test acquiert par le même moyen. Souvent, cependant, la première, au lieu d'être rosée, est violette, bleue ou verdâtre ; mais j'attribue cet effet à ce que, la plupart du temps, on sépare les pierres d'écrevisse de l'animal par la putréfaction de celui-ci, et que cette opération doit nécessairement influer sur la matière colorante contenue dans les pierres.

aie jamais vu , il me semble qu'il doit être facile de reconnaître les véritables, en raison de la difficulté d'imiter leur texture lamelleuse, jointe
à leur aspect éclatant, qui a quelque chose de la porcelaine sans en
avoir la transparence. De plus , les véritables pierres d'écrevisse se dissolvent dans le vinaigre , et laissent à leur place une matière gélatineuse
qui garde leur forme.

Cloporte (fig. 519).

Oniscus asellus L. ; *oniscus murarius* et *oniscus asellus* Cuv. Crustacé isopode grisâtre, aplati, ovalaire, convexe en dessus, concave en
dessous. Son corps est formé de quatorze articles, en y comprenant la

Fig. 519.

tête : celle-ci porte deux yeux granulés , deux grandes
antennes à sept ou huit articles, deux mandibules sans
palpes et trois paires de mâchoires ; les sept articulations qui suivent la tête portent chacune une paire de
pieds terminés par un crochet simple ; les cinq qui
viennent après supportent des écailles membraneuses
sous lesquelles sont déposés les œufs dans la femelle ,
et les organes respiratoires dans les deux sexes ; le dernier anneau porte deux appendices plus ou moins
allongés qui laissent suinter, quand on y touche, une humeur gluante
dont on ignore l'usage. La femelle garde ses œufs sous les écailles de la
queue et entre les pattes ; ils y éclosent, et les petits ne paraissent au
jour qu'avec la forme qu'ils conservent toute leur vie ; seulement ils
n'ont que dix ou douze pattes et changent plusieurs fois de peau.

Le cloporte habite les caves et les autres lieux humides de nos mai-
sons. On l'emploie le plus habituellement à l'état récent pour les préparations magistrales, et on le prend à mesure du besoin. Il passe pour
diurétique, et peut l'être en effet, en raison des particules salpêtrées au
milieu desquelles il vit, et qui s'attachent à son corps. On peut aussi

Fig. 520.

employer l'espèce des bois, qui est peu différente de
celle des caves. Quant aux cloportes que l'on trouve
desséchés dans le commerce, et qui viennent surtout
d'Italie, ce sont des armadilles (*oniscus armadillo* L.)
(fig. 520), qui diffèrent des cloportes par leur corps
poli , brillant , très convexe, susceptible de se rouler
en boule lorsqu'on les touche , et ayant les appendices
de la queue à peine distincts. La poudre de cloporte
entre dans les pilules balsamiques de Morton.

C'est aux crustacés isopodes que l'on rapporte les
animaux fossiles auxquels on a donné le nom général de **tribolites** , qui

devaient cependant différer des isopodes que nous connaissons par des
pattes membraneuses propres à la natation. C'est seulement dans les
couches de sédiment les plus anciennes du globe, composant les terrains
dits *cambriens* et *siluriens*, et principalement dans les *schistes argileux*,
que l'on trouve les tribolites. C'est à peine si l'on en rencontre quelques
traces dans le terrain houiller : ils avaient tous cessé d'exister avant
l'apparition des premiers animaux vertébrés.

___

CLASSE DES ANNÉLIDES.

« Les annélides, dits aussi *vers à sang rouge*, ont leur sang généralement coloré en rouge, comme celui des animaux vertébrés, et circu-
lant dans un système double et clos d'artères et de veines. Ils respirent
par des organes qui tantôt se développent au dehors, tantôt restent à la
surface de la peau ou s'enfoncent dans son intérieur. Leur corps, plus
ou moins allongé, est toujours divisé en anneaux nombreux, dont le
premier, qui se nomme tête, est à peine différent des autres, si ce n'est
par la présence de la bouche et des principaux organes des sens. Jamais
ces animaux n'ont de pieds articulés ; mais le plus grand nombre portent,
au lieu de pieds, des soies ou des faisceaux de soies roides et mobiles.
Ils sont généralement hermaphrodites, et quelques uns ont besoin d'un
accouplement réciproque. Leurs organes de la bouche présentent tantôt
des mâchoires plus ou moins fortes, tantôt un simple tube ; ceux des
sens extérieurs consistent en tentacules charnus et en quelques points
noirâtres que l'on regarde comme des yeux, mais qui n'existent pas
dans toutes les espèces. »

Cuvier a divisé la classe des annélides en trois ordres, d'après les
différences observées dans leurs organes respiratoires.

Les premiers ont des branchies en forme de panaches ou d'arbus-
cules, attachées à la tête ou sur la partie antérieure du corps, dont
la partie postérieure est renfermée dans un tube solide qui leur sert
d'habitation ; aussi leur donne-t-on le nom de TUBICOLES. Les uns,
comme les *serpules*, habitent un tube calcaire homogène, résultant probablement de leur transsudation, comme la coquille des mollusques, mais
auquel ils n'adhèrent point par des muscles ; d'autres se construisent
un tube en agglutinant des grains de sable, des fragments de coquilles,
ou des parcelles d'argile, au moyen d'une membrane qu'ils transsudent
sans doute aussi (par exemple les *térébelles*) ; d'autres enfin ont un tube
entièrement membraneux ou corné.

Les annélides du second ordre ont sur la partie moyenne du corps, ou
tout le long de ses côtés, des branchies en forme d'arbres, de houppes,

de lames ou de tubercules. On leur a donné le nom de DORSIBRANCHES. Ils habitent dans la vase ou nagent librement dans la mer. Tel est l'**arénicole des pêcheurs**, très commun dans le sable des bords de la mer, où les pêcheurs vont le chercher pour s'en servir comme d'appât ; il est long de 30 centimètres, de couleur rougeâtre, avec treize paires de branchies.

Les annélides du troisième ordre n'ont pas de branchies apparentes, et respirent, ou par la surface de la peau, ou par des cavités intérieures. On les nomme ABRANCHES, et on les divise en deux familles, suivant qu'ils sont pourvus de soies ou que leur corps est entièrement nu. Les premiers, sous le nom d'ABRANCHES SÉTIGÈRES, comprennent les *lombrics* et les *naïdes ;* les autres, nommés ABRANCHES NUS ou HIRUDINÉS, renferment les *sangsues*, dont nous nous occuperons plus particulièrement.

Ver de terre, ou Lombric.

Lumbricus terrestris L., annélide abranche sétigère, dépourvu d'yeux, de tentacules et de cirrhes. Il a le corps mou, rouge, cylindrique, quelquefois long de 30 centimètres, composé de plus de cent vingt anneaux contractiles, et muni en dessous de huit rangées de petites pointes ; à l'aide desquelles il rampe sur la terre. Il est hermaphrodite avec rapprochement d'individus. Un bourrelet ou renflement placé vers le tiers antérieur du corps, sensible surtout au temps de l'amour, sert à deux individus à se fixer l'un à l'autre pendant la copulation. Les œufs descendent entre l'intestin et l'enveloppe extérieure, jusqu'autour du rectum où ils éclosent, les petits sortant vivants par l'anus (Montègre). M. Léon Dufour dit au contraire que les lombrics font des œufs analogues à ceux des sangsues.

Le ver de terre perce en tous sens l'humus humide dont il avale beaucoup. Il mange aussi des racines, des fibres ligneuses, des parties animales, etc. Au mois de juin, il sort de terre la nuit, pour s'accoupler.

Le ver de terre était employé autrefois en pharmacie pour préparer une huile médicinale par décoction. Cette composition est complétement tombée en désuétude.

ANNÉLIDES HIRUDINÉS (1).

Les annélides qui composent la famille des hirudinés ont le corps nu, très rarement appendiculé, contractile, formé d'un très grand nombre

---

(1) De *hirudo*, sangsue. Cette famille répond au genre *hirudo* de Linné. Jusqu'ici tous les auteurs ont écrit *hirudinées ;* mais le genre féminin ayant été affecté, d'un accord unanime, aux familles du règne végétal, et le masculin à celles du règne animal (édentés, cétacés, gallinacés, crustacés, etc.),

d'anneaux, et terminé à chaque extrémité par une ventouse dilatable et préhensible. La ventouse buccale est étroitement unie avec le corps ou en est séparée par un étranglement. La bouche, située dans la ventouse antérieure, avec ou sans mâchoire, est quelquefois munie d'une petite trompe cylindrique et extensible. Les mâchoires sont au nombre de trois, rarement de deux, denticulées ou non; des points oculaires, au nombre de deux à dix, sont placés à la partie supérieure de la ventouse buccale. La ventouse anale est simple, nue, rarement armée de petits crochets, tantôt oblique, tantôt exactement terminale. Les branchies sont nulles.

M. Moquin-Tandon, auquel on doit une excellente monographie des hirudinés(1), les a partagés en quatre sections, de la manière suivante :

1. Corps à anneaux très distincts, opaque, à sang rouge. Ventouse buccale unilabiée : *Albioniens*.

2. Corps à anneaux très distincts, opaque, à sang rouge. Ventouse buccale bilabiée : *Bdelliens*.

3. Corps à anneaux peu distincts, transparent, à sang incolore : *Siphoniens*.

4. Corps sans anneaux distincts, transparent, à sang incolore : *Planériens*.

2ᵉ section. HIRUDINÉS BDELLIENS. Les annélides de cette section comprennent la sangsue officinale, et les genres qui s'en rapprochent le plus. Ils ont le corps généralement opaque, composé d'anneaux plus ou moins distincts; la ventouse buccale n'est pas séparée du corps par un étranglement; elle est en forme de bec de flûte et bilabiée; leur sang est rouge et leurs œufs sont multiples. M. Moquin-Tandon le divise en sept genres, de la manière suivante :

Mâchoires	nulles.						. Néphélis.
	deux.						1. Branchiobdelle.
		rudimentaires.					3. Trochète.
	trois	plus ou moins développées. Denticules	obtus.				4. Aulastome.
			pointus	peu nombreux:			. Hœmopis.
				très nombreux.			. Sangsue.
			nuls.				7. Limnatis.

1. Branchiobdelle de l'écrevisse. Cet annélide est le plus petit de tous les hirudinés. On le trouve sur les branchies de l'écrevisse ; il marche à la manière des chenilles arpenteuses; il a le corps un peu

j'ai cru pouvoir écrire *hirudinés*. Ce nom n'est d'ailleurs, en effet, qu'un des adjectifs du nom de classe *annélides*, auquel il peut être nécessaire de le joindre.

(1) *Monographie de la famille des Hirudinées.* Paris, 1846, 1 vol. in-8°, avec un bel atlas de 14 planches coloriées.

transparent. Il construit, pour ses œufs, une capsule pédiculée qu'il fixe aux branchies de l'écrevisse.

2. **Néphélis octoculée**, ou **sangsue vulgaire** (fig. 521). — *Hirudo octoculata* Bergm. ; — *hirudo vulgaris* Mull. ; — *erpobdella vulgaris* Lam. ; — *nephelis tessulata* Savigny; — *nephelis vulgaris* Moquin.

Corps allongé, assez déprimé, rétréci graduellement en avant, composé de 96 à 99 anneaux égaux, très peu distincts, portant les orifices sexuels entre le 30e et le 32e anneau et entre le 34e et le 35e, ces orifices étant situés non sur les anneaux, mais dans leurs intervalles. — Ventouse antérieure peu concave, à lèvre supérieure formée de trois segments, le terminal grand et obtus. — Points oculaires très distincts, au nombre de huit, les quatre antérieurs disposés en croissant sur le premier segment, les quatre postérieurs rangés sur les côtés du troisième segment (fig. 522). Dans l'état d'extension de la lèvre supérieure, la disposition des points oculaires change et devient telle que la repré-

Fig. 521 (1).   Fig. 523.    Fig. 522.    Fig. 524.

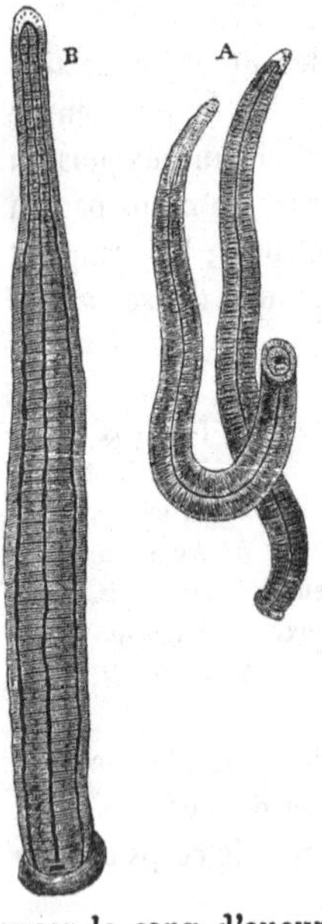

sente la figure 523. — Bouche grande, mâchoires nulles, œsophage à trois plis (fig. 524). — Estomac tubulaire, droit, sans brides ni poches latérales; intestin et rectum semblables, à peine distincts de l'estomac. — Anus assez grand, semi-lunaire, très apparent, placé sur le côté dorsal du dernier anneau. — Ventouse anale moyenne, obliquement terminale.

Cet annédide habite l'Europe, dans les fontaines, les ruisseaux et les fossés qui contiennent de l'eau. Il ne peut quitter l'eau sans mourir au bout de quelques minutes. Il ne se contracte pas en olive comme les sangsues; mais roule son corps à peu près comme les lombrics. Il ne peut sucer le sang d'aucun animal vertébré, la nature lui ayant refusé les

---

(1) Fig. 521. — A, néphélis octoculée, d'après M. Moquin-Tandon (*Atlas de la Monographie des hirudinées*). — B, la même, d'après l'*Atlas du Dictionnaire des sciences naturelles.*

organes propres à entamer la peau. Il se nourrit de planaires, de monocles et d'animaux infusoires. On en connaît un grand nombre de variétés distinguées par leurs couleurs Il est tantôt d'un brun noir et presque opaque, tantôt rougeâtre, couleur de chair, cendré, gris ou verdâtre. Quand la couleur n'est pas trop obscure, on voit, à travers la peau, le vaisseau abdominal et les deux vaisseaux latéraux, ainsi que leurs branches transversales. Il dépose ses capsules depuis le mois de mai jusqu'au mois d'octobre, sur des plantes aquatiques ou sur des corps solides submergés. La manière dont se forment ces capsules est très singulière. De même que les lombrics, les hirudinés sont androgynes, mais ont besoin du rapprochement de deux individus pour devenir féconds. Dans les néphélis, particulièrement, l'organe mâle est situé entre le 31e et le 32e anneau,

Fig. 525.

et l'organe femelle entre le 34e et le 35e. Au temps de l'amour, cette partie du corps, qui porte le nom de *ceinture* (1), se gonfle et se couvre d'une matière visqueuse servant à l'adhérence des individus. Deux individus se rapprochent ainsi ventre à ventre et en sens inverse, de telle sorte que l'organe mâle antérieur de l'un correspond à l'organe femelle postérieur de l'autre. Après la fécondation, la ceinture se gonfle encore plus en son milieu, se rétrécit à ses extrémités, et exsude, par toute sa surface, une matière visqueuse

qui se condense en une capsule ovoïde (fig. 525). Lorsque cette capsule est formée, la sangsue la remplit d'une matière gélatineuse, demi-transparente, dans laquelle aucun germe n'est encore visible; puis elle cherche à s'en séparer. A cet effet, elle se fixe par sa ventouse anale, rétrécit fortement toute la partie de son corps comprise dans la capsule et antérieurement, et en sort à reculons, au moyen des mouvements qu'elle imprime à ses anneaux. Aussitôt qu'elle a quitté la capsule, les deux ouvertures se ferment et l'on voit à leur place un épaississement brunâtre qui tombera plus tard, comme un opercule, pour laisser sortir les jeunes sangsues.

D'après M. Moquin-Tandon, chaque néphélis peut produire successivement cinq à huit capsules pareilles ; mais je ne puis admettre qu'on dise qu'elle les *ponde*, tant leur formation diffère de la *ponte d'un œuf* proprement dit.

Les capsules de néphélis sont longues de 4 à 6 millimètres, larges de

(1) La ceinture comprend un plus grand nombre d'anneaux que ceux qui séparent les organes sexuels ; dans la néphélis octoculée, la ceinture comprend 15 à 17 anneaux, dont 8 avant l'ouverture de l'organe mâle et 9 après.

3 à 4. M. Rayer les a représentées comme étant parfaitement ovoïdes (fig. 526), et M. Moquin comme étant aplaties et ayant les bords irréguliers et sinués. L'enveloppe en est transparente, de nature cornée,

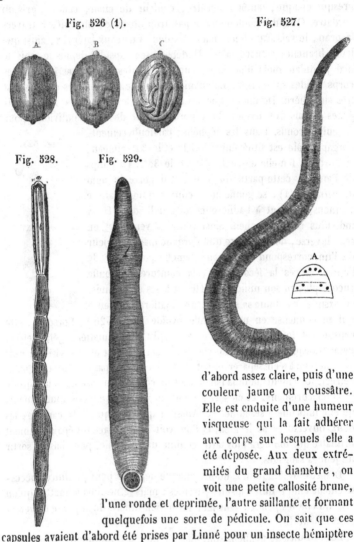

Fig. 526 (1).

Fig. 527.

Fig. 528. Fig. 529.

d'abord assez claire, puis d'une couleur jaune ou roussâtre. Elle est enduite d'une humeur visqueuse qui la fait adhérer aux corps sur lesquels elle a été déposée. Aux deux extrémités du grand diamètre, on voit une petite callosité brune, l'une ronde et déprimée, l'autre saillante et formant quelquefois une sorte de pédicule. On sait que ces capsules avaient d'abord été prises par Linné pour un insecte hémiptère

(1) Fig. 526. — A, capsule de néphélis fortement grossie, dans laquelle les ovules ne sont pas encore visibles. — B, autre capsule dans laquelle trois ovules sont visibles. — C, autre capsule contenant plusieurs petites sangsues déjà développées.

aquatique qu'il avait désigné sous le nom de *coccus aquaticus*, et que c'est Bergmann qui lui en a fait connaître l'origine et l'espèce.

3. **Trochète verdâtre**, *trocheta subviridis* Dutrochet (fig. 527). Corps allongé, déprimé, très extensible (1), composé de 140 anneaux fort étroits, inégaux, peu distincts, portant les orifices sexuels entre le 32e et le 33e et entre le 37e et le 38 anneau. — Ventouse orale très concave, à lèvre supérieure formée de trois segments, dont le terminal est grand et obtus. — Points oculaires peu apparents, les quatre antérieurs disposés en lunule sur le premier segment, les quatre autres rangés en lignes transverses, sur les côtés du troisième segment (fig. 527, A). Bouche grande, offrant trois mâchoires très petites, tranchantes, non denticulées. — OEsophage allongé, tubulaire, à trois plis. — Estomac tubulaire, membraneux, divisé par quatre replis intérieurs, en cinq compartiments placés bout à bout (fig. 528). — Intestin dilaté en avant, séparé de l'estomac et du rectum par des replis semblables aux précédents. — Anus très grand et très apparent, ouvert sur le dos du dernier anneau. — Ventouse anale moyenne, obliquement terminale.

La trochète verdâtre a le dos d'un gris olivâtre un peu velouté, avec deux bandes longitudinales noirâtres, peu apparentes, rapprochées de la ligne médiane. Le ventre est un peu plus pâle que le dos, sans bandes ni taches. Il y en a plusieurs variétés dont une brune, une d'un rouge brun très vif, et une couleur de chair, toutes trois sans bandes. A l'époque de la reproduction, la ceinture se gonfle beaucoup (fig. 529) et paraît plus pâle que le reste du corps; elle commence au 23e anneau et en comprend 18. La trochète forme ses capsules comme les néphélis et en sort de la même manière. La capsule isolée est d'un brun foncé, assez épaisse, non transparente, pointue aux deux extrémités, longue de 9 à 14 millimètres, large de 6 à 8.

Les trochètes habitent les rigoles des prairies, les petites sources, et, dans les lieux humides, des canaux souterrains où elles poursuivent les lombrics qu'elles dévorent. Elles sortent également de l'eau pour déposer leurs capsules, comme la plupart des autres genres. Elles sont impropres à la succion.

4. **Aulastome vorace**, *aulastoma gulo* Moq.-Tand. — *Hirudo sanguisuga* Muller. — *Hirudo vorax* Johns. — *Hæmopis nigra* Sav. — *Pseudobdella nigra* Blainv. — *Hirudo vorax* Huzard (*Journ. pharm.*, t. XI, pl. I, fig. 5, 6, 7, 12, et pl. II, fig. 16 (2). *Pseudo-*

(1) Fortement tendu, il peut acquérir jusqu'à 20 centimètres de longueur.
(2) La description et l'anatomie de l'*hirudo vorax*, faites par M. Huzard fils, sont très exactes; seulement il faut remarquer que le nom de *sangsue de*

bdella nigra Blainville. Corps allongé, se contractant difficilement en olive, composé de 95 anneaux très distincts et égaux (fig. 530), portant les orifices sexuels entre le 24ᵉ et le 25ᵉ an-

Fig. 530 (1).

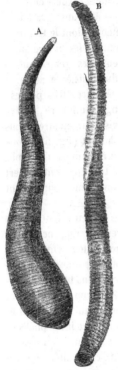

neau, et entre le 29ᵉ et le 30ᵉ. Points oculaires au nombre de 10, disposés, comme dans la sangsue officinale, sur une ligne elliptique, les

Fig. 531.   Fig. 532.

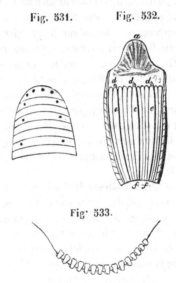

Fig. 533.

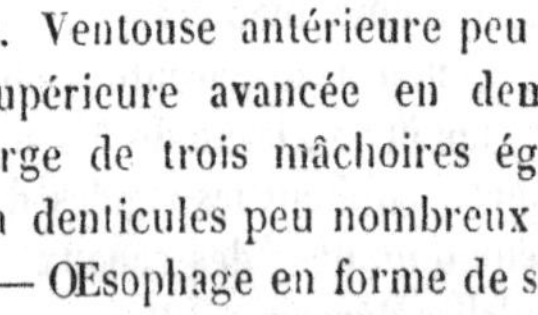

quatre postérieurs plus isolés et plus petits (fig. 531). Ventouse antérieure peu concave, à lèvre supérieure avancée en demi-ellipse. Bouche grande, pourvue à la gorge de trois mâchoires égales, très petites, ovales, non comprimées, à denticules peu nombreux, distincts et émoussés (fig. 532 (2) et 533). — OEsophage en forme de sac oblong (fig. 532 et 534), sillonné par douze plis longitudinaux. — Estomac

cheval faussement donné dans le commerce à cet annélide, est cause que M. Huzard l'a d'abord confondu avec un ou deux autres annélides, qui sont l'*hœmopis sanguisorba* Sav., et une variété noire de la *sangsue médicinale*.

(1) Fig. 530. — A, aulostome vorace, d'après l'atlas de M. Moquin-Tandon.— B, la même, d'après l'atlas du *Dictionnaire des sciences naturelles*.

(2) Fig. 532. Ventouse buccale et œsophage ouverts, très grossis. a lèvre supérieure vue en dessous; d d d mâchoires; e e e gros plis œsophagiens placés en arrière des mâchoires; f f f f petits plis œsophagiens. -- Fig. 533. Une mâchoire considérablement grossie, garnie de ses denticules. — Fig. 534. Canal digestif; a orifice de la ventouse buccale; b c œsophage; c d estomac; e e appendices filiformes de l'estomac: f g intestin: h rectum.

ayant la forme d'un long tube à peine marqué de légers renflements,
muni inférieurement de deux appendices très étroits, en forme de
cœcums, et terminé par une sorte d'entonnoir (*f*) qui s'ouvre dans l'intestin (1). — Anus semi-lunaire, très apparent. — Ventouse anale
assez petite, obliquement terminale.

L'aulastome vorace habite dans toute l'Europe et est commune dans
les étangs de Gentilly, à la porte de Paris. Elle est d'un brun noir foncé
ou d'un noir olivâtre uniforme, velouté, marqué çà et là de quelques
points noirs peu apparents. Le ventre est olivâtre, quelquefois cendré
ou jaunâtre, le plus souvent sans taches, toujours plus clair que le dos.
Les ventouses sont très lisses en dessous, l'antérieure médiocrement
grande, très dilatable. Ventouse anale petite, d'un gris d'ardoise, surtout quand elle se dilate.

Les aulastomes sont demi-terrestres; elles sortent fréquemment de
l'eau et vont se cacher sous les pierres qui sont autour des mares et des
étangs. Elles aiment beaucoup les lombrics qu'elles avalent tout entiers
avec une grande voracité; elles peuvent les prendre par la moitié du
corps et les engloutir en une seule fois, les deux moitiés rapprochées,
ou bien elles les coupent par morceaux, lorsqu'ils sont trop volumineux.
Elles avalent de même les naïs, les larves aquatiques, les petits poissons,
les néphélis, les trochètes, les sangsues, et même les individus de leur
propre espèce Elles ne peuvent mordre la peau humaine. Elles déposent
dans la terre humide des cocons à tissu spongieux, très lâche, semblables à ceux des sangsues, mais un peu plus petits (fig. 535).

5. **Hæmopis chevaline**, *hœmopis sanguisuga* Moq.-Tand. —
Hirudo sanguisorba Lam. — *Hœmopis sanguisorba* Sav. — *Hippo-
bdella sanguisuga* Blainv. (fig. 536).

Corps allongé, composé de 95 à 97 anneaux égaux, peu distincts,
portant entre le 24ᵉ et le 25ᵉ l'organe mâle, et entre le 29ᵉ et le 30ᵉ
l'organe femelle. — Ventouse orale peu concave, à lèvre supérieure
très avancée, formée de 3 segments. — 10 points oculaires disposés
sur une ligne elliptique (fig. 537), de la même manière que dans
l'aulastome et dans la sangsue officinale. — Bouche grande; 3 mâchoires égales, petites, ovales, non comprimées, à denticules peu aigus
(fig. 538) (2). — OEsophage très court communiquant sans étranglement

(1) Dans les embryons le tube de l'estomac est lobé sur toute sa longueur,
et les deux appendices inférieurs sont de véritables poches, comme dans les
hæmopis et les *sangsues*.

(2) Fig. 538. — A, une mâchoire très grossie. — B, portion de mâchoire
considérablement grossie, présentant sa carène et plusieurs denticules placés
sur elle comme à cheval.

à la première et à la seconde poche de l'estomac (fig. 539) (1), dont les autres poches sont séparées par des étranglements, et de plus divi-

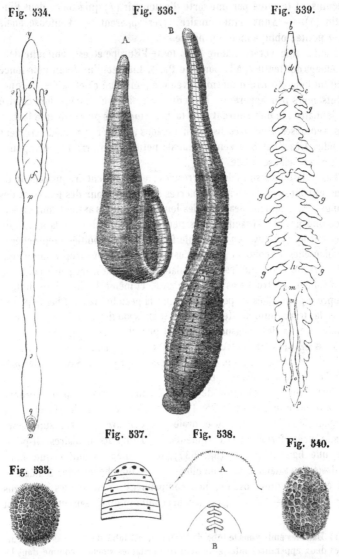

Fig. 534.   Fig. 536.   Fig. 539.

Fig. 537.   Fig. 538.   Fig. 540.

Fig. 535.

(1) Fig. 539. Canal digestif de l'*hæmopis sanguisuga*. *b c* œsophage ; *c d* premier compartiment stomacal; *d e e* second compartiment; *f g g* troisième, quatrième..., dixième compartiments ; *h k k* onzième et dernier compartiment; *i k, i k* ses deux grandes poches en forme de cœcums; *m* son entonnoir ; *n o* intestin ; *o p* rectum ou cloaque.

sées en deux lobes principaux ; la dernière poche est très grande et
terminée par deux sacs qui se prolongent jusqu'à l'extrémité du corps ;
l'intestin est tubulaire et terminé par un rectum court et ovoïde. —
Anus petit, arrondi , à peine visible. — Ventouse anale assez grande,
obliquement terminale.

L'hæmopis chevaline a le dos roussâtre ou olivâtre , avec ou sans
rangées de petites taches noirâtres ; les bords sont à peine saillants,
avec une bande étroite orangée, jaunâtre ou brune-rougeâtre , rarement de la couleur du dos ; le ventre est d'un noir d'ardoise ordinairement plus foncé que le dos (1). Ventouses lisses , l'antérieure peu
grande, l'anale de moitié plus grande que l'autre, mince et de la couleur du ventre. A l'époque de la reproduction, la ceinture est assez
marquée ; elle commence au 23ᵉ anneau et finit au 37ᵉ ou 38ᵉ. Les
cocons sont ovoïdes , plus petits et plus courts que ceux de la sangsue
médicinale (fig. 540).

L'hæmopis chevaline habite les eaux vives de l'Europe, principalement en Espagne et en Portugal. Elle est très abondante aussi sur
tout le littoral de l'Afrique. Elle suce le sang des vertébrés ; mais ne
pouvant attaquer que leurs membranes muqueuses , elle s'introduit
dans le pharynx et les fosses nasales des chevaux, des bœufs, des chameaux, de l'homme même, et les tourmente cruellement. Elle est
longue de 8 à 10 centimètres et large de 10 à 15 millimètres.

6. Sangsue médicinale.

Hirudo medicinalis L. Le corps d'une sangsue médicinale, dans un
état d'extension moyenne , est allongé , plus convexe du côté du dos
que de celui du ventre, qui est déprimé ou un peu aplati ; il s'at-
ténue sensiblement en avant et beaucoup moins en arrière où il est
arrondi : il en résulte que sa plus grande épaisseur est vers le tiers ou
le quart postérieur ; mais il peut devenir presque linéaire par une
grande extension, de même qu'il prend la forme d'une olive ou d'une
amande , dans sa plus grande contraction. La facilité avec laquelle la
sangsue médicinale prend cette forme, surtout quand on la comprime

---

(1) On en connaît un certain nombre de variétés , dont une , *fauve*, a le
dos avec six lignes longitudinales interrompues , ou formées de petites taches
noirâtres , les bords orangés et le ventre gris foncé (fig. 536, B) ; une autre
olivâtre, ayant le dos et le ventre vert-olive , sans aucune tache et les bords
jaunâtres (fig. 536, A) ; une autre *noire* , ayant le dos noir olivâtre , unicolore ; les bords semblables et le ventre un peu plus foncé ; une quatrième *très
noire*, dont le dos est très noir, unicolore, les bords à peine plus clairs et le
ventre olivâtre foncé ; etc.

modérément en tous sens, dans le creux de la main, est à la fois un caractère spécifique propre à la faire reconnaître et un indice de bonne santé.

Le corps d'une sangsue est composé de 95 anneaux égaux, bien distincts, saillants sur le côté. L'extrémité supérieure est terminée en une pointe obtuse, et présente, du côté de la face ventrale, un orifice ovale et oblique, dit *ventouse buccale*, couvert supérieurement par trois segments ou anneaux incomplets (non compris dans le nombre des anneaux du corps), qui en constituent la *lèvre supérieure*; tandis que la lèvre inférieure est formée par le premier anneau complet du corps, sans qu'il y ait aucun étranglement marqué au-dessous. Les points oculaires sont au nombre de dix, dont six rapprochés sur le premier segment de la lèvre supérieure, deux sur le troisième segment et deux sur le troisième anneau : les quatre points postérieurs sont plus petits que les autres (fig. 541). Le fond de la ventouse présente trois petites fentes disposées en étoile (fig. 542), au fond desquelles se trouvent trois mâchoires égales, grandes, bombées, dont le sommet est hérissé

Fig. 541.   Fig. 542.   Fig. 543 (1).   Fig. 544.

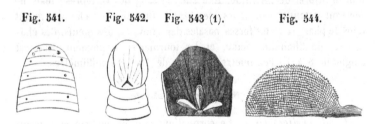

de denticules très nombreux et très aigus (fig. 543 et 544). Le tube digestif sera décrit plus tard. L'organe mâle est situé entre le 24ᵉ et le 25ᵉ anneau, et l'organe femelle entre le 29ᵉ et le 30ᵉ. L'anus est très petit et à peine visible. La ventouse anale est moyenne, obliquement terminale.

L'utilité incontestable des sangsues, pour le traitement d'un grand nombre de maladies; la grande consommation qu'on en fait toujours, malgré l'abandon presque complet de la doctrine dite *physiologique;* leur prix élevé, enfin la nécessité pour le pharmacien de ne rien ignorer d'important dans ce qui regarde la vie, les fonctions, les maladies, la reproduction et la conservation de ces précieux annélides, m'engage à les considérer ici sous ces divers points de vue. Ce que je vais en

(1) Fig. 543. — Ventouse buccale ouverte pour montrer les trois mâchoires. — Fig. 544. Coupe longitudinale d'une mâchoire isolée, considérablement grossie, montrant les denticules qui la couronnent.

dire sera tiré en partie de l'excellente monographie qu'en a publiée M. Moquin-Tandon (1).

SYSTÈME CUTANÉ. La peau des sangsues est molle, extensible dans toutes ses parties et adhérente aux couches musculaires sur lesquelles elle repose ; elle se compose de trois parties, qui sont : l'*épiderme*, le *pigment* et le *derme*.

L'*épiderme* est mince, lisse, transparent, blanchâtre et unicolore. Il se renouvelle à des intervalles de temps très rapprochés, s'il faut en juger par le nombre et la fréquence des dépouilles que l'on trouve dans l'eau où l'on conserve les sangsues en captivité. Ces dépouilles ont été prises, par la plupart des auteurs, pour des mucosités exsudées du corps des sangsues, et qui leur causaient une grande mortalité en corrompant l'eau ; mais j'ai montré que ces prétendues mucosités étaient l'épiderme même de l'annélide, sur lequel on observe très facilement l'impression de ses anneaux (2).

« Cet épiderme se détache d'abord de l'extrémité antérieure, et la sangsue en sort comme d'un fourreau, en le repoussant peu à peu vers l'autre extrémité. Souvent même cette enveloppe forme anneau au milieu du corps de la sangsue et paraît l'étrangler. Cet épiderme, détaché de tout le corps, adhère encore quelque temps à l'extrémité postérieure ; la sangsue le traine avec elle en nageant, et paraît éprouver un vif sentiment de douleur, lorsqu'on l'en détache brusquement. Ainsi cette mucosité qui nage dans l'eau, au lieu d'être le produit d'une exsudation morbide des sangsues, est le résultat d'une fonction inhérente à leur constitution. Seulement il est probable que cette fonction ne s'accomplit pas aussi facilement dans les conditions où nous plaçons les sangsues que dans l'état de nature, et que plusieurs y succombent. Déjà plusieurs pharmaciens, sans s'être rendu compte de la nature de ces débris, mais pensant qu'il importait aux sangsues d'en être débarrassées, ont proposé de mettre dans l'eau de la mousse, du sable de rivière, ou différents corps durs, dont le frottement en facilitât la séparation. »

Le *pigment* est situé sous l'épiderme ; il est traversé probablement par les extrémités nerveuses qui viennent s'épanouir à sa surface, car il possède une sensibilité très vive ; examiné au microscope, il paraît formé d'un tissu granuleux peu épais et diversement coloré. Dans la sangsue médicinale, sa couleur est toujours plus foncée sur le dos que du côté du ventre.

Le *derme* est la partie la plus épaisse de l'enveloppe cutanée ; il reçoit des ramifications nerveuses, ainsi que des petits vaisseaux sanguins

(1) *Monographie de la famille des hirudinées*. Paris, 1846, avec atlas de 14 planches gravées et coloriées.

(2) *Journal de chimie médicale*, 1832, p. 611. Antérieurement, cependant, Carena avait fait la même observation.

dont une grande partie le traversent pour aller former une sorte de
réseau à sa surface; à des intervalles égaux, le derme s'amincit, devient
peu apparent, et présente comme des interruptions circulaires très
étroites. Ces solutions de continuité imparfaites, recouvertes seulement
par l'épiderme, facilitent beaucoup les mouvements de l'annélide et en
forment les *articulations*. L'espace compris entre ces interruptions en
constitue au contraire les *anneaux*.

Cryptes mucipares. On trouve dans le derme une infinité de très
petites cellules folliculaires, formant à l'extérieur de petites éminences
disposées par bandes circulaires, avec plus ou moins de régularité.
Selon la volonté de l'animal, ces petites éminences paraissent un moment d'une manière très sensible, et·bientôt après elles s'aplatissent et
ne sont plus appréciables..Ces petites cellules intérieures,·auxquelles
on donne le· nom de *cryptes*, s'ouvrent à l'extérieur par un pore véritablement microscopique, destiné à donner issue à l'humeur visqueuse
et transparente qui lubrifie toute la surface de la peau. Mais, indépendamment de ces cryptes, il existe, sur les deux côtés du ventre, des
glandes beaucoup plus volumineuses et plus compliquées, qui ont été
prises, tantôt pour une dépendance des organes spermatiques, tantôt
pour des organes respiratoires, mais qui paraissent en réalité ne sécréter
qu'un liquide muqueux plus clair et plus aqueux que celui des cryptes
mucipares; aussi leur donne-t-on le nom de *glandes de la mucosité*.
Ces glandes sont au nombre de 34 (17 de chaque côté du corps), situées
au-dessous des couches musculaires et entre les poches de l'estomac (1). Leur partie la plus profonde consiste en une ou deux anses
plus ou moins sinueuses, communiquant par un conduit avec une poche arrondie située immédiatement sous le derme; cette poche s'ouvre
à son tour, à l'extérieur, par une petite ouverture, et toutes ces ouvertures sont régulièrement éloignées les unes des autres, d'un intervalle
de 5 anneaux.

MUSCLES. Immédiatement au-dessous de la peau, se trouvent trois
couches musculaires placées l'une au-dessous de l'autre. La première
couche (*muscles circulaires*) est composée de fibres circulaires, réunies au nombre de 5 ou 6 par anneau; elle paraît être une dépendance
de la peau. La seconde couche (*muscles diagonaux*) est composée de
deux plans de faisceaux de fibres obliques, qui forment par leur entre-
croisement une sorte de grillage régulier. La troisième couche (*muscles longitudinaux*) est composée de fibres longitudinales, parallèles et
fasciculées, unies entre elles par un mince tissu cellulaire, et qui s'étendent d'une extrémité à l'autre de l'animal. On remarque en outre, çà

(1) Voir la fig. 346, *r r r r*.

dedans du plan formé par les fibres longitudinales, des fibres transverses qui, nées du côté du dos, par une partie élargie, se portent
vers la ligne ventrale, en formant des brides qui séparent et supportent
les sinus de l'estomac.

A l'extrémité antérieure du corps, les deux plans de fibres, diagonales et longitudinales, semblent se confondre, et il en résulte un tissu
contractile, non distinct du derme, et qui constitue les deux lèvres ou
les bords de l'ouverture antérieure, susceptibles de prendre toutes les
formes.

A l'extrémité postérieure, il y a aussi une sorte de confusion des
deux plans de fibres musculaires, mais elles prennent une nouvelle
disposition. En effet, les fibres longitudinales,
rapprochées à cause de l'absence des viscères,
partent d'un point central pour s'irradier à la
circonférence du disque; tandis que les fibres
diagonales, devenues tout à fait circulaires,
forment le disque lui-même, dont toutes les
parties peuvent s'appliquer exactement et sans
aucun vide à la surface des corps étrangers
(fig. 545).

Fig. 545.

SYSTÈME NERVEUX. Le système nerveux de la sangsue est, à peu de
chose près, ce qu'il est dans les lombrics et dans les entomozoaires.
Placé sur la ligne médiane abdominale, dans le tissu cellulaire qui sépare l'intestin de la couche musculaire sous-cutanée, il est composé
d'un certain nombre de ganglions placés à la file, et fournissant, outre
le double cordon de communication en avant et en arrière des uns avec
les autres, des filets transverses pour l'enveloppe extérieure. Ces ganglions sont au nombre de 21 ou 22, non compris un grand *ganglion
œsophagien* contenu dans la lèvre inférieure, ayant la forme d'un anneau
qui entoure le commencement de l'œsophage, et paraissant formé de
quatre ganglions réunis, dont deux postérieurs et un peu supérieurs
dits *sus-œsophagiens*, et deux antérieurs et un peu inférieurs dits *sous-
œsophagiens*. Ces deux derniers réunis, ayant la forme d'un très gros
ganglion un peu échancré en avant, sont accolés postérieurement à un
troisième renflement arrondi, qui doit être considéré comme le premier
ganglion de la chaîne médullaire (Moquin-Tandon). Chacun des ganglions
suivants est de forme losangique, les deux angles antérieur et postérieur
fournissant le double cordon qui continue le système nerveux d'une
extrémité à l'autre, et les deux angles latéraux donnant naissance aux
filets qui vont se distribuer aux diverses parties du corps. Tous ces
ganglions diminuent progressivement de grosseur, au point de finir par
être peu apparents; le dernier, seul, qui fournit des filets au disque

postérieur, est sensiblement plus volumineux que ceux qui le précèdent (voir la figure 546, empruntée à l'Atlas de M. Moquin-Tandon).

Fig. 546 (1).

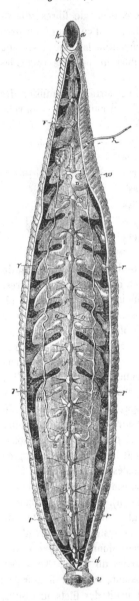

SENSIBILITÉ, SENS DU TOUCHER. La peau des sangsues jouit d'une vive sensibilité : au moindre attouchement, l'animal se contracte; le plus léger frottement avec la barbe d'une plume fait roidir les cryptes granuleux du derme, et l'animal paraît tout couvert de tubercules ; l'acide le plus faible, le vinaigre affaibli, l'eau salée, leur occasionnent des impressions très vives, attestées par des mouvements énergiques et subits; quelque peu de nitrate d'argent dissous dans l'eau, dont la présence serait à peine soupçonnée par notre langue, détermine chez les sangsues la plus violente agitation.

Plusieurs auteurs, qui se sont spécialement occupés de l'histoire naturelle des sangsues, n'ont admis dans ces annélides d'autre sens du toucher que celui qui vient d'être décrit, lequel n'étant que l'effet de la sensibilité du système cutané, est un sens purement passif, ou une sorte d'irritabilité dont aucun animal n'est dépourvu. Mais il est un autre toucher, un toucher explorateur, qui consiste dans la faculté de diriger, par un acte de la

(1) Fig. 546. Anatomie de la sangsue médicinale ; individu de très forte taille, couché sur le dos et ouvert : *a* ventouse buccale ; *b* premier ganglion de la chaîne médullaire; *e e e* ganglions intermédiaires ; *d* ganglion anal ; *f f f* chaîne médullaire ; *g g g* nerfs qui partent des ganglions; *i* œsophage ; *k k, k k* compartiments de l'estomac ; *m* dernier compartiment; *m n*, *m n* ses grandes poches en forme de cœcums ; *p p* intestin ; *q* rectum ou cloaque; *r r r* poches de la mucosité ; *s* bourse de la verge ; *x* fourreau de la verge; *z* verge; *t* un épididyme; *A A A, A A* cordons spermatiques; *B B B* testicules; *D* matrice; *E E* ovaires; *w* vulve.

volonté, un organe spécial vers les objets extérieurs, dans la vue de les reconnaître ou de les saisir : tels sont la main de l'homme, la trompe de l'éléphant, les tentacules des mollusques, etc. La même faculté existe dans les sangsues, dont l'organe explorateur est la lèvre supérieure. En effet, cet organe leur sert de palpe, pour reconnaître les nouveaux lieux où elles se trouvent, les individus de leur espece qui les avoisinent, la peau des animaux qu'elles peuvent attaquer et l'endroit le plus propice pour y mordre. Cet organe supplée, chez les sangsues, à l'absence ou à l'imperfection des autres sens.

SENS DE L'OUÏE, DE L'ODORAT ET DU GOUT. L'anatomie la plus délicate n'ayant fait découvrir aucun organe qui pût remplir la fonction de l'ouïe, on est d'accord pour refuser aux sangsues la faculté de percevoir les sons. On a cru remarquer cependant que ces annélides prenaient la fuite lorsqu'un bruit d'une certaine intensité se produisait dans leur voisinage ; mais rien n'empêche de croire que l'ébranlement de l'air et de l'eau suffise pour les avertir qu'un danger peut les menacer. Le sens de l'ouïe, ainsi considéré, ne serait qu'une modification du toucher ou de la sensibilité générale dont le siége se trouve sur toute la surface cutanée.

On ne connaît de même aux sangsues aucun organe spécial pour le sens de l'odorat, et il est très probable qu'elles en sont privées. Quelques expériences, qui ont montré que les sangsues pouvaient vivre sans inconvénient dans un air chargé des émanations du musc, du castoréum, de l'ail et de l'assa fœtida, tandis que la vapeur de l'acide chlorhydrique ou de l'ammoniaque les tue, ne prouvent en aucune façon qu'elles soient pourvues de la faculté de distinguer les odeurs (1).

Nous admettons plus facilement que les sangsues aient le sens du goût, parce qu'il nous semble que cette faculté doit appartenir à tous les animaux pourvus d'organes d'appréhension ou de succion, pour leurs aliments. La membrane qui tapisse l'intérieur de la bouche nous paraît d'ailleurs très appropriée à la perception des saveurs. Ce qui démontre, du reste, que les hirudinés possèdent, en général, le sens du goût, c'est leur préférence marquée pour tel ou tel aliment : les *glossiphonies* recherchent le sang des mollusques fluviales ; la *piscicole*, celui des poissons d'eau douce ; les *pombdelles*, celui des poissons de

_____

(1) On a remarqué cependant que les sangsues ont de la répugnance à piquer, chez l'homme malade, les régions qui ont été couvertes par des emplâtres odorants, et que les sangsues d'un étang se dirigent de tous les côtés vers les jambes d'une personne qui vient d'entrer dans l'eau. On attribue ces faits et quelques autres au sens de l'odorat, et l'on suppose que la peau elle-même, les cryptes cutanés ou la lèvre supérieure, peuvent être le siége de l'olfaction.

mer ; une autre attaque de préférence la torpille, celle-là les cyprins, etc.
La sangsue médicinale, posée sur la peau de l'homme qui vient d'ex-
pirer, s'arrête le plus souvent sur le point de mordre, ou bien commence à sucer, mais se détache bientôt de la blessure, jugeant sans
doute que le sang ne peut plus lui convenir (1).

SENS DE LA VUE. La sangsue médicinale porte sur la lèvre supérieure, et sur les anneaux qui en sont le plus rapprochés, dix points
noirs disposés en fer à cheval, qui sont considérés comme des yeux
rudimentaires. M. de Blainville, n'ayant pu y découvrir au microscope, ni vaisseaux, ni nerfs, a pensé qu'ils étaient impropres à la
vision. C'est aussi l'opinion généralement adoptée.

Cependant M. Charpentier (2) a remarqué que les sangsues évitent la
lumière, surtout lorsqu'elle est vive et qu'elles recherchent les endroits
les plus obscurs. Lorsque le soleil donne, elles s'abritent derrière tous
les objets propres à donner de l'ombre, ou se creusent des trous dans
la terre, et s'y tiennent cachées pendant l'ardeur du jour. Au contraire,
pendant la nuit ou le matin, quand il fait frais, on les voit en grand
nombre sortir de leurs trous ; mais elles y rentrent précipitamment
lorsqu'on s'approche du bassin. Comment expliquer ces faits si les
sangsues étaient privées de la vue ?

Suivant Thomas, si l'on présente une chandelle allumée devant un
vase rempli de sangsues livrées au repos ou au sommeil, à peine ont-el-
les ressenti l'influence de la lumière qu'elles se détachent du vase, et
s'agitent en tous sens.

M. Dusaux a fait une autre expérience : il a entouré de papier noir
un bocal contenant des sangsues, à l'exception d'un seul point par où
la lumière pénétrait. Toutes sont venues se fixer autour de l'ouverture,
et y sont retournées après en avoir été détachées. M. Dusaux a pensé
que les sangsues étaient attirées par la lumière, et il en a conclu qu'elles
voyaient. M. Dusaux supposait donc aux sangsues une tendance pour la
lumière opposée à ce que pensait M. Charpentier, mais il en tirait la
même conséquence. J'ai montré que le résultat obtenu par M. Dusaux
était conforme à ceux observés par M. Charpentier, parce que, dans
une chambre éclairée par une seule petite ouverture, la partie la plus
obscure est évidemment la paroi même où se trouve placée l'ouverture.
Seulement la tendance qu'ont les sangsues à fuir la lumière qui les
fatigue est un phénomène du même genre, en sens inverse à celui
qui porte la plupart des êtres organisés, et notamment les végétaux, à
se diriger vers elle, qui les vivifie sans que la présence ou l'absence des

(1) Vitet, *Traité de la sangsue médicinale.* Paris, 1809, in-8.
(2) *Monographie des sangsues médicinales et officinales.* Paris, 1838.

yeux y soit pour rien. J'ai fait d'ailleurs une expérience qui, favorable d'abord, en apparence, au sens de la vue chez les sangsues, a fini par montrer qu'elles en sont dépourvues.

« Un bocal contenant des sangsues se trouvant placé le soir dans une pièce peu éclairée, elles se tenaient presque toutes dans un repos parfait, la ventouse buccale attachée à la paroi supérieure du vase, la partie inférieure du corps plongée dans l'eau. En approchant une lumière *très près* du groupe immobile, toujours, au bout d'une minute environ, on voyait les sangsues détacher leur ventouse supérieure et s'éloigner de l'endroit éclairé (c'est l'expérience de Thomas). En plaçant ensuite une carte, servant d'écran, devant la moitié supérieure de la sangsue, et en n'éclairant que la partie postérieure, l'animal restait en repos. En faisant l'inverse, toujours, au bout d'un minute, l'extrémité supérieure se détachait ; mais en éloignant la lumière à la distance de 10 à 12 centimètres, l'effet n'avait plus lieu. C'était la chaleur communiquée au verre par la proximité de la flamme qui avait agi sur les sangsues. J'en ai acquis la preuve en éloignant la lumière de 7 décimètres à 1 mètre, et en réunissant les rayons lumineux seuls sur l'extrémité supérieure de la sangsue, à l'aide d'une large lentille : bien que, de cette manière, les points prétendus oculaires fussent plongés dans une vive lumière, les sangsues y furent *toutes* successivement insensibles. »

SYSTÈME CIRCULATOIRE. Les sangsues n'ont pas de cœur proprement dit : leur système circulatoire se compose principalement de quatre troncs longitudinaux qui vont d'une extrémité à l'autre ; l'un ventral et un autre dorsal, séparés par le tube digestif, et deux autres latéraux. Il présente de plus des vaisseaux courts et des branches spéciales, fournis par les quatre troncs principaux, et qui produisent des rameaux, des ramuscules et des anastomoses.

Les anatomistes ne se sont pas accordés sur la désignation particulière de ces vaisseaux : les uns ont considéré le vaisseau dorsal comme une veine et les deux vaisseaux latéraux comme des artères. Cuvier, de Blainville et Brandt ont adopté l'opinion contraire, et regardent le vaisseau dorsal comme une artère, et les autres comme des veines. De Blainville pense que le sang, puisé par les radicules veineuses dans toutes les parties du corps, doit passer dans les troncs latéraux pour se porter de là dans le vaisseau dorsal, d'où ensuite, par ses ramifications, il est dirigé vers tous les points du corps. D'autres conçoivent la circulation d'une manière différente ; mais tous regardent comme une preuve qu'elle existe les pulsations lentes et régulières que l'on peut observer, même à l'œil nu, dans les quatre gros vaisseaux (1). Cette circulation continue lorsque la sangsue est coupée en deux tronçons,

---

(1) Ces pulsations sont au nombre de 8 à 10 par minute.

état sous lequel elle peut vivre assez longtemps, mais sans pouvoir régénérer la partie manquante.

Le sang des sangsues est d'une couleur rouge, et présente au microscope des globules d'une extrême petitesse (0,0004 de millimètre). D'après M. Derheims, il contient une quantité à peine appréciable de fibrine et plus de matière colorante que le sang des mammifères.

RESPIRATION. Un assez grand nombre d'auteurs ont regardé les glandes muqueuses placées sur les côtés de la face ventrale et le long des deux gros vaisseaux latéraux comme des organes respiratoires analogues aux trachées des insectes ; mais on s'accorde à penser aujourd'hui que la respiration a lieu à travers la peau, sur toute la surface du corps.

Il est prouvé d'ailleurs que les sangsues ont besoin pour vivre de la présence de l'oxigène. Thomas, auteur d'un traité estimé sur les sangsues, ayant mis un certain nombre de ces annélides sous l'eau, dans un vase qui contenait à sa partie supérieure un certain volume d'air, reconnut, au bout de deux jours, que le volume de cet air était diminué, et qu'il était devenu impropre à la combustion. On remarque aussi que les sangsues retenues captives dans un vase plein d'eau restent volontiers au fond de ce liquide lorsqu'il vient d'être renouvelé et qu'il est pourvu de toute la quantité d'oxigène qu'il contient habituellement, mais qu'elles se tiennent en très grande partie hors de l'eau lorsque cet oxigène a été absorbé par la respiration ou par la décomposition putride de leurs excrétions (1). On sait enfin que les sangsues meurent en très grande quantité, étant tenues en captivité dans l'eau, dans les temps orageux ; ce que j'ai toujours attribué à la putréfaction immédiate des substances animales qu'elles répandent dans l'eau, et à la suppression complète de l'oxigène qui en est la suite.

Quelque indispensable que soit l'oxigène à la respiration des sangsues, on conçoit cependant que, dans des animaux aussi imparfaits, cette fonction puisse être momentanément suspendue sans leur causer un dommage considérable. Thomas rapporte avoir conservé pendant deux jours des sangsues plongées dans du gaz azote, de l'hydrogène ou de l acide carbonique ; mais ce qui est plus singulier, c'est que la sangsue médicinale puisse vivre plus d'un jour sous la cloche d'une machine pneumatique. Elle s'y meut comme à l'air libre, fixe tour à tour son disque et sa lèvre supérieure sur les parois de la cloche, et peut même, d'après Thomas, y sucer le sang des animaux (2).

(1) Parce que ces substances en fermentation dans l'eau absorbent l'air qui y était contenu, et privent par là ces animaux d'un principe qui leur était nécessaire. (VAUQUELIN, dans *Essai médical sur les sangsues*, par G. Rochette, Paris, 1803, p. 18.)

(2) J'ai tenu, une fois, pendant vingt-quatre heures, quatre sangsues sous

Système digestif. Les organes digestifs des sangsues s'étendent, sans aucune circonvolution, depuis la ventouse antérieure jusqu'à l'anus, qui est situé sur la face dorsale du dernier anneau, tout près du disque postérieur. On y compte la *bouche*, l'*œsophage*, l'*estomac*, l'*intestin* et l'*anus*.

L'ouverture de la bouche se confond avec la ventouse antérieure qui est formée, ainsi que nous l'avons déjà dit, d'une lèvre supérieure oblongue, obtuse à l'extrémité, à trois segments ou anneaux incomplets, et d'une lèvre inférieure constituée par le premier anneau complet du corps. La paroi interne de cette ventouse est légèrement sillonnée (fig. 542). Tout au fond, se trouvent trois plis longitudinaux qui, à l'état de repos, ont leurs bords rapprochés et cachent les mâchoires. Mais lorsque la sangsue veut mordre, ces plis s'effacent et laissent paraître les mâchoires, qui sont égales, rapprochées par leurs extrémités postérieures, très divergentes par devant, comme trois rayons partant d'un même point; leur bord, convexe et tranchant, présente une rangée de soixante denticules environ (fig. 543, 544), qui, vues perpendiculairement, par un très fort grossissement, ressemblent à des équerres placées comme à cheval sur le bord tranchant de la mâchoire.

L'*œsophage* commence immédiatement après les mâchoires (fig. 547, *a*); il est petit, resserré et membraneux, pourvu de quelques rides longitudinales peu marquées. L'estomac, qui vient après, est composé de onze chambres séparées par des diaphragmes presque entiers, et munies, à commencer par la seconde, de deux poches latérales (*b*, *b*, *b*) moins sinueuses que celles des hæmopis. Dans l'état de plénitude, ces poches s'appuient les unes sur les autres. La dernière chambre pré-

le récipient d'une machine pneumatique : deux étaient placées sans eau, dans un petit vase de terre; les deux autres étaient mises dans un vase contenant de l'eau préalablement bouillie. Les quatre sangsues ont paru souffrir de cette opération, mais elles l'ont supportée et elles ont vécu ensuite comme si elles n'y avaient pas été soumises. Une des sangsues placées dans l'air a rendu de l'air par la bouche pendant le jeu des pompes. Les deux sangsues placées sous l'eau n'ont rendu aucune bulle d'air, ni par leurs ouvertures naturelles, ni par la surface du corps : ce qui m'a paru montrer que ni les vésicules muqueuses, ni les cryptes du derme ne peuvent être considérées comme des organes pulmonaires. Mais ces deux sangsues, qui étaient suspendues par leur disque postérieur, la tête en bas, et qui ont conservé, tout le temps, la même position, ont offert, dans la partie la plus élevée du dos et dans un endroit répondant à l'extrémité d'un des cœcums, une bosse considérable qui était due à la dilatation d'un gaz intérieur ; car elle a disparu immédiatement par la rentrée de l'air dans la cloche. Cette expérience me paraît montrer que les sangsues peuvent renfermer de l'air dans leur canal intestinal.

sente une partie moyenne (d), en forme d'entonnoir, qui communique avec le commencement de l'intestin, et deux poches latérales (c, c), en forme de cœcums, qui se prolongent presque jusqu'à l'extrémité de la sangsue. L'intestin (e, e) a la forme d'un tube sinueux, qui se continue avec le rectum (f) et aboutit à l'anus.

Succion, déglutition, digestion. Dans l'état de repos, lorsqu'une

Fig. 547.   Fig. 548.    Fig. 549. 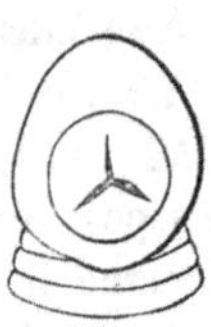   Fig. 550.

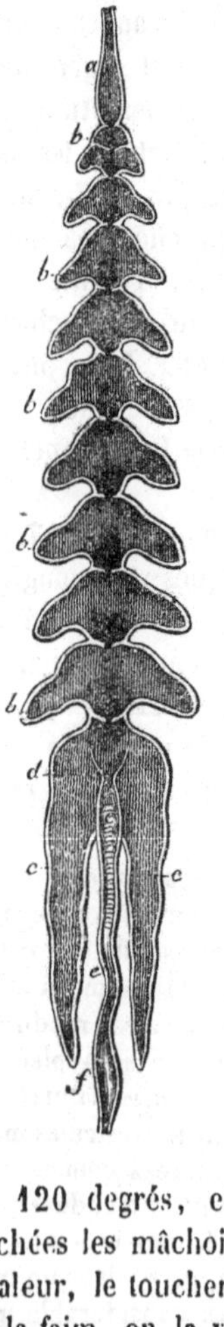

sangsue tient sa ventouse buccale appliquée contre une surface plane, cette ven-

Fig. 551 (1).

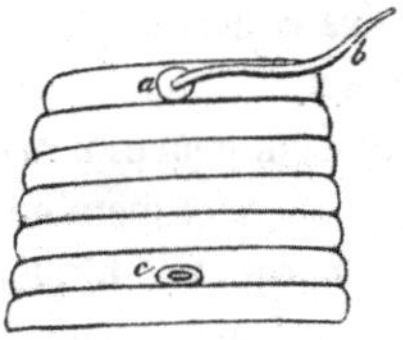

touse présente un cercle parfait (fig. 548), du centre duquel partent trois lignes rayonnantes formant entre elles trois angles

Fig. 552.

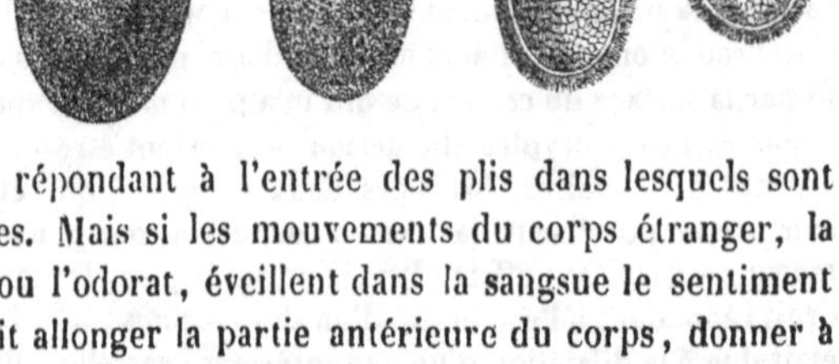

de 120 degrés, et répondant à l'entrée des plis dans lesquels sont cachées les mâchoires. Mais si les mouvements du corps étranger, la chaleur, le toucher ou l'odorat, éveillent dans la sangsue le sentiment de la faim, on la voit allonger la partie antérieure du corps, donner à

(1) Fig. 551. — Portion du corps d'une sangsue où se trouvent les organes générateurs : *a* orifice mâle ; *b* verge ; *c* orifice femelle.

sa ventouse la forme d'une lance émoussée à l'extrémité (fig. 542) et palper la surface du corps qui excite sa convoitise, afin de choisir l'endroit où il lui convient le mieux de pratiquer sa triple morsure. Le choix fait, la sangsue applique sa ventouse, en l'arrondissant un peu (fig. 549), opère un mouvement de succion qui donne à la partie de la peau circonscrite par les lèvres, et forcée de suivre le mouvement, la forme d'un mamelon, écarte les plis du pharynx, dresse ses mâchoires, et les faisant jouer à la manière de trois scies, parvient à faire trois incisions linéaires, convergeant en un centre commun (fig. 550). Dès lors, le sang afflue dans l'œsophage d'où, par des mouvements ondulatoires, alternatifs et réguliers, la sangsue le fait passer dans son estomac; elle ne s'arrête que lorsqu'elle en a épuisé la source; et si c'est sur l'homme qu'elle agit et qu'on lui laisse toute liberté, elle ne lâche prise ordinairement que lorsqu'elle a rempli de sang tous les compartiments de son estomac. Alors elle tombe dans une sorte de torpeur, et meurt quelquefois de cet excès de réplétion (1). Les sang-

(1) Voici le résultat d'expériences faites par M. Alphonse Sanson, pour déterminer la quantité de sang que veulent prendre les sangsues médicinales. Dans le commerce, on distingue, d'après leur grosseur, ces annélides en cinq catégories, dont on fixe ainsi le poids :

	POIDS	
	POUR 1000.	POUR L'UNITÉ.
	kil.	grammes.
Sangsues *vaches*	4,500 à 12	4,50 à 12
— grosses, ou de 1er choix	2,500 à 3	2,50 à 3
— grosses moyennes, ou de 2e choix. .	1,125 à 1,250	1,12 à 1,25
— petites moyennes, ou de 3e choix. .	0,625 à 0,750	0,62 à 0,75
— *filet*	0,385 à 0,450	0,38 à 0,45

Les sangsues vaches étant peu actives et rejetées du service médical, M. Sanson a pris dix sangsues de chacune des autres sortes, et en a déterminé le poids avant et après leur avoir laissé librement sucer le sang des malades :

10 SANGSUES.	POIDS avant la succion.	POIDS après la succion.	SANG absorbé.	SANG pour une sangsue	RAPPORT du sang au poids de la sangsue.
	grammes.	grammes.	grammes.	grammes.	
Grosses	30	190	160	16	5,33
Grosses moyennes.	12,50	96	83,50	8,35	6,96
Petites moyennes .	7	40	33	3,30	4,70
Filet.	5	24	19	1,90	3,80

Il est essentiel qu'un médecin connaisse ces résultats, afin de pouvoir

sues, dans cet état, meurent même presque toujours, lorsqu'elles sont
réunies en grand nombre dans une petite masse d'eau, qui se corrompt
par le sang qu'elles y répandent; mais rendues à la liberté, dans des
marais naturels, elles dégorgent, si cela leur est nécessaire, une partie
du sang qu'elles ont pris, et en digèrent le reste lentement, dans un
espèce de temps qui paraît s'étendre de six à douze mois.

REPRODUCTION. Les sangsues sont hermaphrodites, ou plutôt *androgynes*, c'est-à-dire qu'elles sont pourvues des deux sexes, mais que le
concours de deux individus est nécessaire à la fécondation, l'organe
mâle de l'un s'unissant à l'organe femelle de l'autre, et réciproquement.
Ces organes s'ouvrent au dehors, assez près de l'extrémité antérieure,
dans un renflement particulier analogue à celui qu'on voit chez les
lombrics; mais ce renflement n'apparaît dans les sangsues qu'à l'époque
de la reproduction.

Vers cette époque, on voit souvent sortir par l'orifice de l'organe
mâle, situé à la partie inférieure du vingt quatrième anneau, un corps
filiforme, très extensible et blanchatre, qui n'est autre chose que la
verge (fig. 551) A l'intérieur, cet organe est renfermé dans un fourreau qui, après être descendu, en se rapprochant de l'axe du corps
(fig. 546, *m*), se recourbe vers le haut et se termine par une bourse
piriforme placée vis-à-vis du cinquième ganglion ventral, et qui a été
comparée à la prostate. A droite et à gauche de cet organe, que
M. Moquin-Tandon nomme *bourse de la verge*, on observe deux corps
ovoïdes d'un blanc assez mat, marqués de dépressions et d'anfractuo-
sités (*t*), que l'on considère aujourd'hui comme des *épididymes;* à la
partie postérieure de ceux-ci, sont deux *cordons spermatiques*, sous
forme de canaux filiformes (AAA, AA), sinueux et très déliés, qui
descendent jusqu'aux deux tiers du corps, et qui portent du côté
intérieur, à une distance régulière de cinq en cinq anneaux, de
petites poches pédiculées (B, B, B), que l'on regarde comme des
testicules.

L'organe femelle est beaucoup moins étendu et moins compliqué.
L'ouverture extérieure, ou la vulve (*w*), est située entre le vingt-neu-
vième et le trentième anneau. A l'intérieur, cet orifice communique
avec un canal très court (*vagin*), qui se termine par un renflement
assez considérable (D), qui est la *matrice*. A l'autre extrémité, cet

apprécier, d'après le nombre et la qualité des sangsues demandées ou fournies, la quantité de sang qu'elles doivent tirer. Il faut tenir compte d'ailleurs
du sang qui coule après la chute des sangsues, et dont on facilite le plus souvent l'écoulement par l'application de cataplasmes. La quantité en est très
variable; on estime qu'elle égale, en moyenne, le sang dont les sangsues se
sont gorgées.

organe porte un conduit dirigé vers le haut et partagé ensuite en deux rameaux, dont chacun porte un *ovaire* (E, E).

Dans l'accouplement, deux individus se rapprochent, ventre contre ventre et en sens inverse, de telle sorte que la verge de l'un rencontre la vulve de l'autre. L'accouplement dure plus de trois heures, pendant lesquelles ces annélides demeurent dans un repos absolu. On suppose que le temps de la gestation est de trente à quarante jours, et c'est ordinairement dans les mois de juillet et d'août qu'on peut en observer les produits; mais on en trouve également dans d'autres saisons.

M. Le Noble, médecin de Versailles, qui le premier nous a fait connaître les cocons de la sangsue médicinale, raconte que, au mois de novembre 1820, 2,000 sangsues ayant été mises dans un réservoir disposé à cet effet, sur la fin du printemps et au commencement de l'été suivant, on commença d'y apercevoir de jeunes sangsues accolées au dos et au ventre des anciennes et nager avec elles, et que, dans le courant d'août, on remarqua des trous, à parois très lisses, pratiqués dans l'argile dont on avait garni les côtés du réservoir, et qu'on trouva dans chacun d'eux un cocon de forme ovoïde et du volume d'un petit cocon de ver à soie. A cette même époque, M. Collin de Plancy fit connaître qu'en Bretagne, les paysans repeuplent leurs réservoirs de sangsues, en y déposant des cocons qu'ils vont chercher, dans les mois d'avril et de mai, dans la vase des marais fangeux. M. Charpentier, pharmacien à Valenciennes, a récolté ces mêmes cocons sur les bords de ses réservoirs, vers la fin du mois de juillet, et surtout dans le mois d'août.

Chacun des cocons de la sangsue médicinale (fig. 552) représente un ovoïde dont le plus grand diamètre varie de 14 à 28 millimètres, et le plus petit de 11 à 18. On y distingue : 1° une enveloppe extérieure fauve, d'apparence spongieuse, épaisse de 3 à 4 millimètres, composée de fibres déliées, assez régulièrement entrelacées, de manière à former des espèces de prismes creux, très perméables à l'air et à l'eau ; 2° une capsule blanchâtre, formée d'un tissu mince, mais dense et assez résistant, offrant à chaque extrémité du grand diamètre une petite saillie brune, par l'une desquelles la capsule devra s'ouvrir pour livrer passage aux petites sangsues. Les deux enveloppes paraissent être de même nature et se rapprocher beaucoup de la composition du mucus animal.

La plupart des observateurs, qui ont suivi le développement des cocons de sangsues, s'accordent à dire que l'enveloppe spongieuse est d'une formation postérieure à celle de la capsule membraneuse, qui serait d'abord formée ou même *pondue* par l'annélide ; car plusieurs ont cru que cette capsule sortait toute formée de la vulve de l'animal.

Mais il n'est pas probable que les choses se passent ainsi , d'après
M. Charpentier (1).

« Quand la sangsue va former son cocon, elle commence par préparer une
substance qui ressemble à de la glaire d'œuf battue, et qui doit se convertir
en tissu spongieux et entourer la capsule. Cette substance s'échappe sans
doute par les parties génitales (2) à l'état de mucus, et est convertie en mousse
écumeuse au fur et à mesure qu'elle sort. Pendant que dure l'opération,
l'animal a constamment la tête penchée vers les parties génitales.

» Cette opération terminée, la capsule se forme avec un mélange de mucus et
d'albumine qui est sans doute aussi sécrété, à l'état liquide , par les organes
générateurs. Les premières portions s'infiltrent et se répandent tout autour
dans la mousse extérieure, et la convertissent en tissu spongieux ; le reste
sert à former la capsule. Celle-ci recouvre tout l'espace occupé par la ceinture, et la sangsue en est enveloppée , comme d'un corselet.

» Le tissu spongieux et la capsule étant formés, la sangsue remplit celle-ci de
la pulpe gélatineuse qui contient les germes encore imperceptibles des êtres
qui en sortiront. Alors , au moyen de la contraction et de l'extension succes-
sive de ses anneaux, elle se débarrasse de son cocon et en sort à reculons, la
tête la dernière. Au même moment les deux bouts de la coque se ferment à la
manière d'une bourse à cordons ; mais non hermétiquement. Il y reste toujours une ouverture d'un millimètre environ, que l'on peut reconnaître à
l'aide d'une épingle. »

Les sangsues, pour fabriquer et déposer leurs cocons, se retirent
dans des trous qu'elles pratiquent elles-mêmes dans la berge des ruisseaux ou des étangs, ou dans d'anciennes galeries de taupes ou de rats,
où l'on trouve quelquefois plus de trente cocons réunis. Suivant
M. Charpentier, c'est dans les premiers jours du mois d'août, c'est-à-
dire trente à quarante jours après la formation des cocons, que l'on
voit sortir les premières petites sangsues ; de sorte que, à partir de
l'accouplement, qui a lieu vers la fin de mai ou dans les premiers jours
de juin , il s'est écoulé environ soixante-dix jours. Le nombre des
sangsues produit par chaque cocon varie considérablement ; on en
trouve depuis trois jusqu'à vingt-quatre ; la moyenne paraît être de onze
à douze. Les jeunes sangsues, au moment de l'éclosion , sont longues
de 2 centimètres, filiformes, transparentes , d'une couleur un peu
cendrée ou rougeâtre : les yeux se distinguent très bien sur la ventouse
orale. Au bout de quelques jours paraissent les bandes colorées du dos,
et peu à peu elles prennent la livrée qui les caractérise.

VARIÉTÉS DE L'ESPÈCE. La sangsue médicinale présente un très

(1) *Monographie des sangsues médicinales.* Paris , 1838.
(2) D'après Wedecke, cité par M. Moquin-Tandon, la mousse écumeuse
sortirait de la bouche et serait déposée sur la capsule après sa formation, ce
qui expliquerait pourquoi M. Rayer a vu des capsules de sangsue qui n'en
étaient pas entièrement recouvertes. Telle est celle représentée fig. 552 . A,

grand nombre de variétés qui résultent d'une coloration différente de
son pigment et de la disposition des lignes ou des taches que l'on
observe sur le dos ou sur le ventre. Quelques unes de ces variétés ont
été élevées au rang d'espèces par plusieurs naturalistes ; mais elles
paraissent se mélanger
toutes indistinctement,
pour la fécondation ; elles
fournissent alors des va-
riétés intermédiaires de
plus en plus difficiles à
déterminer.

Fig. 553 (1).

A   B

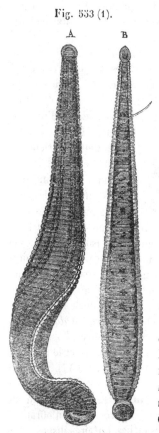

Fig. 558.

1. **Sangsue médici-
nale grise** (*hirudo medicinalis grisea*, fig. 553).
Dos olivâtre , plus ou
moins gris et plus ou
moins foncé, avec quatre
bandes bien distinctes ,
deux de chaque côté, outre
une bande plus latérale encore , bordée de noir ou
de brun; ventre vert foncé,
tout maculé de noir. On
en rencontre un grand
nombre de sous-variétés
qui diffèrent par leurs
lignes continues ou interrompues , sans taches ou
marquées de taches noi-
râtres (fig. 554 à 557).
Ces sangsues habitent la

Fig. 554 (2).   Fig. 555.    Fig. 556.    Fig. 557.

(1) Fig. 553. A, sangsue médicinale vue par le dos; — B, une autre vue
par le ventre.

(2) Fig 554, 555, tronçons de variétés de sangsues médicinales, vus par le
dos. — Fig. 556,557, tronçons de variétés de la même, vus par le ventre. Voir
pour plus de détails , le bel atlas de M. Moquin-Tandon , pl. VII, fig. 1 à 9.

plus grande partie de l'Europe, et principalement la France, l'Allemagne et la Hongrie. Elles sont les plus estimées de toutes.

2. **Sangsue médicinale verte** (*hirudo medicinalis viridis*). Fond d'un vert plus ou moins clair, avec six bandes de couleur très variable, quelquefois décomposées en taches assez régulières. Ventre vert jaunâtre, bordé par une ligne noire, sans aucune tache intermédiaire (fig. 558 à 561).

3. **Sangsue médicinale noire** (*hirudo medicinalis nigrescens*). Dos noirâtre ou olivâtre noir, présentant des bandes réduites à des mouchetures noires et brunes à peine visibles (1), ou des bandes noires interrompues par des taches plus claires, en forme de croissant (Moquin-Tandon, pl. VII, fig. 19). Le ventre est d'un vert noir très foncé, sans taches. Cette variété de sangsue est très active et attaque fréquemment, dans les marais, les jambes des bœufs et des chevaux. Il est très facile de la confondre avec l'hæmopis noire et l'aulastome vorace, dont on ne la distingue guère que parce que celles-ci ne se contractent pas en olive, n'offrent aucun indice de bandes dorsales et ne montrent aucune aptitude pour mordre la peau de l'homme.

Fig. 559.   Fig. 560.   Fig. 561.

4. **Sangsue médicinale jaune** (*hirudo medicinalis flava*). Dos olivâtre plus ou moins jaune ; ventre d'un jaune très pâle et verdâtre. On en connaît deux sous-variétés : l'une, nommée *hirudo chlorogastra*, a des bandes dorsales roussâtres très apparentes ; l'autre (*hirudo chlorina*) a les bandes dorsales presque nulles, et le ventre et le dos également d'un jaune verdâtre pâle (Moquin-Tandon, pl. VII, fig. 16 et 17).

5. **Sangsue médicinale pâle** ou **blanchâtre**. Dos couleur de chair, ou mieux, d'un fauve un peu rosé et très pâle, n'offrant ni bandes ni taches, ou présentant quelques taches linéaires disposées en séries longitudinales (Moquin-Tandon, pl. VIII, fig. 1, 2). Ventre très pâle.

6. **Sangsue médicinale fauve** (Moquin-Tandon, pl. VIII, fig. 3, 4). Dos fauve, marqué de six bandes longitudinales de couleur brunâtre, quelquefois simples ; d'autres fois les bandes les plus latérales comprennent entre elles une série de taches oblongues, de même couleur. Ventre pâle, quelquefois un peu verdâtre, sans taches.

7. **Sangsue médicinale obscure**. Dos brun, tantôt clair et rosé

(1) Huzard, *Journ. de pharm.*, t. XI, pl. 2, fig. 15. — Moquin Tandon, pl. VII, fig. 18.

avec de larges lignes brunes, tantôt plus foncé et obscur, avec des bandes composées de mouchetures noirâtres, disposées en séries longitudinales.

8. **Sangsue médicinale truitée**, ou **marquetée** (*hirudo medicinalis tessellata* Blainv. ; — *hirudo troctina* ou *interrupta* Moquin-Tandon). Dos d'un beau vert ou quelquefois sali par une teinte roussâtre ; bandes remplacées par des taches isolées, arrondies ou carrées, placées de cinq en cinq anneaux. Ces taches sont noires avec un bord orangé, ou orangées avec un bord noir ; quelquefois celles du milieu sont toutes jaunes et les intermédiaires tout à fait noires (fig. 562), etc. Les bords sont d'un jaune orangé ou d'un roussâtre brillant. Le ventre est verdâtre, ou gris jaunâtre, rarement roussâtre, tantôt immaculé, tantôt marqué de larges taches noires ; ses bords sont ornés d'une bande longitudinale disposée en zigzag.

Fig. 562.

M. Moquin-Tandon forme de cette sangsue une espèce particulière. Elle est employée depuis longtemps en Angleterre et dans les hôpitaux de Paris. M. Huzard, qui l'a décrite le premier, la croyait originaire d'Amérique ; mais elle vient de l'Algérie et de toute la Barbarie. On lui donne dans le commerce le nom de *sangsue dragon ;* on la regarde comme médiocre pour l'usage médical.

9. **Sangsue de Verbano** (*hirudo verbana* Car.). Corps déprimé ; dos d'un vert sombre avec des bandes brunes transverses, nombreuses, terminées par une tache ferrugineuse, dont la réunion constitue de chaque côté une ligne longitudinale interrompue. Ventre vert, peu ou pas tacheté.

Cette sangsue se trouve sur les bords du lac Majeur et dans les environs de Nice. Elle est employée en médecine.

10. **Sangsue du Sénégal** (*hirudo mysomelas*). Corps plus aplati que celui de la sangsue médicinale ; dos d'un vert olivâtre, ou d'un noir jaunâtre, avec trois bandes longitudinales jaunâtres, bordées de noir ; bords jaunes ; ventre jaune avec des taches noires irrégulières ; bouche et ventouse anale noires. Points oculaires peu apparents.

On regarde cette sangsue comme une espèce distincte ; elle ne prend guère que la moitié du sang que sucerait la sangsue médicinale. On trouve d'autres espèces de sangsues dans les eaux de l'Amérique septentrionale, en Chine, au Japon, à Ceylan, etc.

Commerce des sangsues. Il y a quarante ans, le prix des sangsues variait de 15 à 60 francs le 1 000 ; la France en produisait une quantité plus que suffisante pour sa consommation ; le superflu passait à l'étranger. Mais bientôt après, la consommation dépassa tellement la production, que la France fut obligée d'en faire venir de Belgique, d'Espagne, d'Italie, de Bohême et d'Afrique. En 1835, époque à laquelle les renseignements suivants m'ont été fournis par Gallois, qui était alors le premier de nos négociants en sangsues, bien que le prix des sangsues se fût élevé de 150 à 250 francs le 1 000, la pêche active avait cessé en France, excepté dans l'ancienne Bretagne et dans la Sologne qui fournissaient encore une petite quantité de sangsues au commerce. Partout ailleurs la pêche était purement locale, et son produit n'atteignait pas les besoins de la population.

L'Espagne était également épuisée ; la Toscane en fournissait encore, mais d'une qualité inférieure ; la Bohême ne nous en envoyait plus ; les marais de la Hongrie eux-mêmes commençaient à être dégarnis, et la maison Gallois, dont les vastes réservoirs étaient établis aux Vertus, près de Paris, et qui avait une succursale à l'alota, près de Pest, en Hongrie, était obligée de tirer ses sangsues des frontières de la Russie et de la Turquie. Les sangsues qui arrivaient de ces contrées étaient rassemblées d'abord dans des réservoirs établis à Palota, et y restaient jusqu'aux demandes transmises de Paris. Alors on les pêchait dans les réservoirs ; on les renfermait dans des sacs de toile qui en contenaient de 25 à 30 kilogrammes ; on rangeait ces sacs les uns à côté des autres sur des hamacs superposés, placés dans une voiture de la forme d'une tapissière, et la poste les transportait jusqu'à Paris, en douze ou quinze jours de temps.

Jamais cependant les sangsues n'arrivaient directement à Paris : dans les temps chauds et orageux, on était obligé de les rafraîchir deux fois pendant la route, et on le faisait toujours au moins une fois. A cet effet, on avait établi à Kehl de grands baquets dans lesquels on en plaçait de plus petits. Les uns et les autres étant remplis d'eau, c'est dans les petits baquets que l'on vidait les sacs. Toutes les sangsues saines s'échappaient des petits baquets et tombaient dans les grands ; toutes celles qui restaient au fond des baquets intérieurs étaient mises de côté comme ne pouvant supporter le reste du voyage. On lavait les sacs, on les remplissait de nouveau et on les transportait aux Vertus, où était fondé le principal établissement de Gallois.

Là les sangsues étaient distribuées dans de grands réservoirs à eau courante, dont les bords étaient plantés de roseaux. Elles y séjournaient ordinairement pendant un mois ; mais à l'époque où je les ai visitées, les demandes excédant les arrivages, elles étaient repêchées après cinq ou six jours de repos seulement, ce qui nuisait à leur qualité, beaucoup étant encore malades par suite de la fatigue du voyage.

Je me suis informé auprès de Gallois si les sangsues se reproduisaient dans ses réservoirs ; si elles s'y nourrissaient et s'y développaient ; enfin s'il tirait parti de leur reproduction. Il m'a répondu que très rarement il avait aperçu de jeunes sangsues que l'on pouvait croire nées dans son etablissement ; que ces petites sangsues mettaient au moins huit ans pour parvenir à l'état adulte ; que cependant il ne pouvait pas dire que ce fût là la vraie durée de leur croissance, parce que les sangsues adultes, apportées du dehors, au lieu de se nourrir et d'augmenter dans ses reservoirs, y maigrissaient et y perdaient

de leur poids. Enfin, il m'a dit que, quant à lui, il jugeait impossible de
compter sur la reproduction et la nourriture des sangsues, dans des réservoirs
artificiels, pour servir aux besoins du commerce; parce que les frais d'en-
tretien et de nourriture, jusqu'au moment où les sangsues seraient propres à
l'usage médical, l'emporteraient de beaucoup sur le prix de celles qui sont
apportées de l'étranger (1).

Depuis que ces renseignements m'ont été donnés, et malgré une diminu-
tion considérable dans le nombre des sangsues employées (2), l'épuisement
des marais, en Europe, n'a pas cessé d'augmenter ; les pêcheries de la Hongrie,
de la Bosnie, de la Valachie et du bas Danube sont devenues de jour en
jour plus insuffisantes, et maintenant c'est la Turquie d'Europe et l'Asie
Mineure, la Russie méridionale, la Géorgie, l'Arménie, qui fournissent la
plus forte partie des sangsues du commerce. Ces sangsues sont expédiées par
les bateaux du Levant, principalement à Trieste et à Marseille, qui reçoit en
outre les sangsues d'Afrique. Kehl et Strasbourg reçoivent toujours celles qui
viennent de la Hongrie ; Hambourg transmet à la Hollande et à l'Angleterre
un certain nombre de sangsues originaires de la Russie propre et de la
Pologne.

Gorgement des sangsues. Il y a quelques années, le commerce des sangsues était entaché d'une fraude très préjudiciable à la santé publique. Ces
annélides étaient tous plus ou moins gorgés de sang. Cet abus avait pris naissance d'abord, parce que les sangsues devenant de plus en plus rares dans les
marais, il ne suffisait plus, pour obtenir une pêche productive, que les
pêcheurs agitassent la vase et entrassent dans l'eau, les jambes nues ou entourées de flanelle, ou jetassent dans l'eau de petites couvertures de laine,
auxquelles les sangsues s'attachent volontiers; alors on a eu recours à des
appâts de chair saignante ou à des linges imbibés de sang caillé. Ensuite le
commerce en gros des sangsues s'étant fait au poids, et, dans la vente au
détail, les grosses sangsues ayant une valeur plus grande que les petites, les
commerçants ont eu tout bénéfice à augmenter le poids et la grosseur des
sangsues en les gorgeant de sang. La fraude était arrivée au point que, en
1345, il était presque impossible de trouver à Paris des sangsues *vierges*,
c'est-à-dire qui ne fussent pas gorgées.

L'École de pharmacie se préoccupa de cet état de choses, et malgré les

(1) Extrait d'un rapport sur une lettre de M. Fleury, fait à l'Académie de médecine le
29 septembre 1835.

(2) D'après les tableaux d'importation publiés par l'administration, il serait entré en France,
approximativement :

En 1827,	37.655.000 sangsues,	En 1841,	17.479.700 sangsues,
1829,	44.581.000	1843,	17.608.030
1831,	56.414.000	1844,	15.225.000
1832,	57.491.000	1845,	13.843.500
1833,	41.654.000	1846,	12.721.500
1835,	22.560.000	1847,	11.790.800
1837,	23.768.000	1848,	9.685,600
1839,	23.411.000	1849,	11.109.000

Il est curieux de remarquer l'énorme différence qui a eu lieu dans la consommation des
sangsues en 1832 et 1849. Est-on mort du choléra plus en 1832 qu'en 1849? en est-on mort
moins ? Je laisse à de plus habiles à le décider. — Voyez Chevallier, *Note sur le commerce
des sangsues* (Annales d'hygiène , 1845, t. XXXIV, p. 41). — Soubeiran, *Rapport sur le
commerce des sangsues* (Bulletin de l'Académie de médecine, 1848, t. XIII, p. 615).

réclamations des marchands en gros, qui prétendaient que le gorgement des
sangsues se faisait naturellement dans les marais, ou qu'il était nécessaire
pour que les sangsues pussent supporter la fatigue du transport, elle saisit,
à plusieurs reprises, des quantités considérables de sangsues gorgées et fit
condamner les détenteurs. Aujourd'hui il est parfaitement établi :

1° Que les sangsues naturelles ne contiennent que très rarement une petite
quantité de sang rouge, et que la seule chose que l'on trouve habituellement
dans leur estomac est un liquide verdâtre provenant de la digestion de leur
nourriture antérieure, et qu'elles rejettent quelquefois dans l'eau où on les
conserve ;

2° Que le gorgement des sangsues, loin d'être utile pour leur transport, est
une cause de mortalité et de perte pour le commerce ;

3° Que, quelle que soit l'origine du sang contenu dans l'estomac des
sangsues, on ne doit délivrer, pour l'usage médical, que celles qui en sont
privées ; on doit conserver les autres dans des marais ou réservoirs artificiels, jusqu'à ce qu'elles aient digéré le sang qu'elles renferment.

Il suffit d'ailleurs, pour reconnaître si une sangsue est pure ou gorgée, de la
serrer fortement, entre le pouce et l'index, par l'étranglement qui sépare le
corps de la ventouse postérieure ; au besoin, on la maintient plus sûrement,
en entourant cette partie d'un linge. On presse alors le corps de la sangsue
entre deux doigts de l'autre main, et on l'y fait glisser doucement, comme
dans une sorte de laminoir, à partir de la ventouse anale jusqu'à l'extrémité
antérieure. Lorsque la sangsue ne contient pas de sang, on ne voit rien apparaître à cette extrémité ; mais lorsqu'elle a été gorgée, le sang contenu dans
les cavités de l'estomac reflue vers l'œsophage et forme un renflement qui
s'étend quelquefois du quart jusqu'à la moitié de la longueur de l'animal. Une
pression plus forte le fait même sortir par la bouche.

Conservation des sangsues. Les pharmaciens, les herboristes, les médecins
dans les localités où il n'existe pas de pharmacies, les hôpitaux, les commerçants en gros, ont besoin de conserver chez eux une provision de sangsues
proportionnée à leur consommation. A Paris, qui est devenu un des centres
principaux de ce commerce, les détaillants trouvent un grand avantage à ne
tenir chez eux qu'un petit nombre de sangsues, et alors ils se contentent de les
mettre dans un vase de verre ou de grès, couvert d'une simple toile, et contenant 5 ou 6 litres d'eau pour cent ou deux cents sangsues. On place ce vase
dans un lieu frais, à l'abri de la gelée, des rayons du soleil, des odeurs fortes
ou des émanations de laboratoire, et l'on change l'eau tous les jours en été, et
tous les deux jours en hiver, en prenant les précautions suivantes :

1° L'eau doit être de source, de rivière ou de pluie, et non de l'eau de
puits ou citerne, qui est en grande partie privée de l'air nécessaire à la respiration des sangsues.

2° L'eau doit être à la même température que celle où se trouvent les sangsues ; elle peut être un peu plus élevée lorsque la température est basse ; elle
ne doit pas être plus froide.

3° On vide complètement le vase aux sangsues, en en versant le contenu sur
un tamis de crin lâche, ou sur une passoire dont les trous soient assez petits
pour que les sangsues ne puissent pas s'y engager. On lave exactement le vase
à l'intérieur ainsi que le linge qui le recouvre.

4° On sépare avec soin des sangsues saines celles qui sont mortes, et même celles qui paraissent malades, ce qu'on reconnaît à l'enflure et au changement de couleur des extrémités, ou à des nodosités séparées par plusieurs étranglements.

5° On remplit le vase d'eau nouvelle et on y remet les sangsues saines, à la main ; cela vaut mieux que de remettre d'abord les sangsues dans le vase et de verser brusquement l'eau par-dessus. J'ai vu plusieurs fois périr un grand nombre de sangsues, rien que pour les avoir soumises au choc de l'eau sortant d'un robinet, à une température de quelques degrés plus basse que celle de l'air ambiant.

Pour éviter cet inconvénient, et pour remédier aussi à la mortalité des sangsues, provenant de beaucoup d'autres causes, principalement durant les chaleurs de l'été, je me suis bien trouvé, pendant longtemps, de l'emploi d'un grand vase de faïence contenant, au fond, une couche de sable de rivière, recevant un courant d'eau modéré mais continuel, par un tuyau plongeant dans ce sable, et perdant l'eau par un autre tube placé à la partie supérieure. (*Journ. pharm.*, t. XII, p. 19.)

Les sangsues, ainsi que je l'ai dit précédemment (p. 249), changent très souvent d'épiderme, et cette opération, qui ne se fait pas sans peine lorsque les sangsues sont conservées dans de l'eau pure, en fait périr un grand nombre. Pour y remédier, M. Chatelain (1) a conseillé de mettre au fond des vases où on les conserve de l'argile plastique réduite en pâte, dans laquelle les sangsues aiment beaucoup à s'introduire et à séjourner ; MM. Derheims et Desaux ont employé la mousse, d'autres le charbon, la tourbe, etc. Le sable de rivière, que j'ai conseillé plus haut, me paraît préférable pour les pharmaciens.

Les sangsues, tenues en captivité, sont sujettes à plusieurs autres maladies qui paraissent causées par l'accumulation en trop grand nombre dans une petite quantité d'eau, le renouvellement insuffisant de l'eau ou de la terre argileuse qui les renferme, le défaut de propreté des vases ou des sacs, l'état de plénitude ou de gorgement, principalement en été, le transport prolongé, surtout à l'époque de la gestation, enfin le contact de celles qui sont mortes ou déjà affectées de maladie. On remédie à ces maladies et à la mortalité qui en est la suite, en prenant le contre-pied des circonstances défavorables qui viennent d'être énumérées. On s'est très bien trouvé, en pareil cas, d'ajouter à l'eau dans laquelle on conserve les sangsues du charbon pulvérisé. On a également conseillé de désinfecter les vases et les toiles à l'aide du chlorure de chaux, et de passer les sangsues, une ou deux fois, dans une eau additionnée d'une très faible quantité du même chlorure.

Les sangsues peuvent aussi mourir d'inanition. Que l'on suppose, dans une pharmacie, des sangsues non gorgées, déjà éminemment propres au service médical, et mises tous les jours au seul régime de l'eau. Au commencement,

(1) Un grand nombre de pharmaciens se sont occupés de l'histoire naturelle, de la reproduction et de la conservation des sangsues, et ont publié des observations importantes qui ont formé peu à peu un corps de doctrine dont tous ont profité. Je citerai entre autres M. Brossat à Bourgoin (Isère), M. Desaux à Poitiers, M. Trémolière à Marseille, M. Chatelain, pharmacien en chef de la marine à Toulon, M. Derheims à Saint-Omer, M. Fleury à Rennes, M. Charpentier à Valenciennes, MM. Chevallier, Bouchardat et Souheiran à Paris. Je ne dois pas oublier M. Joseph Martin, négociant en sangsues à Paris et possesseur de vastes réservoirs à Gentilly, qui s'est honoré par la résistance qu'il a opposée au gorgement frauduleux des sangsues, et qui a publié le résultat de ses observations sur le commerce de ces annélides dans un ouvrage intitulé *Histoire pratique des sangsues*, Paris, 1845.

elles sont grosses autant que le comporte leur âge, vigoureuses, fermes et ra-
massées en olive ; peu à peu elles diminuent de volume, s'allongent, deviennent
plates, flasques et presque sans force. C'est un peu avant de parvenir à cet état,
qu'elles étonnent par la grande différence observée entre leur peu de volume,
lorsqu'on les applique sur la peau, et celui qu'elles acquièrent après la succion.
Enfin, l'abstinence continuant, la sangsue tombe au fond de l'eau et ne se
relève plus. On la distingue de celles qui sont mortes de maladie par l'absence
de toute nodosité et par sa flaccidité. C'est ordinairement vers le deuxième
mois que les sangsues non gorgées sont réduites au seul régime de l'eau, que
cette mort commence à se montrer. Quelques pharmaciens ont proposé de
remédier aux effets de l'abstinence en ajoutant à l'eau du sucre pur ou cara-
mélisé, ou même du sang ; mais M. Derheims et M. de Blainville ont montré
l'inutilité de ces addi'ions, la sangsue adulte n'empruntant aucune nourriture
au liquide au milieu duquel elle se trouve. (Voir également *Journ. chim. méd.*,
t. VIII, p.606,1832.) On peut dire encore que le sang ajouté à l'eau dans laquelle
on conserve les sangsues s'y putréfie rapidement et cause la mort de ces annélides. Mais si les sangsues ne se nourrissent pas de sang étendu d'eau, elles
boivent avec avidité le sang *pur* et *récent* avec lequel on les met en contact.
(*Journ. pharm.*, t. XXIV, p. 314.) C'est même un des moyens dont on se
sert pour les gorger. Tout en condamnant fortement ce moyen de fraude,
j'admets cependant que, dans le cas d'inanition complète, on puisse fournir
aux sangsues un peu de sang pour les ranimer. J'ai conseillé anciennement de
les mettre dans de l'argile humectée, où elles paraissent trouver quelques parties nutritives.

J'ai dit précédemment que les temps orageux étaient très défavorables aux
sangsues, ce que j'attribuais à la putréfaction instantanée des matières organiques et à la disparition de l'oxygène contenu dans l'eau (page 256). Je me
suis assuré qu'on soustrayait les sangsues à l'influence désastreuse de l'électricité atmosphérique, en plaçant le vase qui les contient dans une cave souterraine ; mais lorsqu'on les y laisse longtemps, elles deviennent flasques,
molles et peu actives, de sorte que leur séjour dans une cave humide et obscure
ne doit être que momentané.

A Paris, les marchands de sangsues en conservent des quantités considérables dans des magasins frais, profonds, mais aérés, dallés, abondamment
pourvus d'eau, et où l'on ne voit que des baquets couverts de toile et des sacs
suspendus à l'air.

La toile qui recouvre les baquets présente au milieu une large ouverture
circulaire qui permet de voir l'intérieur, et par laquelle cependant les sangsues ne peuvent sortir ; cette ouverture étant garnie tout autour d'une bande
de toile pendante et effilée par le bas, ce qui empêche les sangsues de s'y fixer.

Les sangsues qui arrivent dans ces magasins sont d'abord versées dans les
baquets pleins d'eau pour faire le triage des mortes, des malades, et faire la
séparation des grosseurs. Les sangsues reconnues bonnes et marchandes sont
enfermées dans des sacs qui en contiennent deux ou trois kilogrammes, et
suspendues à l'air libre ; mais il faut, à tour de rôle, les remettre à l'eau pendant un jour sur deux ou trois. Les sangsues malades ou gorgées sont placées
dans de l argile détrempée, où elles doivent être examinées tous les deux ou
trois jours et changées tous les quinze ou vingt jours, en été (Martin).

Enfin les principaux négociants en sangsues, plusieurs pharmaciens éloignés de Paris et obligés de conserver chez eux un grand nombre de sangsues, et divers hôpitaux, ont pris le parti de faire établir des bassins, des réservoirs ou canaux, traversés par un courant d'eau modéré, couverts d'une couche d'argile au fond, et plantés sur le bord de plantes aquatiques, où les sangsues se trouvant presque revenues à leur état naturel, se conservent en bon état de santé, et peuvent même se multiplier, ainsi que je le dirai plus loin.

Application des sangsues. À l'exception de la plante des pieds et de la paume de la main, les sangsues peuvent être appliquées sur toute la surface du corps. Cependant comme leurs morsures laissent des traces apparentes, il faut, autant que possible, surtout chez les femmes, ne pas les poser sur les parties découvertes, comme le visage, le cou, la partie supérieure de la poitrine, l'avant bras et le dos de la main. Il faut éviter aussi le trajet des gros vaisseaux et des gros troncs nerveux.

On peut encore appliquer les sangsues sur quelques membranes muqueuses facilement accessibles, comme les gencives, la vulve ou le col de l'utérus ; mais il faut user de grandes précautions pour empêcher ces animaux de se glisser trop avant dans les organes.

La place sur laquelle on veut poser les sangsues doit être rasée, si elle est couverte de poils, et elle doit être privée de sueur par le lavage à l'eau chaude ou par un bain local. Si elle a été couverte de cataplasmes, on la lave pareillement à l'eau tiède ; si, d'embrocations huileuses ou d'emplâtres résineux et odorants, on la lave au savon ou à l'alcool rectifié d'abord, puis à l'eau.

Quelques personnes ont conseillé d'humecter la peau avec de l'eau sucrée, du jaune d'œuf ou du lait ; ces précautions sont non seulement superflues, mais elles peuvent être contraires. D'autres prescrivent *de faire jeûner* les sangsues en les laissant deux ou trois heures hors de l'eau avant de les appliquer. Je conseille, au contraire, de les laisser dans l'eau, et de les laver même dans l'eau pure, au moment de les appliquer. La seule précaution à prendre, c'est que les sangsues et la peau soient très propres.

Quelques personnes prétendent encore activer la morsure des sangsues, en les roulant dans la main ou dans un linge chaud, en leur pinçant la ventouse anale, en les renfermant dans une pomme creuse, etc. Tous ces moyens sont plus nuisibles qu'utiles. La meilleure manière de faire mordre les sangsues, lorsque la surface est étendue, consiste à les poser en tas sur la place même, et à les recouvrir d'un linge sec dont on maintient les bords appliqués sur la peau, avec la paume de la main. Lorsque la place est plus circonscrite, on prend un verre à patte, de dimension convenable ; on pose dessus un linge sec, dans le creux duquel on met les sangsues, et l'on renverse le tout sur la place où celles-ci doivent prendre. Les sangsues ne pouvant s'attacher au linge sec, se fixent immédiatement sur la peau, et aussitôt qu'une a mordu, toutes les autres suivent.

Pour placer les sangsues, une à une, dans la bouche ou dans l'intérieur de la vulve, on a imaginé un grand nombre de petits instruments dont le meilleur paraît être un petit tube de verre poli aux deux bouts, dans lequel on place la sangsue. Celle-ci est poussée par l'extrémité postérieure, à l'aide d'un piston, et est forcée de s'approcher de l'endroit où elle doit mordre. Sans ce piston, la sangsue pourrait rester très longtemps immobile dans le tube. Les Chinois se servent, pour le même usage, d'un tube de bambou, que l'on pourrait suppléer par une tige de sureau évidée de sa moelle.

Lorsque les sangsues ont mordu, il faut les laisser tranquilles et se borner à les suppporter avec une serviette, pour empêcher que leur poids ne fatigue les plaies. Il faut aussi les laisser tomber naturellement. Si cependant il était utile d'en arrêter la succion, par exemple lorsqu'il n'en reste plus qu'une ou deux, qui s'opposent aux soins subséquents réclamés par le malade, on les fait tomber en leur mettant sur le milieu du corps une pincée de sel.

Après la chute des sangsues, on entretient ordinairement l'écoulement du sang pendant une heure ou deux, en étuvant continuellement les plaies avec une éponge imbibée d'eau tiède, ou en les recouvrant toutes d'un large cataplasme de farine de lin, ou mieux encore, lorsque l'indication s'y trouve, en mettant le malade dans un bain. Au bout du temps indiqué, il ne reste guère que deux ou trois piqûres saignantes, que l'on peut abandonner à elles-mêmes, si le malade peut supporter cet accroissement de perte de sang sans inconvénient ; ou que l'on arrête en appliquant exactement sur chaque piqûre mise à découvert un petit morceau d'*agaric de chêne* épais et velouté, et en exerçant une compression par-dessus, à l'aide d'une compresse de linge et d'un bandage. La poudre de *Lycoperdon bovista*, une couche de gomme arabique pulvérisée, de poudre de tan, de cachou ou de quinquina, recouvertes d'une compresse, peuvent conduire au même résultat ; la colophane, le sangdragon, les terres absorbantes sont moins efficaces. Il faut le moins possible avoir recours aux sels et acides minéraux, tels que le nitrate d'argent, qui est cependant très efficace, les sulfates de cuivre et de fer, l'eau de Rabel, etc. (1).

Dégorgement et réapplication des sangsues. Une fois gorgées de sang, les sangsues tombent dans un état de somnolence qui les rend impropres, pendant longtemps, à rendre de nouveaux services. Anciennement on les jetait presque toujours comme inutiles ; aujourd'hui qu'elles sont devenues rares et d'un prix élevé, on néglige encore trop souvent de les conserver. Toutes les sangsues qui ont servi devraient être cédées, à prix modique, à des personnes chargées de les recueillir et de les livrer à d'autres, qni s'occuperaient, sous la surveillance de l'autorité, des moyens de les rendre propres de nouveau à l'usage de la médecine.

Il n'y a rien de nouveau dans cette pratique. Depuis longtemps, dans les campagnes et dans les petites villes, on a vu des ménages conserver les sangsues qui leur avaient servi, sans autre soin que de les changer d'eau très souvent, et, au bout d'un certain temps, les employer de nouveau pour eux ou les louer à leurs voisins. Cet usage est surtout très répandu au Brésil et dans les colonies, où les sangsues, qui sont apportées d'Europe, sont partout d'un prix très élevé. On cite comme un exemple déjà ancien de l'utilité de cette pratique, que, en 1825, dans l'hôpital militaire de Bayonne, la réapplication des sangsues a réduit à 1 212 francs la dépense pour l'achat des sangsues, qui s'était élevée à 3 000 francs en 1824. En 1826, à l'hôpital de Pampelune, la réapplication des sangsues a produit une économie de 3 056 francs. En trois années, de 1844 à 1847, l'Hôtel-Dieu de Paris, tout seul, a produit de cette manière, à l'administration des hôpitaux, une économie de 61 690 francs.

Deux manières de procéder peuvent être employées pour atteindre cette

(1) J'ai souvent été appelé auprès de malades chez lesquels l'écoulement du sang n'avait pu être arrêté ; je suis toujours parvenu à l'arrêter immédiatement avec l'agaric de chêne et la compression.

économie, et pour diminuer d'autant la consommation des sangsues et les craintes que l'on a pu concevoir sur leur complète disparition. On peut rendre, autant que possible, les sangsues à leur vie naturelle et attendre qu'elles aient digéré le sang qu'elles ont pris ; ou bien on peut, par des moyens particuliers, opérer le dégorgement immédiat des sangsues et les appliquer de nouveau, presque sans retard, à l'usage médical.

Le procédé du dégorgement naturel peut certainement être employé, même sur une assez grande échelle, ainsi que le prouvent les faits suivants :

En 1825, les officiers de santé de l'hôpital militaire de Bayonne ont placé dans un bassin 9245 sangsues, provenant des applications de juin et juillet. Vers la fin de l'année, ils ont pu remettre en service 7145 sangsues, qui ont été jugées de bonne qualité.

Le 1er avril 1831, dans un bassin alimenté par un filet d'eau et où se trouvaient plusieurs plantes aquatiques, M. Chatelain a fait jeter 12000 sangsues gorgées de sang. Après quatre mois et demi de séjour, le bassin fut vidé, et l'on en retira 4600 individus se contractant en olive et très propres à faire un bon service ; cependant leur digestion n'était pas encore terminée.

Dans un bassin de 2m,50 carrés, et de 30 centimètres de profondeur, en partie rempli d'argile blanche onctueuse, mise en consistance de pâte molle, MM. Bouchardat et Soubeiran ont déposé successivement 6500 sangsues. Le sol et l'argile avaient une pente convenable, pour que l'eau, coulant par intervalle à la surface, pût s'écouler par un trop plein grillé, placé à la partie la plus déclive : de cette manière, l'argile était humectée mais non couverte d'eau, excepté dans la partie basse. Chaque jour on enlevait les sangsues qui étaient venues mourir à la surface. L'expérience commencée au mois de décembre fut terminée au mois de juin ; les sangsues retirées de l'argile étaient très vives ; elles teignirent l'eau immédiatement en vert. Après deux ou trois jours, elles étaient supérieures en qualité aux meilleures sangsues du commerce ; elles prenaient toutes très promptement et restaient plus longtemps attachées sur les malades. Cependant ce procédé a été abandonné pour le dégorgement immédiat. (*Journal de pharm. et de chim.*, t. XI, p. 345.)

Bien des procédés ont été conseillés pour le dégorgement immédiat des sangsues : MM. Petit-Ferdinand et Olivier ont proposé de pratiquer une petite ouverture sur le dos (vers l'origine des deux grandes poches digestives, après le soixante-deuxième anneau), et de faciliter la sortie du sang par une légère pression. Ce procédé me paraît peu praticable, surtout en grand, et doit être préjudiciable pour les sangsues.

M. Tournal, de Narbonne, a imaginé de dégorger les sangsues en les retournant comme un doigt de gant à l'aide d'un petit stylet, à pointe mousse, en bois, que l'on appuie contre la ventouse anale et que l'on pousse de bas en haut jusqu'à le faire sortir, toujours revêtu de la ventouse, par la bouche. En continuant encore de rabattre la sangsue sur le petit morceau de bois, on finit par la retourner entièrement, la peau revêtant à l'intérieur, dans toute sa longueur, le morceau de bois, et le canal intestinal se trouvant tout à fait à l'extérieur : on lave alors l'animal, et on replace les organes dans leur situation normale. Suivant M. Tournal, la sangsue ne paraît pas être très affectée par cette curieuse opération, et elle est propre à servir immédiatement. M. Moquin-Tandon pense, au contraire, que les sangsues ne peuvent être retournées sans déchirures profondes, dont elles doivent souffrir pendant longtemps. Il est évident, d'ailleurs, que ce procédé ne serait pas praticable en grand.

D'autres personnes ont conseillé de faire dégorger les sangsues en les plaçant sur de la cendre, du charbon, de la sciure de bois, du sel ; dans de l'eau salée, dans de l'eau mêlée de vin rouge ou blanc, etc. On les lave ensuite dans de l'eau pure, et on les change d'eau tous les jours, ainsi qu'il a été dit précédemment pour les sangsues vierges.

M. Joseph Martin prescrit de faire dégorger les sangsues en les pressant entre les doigts, depuis l'extrémité postérieure jusqu'à l'antérieure, ainsi qu'on le pratique lorsqu'on veut reconnaître le gorgement des sangsues. Seulement il faut pousser la pression jusqu'à faire sortir le sang par la bouche. Mais il est difficile d'arriver à ce résultat sans causer des déchirures intérieures, auxquelles les sangsues succombent tôt ou tard. C'est cependant ce procédé qui est usité aujourd'hui dans les hôpitaux de Paris ; mais combiné avec l'immersion dans de l'eau salée chaude, qui donne au sang plus de fluidité, et dispose les sangsues à le rendre plus facilement.

A l'Hôtel-Dieu de Paris, un homme est chargé spécialement de la pose des sangsues dans les salles d'hommes, et une femme remplit la même fonction dans les salles de femmes. Les sangsues prescrites sont envoyées de la pharmacie, au lit de chaque malade, dans un pot de terre couvert d'une toile percée d'un trou, duquel part un petit conduit de toile ouvert, et qui n'arrive pas au fond du pot. Les sangsues retirées du pot sont appliquées tout de suite, puis, le pot ayant été recouvert, à mesure qu'elles tombent, on les remet dans le pot par le conduit de toile resté ouvert. C'est dans ces mêmes pots qu'elles retournent à la pharmacie, où elles sont comptées, puis soumises au dégorgement. Pour assurer la régularité de ce service et intéresser les employés à sa réussite, on accorde une prime de 1 centime aux infirmiers, par chaque sangsue gorgée qu'ils rendent en bon état, et une autre prime de 2 centimes à l'homme chargé du dégorgement, pour chaque sangsue rendue au service et qui produit un effet utile.

Le dégorgement a lieu le jour même que les sangsues ont été posées. A cet effet, on en prend une douzaine que l'on jette dans une eau salée faite avec seize parties de sel marin et cent parties d'eau, chauffée à 40 ou 45 degrés. On presse successivement ces sangsues légèrement entre les doigts ; elles rendent ainsi sans effort tout le sang qu'elles.ont pris. Les sangsues dégorgées sont mises en repos dans des pots avec de l'eau fraîche que l'on renouvelle tous les jours. Au bout de huit à dix jours, elles sont très aptes à être appliquées de nouveau ; elles prennent aussi vite que les meilleures sangsues du commerce et tirent autant de sang. Les sangsues qui ont ainsi fourni une seconde piqûre sont dégorgées encore une fois ; si elles sont en bon état, on les fait servir de nouveau ; si elles paraissent fatiguées, on les porte dans de petits marais (Bouchardat et Soubeiran).

On a pu craindre que l'application de sangsues qui ont sucé, il y a peu de temps, le sang d'une personne malade, aurait de graves inconvénients ; mais depuis que l'emploi des sangsues dégorgées a lieu dans les hôpitaux de Paris, sur une grande échelle, on n'a eu aucun exemple d'accident produit par leur emploi. Antérieurement, le docteur Pallas avait démontré, par des essais entrepris sur lui-même, l'innocuité des blessures de sangsues déjà employées, qui avaient été lavées et conservées pendant quelques jours dans de la terre

humide. Il n'a même pas craint de s'appliquer des sangsues qui s'étaient re-
pues sur un bubon de l'aine et sur les bords d'un ulcère syphilitique : ces
annélides prirent très bien, et leurs piqûres guérirent avec facilité comme
des morsures ordinaires. Néanmoins l'administration des hôpitaux de Paris,
pour prévenir toute récrimination, n'a jamais fait employer au dehors des
hôpitaux établis spécialement pour les maladies cutanées et syphilitiques, les
sangsues qui avaient été appliquées sur les malades de ces établissements.

Multiplication des sangsues en France. On se plaint depuis très longtemps
de la disparition des sangsues en France, et l'on attribue avec raison cette
disparition à la pêche immodérée qui en a été faite depuis trente ans; mais
lorsque nous tirions annuellement de l'étranger 30, 40 ou 50 millions de
sangsues, était-il donc possible de mettre des restrictions à la pêche intérieure. Aujourd'hui que l'importation se trouve réduite à 10 millions, il sera
certainement plus facile d'imposer des conditions à la pêche et d'arriver à
repeupler nos marais.

En 1835, M. Fleury, pharmacien à Rennes, avait proposé au ministre du
commerce :

1° De prohiber la pêche des sangsues dans le temps de la ponte ;

2° De ne laisser prendre que celles qui auraient atteint une grosseur et un
poids déterminés ;

3° De mettre les lieux où vivent les sangsues sous la surveillance des
gardes champêtres ;

4° D'exiger des pêcheurs une légère rétribution pour la permission qui
leur serait accordée.

Chargé de faire un rapport sur ces propositions, à l'Académie de médecine,
mes conclusions, adoptées par l'Académie, ont été :

1° Que les moyens proposés par M. Fleury, pour s'opposer à la destruction
des sangsues et pour en repeupler nos marais, paraissaient insuffisants, n'étant
appliqués qu'au petit nombre de celles qui y restent, et qu'ils étaient d'ailleurs d'une exécution difficile ;

2° Que la meilleure manière de s'opposer efficacement à cette destruction,
serait de rendre à leur vie naturelle en France, dans des lieux désignés à cet
effet, les sangsues qui sont importées de l'étranger, après leur usage dans les
hôpitaux, qui les livreraient presque pour rien à l'administration.

La question ayant été soumise de nouveau à l'Académie, par suite d'une
communication de M. Joseph Martin et de lettres de renvoi émanées de
M. le ministre de l'agriculture et du commerce et de M. le préfet de police,
l'Académie a adopté, sur un Rapport très approfondi de M. Soubeiran, les
propositions suivantes :

1° Défendre la vente des sangsues gorgées dans toute la France et soumettre les vendeurs à une pénalité sévère.

2° Obliger ceux qui font le commerce des sangsues à désigner sur leurs fac-
tures la variété de sangsues dont ils font livraison.

3° Interdire la pêche des sangsues pendant les mois de l'accouplement et
de la ponte, en laissant à chaque préfet le soin de fixer l'époque de la pêche
dans son département.

4° Interdire la pêche et la vente des sangsues pesant moins de 2 grammes ou
plus de 6 grammes.

5° Autoriser cependant la vente ou la pêche de ces sangsues, par exception, quand elles seront destinées à peupler les réservoirs ; mais ne l'autoriser que sur une décision du préfet, faisant connaître la quantité de ces sangsues et leur destination.

6° Par une mesure transitoire , interdire la pêche des sangsues, en France, pendant six ans.

7° Faire une obligation aux hôpitaux de déposer les sangsues qui ont servi, dans des réservoirs assez vastes pour qu'elles puissent s'y dégorger et s'y multiplier (1).

Je me permettrai quelques observations sur ces conclusions.

1. Il est évident d'abord que la défense de vendre les sangsues gorgées ne peut s'entendre que de celles destinées à être appliquées immédiatement , car il est utile au contraire d'encourager la vente des sangsues qui ont servi, puisque c'est sur elles principalement que l'on doit compter pour la reproduction des sangsues en France. Il devrait donc être permis à des hommes pourvus d'une médaille , de parcourir les villes pour y acheter les sangsues gorgées et les livrer aux éleveurs.

2. Le *minimum* et le *maximum* de poids fixés pour les sangsues marchandes sont l'un et l'autre trop élevés. Il résulte en effet du tableau du poids des sangsues emprunté à M. Martin , que les *grosses sangsues*, dites *de premier choix* , pèsent de 2 à 3 grammes, et qu'au-dessous se trouvent les *moyennes* dont le poids varie de $1^{gr},12$ à 2 grammes, et qui peuvent être d'une grande utilité en médecine ; puis les *petites* sangsues, pesant de $0^{gr},60$ à 1 gram.; enfin les sangsues *filet*, dont le poids est inférieur à 5 décigrammes. J'ajoute que si l'on empêchait la vente de toutes les sangsues au-dessous de 2 grammes, on retirerait plus de la moitié des sangsues du commerce , et que le prix de celles qui resteraient s'en trouverait nécessairement doublé : je dis enfin qu'au-dessus de $3^{gr},5$ les sangsues commencent à être moins estimées, et que celles de 4 gram sont déjà considérées comme inférieures pour la succion. Le résultat de ces observations est que l'on devrait défendre la vente et la pêche , par conséquent, des sangsues au-dessous de 1 gramme et au-dessus de 5 grammes. Si ces dernières sont peu estimées pour l'usage médical , elles paraissent être les plus propres à la reproduction. Il y a donc une double raison pour les laisser dans les marais.

3. Je trouve très difficile d'admettre que l'on proscrive dans une loi la pêche et la vente des sangsues au-dessous et au-dessus d'un poids donné, et qu'on en permette cependant la pêche et la vente pour peupler les réservoirs. Je pense qu'il vaut mieux les laisser où elles sont; elles grossiront certainement plus vite et produiront davantage. Il vaut mieux fonder la population des réservoirs et marais artificiels, au moyen des sangsues de bonne qualité qui ont servi à l'usage médical.

4. Je ne trouve ni juste, ni politique, d'interdire complétement la pêche des sangsues en France pendant un nombre quelconque d'années, de priver la population qui s'y livre du salaire que cela lui procure et de lui faire perdre l'habitude d'une occupation qu'il faudra ensuite rétablir. Je pense que ce sera bien assez de limiter la pêche aux sangsues comprises entre les poids de 1 à 5 grammes.

(1) *Bulletin de l'Académie de médecine*, t. XIII, p. 613.— *Journ. pharm. et chim.*, t. XIII, p. 180, 277.

5. Quant aux hôpitaux, dont un certain nombre ont organisé un service pour faire resservir immédiatement leurs sangsues une ou deux fois, je ne crois pas qu'on doive les priver du bénéfice immédiat qui en résulte pour eux ; mais je crois qu'on peut exiger que les sangsues qui auront servi trois fois, ou peut-être seulement deux fois (1), soient livrées par les hôpitaux aux éleveurs de sangsues. Voici les conseils que l'on peut donner à ces derniers. Je les extrais du rapport de M. Soubeiran (*Bulletin de l'Académie de médecine,* t. XIII, p. 629) :

« Les réservoirs, pour la multiplication des sangsues, doivent avoir de 60 à 70 mètres carrés (Faber) ; l'encombrement les fait périr ; il faut d'ailleurs qu'elles puissent y trouver une nourriture suffisante.

» On préférera les réservoirs naturels, si l'on peut y installer les sangsues à peu de frais. Il est cependant plus difficile d'empêcher les sangsues d'en sortir, et leurs ennemis d'arriver jusqu'à elles. En tous cas, il faut commencer par les mettre à sec, afin d'enlever avec grand soin les aulastomes voraces qui peuvent s'y trouver.

» Le fond de l'étang doit être formé par une terre douce et argileuse, pour que les sangsues puissent s'y enfoncer. Les fonds de tourbe sont aussi favorables. On peut encore avoir recours aux prairies basses ; après avoir creusé le sol, on en couvre le fond avec 30 centimètres de terre des marais.

» L'eau doit être assez peu profonde pour que le soleil puisse la réchauffer ; cependant il est nécessaire d'avoir sur quelques points des endroits profonds de 2 à 3 mètres, qui servent de refuge aux sangsues pendant les gelées de l'hiver et pendant les sécheresses de l'été. Sur d'autres endroits, le sol doit se relever en îles couvertes d'herbes sur lesquelles les sangsues puissent se promener.

» Une eau trop courante ne vaut rien ; mais il est bon qu'elle se renouvelle lentement. Les sangsues peuvent également réussir dans une eau stagnante, pourvu qu'il y pousse en abondance des plantes aquatiques qui la purifient. Ce qu'il faut surtout chercher à réaliser, c'est un niveau constant, sans lequel les cocons déposés sur les bords sont détruits par la sécheresse ou les inondations.

» Les bords de l'étang doivent s'élever en un talus peu incliné, afin que les sangsues puissent librement sortir de l'eau pour déposer leurs cocons. M. Faber conseille d'établir sur le bord du marais, au niveau des plus basses eaux, un terrain plat de 1 à 2 mètres de largeur ; de charger ce terrain d'une couche de terre tourbeuse sur laquelle on cultive des plantes aquatiques. C'est là que les sangsues iront se loger au moment de la ponte.

» Il est utile que la partie occupée par l'eau soit le siége d'une abondante végétation. Les plantes purifient l'eau par l'oxigène qu'elles exhalent au soleil ; elles abritent les sangsues et leur facilitent le moyen de se débarrasser de leur épiderme, aux époques de la mue. Les massettes, l'acore, les iris, la prèle des marais, la phellandrie, le *caltha,* sur les bords ; les *potamogeton,* les myriophylles, les *chara,* au milieu des eaux, sont les végétaux les plus favorables.

» Il reste une dernière précaution à prendre, c'est d'empêcher l'arrivée des

---

(1) Il est douteux qu'une sangsue qui a été dégorgée deux fois par la pression, puisse faire immédiatement une troisième piqûre bien utile.

ennemis des sangsues; s'il est à peu près impossible de leur venir en aide
contre ceux qui habitent les marais, au moins faut il les garantir des ennemis
du dehors, qui sont principalement les canards domestiques et sauvages, les
hérons, les taupes, les musaraignes. A cet effet, les réservoirs doivent être
entourés d'un petit mur ou d'une enceinte de planches enfoncées en terre de
soixante centimètres. Il faut également faire la chasse aux oiseaux sauvages
dans la saison où ils se montrent.

» Enfin se présente la question de la nourriture. Si les marais ont été peuplés
avec des sangsues gorgées, on peut se dispenser, pendant quatre ou cinq mois,
de leur donner aucune nourriture ; mais ce terme passé, et lorsque le marais
contient des sangsues jeunes ou non gorgées, principalement au printemps,
lorsqu'on veut pousser à la reproduction, il est nécessaire de jeter aux sangsues
de petits poissons, des salamandres, des grenouilles surtout dont elles sont
très friandes. On peut aussi, avec mesure, étendre du sang coagulé sur des
planches que l'on fait flotter sur l'eau. On cesse au mois de juillet et d'août,
lorsque les cocons sont formés, et, deux mois plus tard, on peut livrer une
partie des sangsues adultes, non les jeunes, à la consommation.

CLASSE DES ENTOZOAIRES.

Cette dernière classe des articulés se compose d'animaux dont la
plus grande partie ne peuvent se propager que dans l'intérieur du corps
d'autres animaux. Il n'est presque aucun animal qui n'en nourrisse
de plusieurs sortes, et rarement ceux qu'on observe dans une espèce
s'étendent-ils à beaucoup d'autres espèces. Il s'en trouve non seulement dans le canal alimentaire et les canaux qui y aboutissent, mais
jusque dans le tissu cellulaire et dans le parenchyme des viscères les
mieux revêtus, tels que le foie et le cerveau.

La difficulté de concevoir comment les entozoaires y parviennent,
jointe à l'observation qu'ils ne se montrent pas hors des corps vivants,
a fait penser à quelques naturalistes qu'ils s'engendrent spontanément ;
mais comme la plupart produisent manifestement des œufs ou des petits
vivants, et que beaucoup ont des sexes séparés et s'accouplent comme
les animaux ordinaires, on doit croire plutôt qu'ils se propagent par
des germes assez petits pour être transmis par les voies les plus étroites.

On n'aperçoit aux vers intestinaux ni trachées, ni branchies, ni
aucun autre organe respiratoire ; ils doivent donc éprouver l'influence
de l'oxygène par l'intermédiaire des animaux qu'ils habitent, et probablement par la surface de tout leur corps. Ils n'offrent aucune vraie
circulation, et l'on n'y voit que des vestiges de nerfs assez obscurs pour
que plusieurs naturalistes en aient nié l'existence.

Lorsque ces caractères se trouvent réunis dans un animal, avec une
forme semblable à celle de la classe, on l'y range, quoiqu'il n'habite
pas l'intérieur d'une autre espèce.

G. Cuvier, auquel les caractères ci-dessus ont été empruntés, a divisé les vers intestinaux en deux ordres principaux, sous les noms de CAVITAIRES et PARENCHYMATEUX. Les premiers sont pourvus d'un canal intestinal flottant dans une cavité abdominale distincte, et terminé par bouche et un anus (ex. les *filaires*, les *trichocéphales*, les *trichostomes*, les *cucullans*, les *ophiostomes*, les *ascarides*, les *strongles*, etc.).

Les seconds ont des viscères mal terminés, ressemblant le plus souvent à des ramifications vasculaires contenues au milieu du parenchyme. On y trouve les *echinorhynques*, les *douves*, les *planaires*, les *tænia*, les *botryocéphales*, les *cysticerques*, etc.

M. Milne Edwards divise les Entozoaires en six ordres, qui sont les *planariés*, les *nématoïdes*, les *acanthocéphales*, les *trématodes*, les *tænioïdes* et les *cistoïdes*.

Les PLANARIÉS sont des vers dont le corps est mou, déprimé, sans divisions annulaires, dépourvus d'appendices latéraux quelconques et de ventouses. Ces animaux se lient d'une manière assez intime aux sangsues; quelques uns d'entre eux ont une bouche et un anus distincts et situés aux deux extrémités du corps; mais chez d'autres, l'orifice anal se trouve vers le milieu de la face ventrale, et il en est beaucoup chez lesquels la cavité digestive ne communique à l'extérieur que par une ouverture unique. Le canal alimentaire est souvent garni de prolongements latéraux plus ou moins ramifiés; la circulation s'opère à l'aide d'un système de vaisseaux très analogues à ceux des sangsues. Chez la plupart on n'a pas reconnu de système nerveux; mais chez d'autres, il se compose de deux cordons longitudinaux terminés antérieurement par une paire de ganglions sous-œsophagiens. La plupart sont androgynes. Ils ne sont pas parasites comme les véritables vers intestinaux; on les trouve dans la mer et dans les eaux douces, où ils rampent à la manière des limaces. On les divise en *planaires*, *cérébratules* et *némertes*.

Les NÉMATOÏDES ressemblent beaucoup aux lombrics, mais ont une organisation plus simple. Leur corps est presque cylindrique, atténué aux deux extrémités, dépourvu d'appendices et de suçoirs. Leurs téguments sont assez épais et situés transversalement. Sous la peau, se trouve une couche de fibres musculaires distinctes, et l'intérieur du corps est occupé par une grande cavité viscérale. La bouche et l'anus sont toujours distincts; les sexes sont séparés; enfin, le système nerveux consiste en deux cordons très simples, quelquefois réunis sous l'œsophage en une masse ganglionnaire. Ils habitent, pour la plupart, dans l'intérieur des autres animaux. On y distingue:

Les FILAIRES, dont le corps est grêle et filiforme, et dont une espèce est bien connue sous le nom de **dragonneau de Médine** ou **ver de Guinée** (*filaria medinensis* Gmel.). Ce ver est très commun dans les pays chauds, où il s'insinue sous la peau de l'homme, principalement aux jambes; il peut y subsister plusieurs années et acquérir plus de 3 mètres de longueur, sans causer une grande incommodité; mais d'autres fois, suivant les parties qu'il attaque, il cause des douleurs atroces et des convulsions. Quand il se montre au dehors, on le saisit, on l'enroule sur un petit cylindre de bois et on le retire avec beaucoup de lenteur, de peur de le rompre. Il est gros comme un tuyau de plume de pigeon.

Les TRICHOCÉPHALES ont le corps rond, un peu rigide, élastique,

Fig. 563 (1).   Fig. 565.

Fig. 564.

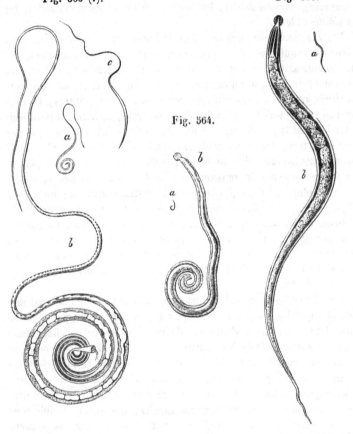

plus gros en arrière, mince comme un fil en avant. Cette partie grêle se termine par une bouche ronde. Le plus connu est le **trichocéphale**

(1) Fig. 563. — *a*, trichocéphale mâle de grandeur naturelle; — *b*, trichocéphale mâle grossi; — *c*, trichocéphale femelle de grandeur naturelle.

de l'homme (*trichocephalus dispar* Reid.), qui est long de 27 à 55 millimètres, et dont la partie épaisse n'occupe que le tiers. Dans le mâle (fig. 563 *a, b*), cette partie est roulée en spirale et présente un petit pénis qui sort près de la queue. La femelle a la partie postérieure plus droite et simplement percée à l'extrémité. C'est un des vers les plus communs dans le gros intestin de l'homme.

Les OXYURES ont le corps rond, un peu rigide, élastique, renflé au milieu, atténué aux deux extrémités et surtout en arrière, où il est terminé, dans les femelles, par une sorte de queue longue et aiguë. La bouche est orbiculaire, terminale et très grande. L'appendice de la génération mâle est simple et contenu dans une gaîne; l'orifice de la génération femelle est assez antérieur. C'est dans ce genre que l'on comprend aujourd'hui l'**ascaride vermiculaire** de Rudolphi (*oxyuris vermicularis* Bremser), si commun dans le rectum, chez les enfants, et dans certaines maladies chez les adultes, auxquels il cause des démangeaisons insupportables à l'anus. Le mâle (fig. 564) est long de 3 à 4 millimètres seulement, linéaire, obtus à son extrémité antérieure, un peu renflé et contourné en spirale à l'extrémité postérieure. La femelle (fig. 565) est longue de 8 à 10 millimètres, atténuée postérieurement en une pointe très fine. On le détruit facilement par des lavements d'infusion d'absinthe ou de semen-contra; par des frictions d'onguent mercuriel à l'anus; quelquefois par de simples lavements d'eau froide.

Les ASCARIDES ont le corps cylindrique, aminci en pointe aux deux bouts, et la bouche garnie de trois papilles charnues, d'entre lesquelles saille de temps en temps un tube très court. C'est un genre très nombreux et qui se trouve dans toutes sortes d'animaux. On y trouve un canal intestinal droit et, dans les femelles qui sont de beaucoup les plus nombreuses, un ovaire à deux branches, plusieurs fois plus long que le corps, communiquant avec le dehors par un seul oviducte, vers le quart antérieur de l'animal. Les mâles n'ont qu'un seul tube séminal, beaucoup plus long que le corps, et qui communique avec un pénis quelquefois double qui sort par l'anus; celui-ci est percé sous l'extrémité de la queue. Une espèce très connue est l'ascaride lombricoïde (*ascaris lombricoides* L.) qui se trouve, sans différence sensible, dans l'homme (fig. 566), le cheval, l'âne, le zèbre, l'hémione, le bœuf, le cochon. Il a quelquefois 40 centimètres de long; mais sa longueur habituelle chez l'homme est de 16 à 22 centimètres. Son diamètre varie de 2 à 5 millimètres. Les individus mâles sont plus petits et moins communs que les femelles, environ dans le rapport de 1 à 4. Il est mou, luisant, blanchâtre, demi-transparent. Il est très fréquent chez les enfants d'un tempérament lymphatique; il vit habituellement dans les intestins grêles, et descend rarement dans les gros intestins qui le rejettent au dehors ; il remonte quelquefois dans l'estomac et jusque dans l'œsophage, d'où il peut être expulsé par la bouche ou par les narines. On l'a également

Fig. 567.

Fig. 566 (1).

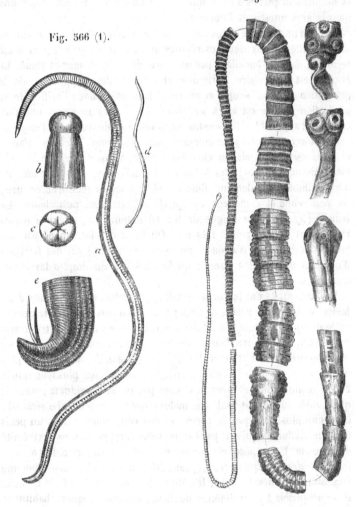

trouvé dans d'autres viscères où il détermine, ne pouvant être expulsé, des accidents le plus souvent mortels. Celui des intestins est facilement

(1) Fig. 566. — *a*, ascaride lombricoïde de l'homme, individu femelle ; *b*, *c*, extrémité antérieure grossie ; *d*, individu mâle ; *e*, son extrémité postérieure grossie.

chassé par l'usage de la mousse de Corse, du semen-contra, de l'huile de ricin, du calomel ; mais il faut s'opposer à son retour, surtout chez les enfants, en fortifiant leur constitution par l'usage des amers et des antiscorbutiques.

Les STRONGLES ont le corps cylindrique et l'anus enveloppé, dans le mâle, par une sorte de bourse d'où sort un petit filet qui paraît servir à la génération. La femelle manque de ce dernier caractère, ce qui la fait ressembler à un ascaride. On en connaît une espèce, le **strongle du cheval** (*strongylus equinus* Gm.), qui est long de 55 millimètres, à bouche garnie de petites épines molles. C'est le plus commun des vers du cheval, et il se trouve aussi dans l'âne et le mulet. Il pénètre jusque dans les artères, où il occasionne des anévrismes.

Une autre espèce, le **strongle géant** (*strongylus gigas* Rud.), est le plus volumineux des vers intestinaux connus. Il a de 60 à 100 centimètres de longueur et peut acquérir la grosseur du petit doigt. Ce qu'il y a de plus singulier, c'est qu'il se développe le plus souvent dans l'un des reins de divers animaux, comme le loup, le chien, la marte et même l'homme. Il s'y tient replié sur lui-même, faisant gonfler le rein et finissant par le détruire. On le rend quelquefois avec les urines, lorsqu'il est encore petit. Il a six papilles autour de la bouche au lieu d'épines.

Les TÆNIOIDES ont le corps ordinairement plat, très allongé et divisé en un grand nombre d'articles plus ou moins distincts. La tête est pourvue de 2 ou 4 suçoirs en forme de mamelons, entourant une bouche terminale peu distincte, nue ou armée d'une couronne d'épines. Le genre le plus important et le plus nombreux de cette famille est celui des *tænia*, dont le corps ressemble à un long ruban plissé en travers. On les trouve dans toutes les classes de vertébrés, et principalement chez les oiseaux et les mammifères. Celui de l'homme est le seul qui doive nous occuper.

Le **tænia de l'homme** ou **ver solitaire** (*tænia solium* L.), se trouve assez fréquemment dans les intestins grêles de l'espèce humaine ; il est très long, plat, presque transparent, d'une blancheur opaline, devenant d'un blanc opaque dans l'alcool. Il a une consistance gélatineuse ou parenchymateuse, et se déchire très facilement. Sa longueur et le nombre de ses anneaux sont très variables. Il est fréquemment long de 1 à 3 mètres, et on en a vu qui atteignaient 10 mètres. Sa tête est fort petite (fig. 567) et cependant bien distincte, par suite de l'extrême étroitesse du cou. Elle est presque carrée à cause de ses quatre suçoirs latéraux, et présente au sommet un rostre très court et très obtus, que Bremser dit être percé d'une ouverture que de Blainville n'a pu apercevoir. Ce rostre est entouré d'un rang de 11 à 12 petits crochets rayonnés ; mais ce caractère peut varier, avec l'âge probable-

ment, puisque Bremser a vu des têtes de tænia sans aucune apparence
de rostre terminal ; d'autres avec un rostre sans crochets rayonnés, et
d'autres avec un ou deux rangs de crochets (voir la figure 566 qui
représente ces modifications de la tête, vues à l'aide d'un fort grossissement) Le véritable cou est très court, quoique cinq ou six fois plus
long que la tête; ce qui le fait paraître très long, c'est que les premiers
articles du corps, qui commencent immédiatement après, sont d'abord
peu distincts, aussi grêles que le cou, sur une longueur assez considérable, et n'augmentent en largeur que très lentement. Dans le second
tiers du corps, les articles sont bien formés, sub-carrés, plus étroits en
avant, terminés postérieurement par une sorte de bourrelet droit ; dans
le reste du corps, les articles s'allongent, au point de devenir deux ou
trois fois plus longs que larges ; leurs extrémités sont à peu près droites ;
leurs côtés sont renflés au milieu, et souvent l'un ou l'autre élargi par
un petit mamelon percé d'un orifice arrondi. (Dans cette partie, le
corps du tænia a quelquefois 7, 9, et même 13 millimètres de large).
Les mamelons, dont il vient d'être question, sont inégalement rangés
de chaque côté du corps ; car il y en a souvent alternativement deux
d'un côté et un de l'autre, et d'autres fois trois ou plus, sans interruption, d'un seul côté, puis un de l'autre. A chacun de ces mamelons
répond un conduit bleuâtre qui pénètre jusqu'à la moitié de la largeur
de l'article. Chacun des articles du tænia présente à l'intérieur deux
vaisseaux longitudinaux, placés de chaque côté près du bord, communiquant l'un avec l'autre par deux branches transversales, l'une en
haut, l'autre au bas de l'article ; l'un des vaisseaux longitudinaux offre
une petite ouverture dans le mamelon placé de son côté. C'est aussi là
que viennent aboutir les organes générateurs, consistant en un ovaire
très volumineux et frangé, contenu dans chacun des articles du corps,
principalement dans sa partie postérieure.

On a cru pendant longtemps qu'il n'y avait jamais qu'un seul tænia
à la fois dans le canal intestinal ; mais on a vu des malades en rendre
presque simultanément 2 ou 3, et on cite une femme qui en a rendu 18
dans l'espace de quelques jours. Pendant longtemps aussi, on a regardé
les articles séparés du tænia comme autant d'animaux distincts, auxquels
on donnait le nom de *vers cucurbitains ;* suivant d'autres, un seul de
ces articles, isolé, suffisait pour régénérer le tænia ; mais cette opinion
est peu admissible. Tout ce qu'il est possible de croire, c'est qu'un
tænia. pourvu de sa tête et de la plus grande partie de ses articles,
puisse reproduire ceux de l'extrémité postérieure qui en ont été détachés et qui ont été expulsés avec les matières fécales ; encore Bremser
n'admet-il pas ce fait.

Le tænia a été accusé de déterminer chez l'homme des accidents fort graves, et de le conduire souvent au marasme et à la mort. Mais on a acquis la certitude que des individus, chez lesquels on ne soupçonnait pas, pendant leur vie, la présence du tænia, et qui cependant en étaient affectés, avaient vécu pendant longtemps dans un état de santé aussi parfait que ceux qui en sont exempts. Généralement ce-pendant les hommes, qui ont un ou plusieurs tænia dans leurs intestins, éprouvent un certain affaiblissement, de la dyspepsie, de la bouli-mie, etc., qui leur fait dési-rer d'en être délivrés. Les médicaments qui réussissent le mieux sont, l'huile ani-male de Dippel, l'écorce de racine de grenadier, l'huile de fougère mâle, le cousso d'Abyssinie, aidés de l'ac-tion purgative subséquente de l'huile de ricin.

Fig. 568.

Botriocéphale de l'homme, *botriocephalus latus* Brems. (fig. 568). Ce vers a été bien connu d'An-dry, qui le nommait *tænia à épines;* on l'a désigné de-puis sous celui de *tænia large* ou *non armé.* Il a la tête oblongue, pourvue, pour tous suçoirs, de deux fossettes longitudinales, op-posées l'une à l'autre (1). La tête est peu apparente, à cause de sa petitesse d'abord,

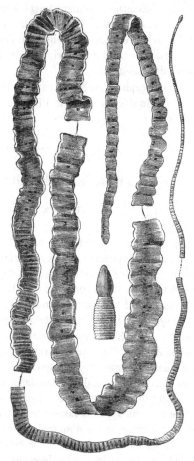

ensuite parce que le cou n'est pas beaucoup moins large. La partie antérieure du corps est moins filiforme que dans le tænia, et s'é-largit plus promptement. Les articulations sont beaucoup plus rap-prochées; les articles sont par conséquent plus courts, beaucoup plus

(1) De là le nom de *Botriocéphale* ou de *Botrocéphale*, dérivé de Βόθριον ou de Βόθρος, petite fosse, et de κεφαλὴ, tête.

larges que hauts, et plus réguliers. D'après Andry, ils sont·pourvus d'un mamelon latéral, et quelquefois· de deux, opposés sur le même article, quoique ces mamelons soient moins apparents que dans le tænia. De plus, chaque article présente toujours, du même côté du corps et sur sa ligne médiane, un très petit trou par lequel sort une petite pointe que l'on considère comme un pénis.

Le botriocéphale a communément 7 mètres de longueur sur 12 à 15 millimètres de largeur. Mais on en trouve de dimensions beaucoup plus considérables, comme de 71 mètres. On en cite même un de 371 mètres. Rudolphi a vu des botriocéphales qui avaient jusqu'à 27 millimètres de largeur.

Le botriocéphale est moins commun en France que le tænia; il est plus répandu dans le nord de l'Europe, principalement en Pologne et en Russie.

TROISIÈME EMBRANCHEMENT.

ANIMAUX MOLLUSQUES.

Les mollusques (p. 2) n'ont point de squelette osseux, ni de canal vertébral. Leur système nerveux ne se réunit pas en une moelle épinière; mais seulement en un certain nombre de masses médullaires dispersées en différents points du corps, et dont la principale est située en travers de l'œsophage. Les organes du mouvement et des sensations n'ont pas la même symétrie de nombre et de position que dans les animaux vertébrés, et la variété est plus frappante encore pour les viscères, pour la position du cœur et des organes respiratoires, et pour la structure même de ces derniers; car les uns respirent directement l'air atmosphérique, et les autres le puisent dans l'eau douce ou salée.

Le sang des mollusques est incolore ou légèrement bleuâtre, et il circule dans un appareil vasculaire compliqué, composé d'artères et de veines. Un cœur, formé d'un seul ventricule, et, en général, d'une ou de deux oreillettes, se trouve sur le trajet du sang artériel et envoie ce liquide dans toutes les parties du corps, d'où il revient à l'organe de la respiration par l'intermédiaire des veines. Quelquefois, cependant, on rencontre à la base des vaisseaux qui pénètrent dans ce dernier appareil, des cœurs pulmonaires qui accélèrent le cours du sang dans les vaisseaux de la petite circulation. La circulation se fait ainsi à peu près comme chez les crustacés et d'une manière inverse de ce qui a lieu chez les poissons.

« L'irritabilité est très grande chez la plupart des mollusques et se

conserve longtemps après qu'on les a divisés Leur peau est nue, très
sensible, ordinairement enduite d'une humeur qui suinte de ses pores.
On n'a reconnu à aucun d'organe particulier pour l'odorat, mais on
suppose que la sensation des odeurs est perçue par toute la surface de
la peau. Presque tous sont privés d'yeux ; mais lès céphalopodes en ont
d'au moins aussi compliqués que ceux des animaux à sang chaud. Ils
sont aussi les seuls où l'on ait découvert des organes de l'ouïe, et où le
cerveau soit entouré d'une boîte cartilagineuse particulière.

» Les mollusques ont presque tous un développement de la peau qui
recouvre leur corps à la manière d'un manteau, et qui en a reçu le
nom ; mais souvent aussi ce prolongement de la peau se rétrécit en un
simple disque, ou se rejoint en tuyau, ou se creuse en sac, ou s'étend
enfin et se divise en forme de nageoires.

» On nomme *mollusques nus* ceux dont le manteau est simplement
membraneux ou charnu ; mais il se forme le plus souvent dans son
épaisseur une ou plusieurs lames de substance plus ou moins dure, qui
s'y déposent par couche et qui s'accroissent en étendue aussi bien qu'en
épaisseur, parce que les couches internes, qui sont les plus récentes,
débordent toujours les anciennes.

» Lorsque cette substance dure, en raison de son peu de développement, reste cachée dans l'épaisseur du manteau, on laisse encore aux
animaux qui présentent ce caractère, le nom de *mollusques nus ;* mais
le plus souvent elle acquiert assez d'étendue pour que l'animal puisse
se contracter sous son abri. On lui donne alors le nom de *coquille*
(*testa*), et à l'animal celui de *testacé*.

» Les variétés de formes, de couleur, de surface et d'éclat des coquilles sont infinies. La plupart sont de nature calcaire ; mais il y en a
de simplement cornées. Dans les deux cas, elles se composent toujours
d'une matière déposée par couches, ou transsudée par la peau sous
l'épiderme, comme les ongles, les poils, les cornes, les écailles ou
même les dents. Le tissu des coquilles diffère selon que cette transsudation se fait par lames parallèles ou par filets verticaux serrés les uns
contre les autres.

» Les mollusques offrent toutes sortes de mastication et de déglutition ; leur estomac est tantôt simple, tantôt multiple, souvent muni
d'armures particulières ; leurs intestins sont diversement prolongés ; ils
ont toujours un foie considérable.

» Les mollusques présentent toutes les variétés de génération. Plusieurs se fécondent eux-mêmes ; d'autres, quoique hermaphrodites,
ont besoin d'un accouplement réciproque ; beaucoup ont les sexes séparés. Les uns sont vivipares, les autres ovipares. Les œufs de ceux-ci
sont tantôt enveloppés d'une coquille, tantôt d'une simple viscosité. »

La forme générale des mollusques étant assez **proportionnée** à la complication de leur organisation intérieure, peut servir de base à leur division naturelle en cinq classes (1), dont les caractères se trouvent exposés dans le tableau suivant.

MOLLUSQUES.

		Corps en forme de sac ouvert par-devant, et d'où sort une tête entourée de tentacules.	CÉPHALOPODES.
Ayant une tête distincte. . . .	Corps non ouvert en avant; tête non entourée de tentacules; ayant pour organes principaux de mouvement	Des nageoires membraneuses en forme d'ailes, sur les côtés du cou.	PTÉROPODES.
		Un pied charnu occupant la face ventrale du corps, et en forme de disque ou quelquefois de nageoires.	GASTÉROPODES.
N'ayant pas de tête apparente.	Ayant quatre branchies distinctes du manteau, et presque toujours un pied charnu.		ACÉPHALES.
	N'ayant pas de branchies distinctes du manteau et ayant, au lieu de pied, deux bras ciliés.		BRACHIOPODES.

MOLLUSQUES CÉPHALOPODES.

Ces animaux sont tous aquatiques et marins. Leur manteau forme un sac musculeux qui enveloppe tous les viscères. Dans plusieurs, les côtés du manteau s'étendent en nageoires charnues La tête sort de l'ouverture du sac; elle est ronde, pourvue de deux-grands yeux et couronnée par des appendices charnus, coniques, plus ou moins longs, susceptibles de se fléchir en tous sens, très vigoureux, et dont la surface est le plus souvent armée de suçoirs par lesquels ces animaux se fixent avec beaucoup de force aux corps qu'ils embrassent. Un entonnoir charnu, placé à l'ouverture du sac, donne passage aux excrétions.

Les céphalopodes ont deux ou quelquefois quatre branchies, placées dans leur sac, une ou deux de chaque côté, en forme de feuille de fougère; la respiration se fait au moyen de l'eau-qui entre par l'ouverture du sac, et sort par l'entonnoir charnu dont il vient d'être question. Entre les bases des pieds, est percée la bouche dans laquelle sont deux fortes mâchoires de corne, semblables à un bec de perroquet. Entre les deux mâchoires est une langue hérissée de pointes cornées; l'œsophage se renfle en jabot et conduit à un gésier charnu

(1) Cuvier admettait, sous le nom de *cirrhipodes*, une dernière classe de mollusques qui ont été depuis réunis aux crustacés.

auquel succède un troisième ventricule membraneux et en spirale, dans lequel le foie, qui est très grand, verse la bile par deux conduits. L'intestin est simple et peu prolongé ; le rectum s'ouvre dans l'entonnoir.

Les céphalopodes à deux branchies ont une excrétion particulière, d'un noir très foncé, qu'ils emploient à teindre l'eau de la mer pour se cacher. Cette excrétion est produite par une glande et réservée dans un sac particulier, diversement situé, selon les espèces.

La peau de ces animaux, surtout celle des poulpes, change de couleur par place, avec une rapidité bien supérieure à celle du caméléon. Les sexes sont séparés. L'ovaire de la femelle est dans le fond du sac ; deux oviductes conduisent les œufs au dehors, au travers de deux grosses glandes qui les enduisent d'une matière visqueuse et les rassemblent en espèces de grappes. Le testicule du mâle, placé comme l'ovaire, donne dans un canal déférent qui se termine à une verge située à gauche de l'anus. Une vessie et une prostate y aboutissent également. Swammerdam et Needham avaient trouvé dans l'appareil génital mâle des corps singuliers dont, jusqu'à présent, on n'avait connu ni la véritable structure, ni la distinction. On les avait tour à tour considérés comme des zoospermes d'une taille gigantesque et comme des vers parasites. MM. Milne-Edwards et Peters ont étudié ces corps anormaux chez un grand nombre de céphalopodes et en ont fait connaître la conformation. On y distingue toujours un étui en forme de silique, composé de deux tuniques et contenant dans son intérieur un long tube contourné comme un intestin, rempli d'une matière blanche opaque, et en connexion avec un appareil membraneux plus ou moins translucide. Ce tube intestiniforme est un réservoir spermatique contenant des milliers de zoospermes, et l'appareil auquel il est attaché sert à faire éclater l'étui et à déterminer la sortie du réservoir lui-même. La structure de cet instrument d'éjaculation varie suivant les espèces. M. Milne-Edwards propose d'appeler ces corps des *spermatophores*, et les compare à des grains de pollen qui renferment aussi des corpuscules fécondateurs et qui éclatent de même pour s'en décharger, lorsqu'ils sont parvenus de l'appareil mâle sur l'organe femelle.

Les céphalopodes sont très voraces. Comme ils ont de l'agilité et de nombreux moyens de saisir leur proie, ils détruisent beaucoup de poissons et de crustacés. Leur chair se mange ; leur encre est usitée en peinture ; la coquille interne d'une espèce (la sèche) est employée en pharmacie.

Les céphalopodes ne forment que deux ordres et qui sont peu nombreux en genres. Les uns n'ont que deux branchies, sont pourvus d'une poche à encre et ont leurs bras ou tentacules couverts de sucoirs.

On les nomme CÉPHALOPODES DIBRANCHIAUX ou ACÉTABULIFÈRES, et on y trouve les *poulpes*, les *argonautes*, les *calmars* et les *sèches*. Les autres, nommés TÉTRABRANCHIAUX, ont quatre branchies, sont privés de sécrétion atramentaire et ne portent pas de suçoirs sur leurs tentacules. Tel est le *nautile*.

Les **poulpes** (1) n'ont que deux petits grains coniques de substance cornée, aux deux côtés de l'épaisseur du dos; leur sac, de forme ovale, est dépourvu de nageoires, et leurs pieds sont au nombre de huit, tous à peu près égaux, très grands à proportion du corps, réunis à la base par une membrane qui les rend palmés. L'espèce vulgaire (*sepia octopodia* L., *octopus vulgaris* Lam.) habite la Méditerranée et l'Océan. Elle a le corps ovale et entièrement lisse, les pieds quatre ou cinq fois plus longs que le corps, tous grêles et effilés dans leur moitié terminale, garnis, sur toute leur longueur et du côté interne, de deux rangs de ventouses alternes. Elle est longue, en tout, de 60 à 65 centimètres; mais il existe dans l'Océan pacifique des poulpes qui ont 2 mètres de long et qui sont un objet de terreur pour les pêcheurs de la Polynésie. Pline parle aussi d'un poulpe dont les bras avaient 10 mètres de long, ce qui est probablement très exagéré.

Le **poulpe musqué** ou *élédon* d'Aristote (*octopus moschatus* Lam.) diffère du précédent par des bras encore plus longs à proportion, plus grêles et réunis à leur base par une membrane plus haute; mais son caractère principal réside dans un seul rang de ventouses très rapprochées, sur chaque bras. Il est commun dans la Méditerranée; il exhale une forte odeur de musc, même après avoir été desséché.

Les ARGONAUTES sont des poulpes à huit pieds non palmés à la base, et à deux rangs de suçoirs, dont la paire de pieds la plus voisine du dos se dilate à son extrémité en une large membrane. Ils n'ont pas dans le dos les deux petits grains cartilagineux des poulpes ordinaires; mais on les trouve toujours dans une coquille très mince, cannelée symétriquement et roulée en spirale, dont le dernier tour est si grand proportionnellement, qu'elle a l'air d'une chaloupe dont la spire serait la poupe. Aussi l'animal s'en sert-il comme d'un bateau, et quand la mer est calme, on en voit des troupes naviguer à la surface, en se servant de six de leurs tentacules comme de rames, et relevant les deux

(1) Aristote avait donné à ces animaux le nom de *Polypes* (πολύπους, plusieurs pieds) qui leur convient parfaitement; mais, dans les temps modernes, ce même nom ayant été appliqué aux *hydres d'eau douce*, et ensuite à une classe tout entière d'animaux rayonnés, Lamarck a fait adopter pour les polypes d'Aristote le nom de *Poulpes*, qui n'est qu'une contraction du mot grec. Il a formé pour nom générique latin le mot *octopus*, qui signifie huit pieds. (Voyez Lamarck, *Histoire naturelle des animaux sans vertèbres*; Paris, 1845, t. XI, p. 360.)

qui sont élargis, pour en faire des voiles. Si les vagues s'agitent ou qu'il
paraisse quelque danger, l'argonaute retire tous ses bras dans sa coquille, s'y concentre, et redescend au fond de l'eau. Le corps de l'argonaute ne pénètre pas jusqu'au fond des spires de sa coquille et ne paraît
y tenir par aucune attache musculaire, ce qui a fait penser à plusieurs
naturalistes qu'il ne l'habite qu'en qualité de parasite, comme le *bernard-l'hermite* habite la sienne. Cependant, comme l'on trouve toujours l'argonaute dans la même coquille et qu'on ne rencontre jamais
dans celle-ci un autre animal, bien qu'elle soit très commune, il est
probable qu'elle lui appartient en propre. Les anciens connaissaient ce
singulier céphalopode, et le nommaient *nautile* ou *pompile* (Pline, IX,
c. 29).

Les CALMARS (*loligo* Lam.) ont dans le dos, au lieu de coquille, une
lame de corne, en forme de lancette; leur sac s'élargit à l'extrémité
postérieure et forme deux nageoires latérales, figurant ensemble un
rhombe ou une ellipse. Outre huit pieds égaux, assez courts, chargés
de deux rangées de suçoirs, leur tête porte encore deux bras beaucoup
plus longs, armés de suçoirs seulement vers le bout, qui est élargi. Leur
bourse à encre est enchâssée dans le foie.

Les SÈCHES (*sepia* Lam.) ont les dix bras des calmars, dont deux,
beaucoup plus longs que les autres, sont pourvus de suçoirs seulement
à l'extrémité. Leur sac est élargi tout autour par une nageoire charnue
peu développée; leur coquille est interne, ovale, épaisse, bombée,
composée d'une infinité de lames calcaires très minces, parallèles,
jointes ensemble par des milliers de petites colonnes creuses qui vont
perpendiculairement de l'une à l'autre. La bourse à l'encre est détachée
du foie et située plus profondément dans l'abdomen. Les glandes des
oviductes sont énormes; les œufs sont déposés attachés les uns aux
autres, en grappes rameuses, ce qui leur a fait donner le nom de *raisins
de mer*.

L'espèce répandue dans toutes nos mers (*sepia officinalis* L.) atteint
plus de 35 centimètres de longueur. Elle a le corps ovale, large, déprimé, bariolé en dessus de lignes onduleuses blanches (fig. 569, d'après
Férussac, *Hist naturelle des Céphalopodes*), sur un fond grisâtre, et
tacheté de petits points pourprés. La bouche renferme deux mâchoires
cornées de couleur noire, en forme de becs de perroquet (fig. 570 *a* et *a'*),
que l'on trouve souvent disséminés dans les masses d'ambre gris (pag. 110,
111). La coquille, qui porte vulgairement le nom d'*os de sèche*, est ovale,
plate, mais bombée sur ses deux faces. Le côté interne (fig. 570, *b*) est
formé de couches calcaires très friables, successivement plus grandes et
dont les plus nouvelles recouvrent toutes les autres. Les couches les plus
externes, les plus grandes par conséquent, sont beaucoup plus dures et en

partie cornées. Elles forment, au-dessus des autres (fig. 570, *b*), une sorte
de manteau demi-transparent, un peu élargi en forme d'ailes, vers l'extrémité postérieure, et terminé par une pointe assez aiguë. On trouve dans
la couche de calcaire grossier de Grignon (Seine-et-Oise) un assez grand

Fig. 569.

Fig. 570.

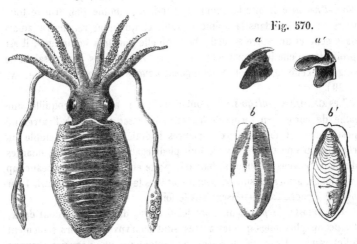

nombre de ces pointes calcaires, accompagnées d'une portion de lame
convexe qui les supporte. Cuvier avoue avoir cherché, pendant plus de
dix années, ce que ces pointes pouvaient être, lorsqu'il les a reconnues
pour appartenir à la partie inférieure de coquilles de sèches.

L'os de sèche est employé à l'intérieur comme absorbant et comme
dentifrice. On le donne aux oiseaux de volière dans le double but d'user
leur bec, qui, sans cela, pourrait acquérir une longueur incommode,
et de leur fournir l'élément calcaire de leurs os, de leurs plumes et de
la coquille de leurs œufs.

Le nautile (*nautilus pompilius* L. (1) a le corps enfermé dans la
dernière chambre d'une grande coquille tournée en spirale, et divisée par
des cloisons transversales en plusieurs cavités. Chacune de ces cloisons
est percée d'un trou, et le conduit qui en résulte, qui est nommé *siphon*,
s'étend jusqu'à l'extrémité postérieure de la coquille et est rempli par
un tube membraneux qui part de l'extrémité postérieure du corps de
l'animal. Celui-ci diffère beaucoup des poulpes et de la sèche : sa tête
supporte un grand disque charnu qui a quelque analogie avec le pied
des gastéropodes ; ses tentacules sont petits, très nombreux, rétrac-

(1) Ce n'est pas le nautile de Pline, comme nous l'avons vu.

tiles, non garnis de suçoirs ; ses yeux sont pédonculés ; il n'a ni poche
à encre ni nageoires : enfin, ses branchies sont au nombre de quatre.

On trouve à l'état fossile un grand nombre de coquilles qui présentent une structure très analogue à celle des nautiles. Ce sont les **am-
monites**, appelées communément *cornes d'ammon*, à cause de la ressemblance de leurs volutes avec celles de la corne d'un bélier. Ces
animaux vivaient anciennement dans les mers, et leurs dépouilles se ren-
contrent par toute la terre, dans les terrains secondaires; mais ils ont
disparu depuis très longtemps de la surface du globe, et les terrains
supérieurs à la craie n'en offrent aucune trace. Iis varient beaucoup
pour la forme et encore plus pour la grandeur; car les uns ne sont
guère plus gros qu'une lentille, et d'autres ont plus de 1 mètre, 30 de
diamètre. On rapporte également aux céphalopodes un grand nombre
d'autres coquilles fossiles connues sous les noms de *bélemnites*, *bacu-
lites*, *turrilites*, *nummulites*, etc. Les nummulites sont de très petits
corps fossiles, de forme lenticulaire, qui forment presque à eux seuls
des bancs immenses de pierre à bâtir. Mais on les trouve aussi dans nos
mers actuelles, et, en les observant à l'état vivant, on a reconnu que ce
sont des animaux d'une structure très singulière, qui ont plus de rapports avec les polypes qu'avec les céphalopodes.

MOLLUSQUES GASTÉROPODES.

Les gastéropodes constituent une classe très nombreuse de mollusques
dont on peut se faire une idée par la limace et le colimaçon. Ils rampent
généralement sur un disque charnu placé sous le ventre, mais qui prend
quelquefois la forme d'une lame verticale propre à la natation, lorsque
l'animal vit dans l'eau. Le dos est garni d'un manteau plus ou moins
étendu et de formes diverses, qui produit une coquille dans le plus
grand nombre des genres. La tête, placée en avant, se montre plus ou
moins, et n'a que de petits tentacules placés au-dessus de la bouche; leur
nombre varie de 2 à 6, et ils manquent quelquefois. Les yeux sont très
petits, tantôt adhérents à la tête, tantôt portés à la base, au côté ou à la
pointe des tentacules : ils manquent aussi quelquefois. La position, la
structure et la nature de leurs organes respiratoires varient et donnent
lieu à les diviser en plusieurs familles; mais ils n'ont jamais qu'un cœur
aortique, c'est-à-dire placé entre la veine pulmonaire et l'aorte.

Plusieurs sont absolument nus, d'autres n'ont qu'une coquille cachée; mais le plus grand nombre en porte une qui peut les recevoir et
les abriter. Cette coquille peut être symétrique de plusieurs pièces, symétrique d'une seule pièce, ou non symétrique. Dans les espèces où

cette dernière coquille est très concave et où elle croît très longtemps,
elle forme nécessairement une spirale oblique.

Que l'on se représente, en effet, un cône oblique dans lequel se
placent successivement d'autres cônes toujours plus larges dans un
certain sens que dans les autres, il faudra que l'ensemble se roule sur
le côté qui grandit le moins. Cette partie, avortée ou oblitérée sur
laquelle se roule le cône, se nomme la *columelle* (on peut la comparer à la vis d'un escalier tournant), et elle est tantôt pleine, tantôt
creuse. Lorsqu'elle est creuse, son ouverture placée près de celle de la
coquille, se nomme l'*ombilic*.

Les tours de la coquille peuvent rester à peu près dans le même
plan, ou tendre toujours vers la base de la columelle : dans le premier
cas, la *spire* est plate, et les coquilles s'appellent *discoïdes ;* dans le
second, la spire est d'autant plus aiguë que les tours descendent plus
rapidement et qu'ils s'élargissent moins. Ces coquilles sont dites *turbi-
nées.*

Quand les tours restent à peu près dans le même plan, et lorsque
l'animal rampe, il a sa coquille posée verticalement, la columelle en
travers sur le derrière de son dos, et sa tête passe sous le bord de l'ouverture opposée à la columelle. Quand la spire est saillante, c'est obliquement, de gauche à droite, qu'elle se dirige dans presque toutes
les espèces. Un petit nombre seulement ont leur spire saillante à gauche, lorsqu'elles marchent, et se nomment *perverses.* (Il eut suffi de
dire *inverses.*)

Il y a des gastéropodes à sexes séparés, et d'autres qui sont hermaphrodites, et dont les uns peuvent se suffire à eux-mêmes, tandis que
les autres ont besoin d'un accouplement réciproque.

On divise les gastéropodes en huit ordres, dont les principaux caractères sont tirés de la disposition des branchies, comme on peut le voir
dans le tableau suivant :

GASTÉROPODES

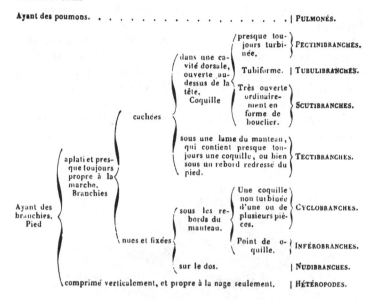

Ayant des poumons. . . . . | PULMONÉS.

Ayant des branchies. Pied — aplati et presque toujours propre à la marche. Branchies

- cachées — dans une cavité dorsale, ouverte au-dessus de la tête. Coquille
  - presque toujours turbinée. } PECTINIBRANCHES.
  - Tubiforme. | TUBULIBRANCHES.
  - Très ouverte ordinairement en forme de bouclier. } SCUTIBRANCHES.
- nues et fixées
  - sous une lame du manteau, qui contient presque toujours une coquille, ou bien sous un rebord redressé du pied. } TECTIBRANCHES.
  - sous les rebords du manteau.
    - Une coquille non turbinée d'une ou de plusieurs pièces. } CYCLOBRANCHES.
    - Point de coquille. } INFÉROBRANCHES.
  - sur le dos. | NUDIBRANCHES.

comprimé verticalement, et propre à la nage seulement. | HÉTÉROPODES.

Les PULMONÉS se distinguent des autres mollusques en ce qu'ils respirent l'air élastique par un trou ouvert sous le rebord de leur manteau, et qu'ils dilatent ou contractent à leur gré. Aussi n'ont-ils pas de branchies, mais seulement un réseau pulmonaire qui rampe sur les parois de leur cavité respiratoire. Les uns sont terrestres, d'autres vivent dans l'eau, mais sont obligés de venir de temps en temps à la surface, ouvrir l'orifice de leur cavité pectorale pour respirer. Tous sont hermaphrodites.

Les PULMONÉS TERRESTRES ont presque tous quatre tentacules; ceux d'entre eux qui n'ont pas de coquille apparente, formaient, dans Linné, le genre des *limaces*, qui se divise aujourd'hui en *limaces* proprement dites, *arions*, *limas*, *vaginules*, *testacelles* et *parmacelles*; ceux dont la coquille est complète et apparente entraient presque tous dans le genre des *Escargots* (*helix*) de Linné. On les divise aujourd'hui en *Escargots* proprement dits, *vitrines*, *bulimes*, *maillots*, *grenailles* et *ambrettes*.

Escargot des vignes, limaçon OU colimaçon des vignes (*helix pomatia* L.). Mollusque gastéropode, pulmoné, terrestre, pourvu d'une coquille univalve, globuleuse, tournée en volute, de 3 à 4 centimètres de diamètre. Elle est formée de cinq tours de spire obtus, dont le dernier est fort grand relativement aux quatre autres, et relevé en bourrelet sur les bords de son ouverture, laquelle est entamée par la saillie de l'avant-dernier tour, ce qui lui donne un peu la forme d'un croissant plus large que haut. Cette coquille est d'un gris roussâtre, avec des bandes plus pâles et des stries transversales fines et rapprochées (fig. 572).

Le corps de l'animal est à peu près demi-cylindrique dans toute sa partie antérieure, qui peut s'étendre hors de la coquille; mais il est muni inférieurement et en arrière d'un large disque musculeux ou *pied*, au moyen duquel il rampe sur la terre. Tous les viscères sont contenus dans la coquille et forment une masse tournée en spirale que l'on dirait sortie, comme une hernie, de la partie du dos occupée par le manteau, entraînant avec elle la peau considérablement amincie. Une partie du

Fig. 571.

manteau forme encore cependant, au point de jonction des deux parties du corps, tout autour de l'ouverture de la coquille, une sorte de bourrelet ou d'anneau, auquel on a donné le nom de *collier*, et dans l'épaisseur duquel sont percés l'orifice arrondi de la cavité pulmonaire et celui de l'anus. La tête est peu distincte de la partie antérieure du corps. Elle est pourvue de quatre tentacules cylindriques, obtus, rétractiles, dont les deux antérieurs sont plus petits; les deux postérieurs portent chacun, à leur extrémité, un point noir que l'on regarde comme un œil, mais qui ne paraît pas propre à la vision.

La bouche est accompagnée d'une autre paire d'appendices fort courts et obtus, et elle est armée d'une mâchoire supérieure dentelée, qui sert à ronger les herbes et les fruits, auxquels les limaçons causent beaucoup de dégats. Les organes de la génération, mâle et femelle, se terminent à l'extérieur par un orifice unique, situé au côté externe et postérieur du grand tentacule droit.

Aux approches de l'hiver, l'escargot s'enfonce dans la terre ou se retire dans un trou. Il ferme alors l'ouverture de sa coquille avec une exsudation calcaire qui le met à l'abri du froid et de la perte de son humidité, et il passe ainsi l'hiver dans un engourdissement complet, jusqu'au retour de la belle saison. C'est pendant que son ouverture est ainsi murée qu'on le récolte pour le faire servir d'aliment, ou pour la préparation de bouillons et de sirops pectoraux. Il contient une très grande quantité de mucilage et une huile sulfurée qui noircit les vases d'argent dans lesquels on le fait cuire. On lui substitue quelquefois l'**Escargot des jardins** (*Helix hortensis* L.), l'**Escargot des haies** (*Helix aspera*), celui **des forêts** (*Helix nemoralis* L.), et quelques autres encore qui diffèrent du premier par un volume moins considérable, par une livrée à couleurs plus prononcées et très variées, et parce que l'*ombilic* ou l'ouverture de la columelle, est plus ou moins caché par le rebord externe de celle-ci. Dans le midi de la France, on connaît sous le nom de *Tapada* (*Helix naticoïdes* Chem.), un gros limaçon à peine contenu dans une coquille ovoïde, de 27 millimètres de diamètre, à columelle solide et torse, n'offrant pas d'ombilic par conséquent, composée de trois tours et demi de spire, dont le dernier est tout à fait disproportionné aux autres à cause de son grand volume. Ce colimaçon ne paraît que dans la saison la plus chaude, ne fréquente que les terrains secs et exposés au soleil. Il est très sensible au froid, et passe presque dix mois de l'année caché sous terre.

On trouve dans les terrains de sédiment, principalement dans ceux qui sont supérieurs à la craie, un nombre considérable de coquilles fossiles appartenant à la classe des Gastéropodes; telles sont principalement des *planorbes*, des *lymnées*, des *toupies* ou *trochus*, des *turritelles*, des *paludines*, des *ampullaires*, des *cônes*, des *cyprées* ou *porcelaines*, des *volutes*, des *olives*, des *buccins*, des *cérithes*, des *rochers* ou *murex*, des *fuseaux*, des *pleurotomes*, etc. Je suis obligé de renvoyer, pour la connaissance de ces coquilles, aux Traités de conchyliologie et de géologie.

MOLLUSQUES ACÉPHALES (1).

Ces mollusques n'ont pas de tête apparente, mais seulement une bouche cachée dans le fond ou entre les replis d'un manteau. Celui-ci est presque toujours ployé en deux et renferme le corps, comme un livre est renfermé dans sa couverture; mais souvent aussi les deux lobes se réunissent par devant, et le manteau forme alors un tube. Une coquille, composée de deux battants ou valves, recouvre ce manteau en totalité ou en partie, et présente à sa partie supérieure une charnière garnie d'un ligament élastique, dont le jeu fait bâiller les valves toutes

---

(1) Cette classe ne comprend que les *acéphales testacés* de Cuvier, ses *acéphales sans coquille* formant aujourd'hui, à la suite des mollusques, et sous le nom de MOLLUSCOÏDES, un sous-embranchement intermédiaire entre les vrais mollusques et les zoophytes.

les fois que deux muscles attachés à l'une et à l'autre ne se contractent pas pour les tenir fermées. Les branchies ont la forme de grands feuillets striés régulièrement en travers; leur nombre est toujours de quatre, et elles sont placées entre la face interne du manteau et le corps de l'animal La bouche est à l'une des extrémités du corps, et présente, de chaque côté, deux feuillets triangulaires qui servent de tentacules. L'estomac, le foie et les autres viscères sont logés entre la bouche et l'anus, et au-dessous du cœur qui est situé sur le dos. Enfin, la partie inférieure du corps se prolonge presque toujours en une masse charnue, nommée *pied*, qui sert aux mouvements et qui porte quelquefois à sa base un faisceau de filaments nommé *byssus*, à l'aide duquel l'animal se fixe aux corps sous-marins. Tous les acéphales se fécondent eux-mêmes. On les divise en six familles, sous les noms d'*ostracés*, de *mytilacés*, de *camacés*, de *cardiacés* et d'*enfermés*.

La famille des OSTRACÉS se compose d'un assez grand nombre de mollusques bivalves qui manquent de pied ou qui n'en ont qu'un fort petit, et qui, pour la plupart, sont fixés par leur coquille ou par leur byssus, aux corps sous-marins. Leur manteau est ouvert en arrière aussi bien qu'en avant, et ses deux lobes ne se réunissent par aucune partie de leurs bords, pour former des ouvertures particulières, comme cela a lieu dans les autres acéphales. Cette famille peut être divisée en deux tribus, suivant qu'il existe un seul muscle adducteur allant d'une valve à l'autre, ou deux de ces muscles, l'un placé près de l'anus, l'autre au-devant de la bouche, ainsi que cela a lieu chez presque tous les autres acéphales. C'est dans la première tribu que se trouvent les *huîtres* dont on fait une si grande consommation pour la nourriture de l'homme, et qui sont l'objet d'un commerce très important pour plusieurs points maritimes de la France.

Les HUÎTRES forment un des genres les plus simples et les plus distincts parmi les acéphales; elles ont le corps placé dans la coquille de manière que l'extrémité, où se trouve la bouche, ou l'antérieure, correspond presque au sommet et au ligament qui unit les deux valves, et que l'extrémité anale ou postérieure est opposée et dans la partie la plus large. La forme générale du corps est un peu ovale, plus élargie et plus arrondie en arrière qu'en avant, où le corps se rétrécit en s'approchant du sommet, et où il est comme tronqué par une ligne droite. C'est presque sur cette courte ligne seulement que les bords du manteau sont réunis, en formant une sorte de capuchon ou de cavité antérieure où se trouve la bouche; au delà, ils sont entièrement libres dans toute leur circonférence. Les bords sont formés de deux rangées de papilles tentaculaires, comme frangées, qui sont le siége le plus actif de la sensibilité.

Les organes de locomotion sont presque nuls ; car on ne trouve aucune trace de ce faisceau de muscles qui se voit au-dessous du corps de beaucoup de mollusques acéphales, et auquel on a donné le nom de *pied* Mais, en compensation, on trouve un muscle adducteur très puissant, dont on voit l'impression presque au centre des deux valves de la coquille, lorsqu'elles en ont été séparées.

La coquille des huîtres est généralement irrégulière, plus développée et plus arrondie d'un des côtés de la charnière que de l'autre, ce qui tient souvent aux circonstances extérieures ou à la gêne qu'elle éprouve d'un côté. La valve inférieure, par laquelle l'animal adhère souvent au rocher ou au banc qui la porte, est toujours plus épaisse et plus concave que l'autre ; c'est elle qui contient l'animal, la valve supérieure qui est plate, mince, mobile, souvent plus petite que l'autre, pouvant être considérée comme un opercule. On observe assez souvent, dans la valve inférieure, entre la charnière et l'impression du muscle adducteur, un espace assez considérable où la lame la plus récente est détachée de celles qui l'ont précédée, et forme une cavité sans communication extérieure, et qui contient une eau limpide et d'une fétidité remarquable, dont on ignore l'usage.

La bouche est située, ainsi qu'il a été dit plus haut sous l'espèce de capuchon produit par la réunion des deux lobes du manteau. Elle est formée par un rebord fort mince, accompagné seulement de deux paires de tentacules lamelleux. A la suite de cette bouche, qui est grande et très dilatable, vient l'estomac qui n'est qu'une poche creusée dans le foie, avec une membrane interne très mince, adhérente. De cet estomac partent une sorte de cœcum et le canal intestinal qui, après deux ou trois circonvolutions dans le foie, se porte sur le muscle adducteur et se termine par un orifice en forme d'entonnoir libre à l'extrémité, et placé exactement dans la ligne médiane et dorsale. (Voir la figure 572).

Les organes de la respiration sont formés par deux paires de grandes lames branchiales, placées, de chaque côté du corps, entre la masse viscérale et le manteau ; le cœur est situé en avant du muscle adducteur, entre la masse viscérale et lui, bien séparé dans son péricarde, facile à distinguer par son oreillette qui est d'un brun noir.

Les huîtres paraissent n'avoir qu'un seul sexe, dont l'organe principal consiste dans un ovaire qui peut s'étendre dans toutes les parties du manteau qu'il dédouble, et qui se prolonge en deux oviductes dirigés d'avant en arrière, sous les lames branchiales. Les œufs, quand ils sont rejetés, sont sous la forme d'un fluide blanc, ayant l'apparence d'une goutte de suif, dans lequel on aperçoit, à l'aide du microscope, une quantité innombrable de petites huîtres qui ne tardent pas à s'atta-

cher aux corps sous-marins ou aux individus de la même espèce. Ces
nouvelles huîtres, en se développant, étouffent pour ainsi dire les anciennes, et c'est ainsi
que se forment ces im-
menses bancs d'huîtres
que l'on trouve sur nos
côtes, et qui, malgré
la destruction incessante
qu'on en fait depuis plu-
sieurs centaines d'an-
nées, semblent ne jamais
s'épuiser.

Fig. 572 (1).

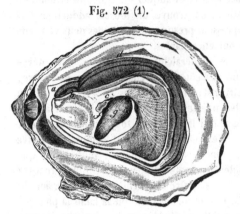

On trouve des huîtres
dans toutes les mers,
mais jamais à de très
grandes profondeurs, ni
à une grande distance des rivages. Ce sont les golfes formés par l'embouchure des grandes rivières et ceux où les eaux sont les plus tranquilles, qu'elles recherchent davantage. Leur nourriture ne peut guère
se composer que d'animaux infusoires ou même de matières organiques
suspendues ou dissoutes dans l'eau de la mer.

On connaît un assez grand nombre d'espèces d'huîtres, dont la plus
intéressante pour nous est l'**huître commune**, *ostrea edulis* L.,
(fig. 572, 573, 574), qui est si abondante sur les côtes de la Manche
et de l'Océan, principalement dans la baie de Cancale, entre le bourg
de ce nom, Saint-Malo et Granville, et sur la plage de Marennes, non
loin de Rochefort et de l'île d'Oléron. La pêche des huîtres commence
ordinairement à la fin de septembre et finit en avril; elle est sévèrement
interdite pendant les autres mois, parce que c'est l'époque du frai et
qu'on suppose que l'huître est alors de moins bonne qualité. Elle est
exécutée au moyen de la *drague*, espèce de grand rateau en fer que l'on
promène au fond de la mer, suivi d'une poche qui reçoit les huîtres, et
traîné par un bateau allant à toutes voiles. Mais l'huître, quand elle sort
de la mer, sent ordinairement la vase, est ordinairement dure et d'assez
mauvais goût. Avant de la livrer à la consommation, on la dépose et on
la laisse séjourner pendant un certain temps dans des réservoirs, dits

(1) Fig. 572. *Huître comestible. a*, partie supérieure du manteau, couvrant
la bouche et les palpes ou tentacules labiaux; *b, c*, le manteau; *d*, les branchies; *e*, portion des lobes du manteau entre lesquelles l'anus vient débou-
cher; *f*, une portion du cœur placé à la partie antérieure du muscle des
valves, *g*.

parcs, creusés dans le sol ou dans la pierre, dans lesquels on peut, à volonté, conserver l'eau de la mer qui y est entrée à la marée haute,

Fig. 573 (1).

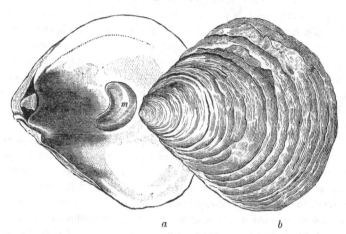

ou la faire écouler. Les huîtres engraissent dans ces bassins, y deviennent plus tendres et d'un goût plus délicat. On cherche surtout à leur faire acquérir une couleur verte qui les fait estimer bien au-dessus des autres. En France, les principaux parcs d'huîtres sont établis à Marennes, Courseul, Saint-Vast, le Havre, Etretat, Dieppe, etc.

On trouve dans les calcaires du lias, immédiatement inférieurs à ceux du terrain jurassique, une fort belle coquille

Fig. 574.

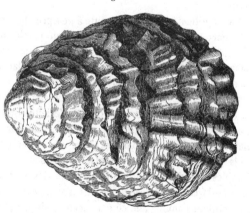

(1) Fig. 573. *Huître comestible. a*, valve creuse ou principale, vue du côté intérieur ; *m*, impression laissée sur la valve par le muscle adducteur ; *b*, valve plate ou operculaire, vue du côté extérieur. — Fig. 574. Valve principale vue du côté extérieur. Elles ne présentent pas toutes des cannelures aussi prononcées.

fossile nommée *gryphée arquée*, qui caractérise d'autant mieux cette
formation qu'on ne la trouve nulle part ailleurs. Cette coquille, qui
est généralement d'un gris d'ardoise, comme le calcaire argileux qui
la renferme, ressemble assez, pour la forme, à un nautile allongé, ou
à un petit navire dont la poupe arrondie serait relevée en demi-tour de
spire. Elle est fermée par un opercule plat qui répond à la valve supérieure des huîtres. Quant à la demi-spirale qui termine la valve inférieure, elle provient de l'exagération d'un caractère que l'on observe
même dans l'huître commune, et qui consiste en ce que l'animal s'é-
loignant avec l'âge de l'extrémité de la coquille où il était contenu
d'abord, ce sommet paraît s'allonger en forme de talon ou de crochet
un peu proéminent.

C'est à la famille des ostracés qu'appartient l'**aronde perlière**
(*avicula margaritifera* Brugn., *pintadina margaritifera* Lam.), qui
produit les deux substances connues sous les noms de **nacre de perle**
ou de **perles**. L'animal a le corps très petit, comparé à la grande étendue de sa coquille, et très comprimé; il se prolonge en un pied assez
petit, garni d'un byssus. Le manteau est fendu dans toute sa circonférence, si ce n'est le long du dos, et garni à son bord libre d'un double
rang de cirrhes tentaculaires très courts; la bouche est entourée de
lèvres frangées; outre les deux paires d'appendices labiaux, il y a un
gros muscle adducteur postérieur et un muscle antérieur extrêmement
petit.

La coquille de l'aronde présente à peu près la forme d'un cercle, dont
un quart serait agrandi et converti en partie du carré circonscrit
(fig. 575, 576). Elle est rude, grossière, non cannelée, d'un aspect
crétacé à l'extérieur; feuilletée, blanche, brillante et de la plus belle
nacre dans la plus grande partie de son épaisseur et principalement à sa
surface interne. Les valves sont de grandeur égale; mais la supérieure
ou l'operculaire est plus plate que l'inférieure qui contient l'animal, et
qui, cependant, est encore peu profonde. La charnière est rectiligne et
maintenue par un ligament qui va d'une extrémité à l'autre de la base
de la coquille, mais en prenant une épaisseur et une force plus considérables à sa partie mitoyenne. A l'une des extrémités de cette base,
celle où la coquille présente le plus d'épaisseur et où se trouve la cavité
qui contient l'animal, le côté adjacent présente, un peu au-dessus de
l'angle, du côté de la bouche, un sinus assez profond et une échancrure
pour la sortie du byssus. Le fond de la cavité offre une suite de petits
points d'attache, disposés en S, dont le dernier résulte de l'impression
un peu plus grande du muscle adducteur antérieur : entre ce point et
le bord opposé de la coquille, se présente l'impression beaucoup plus
étendue du muscle postérieur.

L'aronde aux perles et ses variétés habitent principalement la mer
Rouge, le golfe Persique, le détroit de Manaar, qui sépare Ceylan
de la presqu'île de l'Inde, et les côtes du Japon. Dans le nouveau
monde, on la trouve en plusieurs lieux du golfe du Mexique et dans
la mer de Californie ; mais la plus belle nacre vient du golfe de Manaar,
où il existe plusieurs bancs d'aronde, dont le plus considérable occupe
une étendue de 20 milles, vis-à vis de Condatchy. Pour ne pas détruire les
jeunes arondes, le banc est partagé en sept parties, qui sont exploitées successivement chaque année. La pêche commence en février, pour finir en
avril. Les barques des pêcheurs s'y rendent de différents points des îles et
du continent. Chaque barque est montée, non compris le patron, de vingt
hommes, dont dix rameurs et dix plongeurs. Ceux-ci se partagent en
deux bandes qui plongent et se reposent alternativement. Chacun est
pourvu d'un filet pour mettre les arondes perlières, d'une corde à
laquelle est attachée une pierre qui doit accélérer sa descente, et d'une
autre corde d'appel, dont une extrémité reste dans la barque. Au moment où le plongeur veut descendre, il prend entre les doigts du pied
droit la corde à la pierre, et il saisit la corde d'appel de la main droite,
en même temps qu'il se bouche les narines avec la gauche. Arrivé au
fond de l'eau, il arrache les coquilles avec sa main droite, et les met
dans son filet. Au bout de deux minutes, quelquefois de quatre, très
rarement de six, il se fait remonter. Chaque plongeur peut plonger sept
à huit fois dans la matinée, et rapporte à chaque fois une cinquantaine
de coquilles. Toutes les coquilles sont déposées à terre, dans des lieux
réservés, où on les laisse un temps suffisant pour faire mourir les animaux, ce dont on s'aperçoit à l'ouverture spontanée des coquilles. Alors
on cherche attentivement dans celles-ci et dans les lobes mêmes du
manteau les perles qui peuvent s'y trouver, on choisit les plus belles
coquilles pour la nacre et on abandonne le reste.

Les commerçants distinguent sans doute un assez grand nombre de
sortes de nacre, d'après leur couleur et leur origine. Voici les seules
que je possède :

1° **Nacre vraie de Ceylan** (fig. 575). Valve operculaire, plate,
fort mince dans une grande partie de son étendue, couverte à l'extérieur d'une incrustation calcaire qui paraît être étrangère à l'aronde ;
la substance propre de la coquille, y compris sa surface intérieure, est
du blanc nacré le plus éclatant, à l'exception du bord feuilleté des lames
qui est d'un jaune fauve partout où il a été baigné par l'eau de la mer.
La charnière a 17 centimètres de longueur ; la hauteur, du milieu de
la charnière au bord opposé, est de 19 centimètres ; la plus grande largeur transversale en a 23. Sur l'intérieur de la coquille se trouvent
deux signatures de commerçants, J.-J. Pott et Caillot.

2° **Nacre batarde.** Valve plate, disposée comme la précédente, et que je suppose operculaire comme elle : charnière de 11 centimètres ; hauteur et largeur 18 centimètres. La surface extérieure est uniformément bombée, entièrement feuilletée et marquée de bandes alternatives, grises et vertes-noirâtres, qui se dirigent en rayonnant, du sommet ou de l'angle aigu et le plus épais de la coquille, vers toute sa circonférence.

Fig. 575.

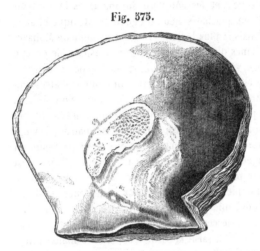

La surface intérieure est d'un blanc nacré un peu grisâtre, entouré, sur toute la circonférence, par un cercle assez large d'un vert cuivré. Cette aronde forme certainement une espèce distincte. L'impression du muscle adducteur est énorme de grandeur et rapprochée du sommet.

3° **Nacre de Nankin.** J'ai deux valves de cette nacre qui, en raison de leur épaisseur et de leur profondeur, doivent être deux valves principales ou inférieures ; mais elles sont conformées en sens contraire l'une

Fig. 576.

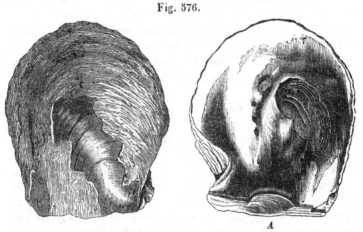

A

de l'autre, ce qui indique que cette aronde, comme d'autres mollusques d'ailleurs, peut se présenter droite ou inverse.

La première de ces coquilles (fig. 576), dont le sommet est à la gauche du spectateur, lorsque la valve inférieure est placée comme on le voit en A, a 8 centimètres de charnière, 12 centimètres de hauteur et 10 de largeur, ce qui en forme encore une espèce distincte; cependant, sauf les dimensions, elle offre tous les caractères de la première espèce : incrustation superficielle calcaire et lames concentriques très nombreuses, jaunâtres dans toutes les parties mouillées par l'eau marine, d'un blanc nacré à l'intérieur. Mais ce blanc n'est pas pur, il présente une teinte jaunâtre uniforme.

La seconde coquille, étant placée comme la précédente, présente son sommet à la droite du spectateur; la charnière, au lieu de faire un angle droit avec le bord aminci de la coquille, forme un angle aigu ; la nacre de la surface interne est violacée sur le bord.

4° **Nacre noire de Californie.** Valve plate ou operculaire, dont le sommet se trouve à droite du spectateur, lorsque la coquille est vue du côté intérieur, la charnière placée comme base. Longueur de la charnière 7 centimètres; hauteur de la coquille 14 centimètres; largeur 12,5 ; incrustation extérieure blanchâtre; lames concentriques complétement noires à l'extérieur ; nacre intérieure du blanc argenté le plus pur vers le sommet, mais prenant peu à peu une teinte qui devient d'un vert-olive très foncé à la circonférence.

Les **perles** sont des corps de même nature que la nacre des coquilles. Elles se composent de couches concentriques de nacre, et elles se produisent lorsque cette matière, au lieu de s'étendre en couches plates sur celles déjà déposées, constitue de petits amas isolés comme des gouttelettes, ou adhérents à la coquille par un pédicule. Leur formation dépend d'une maladie ou, au moins, d'une activité anormale dans la sécrétion de la nacre. Aussi toutes les circonstances qui peuvent stimuler cette sécrétion, comme la présence d'un grain de sable entre la coquille et le manteau, ou une blessure faite à la coquille, tendent-elles à en déterminer la formation.

Les perles les plus estimées viennent de l'Inde et du golfe Persique. Elles sont d'autant plus recherchées et d'un prix plus considérable, qu'elles sont plus parfaitement rondes, polies, brillantes, blanches, demi-transparentes, et réfléchissant les brillantes couleurs de l'opale. Celles qui sont d'une forme irrégulière et comme mamelonnées, sont nommées *perles baroques:* ce sont généralement les plus volumineuses qui présentent cette forme ; celles qui sont d'un volume extraordinaire, se nomment *parangones ;* enfin, les perles les plus menues que l'on réservait autrefois pour l'usage de la médecine, portent le nom de *semence de perles.* Elles sont tout à fait inusitées à présent.

Plusieurs autres mollusques acéphales, dont la coquille est nacrée, peuvent produire des perles qui ont été quelquefois l'objet d'exploitations peu importantes et non continues. Tels sont : 1° l'**aronde oiseau** ou l'**hirondelle** (*avicula hirundo* L.), que l'on trouve dans la Méditerranée. Cette espèce se distingue de l'*aronde perlière*, ou *pintadine*; par l'obliquité de sa coquille sur la charnière, qui se prolonge considérablement et inégalement au delà des deux bords de la coquille, de manière à figurer d'un côté un rostre très allongé. 2° Le **marteau commun** (*ostrea malleus* L.), dont la charnière se prolonge à peu près également des deux côtés de la coquille, de manière à figurer le T d'un marteau, tandis que les valves, très allongées dans le sens transverse, en représentent le manche. On trouve cette coquille dans l'archipel des Indes. 3° Les **jambonneaux** (*pinna* L.), dont les deux valves égales ont la forme d'un éventail à demi ouvert et recourbé d'un côté, et sont étroitement réunies par un long ligament placé sur leur côté rectiligne. Une des espèces de ce genre, assez commune dans la Méditerranée, et connue sous le nom de **pinne noble** (*pinna nobilis* L.), est remarquable par son byssus formé de fils déliés, longs et brillants comme de la soie, dont on a fabriqué pendant longtemps des étoffes précieuses et d'un prix très élevé; mais cette industrie est à peu près perdue aujourd'hui.

5° La **mulette du Rhin** (*unio margaritifera* Brugn.). Grande coquille épaisse et d'une belle nacre, que l'on trouve dans le Rhin, la Loire et quelques autres rivières. On en retire des perles assez belles et qui sont utilisées. C'est probablement à cette espèce qu'il faut rapporter ce que dit Valmont de Bomare des perles de Lorraine pêchées dans la Vologne, dont le duc Léopold s'était réservé la propriété, et dont une abbesse de Mons s'était fait faire un collier. Une mulette bien connue est celle nommée *moule des peintres*, qui sert à recevoir les couleurs dont les artistes se servent.

Les perles sont très recherchées des femmes pour leur parure; mais on en fabrique un très grand nombre de fausses avec de petites ampoules de verre enduites intérieurement de colle de poisson chargée d'*essence d'Orient*, tirée des écailles de l'ablette (page 162), et ensuite remplies de cire fondue. Ces fausses perles imitent très bien les véritables, et leur fabrication forme aujourd'hui un art assez important.

Les **moules** (*mytilus* L.) forment un genre très nombreux et fort connu de mollusques bivalves, qui ont une coquille close, très solide et comme fibreuse; à valves bombées et plus ou moins triangulaires. Un des côtés de l'angle aigu forme la charnière et est muni d'un ligament étroit et allongé. La tête de l'animal est cachée dans l'angle aigu; l'autre côté de l'angle aigu, qui est l'antérieur et le plus long, laisse passer le byssus. Le troisième côté, opposé à l'angle aigu, est arrondi et remonte vers la charnière à laquelle il se joint par un angle obtus. Près de ce dernier, se trouve l'anus, vis-à-vis duquel le manteau forme une ouverture particulière. Les bords du manteau sont adhérents, et ils sont garnis de tentacules branchus vers le côté arrondi, parce que c'est par là qu'entre l'eau nécessaire à la respiration. Il y a un petit muscle transverse en avant de l'angle aigu, et un grand en arrière près de l'angle obtus. Le pied est linguiforme, canaliculé et terminé par un byssus de couleur noirâtre. La coquille est aussi généralement d'une couleur noirâtre ou très foncée à l'extérieur, tandis qu'elle est blanche et nacrée à l'intérieur.

La **moule commune** (*mytilus edulis* L.) est répandue en abondance extraordinaire le long de toutes nos côtes, où elle est l'objet d'une pêche considérable. Dans la Manche, on la parque à la manière des huîtres, afin de l'attendrir et de lui donner une meilleure qualité. Dans es environs de la Rochelle, on l'élève en domesticité et on la multiplie dans des especes d'étangs salés artificiels, nommés *bouchotes*.

Les moules plaisent généralement comme aliment; mais elles déter-minent quelquefois une sorte d'empoisonnement dont la cause n'est peut-être pas encore bien connue. On a longtemps attribué cet effet malfaisant à un petit crabe, nommé *pinnothère*, qui se trouve fréquem-ment dans l'intérieur de la coquille des moules; mais ce petit crustacé n'étant pas venimeux par lui-même, ne saurait communiquer cette qualité au mollusque. D'autres ont attribué la qualité malfaisante des moules au frai des *astéries* ou *étoiles de mer*, qui se répand dans la mer pendant les mois de mai, juin, juillet et août; ce qui concorde avec l'opinion vulgaire que les moules ne sont vénéneuses que pendant les mois dans le nom desquels il n'entre pas d'*r*. Ce frai, nommé *qual*, est si caustique et si vénéneux, d'après de Beunie, qu'il enflamme et fait gonfler, avec une démangeaison considérable, la main qui le touche immédiatement Cette opinion paraît donc très probable, mal-gré l'observation presque constante que, dans un même repas, les moules ne sont malfaisantes que pour un petit nombre de personnes, et que ces personnes en sont habituellement incommodées en toutes saisons. On sait, en effet, que la disposition particulière des individus influe beaucoup sur l'effet des substances ingérées dans l'estomac; on conçoit, d'un autre côté, que l'appréhension causée par un empoison-nement antérieur puisse réveiller des accidents analogues, même lors-que l'aliment qui l'a causé une première fois serait exempt de tout principe délétère.

Les accidents causés par les moules se montrent ordinairement trois ou quatre heures après le repas. Les sensations deviennent obtuses; l'attention ne peut se porter sur rien; les yeux et le visage se gonflent

et deviennent ardents ; la gorge se resserre ; la parole devient embarrassée ; le gonflement et l'irritation se propagent au cou , à la poitrine ,
au ventre, enfin sur tout le corps ; la peau présente des plaques rouges
et des ampoules blanchâtres qui changent de place à chaque instant , et
qui ne peuvent être comparées à aucune autre éruption cutanée. Celle-ci
est accompagnée d'une grande démangeaison , de délire , d'une inquié-
tude singulière, et de roideur, et quelquefois d'une grande difficulté de
respirer. Tous ces symptômes disparaissent ordinairement lorsque
l'estomac s'est débarrassé par le vomissement de la substance délétère
qui les causait. Le meilleur moyen de les arrêter est donc d'administrer
un vomitif. On a conseillé aussi le vinaigre et l'éther. J'ai essayé ce
dernier sans en éprouver aucun soulagement.

ANIMAUX RAYONNÉS, OU ZOOPHYTES.

Cette quatrième grande division des animaux comprend un nombre
considérable d'êtres dont l'organisation, toujours manifestement plus
simple que celle des trois embranchements précédents, présente aussi
plus de diversité et semble ne s'accorder qu'en ce point, que les parties
y sont disposées autour d'un axe, sur deux ou plusieurs rayons, ou
sur deux ou plusieurs lignes allant d'un pôle à l'autre. Le système nerveux n'y est jamais bien évident, et il n'y a jamais non plus de véritable
système de circulation. Quelques genres, tels que les holoturies et les
oursins, ont une bouche, un anus et un canal intestinal distincts ;
d'autres ont un sac intestinal , avec une seule issue tenant lieu de bouche et d'anus ; un plus grand nombre ne présentent qu'une cavité
creusée dans la substance même du corps, et s'ouvrant quelquefois
par plusieurs suçoirs. Enfin, il en est beaucoup où l'on n'aperçoit aucune
bouche, et qui ne peuvent guère se nourrir qu'au moyen d'une absorp-
tion opérée par leurs pores.

Les animaux composés, dont on voit déjà des exemples parmi les
derniers mollusques, sont multipliés dans certains ordres de zoophytes,
et leurs agrégations forment des troncs et des expansions qui affectent
toutes sortes de figures. Cette circonstance, jointe à leur simplicité
d'organisation et à la disposition rayonnante de leurs organes, qui rap-
pelle celle des fleurs des végétaux, leur a valu le nom d'*animaux-
plantes* ou de *zoophytes*, par lequel on ne veut indiquer que ce rapport
apparent ; car les zoophytes, jouissant de la sensibilité, du mouvement
volontaire, et se nourrissant, pour la plupart, de matières qu'ils avalent
et qu'ils sucent, sont bien certainement à tous égards des animaux.

M. Milne-Edwards divise les zoophytes en deux sous-embranche-
ments faciles à caractériser par leur conformation générale : les pre-

miers, qu'il nomme *zoophytes radiaires*, ont leurs organes disposés ordinairement autour d'un axe, et ont une forme plus ou moins distinctement étoilée ; les seconds, appelés *zoophytes globuleux*, ont le corps plus ou moins sphérique, au moins dans le jeune âge, car les progrès du développement peut les rendre tout à fait irréguliers.

Les ZOOPHYTES RADIAIRES sont les animaux rayonnés les plus parfaits et ceux dont l'organisation est la plus compliquée. On les divise en trois classes sous les noms d'*échinodermes*, d'*acalèphes* et de *polypes*.

Les ÉCHINODERMES ont une peau épaisse, souvent très dure, et garnie d'appendices tentaculaires servant à l'animal à ramper sur le sol. On y trouve les familles des **astéries**, des **encrines**, des **oursins** et des **holoturies**, qui peuvent être divisées elles-mêmes en un grand nombre de genres et d'espèces.

Les ACALÈPHES, vulgairement nommées ORTIES DE MER, sont des animaux mous, de consistance gélatineuse, essentiellement organisés pour la nage, et qui flottent toujours dans la mer. On les divise en *acalèphes simples*, qui comprennent les **méduses**, les **pélagies**, les **rhizostomes**, les **béroés**, les **cestes**. etc. , et en *acalèphes hydrostatiques*, telles que les **physalies**, les **physsophores**, les **diphyes**, etc.

Les POLYPES ont le corps tantôt mou, tantôt en partie encroûté d'une matière cornée ou pierreuse, par laquelle ils adhèrent aux corps étrangers ; aussi ne se déplacent-ils presque jamais. Ils ont le corps cylindrique ou ovalaire, et n'offrent d'ouverture qu'à une de leurs extrémités, laquelle est entourée d'une couronne de longs tentacules. La bouche occupe l'axe du corps et sert en même temps d'anus ; elle communique avec une grande cavité abdominale, terminée en cul-de-sac. Ils se multiplient de deux manières : tantôt ils produisent des œufs qui se détachent et sont expulsés au dehors, pour aller au loin se fixer et se développer ; d'autres fois, il naît sur la surface de leur corps des espèces de bourgeons qui deviennent de nouveaux polypes semblables à leur mère. Il en résulte des masses de formes très variées, dans lesquelles toute une suite de génération se trouve agrégée et semble vivre d'une vie commune. Souvent le corps de ces petits animaux est composé en entier d'un tissu demi-transparent, d'une grande délicatesse ; mais, chez la plupart, la partie inférieure de leur gaîne tégumentaire se solidifie et acquiert l'aspect de la pierre. Ces enveloppes solides forment tantôt des tubes, tantôt des cellules ; elles sont quelquefois distinctes, mais d'ordinaire elles constituent par leur réunion une masse à laquelle on donne le nom de *polypier*, qui sert à les caractériser et dont le volume peut devenir très considérable, quoique chacune de ses parties soit de dimensions fort petites.

Lorsque certains de ces animaux sont placés dans des circonstances

favorables à leur développement, par exemple dans les mers voisines
des tropiques, ils pullulent au point de recouvrir d'immenses bancs
sous-marins, qu'ils recouvrent de leurs générations de polypiers
amoncelées les unes sur les autres, et il ne leur faut pas un très grand
nombre d'années pour les élever au niveau de la surface de l'eau. Alors,
le sol formé de leurs débris cesse de s'élever, mais bientôt apparaît une
nouvelle série de phénomènes : des graines apportées par les vents ou
déposées par les vagues, y germent et la couvrent d'une riche végétation, jusqu'à ce qu'enfin le sol devienne une île habitable. Dans l'océan
Pacifique, on rencontre une foule de récifs et d'îles qui n'ont pas une
autre origine.

M. Milne Edwards divise la classe des polypes en trois ordres, sous
les noms de *zoanthaires*, d'*alcyonaires* et d'*hydraires*.

Les ZOANTHAIRES sont ainsi nommés à cause de leur ressemblance
avec certaines fleurs ; leur peau est épaisse et opaque, et leur corps a
ordinairement la forme d'un cylindre tronqué dont une extrémité
adhère au sol, et dont l'autre est garnie d'un grand nombre de tentacules effilés. Au milieu de la couronne, formée par ces appendices, se
trouve la bouche qui, par l'intermédiaire d'un court œsophage, conduit dans une vaste cavité stomacale. Parmi les zoanthaires, il y en a
dont les teguments conservent toujours une consistance charnue : telles
sont les **actinies** ou **anémones de mer** qui vivent isolées sur les rochers, et qui sont ornées des plus belles couleurs. Mais il y en a d'autres qui sécrètent en abondance du carbonate de chaux : ce sel se
dépose dans la partie inférieure du corps et constitue autant de petits
polypiers pierreux, dont quelques uns restent isolés comme les actinies ;
mais la plupart des autres (*millepores*, *caryophyllies*, *astrées*, *méan-
drines*, etc.), que Linné réunissait sous le nom de **madrépores**, forment, par leur réunion, des masses considérables, et ce sont eux
principalement qui concourent à la formation des *îles* dites *de corail*,
dont il a été question plus haut.

Dans l'ordre des ALCYONIENS, le corps de chaque polype est, en
général, beaucoup plus allongé, et les tentacules qui le terminent sont
larges, foliacés et au nombre de huit seulement. Presque tous ces
polypes sont agrégés et forment un polypier solide dont un est bien
connu sous le nom de *corail rouge*.

Les polypes de l'ordre des HYDRAIRES sont beaucoup plus simples que
ceux des deux ordres précédents. Ils sont formés d'un sac gélatineux en
forme de tube, et dont l'ouverture est garnie de tentacules filiformes
d'une très grande sensibilité. Le microscope ne fait apercevoir dans
leur substance qu'un parenchyme transparent rempli de granules un
peu plus opaques. Néanmoins ils nagent, ils rampent, ils marchent

même, en fixant alternativement leurs deux extrémités comme les
sangsues ; ils agitent leurs tentacules qui sont quelquefois fort longs,
et s'en servent pour saisir leur proie, qui se digère à vue d'œil dans la
cavité de leur corps. Ce qu'il y a de plus surprenant, et ce qui montre
bien l'homogénéité de toute leur substance, c'est qu'on peut retourner
le tube qui les forme comme un doigt de gant, mettre en dehors la
surface intérieure, et *vice versâ*, sans nuire en rien à leur existence,
la nouvelle surface intérieure faisant fonction d'estomac, tout aussi
bien que la première. Mais la propriété la plus merveilleuse de ces animaux, est celle de reproduire constamment et indéfiniment les parties
qu'on leur enlève, en sorte qu'on peut les multiplier à volonté par la
section. Leur multiplication naturelle se fait, soit par le moyen de
bourgeons qui se montrent à la surface du tube et qui s'en détachent
après avoir produit un individu semblable à la mère, soit par de petits
corpuscules qui sortent de leur parenchyme à l'automne, se conservent
au fond de l'eau pendant l'hiver et ne se développent qu'au printemps.

On trouve ces singuliers animaux dans les eaux dormantes, la plupart
du temps fixés par la base de leur tube à la face inférieure des lentilles
d'eau, et s'agitant la tête en bas dans l'eau. Ils sont très sensibles à
l'action de la lumière qu'ils recherchent activement. On leur donne
communément les noms d'*hydres*, de *polypes à bras* et de *polypes
d'eau douce*.

Les ZOOPHYTES NON RADIAIRES comprennent deux classes
d'êtres qui n'offrent guère d'autre rapport entre eux que celui d'être
placés sur la dernière limite de l'animalité. La première classe, qui
renferme les INFUSOIRES HOMOGÈNES de Cuvier, nous offre des animaux
tout à fait microscopiques, qui se développent en abondance dans l'eau
chargée de matières organiques en décomposition. Leur corps est gélatineux, tantôt arrondi, tantôt allongé ou aplati, souvent couvert de
petits cils, et offrant à l'intérieur un nombre ordinairement considérable de petites cavités qui paraissent remplir les fonctions d'autant
d'estomacs. La manière dont ces infusoires se propagent a donné lieu à
beaucoup de controverses, et plusieurs naturalistes ont admis qu'ils
pouvaient se former par l'organisation spontanée de matières provenant
de substances organiques en décomposition.

La seconde classe est celle des SPONGIAIRES, c'est-à-dire des corps
qui offrent la structure des éponges. Ces corps ressemblent beaucoup
à la portion commune de certains polypes agrégés, tels que les *alcyons;*
mais jusqu'à présent on n'y a rien trouvé d'analogue à la partie indi-
viduelle de ces animaux. Ce sont des masses qui vivent dans la mer,
fixées aux rochers, et qui n'offrent aucun signe de sensibilité, ni de
contractilité. On sait seulement que, suivant les observations de

M. Grant, elles vivent, parce qu'elles absorbent continuellement une
quantité considérable d'eau par les pores répandus sur toute leur surface, et que ce liquide est ensuite expulsé par d'autres ouvertures
plus grandes, sous forme de courant. Une espèce de charpente,
composée tantôt d'aiguilles calcaires ou siliceuses, tantôt de filaments
cornés, soutient ces masses et forme un tissu dont l'intérieur présente une multitude de lacunes communiquant entre elles. A certaines époques, de petits corps arrondis se développent dans ce parenchyme, tombent dans les canaux dont il est percé et sont expulsés au
dehors avec l'eau qui les traverse. Ces corpuscules sont les germes reproducteurs de l'éponge; ils sont doués d'abord de la faculté de se mouvoir, et après avoir nagé pendant quelque temps, ils se fixent et se
transforment en une petite éponge semblable à celle dont ils proviennent (Grant).

Dans toute la classe des zoophytes, je ne traiterai en particulier que
de deux substances qu'elle fournit à la pharmacie, le *corail rouge* et
l'*éponge*.

Corail rouge (fig. 577).

Le corail, de même que la plupart des autres polypiers solides, a
longtemps été considéré comme une plante, dont l'axe était de nature
calcaire, mais dont l'écorce vivante
pouvait produire des fleurs régulières. C'est Peyssonel qui a montré
le premier, en 1727, que les prétendues fleurs de corail, observées
par Marsigli en 1703, sont de
véritables animaux rayonnés qui
sécrètent la substance calcaire sur
laquelle ils sont portés. Pallas dé-
crivit ensuite le corail, et lui donna
le nom d'*isis nobilis ;* Gmelin et
Solander en firent une *gorgone ;*
enfin Lamarck en forma un genre
particulier sous le nom de *corallium* , et l'appela *corallium rubrum*.

Le corail affecte la forme d'un
petit arbrisseau, d'environ 50 centimètres de hauteur, fixé aux corps
sous-marins par une sorte d'empâtement analogue à la griffe des fucus.
De cet empâtement sort la tige qui

Fig. 577.

est ordinairement ronde, mais quelquefois comprimée, épaisse de

25 millimètres environ, dans sa partie la plus grosse, mais se divisant bientôt en un certain nombre de rameaux irréguliers. Dans le corail vivant, ces rameaux sont recouverts d'une sorte d'écorce blanchâtre, charnue, lisse et polie, mais dont la surface est parsemée d'un grand nombre de cellules proéminentes contenant autant de polypes. Ceux-ci sont très mous, tout à fait blancs et pourvus d'une bouche entourée de huit tentacules qui ressemblent assez à des pétales étalés régulièrement, allongés, pointus, incisés sur les bords. La substance charnue qui leur est commune est sillonnée par une multitude de vaisseaux communiquant avec la cavité digestive des polypes, et sa partie interne sécrète du carbonate de chaux mêlé à une matière colorante rouge, et qui constitue l'axe pierreux du corail.

Cet axe pierreux ne se trouve dans le commerce que débarrassé de son écorce vivante. Il conserve la forme générale d'un arbrisseau ramifié et non articulé, formé par une substance compacte, d'un rouge vif et un peu rosé, qui en fait une des plus élégantes productions de la nature. Sa surface est toute couverte de stries longitudinales, serrées, parallèles, mais souvent sinueuses, et s'étendant, en suivant toutes les ramifications, d'une extrémité à l'autre de l'axe. La substance interne est tellement compacte, que la cassure brute ou polie n'y fait découvrir aucune trace d'organisation; mais lorsqu'on fait agir dessus un acide affaibli, l'énergie différente avec laquelle la substance du corail est attaquée y fait découvrir une organisation rayonnée, dont les stries correspondent à celles de la surface.

La dureté du corail surpasse celle du spath d'Islande, mais est inférieure à celle de l'aragonite. Il est susceptible d'un beau poli, et l'on en fabrique des bijoux qui sont d'un prix d'autant plus élevé que sa couleur est plus vive et plus brillante.

Le corail abonde dans la Méditerranée et dans la mer Rouge, fixé aux rochers, à une profondeur très variable; on ne le trouve pas à moins de 3^m,30, et on le peche jusqu'à 200 mètres. On le pêche principalement près de la côte d'Afrique, dans le détroit de Messine et dans l'Archipel grec, en promenant, au fond de la mer, des morceaux de bois garnis de filasse, que l'on tire fortement, lorsqu'on sent la filasse embarrassée dans le corail. Il y a aussi des plongeurs qui ne font pas d'autre métier que d'aller le chercher.

Différents auteurs ont émis sur la nature du principe colorant du corail des idées fausses que M. Vogel, de Munich, a rectifiées, en montrant que ce principe était l'oxyde rouge de fer, et non une substance organique, puisqu'il n'est pas décoloré par le chlore, qu'il est insoluble dans l'eau, l'alcool et l'éther; qu'il noircit par l'acide sulfhydrique et qu'il disparaît en se dissolvant dans les acides azotique, sulfu-

tique et chlorhydrique, dans lesquels alors les réactifs indiquent,
comme seul principe colorant possible l'oxyde de fer (1) Suivant
M. Vogel, le corail rouge est composé de :

Acide carbonique.	27,50
Chaux.	50,50
Magnésie.	3
Oxyde rouge de fer.	1
Sulfate de chaux.	0,50
Chlorure de sodium.	traces.
Débris animaux.	0,50
Eau.	5
	88,00

Le corail rouge n'est plus guère employé en pharmacie que comme
dentifrice. La teinture et le sirop qu'on en préparait autrefois, après
l'avoir fait dissoudre dans le suc de berbéris, ne sont plus usités

On comprenait autrefois au nombre des drogues médicinales deux
autres productions polypiaires nommées l'une **corail blanc**, l'autre
corail noir. La première est une *oculine* (*oculina virginea* Lamk.),
c'est-à-dire un polypier à animaux inconnus, contenus dans des loges
stelliformes régulières, arrondies, plus ou moins saillantes et mamelonnées, éparses à la surface d'un polypier calcaire, solide, compacte,
arborescent et fixé. Il est d'un blanc de lait. On le trouve dans la mer
des Indes et dans la Méditerranée ; il existe aussi à l'état fossile dans le
terrain de Paris.

Le **corail noir,** ou **antipathe,** est un polypier branchu formé par une
substance dure, élastique et cornée, disposée en couches concentriques
distinctes. L'écorce molle a été détruite par la dessiccation, et les animaux
qu'elle contenait sont inconnus. La souche est souvent entourée d'une
incrustation calcaire grise, à structure radiée, que je crois appartenir
au polypier, car les rameaux présentent quelquefois des concrétions
semblables qui sont recouvertes par une couche de matière cornée.

(1) Ce qui pourrait faire douter de l'exactitude de cette conclusion, c'est la
facilité avec laquelle le corail se décolore par certains agents réductifs, et re-
prend ensuite sa couleur au contact de l'air. Ainsi j'ai vu des boucles d'oreilles
de corail, blanchies par l'application d'un cataplasme de farine de lin, reprendre leur couleur primitive après quelques jours d'exposition à l'air. On
sait aussi qu'une forte transpiration fait perdre au corail une partie de sa
couleur. Les corps gras et les huiles volatiles le décolorent également. Nul
doute que l'oxyde de fer ne fasse une partie essentielle de la matière rouge
du corail ; mais il est possible qu'il ne la compose pas à lui tout seul.

Éponges.

Les éponges sont des êtres placés au plus bas degré du règne animal, composant des masses plus ou moins considérables, de formes très variables et irrégulières, de structure fibreuse et comme feutrée, et de consistance molle ; elles sont percées d'un grand nombre de conduits sinueux, de pores et d'orifices plus grands, nommés *oscules*. On n'y rencontre aucun polype ou animal rayonné distinct, ainsi qu'on en observe encore dans les alcyons ; mais seulement un sorte de mucilage animal qui enveloppe toutes les parties de leur tissu fibreux, et dont on les débarrasse par le lavage, avant de les livrer au commerce.

Cette description, ainsi conçue en termes généraux et telle que l'admettait Lamarck, peut encore renfermer des corps d'une organisation bien différente, ainsi que cela résulte principalement des observations de M. Grant (1). Les uns, ce sont les moins nombreux, je pense, sont formés d'une substance tendineuse percée de pores ou de conduits de forme irrégulièrement rayonnée, et soutenue par des faisceaux d'aiguilles simples ou tricuspidées auxquelles on donne le nom d'*acicules*, et qui en forment comme le squelette. Ces acicules sont de nature calcaire ou siliceuse, suivant les espèces.

C'est dans ces spongiaires spécialement que l'on a observé la production des ovules tombant dans les conduits qui la traversent et rejetés au dehors, avec le courant d'eau. M. Flemming a imposé à ces spongiaires les noms de **calcéponges** (*calcispongia*) et de **haléponges** (*halispongia*), suivant la nature calcaire ou siliceuse de leurs acicules. On trouve parmi les calcéponges, les **éponges comprimée, botryoïde** et **ciliée** de différents auteurs ; et parmi les haléponges, les **éponges papillaire, paniforme, cendrée, arborescente, oculée, dichotome,** etc. Ces fausses éponges desséchées, sont dures et cassantes ; celles qui sont calcaires font effervescence avec les acides ; celles qui sont siliceuses rayent le verre ; elles se gonflent peu par l'eau et y restent dures au toucher. Elles ne sont d'aucun usage dans la vie domestique.

Les autres spongiaires, qui sont les seuls auxquels on conserve aujourd'hui le nom d'*éponges*, présentent un squelette cartilagineux, formé de fibres très déliées, transparentes, flexibles, élastiques, douces au toucher, anastomosées les unes avec les autres et formant un tissu, tantôt d'une grande finesse, tantôt grossier et traversé en tous sens par des canaux tortueux, d'un diamètre plus ou moins considérable. Dans l'état de vie, toutes les parties de ce tissu sont entourées d'une enve-

---

(1) *Annales des sciences naturelles,* 1827, t. XI, p. 150.

loppe muqueuse, qui manque le plus souvent dans les individus secs. Jusqu'à présent, on n'a pu observer dans les vraies éponges, ni corps reproducteurs, ni courants. Plusieurs observateurs cependant ont cru trouver de la sensibilité dans l'espèce de bave muqueuse qui les recouvre à l'état vivant, et ont dit avoir vu un mouvement alternatif de contraction et de dilatation à l'ouverture de leurs tubes ; mais ces faits sont révoqués en doute par M. Grant.

La forme des éponges varie à l'infini : tantôt elles sont sessiles ou non pédiculées, arrondies, simples ou lobées ; d'autres fois, elles sont rétrécies à la base, élargies par le haut en forme de toupie ou de sabot, et souvent creusées au centre en forme d'entonnoir ou de creuset ; d'autres fois encore elles sont manifestement pédiculées, aplaties et flabelliformes, ou bien foliacées, ou bien encore ramifiées et ayant la forme d'un arbrisseau, etc. Lamarck en a décrit 141 espèces, et beaucoup d'autres ont été distinguées par divers naturalistes ; mais il n'y en a qu'un petit nombre qui soient fournies par le commerce et usitées dans la vie domestique. Celles dont nous nous servons nous viennent principalement des côtes de la Syrie, de l'Anatolie, des îles grecques et des côtes d'Afrique. Il en vient aussi de la Havane et des îles de Bahama, mais qui sont d'une qualité très inférieure.

1. L'éponge la plus estimée est l'**éponge fine douce de Syrie** (*éponge usuelle* Lamk.), qui est exclusivement réservée pour la toilette. Telle que le commerce la présente, elle est d'un jaune tirant sur le fauve, légère, généralement turbinée, quelquefois arrondie par le haut, mais le plus souvent creusée en forme de coupe ou d'entonnoir. La partie extérieure est fine, veloutée, douce au toucher, percée d'une infinité de petits trous ronds de dimension presque semblable. Les grands trous y sont très rares. La partie pleine de l'éponge, vue à la loupe, paraît formée d'une infinité de fibres anastomosées, dont quelques unes, plus longues que les autres et plus libres, se roulent au dehors sous forme d'une petite mèche tortillée, qui se dresse au bord de chaque trou. Ce sont toutes ces petites mèches qui donnent à l'éponge son aspect et son toucher velouté. L'intérieur de la coupe ou de l'entonnoir est, au contraire, percé de grands trous, très nombreux, disposés d'une manière plus ou moins apparente, en lignes rayonnantes. Les trous du fond pénètrent généralement jusqu'à la base et laissent voir le jour au travers.

Cette éponge est souvent moins grosse que le poing ; mais elle acquiert quelquefois un volume considérable ; elle se gonfle beaucoup dans l'eau et en retient une grande quantité. Son prix varie de 100 à 140 francs le kilogramme ; les plus grosses et les plus belles, en forme d'entonnoir, que l'on réserve pour servir de montre aux marchands, ou pour les cabinets, se vendent séparément à la pièce, 25 francs, 50 francs et au delà.

L'éponge fine douce de Syrie, examinée au microscope, ne présente rien autre chose que des fibres cylindriques, ramifiées à l'infini et anastomosées les unes avec les autres, sans aucune régularité; car les espaces circonscrits sont quelquefois très petits et triangulaires; d'autres fois, ils sont plus grands et en forme de losange ; mais le plus souvent ils sont très grands et tout à fait irréguliers, les rameaux qui les forment faisant de grands circuits avant de s'anastomoser avec d'autres. Ces rameaux sont de grosseur à peu près égale, et conservent cette grosseur d'une extrémité à l'autre de l'éponge. Ils sont *pleins* et non tubuleux comme on le dit. Ils sont formés de fibrilles très serrées et agglutinées, flexueuses, et qui se continuent sans interruption d'un rameau à l'autre. Ces fibrilles sont très faciles à voir aux endroits où les rameaux sont rompus. Quant aux extrémités naturelles des rameaux par lesquelles ceux-ci doivent croître et s'allonger, elles ont une terminaison nette et arrondie. On observe aussi, mais bien moins fréquemment pour l'éponge fine douce que pour les autres, que les rameaux principaux peuvent donner naissance, dans l'intervalle de deux ramifications, à un rameau latéral, d'un diamètre plus petit; de sorte que, suivant ce que je pense, les éponges doivent croître à la manière des plantes, par l'allongement terminal des axes et par le développement de bourgeons latéraux. Il y a toujours entre ces deux classes d'êtres cette grande différence, que l'axe de la plante, tirant sa principale nourriture de la racine, diminue en diamètre de sa base à l'extrémité; tandis que l'axe des éponges, tirant la sienne probablement de tous les points de la surface, conserve partout la même force et le même diamètre. Les éponges du commerce, que j'ai observées, ne m'ont présenté ni acicules, ni rien que l'on puisse prendre pour des organes reproducteurs. L'éponge fine douce, simplement lavée à l'eau et séchée, conserve une odeur très marquée et non désagréable, d'iode affaibli.

2. **Éponge fine dure**, dite **éponge grecque**. Cette éponge se trouve principalement dans les parages de l'île de Rhodes et des îles de l'Archipel, mais elle vient aussi de la côte de Syrie. Elle présente généralement une base très étroite qui s'élargit en forme de sabot, de plateau mamelonné, de coupe ou d'entonnoir ; mais elle est très souvent oblique sur son pied et déjetée d'un côté. Elle est d'un jaune fauve plus ou moins foncé et rude au toucher, ce qui la rend peu agréable pour l'usage de la toilette. Elle ne paraît pas différer de l'éponge fine douce, quant à son organisation.

3. **Éponge blonde de Syrie**, dite **de Venise** (*éponge commune* Lam.), (fig. 578). Cette éponge a la forme arrondie d'un champignon, et peut acquérir jusqu'à 30 ou 40 centimètres de diamètre. Elle est d'un blond

pâle dans sa masse et d'une couleur d'ocre jaune au pied. Elle est très poreuse, légère, lorsqu'elle a été lavée, et d'une structure grossière.

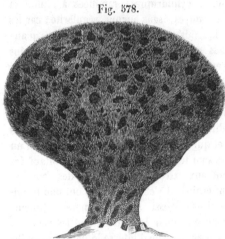

Fig. 578.

Elle est caractérisée par sa surface qui présente, d'espace en espace : 1° des trous ronds, assez grands pour y mettre le doigt ; 2° des amas un peu proéminents de trous beaucoup plus petits ; 3° des espaces déprimés, presque privés de trous et qui présentent à la loupe un lacis inextricable de fibres blondes. Le bord des trous grands et petits, et les surfaces déprimées, présentent de petites élevures pointues, dures au toucher, formées de fibres dressées et entrelacées. Les grands trous sont dirigés vers la base de l'éponge ; mais comme ils deviennent très sinueux, à leur partie inférieure, on ne voit pas le jour au travers. Vue au microscope, la seule différence que cette éponge présente avec l'éponge douce de Syrie, consiste dans l'extrémité des rameaux qui, au lieu d'être arrondie, se termine par une pointe plus ou moins marquée.

L'éponge blonde de Syrie sert à tous les usages domestiques. C'est la plus estimée, pour cet emploi, à cause de sa légèreté, de la régularité de sa forme et de la solidité de sa texture. Son volume considérable oblige souvent à la couper en plusieurs parts, pour en diminuer le prix et la facilité de son emploi.

4. **Éponge blonde de l'Archipel**, dite aussi **éponge de Venise.** Cette éponge est évidemment de la même espèce que la précédente ; la disposition des trous et des espaces pleins, sur la face supérieure, est exactement la même. Mais elle est moins épaisse, aplatie, quoique bombée à la partie supérieure et de forme oblongue. Elle atteint quelquefois 60 centimètres de diamètre. En raison de sa moindre épaisseur, les grands trous de la surface pénètrent plus facilement jusqu'à la racine, et quelques uns la traversent de part en part. A l'état brut, elle est très chargée de sable, et elle cause un grand déchet par le lavage. Elle sert aux mêmes usages que la précédente (1).

_____

(1) D'après M. Blanc, négociant en éponges à Paris, cette variété d'é-

5. **Éponge de Gerby** ou **Zerby**. Cette espèce est une éponge commune qui vient de l'île Zerby, près de la côte d'Afrique, dans la régence de Tripoli. Elle est volumineuse, souvent de forme irrégulière, mais généralement arrondie. On la reconnaît facilement à sa surface hérissée de fibrilles, et à la couleur rouge de sa racine qui tranche avec la couleur blonde de la partie supérieure. J'ai deux échantillons de cette éponge sous les yeux. L'un est à peu près carré, percé sur tous les côtés de trous moyens, très irréguliers, en partie cachés par des expansions membraneuses et par des pointes fibreuses très développées. La face supérieure est en outre percée de plusieurs grands trous surmontés de lames déchiquetées, inclinées vers le centre de l'ouverture. Un des trous traverse directement la masse, qui est d'ailleurs toute caverneuse dans son intérieur.

Le second échantillon a la forme arrondie et un peu turbinée par le bas de la grosse éponge de Syrie; il est un peu plus serré que le premier, mais encore très caverneux à l'intérieur, et il a la face supérieure toute percée de trous irréguliers, déchiquetés sur les bords; les plus grands trous seulement ont une forme ronde et sont entourés d'un bord frangé, proéminent, rapproché du centre de l'ouverture et ressemblant jusqu'à un certain point à des coronules. Cette sorte d'éponge est très répandue aujourd'hui dans le commerce, parce que, étant très volumineuse pour un poids peu considérable, elle paraît avantageuse au consommateur. Mais elle est en réalité bien inférieure pour la qualité aux éponges du Levant.

6. **Éponge brune de Barbarie.** D'après M. Blanc, déjà cité, cette éponge vient de *Sfax*, sur la côte d'Afrique; elle doit une partie de ses caractères particuliers à ce qu'elle a été séchée dans son état naturel, ou sans avoir été lavée, de sorte qu'elle est imprégnée de la bave muqueuse qui la recouvre à l'état de vie. Elle est de forme arrondie ou aplatie, dure, pesante, d'un tissu grossier, d'une couleur de polypore amadouvier dans les parties où le tissu est à découvert, mais chargée par places d'une sorte de bouc noirâtre, due à sa matière gélatineuse desséchée. Elle exhale une odeur de pourri, mélangée de celle d'iode.

Cette éponge, mise à tremper dans l'eau, lui donne un aspect trouble et roussâtre, et lui communique son odeur repoussante, dont elle garde toujours une partie cependant. Elle prend la forme turbinée des éponges de Zerby, ou la forme un peu aplatie des grosses éponges de l'Archipel;

ponge et la précédente croissent dans les mêmes parages; seulement celle dite *de Syrie,* habitant des endroits où la mer est plus tranquille, s'étend librement dans tous les sens et prend la forme arrondie d'un champignon; tandis que celle dite *de l'Archipel,* se trouvant au milieu de courants, s'élève moins et s'étend davantage dans le sens horizontal.

elle conserve sa couleur d'agaric, et présente un tissu grossier percé de grands trous perpendiculaires et de trous moyens, dont l'ouverture est toute déchiquetée, à la manière des éponges de Zerby. Les extrémités de ces déchiquetures, étant toujours imprégnées de bave muqueuse, reprennent en se desséchant une couleur noire et une consistance cornée. Cette éponge est celle de toutes qui résiste le mieux dans les lessivages, même à l'eau alcaline; aussi est-elle principalement employée par les peintres en bâtiments et pour le service des écuries.

Il m'a paru intéressant de rechercher si la bave muqueuse desséchée qui recouvre cette éponge ne présenterait pas quelques indices des polypes que Lamarck persistait à y supposer, malgré les expériences réitérées qui ont semblé démontrer qu'elle n'en devait renfermer aucun (1). J'en ai donc détaché quelques fragments que j'ai fait tremper dans l'eau, et dès la première fois que je les ai soumis au microscope, j'y ai découvert au milieu d'une pulpe gélatineuse, comme granulée, quelquefois d'apparence fibreuse, compacte et peu transparente, un nombre assez considérable de corps arrondis, dont deux se trouvaient placés de manière à figurer une rosace à huit lobes arrondis, telle que je l'ai fait représenter dans la figure 579, lettre *a*. M. J.-B. Baillière, éditeur de cet ouvrage, qui se trouvait à ce moment chez moi, les a vus, et je dois invoquer son témoignage, parce que les ayant cherchés le soir du même jour, dans le même fragment gélatineux, ces corps, devenus opaques, ne présentaient plus de forme distincte, à l'exception d'un des deux qui, présentant le flanc, avait pris la figure d'un champignon arrondi, porté sur un très court pédicule. Le même corps, retrouvé le lendemain et dessiné par un artiste, se trouve représenté même figure, lettre *b*. Il m'a été impossible ce jour-là d'apercevoir aucune rosace; mais le lendemain, j'en ai encore rencontré une; aucun des autres corps opaques et arrondis ne présentait plus de forme distincte.

Sans doute que cette observation devra être confirmée par d'autres; mais l'analogie évidente que ces rosaces à huit rayons, portées sur un court pédicule, présentent avec l'*halliroé à côtes* de Lamouroux, m'autorise à penser qu'elles constituent un animal rayonné qui doit être propre à l'éponge brune de Sfax.

La pulpe gélatineuse présentait, en outre, un très grand nombre de corps solides ayant la forme d'une étoile à trois rayons articulés et coniques (même figure, lettre *c*). Tantôt ces rayons étaient d'égale grandeur et terminés par une pointe aiguë; d'autres fois, ils étaient

(1) Lamarck, raisonnant uniquement par analogie, soutient que toutes les espèces d'éponges possèdent des polypes distincts qui sortent de dessus la surface, et qui ressemblent beaucoup à ceux des alcyons. (GRANT, *Ann. des sciences naturelles*, 1827, t. **XI**, p. 181.)

inégaux, et quelquefois aussi un ou deux d'entre eux avaient la forme d'un bouton ou d'un petit cylindre arrondi à l'extrémité (lettre *d*).

Ces corps rayonnés, quoique formés principalement de carbonate de chaux, et se dissolvant avec effervescence par l'acide nitrique, sont

Fig. 579.

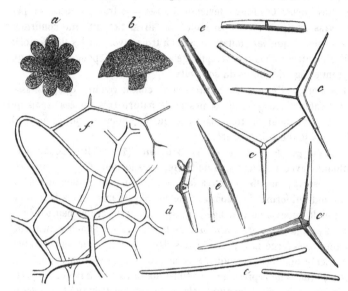

évidemment organisés et diffèrent des acicules calcaires observés par M. Grant, par leurs articulations et par leurs stries superficielles transversales, semblables à celles observées sur les fibres mêmes qui composent le tissu des éponges. En outre de ces étoiles à trois pointes, le champ du microscope offrait des corps filiformes (lettre *e*) de longueur variable, non articulés, cylindriques, tronqués aux extrémités, présentant une apparence d'axe ou de canal central (tandis que les fibres mêmes de l'éponge n'en offrent aucun), résistant en partie à l'action de l'acide nitrique.

Quelles que soient les différences observées entre ces corps coniques ou cylindriques, articulés ou non, simples ou rayonnés, et les fibres qui forment le squelette persistant des éponges, je suis porté à considérer les premiers comme le premier âge des fibres qui constituent l'éponge, lesquels doivent se former, en effet, dans le même parenchyme qui renferme les polypes.

Le tissu fibreux de l'éponge brune de Sfax, même bien lavé à l'eau, examiné au microscope, présente un mélange de tissu parenchymateux fixé aux fibres spongiaires. Ces fibres sont entrelacées et anastomosées de la même manière que celles de l'éponge commune de Syrie, représentées lettre *f*. Mais elles sont plus fortes , plus colorées, et terminées, dans les endroits où elles ne sont pas rompues, par des pointes aiguës. Ce qu'il y a de singulier, c'est qu'une addition d'acide nitrique fait disparaître toutes les extrémités pointues, et laisse les fibres terminées carrément. Les fibres deviennent aussi plus transparentes, en perdant sans doute quelques particules calcaires. Ces faits me confirment dans l'opinion que les étoiles calcaires à trois rayons et les fibres isolées qui se montrent dans l'enveloppe gélatineuse de l'éponge ne sont que le premier âge des fibres du squelette.

Les mers de l'Amérique fournissent au commerce une quantité assez considérable d'éponges, de formes et de nature très variées, mais qui sont généralement de très mauvaise qualité. Voici quelques unes de celles que je me suis procurées :

7. **Éponge fine dure de la Havane** (1). Cette éponge a été confondue avec l'éponge fine de Syrie, sous le nom d'*éponge usuelle*. Elle présente, en effet, tout à fait la configuration hypocratériforme ou infundibuliforme de l'éponge fine de Syrie ; mais elle a la couleur fauve et la rudesse de l'éponge grecque. Elle est rare et peu usitée.

8. **Éponge dure de Bahama.** Cette éponge est attachée au rocher par une assez large base ; mais elle s'élargit tout de suite encore plus, et présente une forme conique, avec des côtes longitudinales et un sommet tronqué. Elle représente à peu près un biscuit de Savoie. La partie proéminente des côtes longitudinales et le sommet tronqué laissent voir des trous espacés, qui ont 3 à 4 millimètres de diamètre ; tout le reste de la surface , et surtout les parties creuses, sont régulièrement percées de trous fort petits et réguliers. La surface de l'éponge est unie et comme rasée ; la substance en est dure , élastique, mais résistante, et elle se gonfle peu par l'eau ; elle a une couleur fauve assez foncée ; vue au microscope, elle paraît formée de rameaux cylindriques semblables à ceux de l'éponge douce, mais beaucoup plus courts et renfermant entre eux des espaces beaucoup plus petits. Cette éponge, malgré sa finesse, et à cause de sa dureté, est tout à fait impropre à la toilette.

9. **Éponge laineuse à clochetons.** Cette éponge, à l'état brut, présente une masse aplatie, blanchâtre, compacte, que l'on prendrait pour un morceau de poisson desséché. Mise dans l'eau, elle s'y gonfle immédiatement, énormément, et prend la forme d'une masse com-

(1) Je ne puis dire exactement d'où viennent les éponges d'Amérique ; dans le commerce , on ajoute indifféremment à leur nom , comme indication d'origine , le nom de *la Havane* ou de *Bahama*.

posée de tubes à parois laineuses, épais, dressés, séparés par le haut,
figurant les clochetons d'une cathédrale. Elle est singulièrement douce
et molle au toucher, comme la toison d'un mouton. Elle est facile à
déchirer, et serait probablement d'un usage peu profitable.

10. Éponge tuberculeuse d'Amérique. Cette espèce forme une
masse arrondie, toute hérissée à sa surface de tubercules coniques,
réunis entre eux par une partie plate, comme palmée, creusée en
forme de croissant. Ces tubercules cachent presque complétement
les ouvertures, qui sont inégalement réparties, rarement rondes, le
plus souvent irrégulières, avec quelques trous ronds, assez grands pour
qu'on puisse y introduire le doigt. Le pied de l'éponge est rouge, ainsi
qu'une partie de l'intérieur, mais toute la partie superficielle est d'une
couleur blanchâtre, mate et comme opaque, ce qui, joint à une consistance très ferme, semble indiquer une proportion assez considérable de
principes inorganiques.

11. Éponge commune de la Havane ou **de Bahama.** Cette
éponge est assez abondante dans le commerce. Elle est arrondie ou
cylindrique, souvent déchirée ou comme cariée au centre de la partie
supérieure, et quelquefois creusée de manière à figurer un creuset cylindrique à paroi épaisse. La surface extérieure présente de larges tubercules terminés par une portion de surface plane. Cette éponge, par sa
teinte blonde ou fauve, sa demi-transparence et son élasticité, paraît
être de la même nature que celles du Levant. Mais elle est très caverneuse à l'intérieur, retient peu l'eau, se déchire et s'use avec une
grande facilité. Elle est de très mauvaise qualité

Composition chimique. La composition élémentaire des éponges et la
manière dont elles se comportent avec les agents chimiques, fournissent
de bonnes raisons corroboratives en faveur de leur admission dans le
règne animal. En effet, leur fibre élastique se ramollit au feu comme les
poils et la corne, et fournit à la distillation une quantité considérable de
carbonate d'ammoniaque; elle se dissout très facilement dans les lessives
alcalines et dans les acides minéraux concentrés, et leur dissoluté dans
les acides précipite par la noix de galle. Mais indépendamment du
carbone, de l'hydrogène, de l'azote et de l'oxygène que les éponges
contiennent, comme toutes les matières animales, elles renferment une
quantité notable d'iode, dont une portion existe à l'état d'iodure soluble
dans l'eau, mais dont la plus grande partie paraît combinée directement
à leur propre substance, et ne s'en sépare que lorsque le tissu fibreux
se trouve décomposé par le calorique. C'est à cet iode, sans aucun
doute, que l'éponge doit la propriété qui lui a été reconnue il y a longtemps d'être un remède très utile contre le goître. On l'employait, à cet
effet, soit en décoction aqueuse, soit plus ou moins torréfiée, soit com-

plétement calcinée. J'ai montré que la forme sous laquelle l'éponge est
la plus active est celle d'éponge torréfiée jusqu'au brun noir, et jusqu'à
réduction aux 75 centièmes de son poids. Les éponges que l'on doit
préférer pour cette opération sont les éponges fines du Levant, non
lavées; et privées autant que possible du gravier, des coquillages et des
autres débris qui peuvent s'y trouver (*Pharmacopée raisonnée*,
p. 707). Les éponges fines et douces servent aussi à préparer les
éponges à la cire et *à la ficelle*, employées par les chirurgiens pour
dilater l'ouverture des plaies que l'on veut empêcher de se fermer.

ADDITIONS ou CORRECTIONS.

TOME PREMIER.

PAGE 44, fig. 3, *ajoutez* : figure restituée du **pterodactyle longi-rostre.**

PAGE 94, ligne 7, *au lieu de* $Ca^3 Si^2$, *lisez* $Ca^3 Si^2$.

PAGE 149, article **antimoine oxidé**, $Sb^2 O^3$. Naguère encore cet
oxide était une rareté minéralogique; mais, depuis plusieurs années,
on l'apporte en abondance, comme objet d'exploitation, sur le marché
de Marseille. Il provient de la mine de *Sensa* ou *Serk'a*, voisine des
sources d'*Aïn-el-Bebbouch*, dans la province de Constantine. Il est en
masses composées de cristaux aiguillés, d'un éclat adamantin, et offrant
des vides ou cavités dont les parois sont quelquefois d'un jaune vif. Les
cristaux présentent un clivage facile, suivant deux directions parallèles
aux faces d'un prisme droit rhomboïdal, formant un angle de $136° 58''$.

On a découvert plus récemment, dans les environs de *Sensa*, un
oxide d'antimoine de même composition que le précédent; mais de
forme différente et cristallisant dans un autre système. Il est en masses
saccharoïdes, grenues ou compactes, dont les cavités sont tapissées de
cristaux qui sont des octaèdres réguliers. Sa densité est de 5,22 à 5,30;
tandis que celle de l'antimoine oxidé prismatique, est, d'après M. Mohs,
de 5,56. L'oxide d'antimoine naturel est donc dimorphe, de même que
le produit artificiel connu sous le nom de *fleurs argentines d'antimoine*, qui présente exactement les deux mêmes formes (*Annales de
chimie et de physique*, 1851, t. XXXI, p. 504).

PAGE 165, ligne 23, *au lieu de* $Ag Au^5$, *lisez* $Ag Au^6$.

On peut ajouter au tableau de la composition de différents échantil-

lons d'or natif, le résultat des analyses faites sur l'or de la Californie
par MM. Henry et Rivot.

HENRY.	HENRY.	RIVOT.
Densité 15,63.	Densité 15,96.	
Or. . . . 86,57	 88,75	 90,70
Argent. . 12,33	 8,88	 8,80
Cuivre. . 0,29	 0,85	. . . . »
Fer. . . . 0,54	. . . . traces	 0,38
Silice. . . 0,00	 1,40	. . . . »
99,73	99,88	99,88

L'or de la Californie est répandu dans toute la vallée du Sacramento.
On le trouve sous forme de pépites roulées, dénudées ou encore enchâssées dans un quartz laiteux qui lui servait de gangue; ou sous
forme de paillettes, dans un sable d'alluvion noirâtre, répandu dans la
vallée ou formant le lit des rivières. Ce sable, examiné par M. Dufres-
noy, lui a présenté les parties suivantes :

Fer oxydulé, obtenu par le barreau aimanté.	59,82
Fer oxydulé titanifère et fer oligiste avec traces de manganèse oxidé.	16,32
Zircon blanc.	9,20
Quartz hyalin.	13,70
Corindon.	0,67
Or.	0,29

PAGE 177. Après l'argent chloruré et l'argent bromuré, ajoutez
l'**argent chloro-bromuré** ou **embolite**, minéral trouvé à Copiapo,
dans le Chili. Il présente un éclat adamantin, une couleur olive à l'extérieur et jaune-verdâtre à l'intérieur. Il pèse 5,806 et cristallise en
cubes modifiés par des facettes octaédriques. On le trouve aussi compacte et amorphe, mais possédant toujours un clivage cubique.

PAGE 310. Ajoutez aux états naturels du manganèse le **manganèse
bisulfuré** ou **haucrite**, trouvé dans une mine de soufre, à Kalinka,
en Hongrie. Il se présente en cristaux dépendant du système régulier,
empâtés dans de l'alumine et du gypse; sa dureté est celle du spath
fluor, sa densité est de 3,463. Il est isomorphe avec le bi-sulfure de fer,
et sa composition conduit à la même formule MS^2.

Manganèse. . . . . $45,19 \times 2,811 = 127$	1
Soufre. . . . . . . $54,80 \times 5 \quad = 274$	2,16

PAGE 343, ligne 6, au lieu de *gypsite*, lisez *gibbsite*.

La gibbsite de Richemont, analysée par M. Torrey, ayant été examinée de nouveau par M. Hermann, ce dernier chimiste a constaté que la gibbsite était un *phosphate d'alumine hydraté ;* mais quatre analyses lui ayant donné des quantités très différentes d'alumine et d'acide phosphorique, celle de l'eau étant à peu près la même, il reste encore beaucoup d'incertitude sur la composition du minéral, qui doit cependant passer du genre des hydrates d'alumine dans celui des phosphates. Ce qu'il y a de singulier, c'est que M. Hermann a trouvé à l'*hydrargilite* exactement la composition qui avait été attribuée à la gibbsite, dont elle prend ainsi la place. Voici cette composition.(1) :

Alumine.	64,03
Eau	34,54
Acide phosphorique	1,43

Page 376. Aux états naturels du zinc, ajoutez celui de *zinc arséniaté.*

Ce composé se trouve, en effet, dans un gisement de cobalt gris, situé dans la mine Daniel, près de Schnéeberg. Il est coloré en rose cramoisi par de l'arséniate de cobalt ; il pèse 3,1 ; il est à peu près aussi dur que le spath d'Islande. L'analyse, faite par M. Kœttig, a donné :

Acide arsénique.	37,17
Oxide de zinc.	30,52
Protoxide de cobalt. . . . . , .	6,91
— de nickel.	2,00
Eau.	23,40
Chaux.	traces

$$\overset{\cdots}{As}\,(\overset{..}{Zn},\,\overset{.}{Co},\,\overset{.}{Ni})^3 + 8\,\underline{\overset{.}{H}} \qquad 100,00$$

Page 398, ligne 18, *au lieu de* $Mg^3\,\overset{.}{Si}$, lisez $Mg^3\,\overset{\cdots}{Si}$.

Page 533. Article omis : **Eau de Balaruc.**

Balaruc est un bourg du département de l'Hérault, à cinq lieues au sud-ouest de Montpellier, et près de l'étang salé de Thau, qui communique avec la mer par le canal de Cette. La source est très abondante, salée, et d'une température de 47 à 50 degrés centigrades. Les vents du nord-ouest, en diminuant la hauteur de l'eau dans l'étang de Thau, diminuent le volume et la température de l'eau de Balaruc, et les vents du sud, au contraire, qui amènent dans l'étang une plus grande quantité d'eau salée, augmentent le volume et la température

(1) *Annuaire de chimie,* par MM. Millon et Reiset, 1848, p. 155, et 1850, p. 198.

de l'eau, ce qui est difficile à expliquer. Un autre fait très remarquable,
c'est qu'il existe dans l'étang même de Thau, très près de Balaruc, un
abîme qui pousse sans cesse à l'extérieur un volume très considérable
d'une eau souterraine, fraîche, douce et bonne à boire.

Plusieurs chimistes ont publié des analyses de l'eau de Balaruc, dont
les résultats sont assez différents, si ce n'est sous le rapport de la nature
des éléments, au moins sous celui de leur quantité, ce qui peut s'expliquer par les causes mentionnées plus haut. Voici ces analyses, qui ne
pouvaient faire mention du brome que M. Balard y a trouvé depuis :

EAU, 1 KILOGRAMME.	FIGUIER.	BRONGNIART.	SAINT-PIERRE.
	pouces cubes.		*pouces cubes.*
Acide carbonique	6	. . . .	6,06
	grammes.	*grammes.*	*grammes.*
Chlorure de sodium	7,417	6,25	5,19'
— de calcium	0,908	0,61	0,66
Chlorhydrate de magnésie . .	1,375	1,40	0,85
Carbonate de magnésie . . .	0,092	0,04	0 02
— de chaux	1,167	0,37	0,50
Sulfate de chaux	0,700	0,58	0,36
Fer	quant. inap.	»	»
	11,659	9,25	7,58

L'eau de Balaruc purge à la dose de deux à trois litres par jour ;
prise à la dose de quelques verres, elle donne du ressort à l'estomac,
et fait cesser les symptômes qui sont le résultat d'un état bilieux ou
muqueux des premières voies. Son plus grand usage est sous la forme
de bains, contre les rhumatismes chroniques et articulaires, les engor-
gements du bas-ventre, la contracture et la débilité des membres, qui
sont la suite de fractures, etc.

TOME II.

PAGE 45, ligne 27, au lieu de *choristoporées*, lisez *choristosporées*.
PAGE 90, article CHAMPIGNON DE MALTE, ajoutez le nom linnéen
cynomorium coccineum.
PAGE 123, article FROMENT, *ajoutez* ou BLÉ.
PAGE 188, ligne dernière, au lieu de *œmanthus*, lisez *hœmanthus*.

PAGE 241, article SAPIN NOIR OU ÉPINETTE NOIRE, ajoutez *abies nigra*.

'PAGE 249, à la suite de l'article *Baume du Canada*, mentionner le **baume de Saint-Thomé**, que je place en cet endroit, à cause de son analogie avec les térébenthines de conifères, mais dont j'ignore l'origine. J'en ai deux échantillons, dont l'un m'a été donné par Duprey, du Havre, et l'autre par M. Lesant, pharmacien à Nantes. Tous deux sont renfermés dans des coques de cocos; mais celui de Duprey est beaucoup plus pur que l'autre. Il a la forme d'une térébenthine solidifiée, transparente, d'un rouge orangé en masse, d'un jaune doré en lame mince. Il a une odeur forte, aromatique, peu agréable, et une amertume considérable. Il est entièrement soluble dans l'alcool.

Il existe dans l'Inde, tout auprès de Madras, une ville fort ancienne, appelée *Meliapour*, à laquelle les Portugais ont donné le nom de *Saint-Thomé*; on trouve une autre ville de *Saint-Thomé*, sur la rive droite de l'Orénoque, en Amérique, sans compter la grande île de Saint-Thomas, dans le golfe de Guinée, l'île Saint-Thomas des Antilles, une ville du bas Canada et beaucoup d'autres. On peut faire, comme on le voit, bien des conjectures sur l'origine du baume de Saint-Thomé.

PAGE 263. **Poivre noir**, ajoutez *piper nigrum* L.

PAGE 265. **Poivre à queue** ou **cubèbe**, *piper cubeba* L. Cette espèce porte, dans le *Systema piperacearum* de M. Miquel, le nom de *cubeba officinarum*; elle croît naturellement à Java et dans les villes environnantes, et elle est y aussi cultivée. C'est elle qui produit le vrai cubèbe; mais, d'après M. Blume, le fruit d'une espèce voisine, nommée *cubeba canina* Miq., fait aussi partie du cubèbe du commerce. Le premier est plus globuleux, à peine acuminé; quand il est desséché, il est rugueux, d'un brun noirâtre, et d'un goût très âcre, aromatique et un peu amer. La queue, qui n'est qu'un faux pédicelle formé par le rétrécissement de la partie inférieure du fruit, est plus longue que la partie globuleuse.

Le fruit du *cubeba canina* est ovale; quand il est desséché, il est noir, plus petit, à peine rugueux, terminé par un rostre remarquable; il a un goût plus faible et comme un peu anisé. La queue est de la même longueur que la baie (1).

PAGE 266, ligne 12, le cubèbe contient une matière cristallisable qui est sans doute de la pipérine.

Correction. Cette matière cristallisable a été examinée par MM. Capitaine et Soubeiran (*Journ. de pharm.*, t. XXV, p. 355), et a reçu d'eux le nom de *cubébin*. Elle est blanche, insipide, inodore, non

---

(1) PEREIRA, *Elements of materia medica*, vol. II, London, 1850.

volatile, à peine soluble dans l'eau, très peu soluble à froid dans l'alcool, beaucoup plus soluble à chaud et se prenant en masse par le refroidissement; soluble dans l'éther, les huiles fixes et les huiles volatiles.

Le cubébin ne contient pas d'azote et ne dérive pas de l'essence de cubèbes. Sa composition est représentée par $C^{34}\,H^{17}\,O^{10}$.

PAGE 266. **Poivre long**, *piper longum* L. Ce nom linnéen a été appliqué à un grand nombre d'espèces, dont les fruits sont sessiles et soudés en forme de chatons. Le vrai poivre long des officines vient des îles de la Sonde, où il est produit par le *chavica officinarum* Miq. On cultive dans l'Inde une autre espèce de poivre long, qui est le *chavica Roxburghii* Miq., dont les racines forment un important article de commerce, sous le nom de *pippula moola*. Ses fruits sont aussi récoltés pour être employés comme épice, non seulement dans l'Inde, mais encore en Arabie et sur la côte orientale d'Afrique, d'où ils ont été rapportés récemment en France, par M. Loarer, capitaine de marine marchande.

Ce poivre est d'une qualité très inférieure. Il est beaucoup plus petit que le poivre long des officines; souvent presque filiforme, mou, d'une odeur assez aromatique, mais d'une âcreté peu marquée. Il devient en très peu de temps la proie des insectes.

PAGE 267. Ajoutez aux espèces de poivre usitées le **matico**, *artanthe elongata* Miq. (1), plante du Pérou depuis longtemps employée par les habitants contre la maladie vénérienne. Ce sont les feuilles qui sont usitées. Elles sont longues de 5 à 20 centimètres, courtement pétiolées, oblongues, lancéolées, acuminées. Elles arrivent fortement comprimées dans des surons, et plus ou moins brisées; mais elles sont toujours très reconnaissables à leurs deux surfaces, dont la supérieure paraît toute marquetée ou composée de petites pièces carrées proéminentes, séparées par des sillons creux; tandis que l'inférieure est formée de petits carrés creux séparés par des nervures proéminentes et velues. Elles conservent une couleur verte assez prononcée, ont une saveur aromatique et acquièrent par la trituration une assez forte odeur de cardamome. L'huile volatile récente est d'un vert clair; elle cristallise en vieillissant.

PAGES 496, 498, 500, 502, 504, remplacez le titre DICOTYLÉDONES MONOCHLAMYDÉES par celui-ci : DICOTYLÉDONES COROLLIFLORES.

---

(1) *Piper angustifolium* R. P.; *piper elongatum* Vahl; *stephensia elongata* Kunth.

TOME III.

PAGE 2. **Pyrole à feuilles rondes**, ajoutez *pyrola rotundifolia* L.
PAGE 4, ligne 8´; au lieu de *polyfolia*, lisez *polifolia*.
PAGE 95. Mettre l'**écorce de Josse** avant l'article **écorces de quinquinas.**

L'écorce de Josse ou de *Koss* est employée au Sénégal comme fébrifuge. Le ministre de la marine, désirant appeler sur elle l'attention des chimistes et des médecins français, en a fait venir deux caisses qui ont été déposées à l'École de pharmacie pour que l'écorce fût distribuée à ceux qui voudraient l'expérimenter. Ayant examiné une première fois l'écorce seule, je n'avais pu hasarder que quelques conjectures fautives sur le genre d'arbre qui la produit; mais ayant trouvé quelques débris du végétal dans une des caisses déposées à l'École je puis indiquer avec plus de certitude sa famille et son genre.

L'arbre qui produit l'écorce de Josse paraît croître dans les lieux submergés, où il forme comme des forêts. L'écorce envoyée doit provenir du tronc ou des gros rameaux. Elle est ouverte, cintrée ou roulée, presque toujours contournée ou tourmentée par la dessiccation. Elle est recouverte d'une couche subéreuse orangée, mince d'abord et couverte d'une épiderme blanc, laquelle, après avoir acquis une certaine épaisseur, se fend comme par anneaux et se sépare par plaques du liber. Celui-ci est formé de fibres entremêlées, du côté extérieur, de la même matière orangée qui forme le suber, plus rapprochées du côté interne, et faciles à séparer sous forme de lames fibreuses d'une grande ténacité. Le bois est dur et d'une assez belle couleur jaune. Au reste, toutes les parties du végétal sont pourvues d'un principe colorant jaune qui pourrait être utilisé pour la teinture. L'écorce présente, en masse, une odeur nauséeuse particulière; elle a le même goût nauséeux, accompagné d'une légère astringence. Elle est sans amertume, ce qui n'est pas suffisant pour nier, *à priori*, sa propriété fébrifuge. Plusieurs chimistes se sont chargés d'en faire l'analyse.

Les jeunes rameaux qui accompagnent les écorces sont opposés en croix et portent des tubercules disposés de même, répondant à l'insertion des feuilles. Celles-ci sont assez courtement pétiolées, oblongues, lancéolées, très entières, et rappellent tout à fait celles des cinchonées. Les fleurs manquent; mais j'ai trouvé quatre capitules de fruits, complétement sphériques, de 13 à 14 millimètres de diamètre, et qui ont exactement tous les caractères des *cephalanthus*. Le seul caractère qui me paraisse s'en éloigner, c'est que le limbe tronqué du calice, qui surmonte le fruit sous forme d'une couronne membraneuse, est manifestement pentagone. Les fruits présentent deux loges monospermes ; les semences sont blanches, volumineuses, à radicule supère.

PAGE 296, TRIBU DES LOTÉES. L'*arachis hypogœa*, rangée dans cette tribu, appartient plutôt à celle des phaséolées, ou à celle des hédysarées, dans laquelle elle a été rangée par Endlicher. Le *lupinus albus* a été compris par Decandolle dans la tribu des phaséolées.

PAGE 331, ligne 40, au lieu de *panacoco*, lisez *bois de Boco*.

PAGE 360, ajouter à la description du fruit de Ben officinal, le nom spécifique de *moringa disperma*.

PAGE 394, **suc astringent** du *pterocarpus erinaceus*. M. le ministre de la marine, ayant appris, à ce que je suppose, le désir que j'avais manifesté d'obtenir ce suc astringent, a bien voulu en faire venir du Sénégal, et le faire adresser à l'École de pharmacie. Ce suc est sous forme de très petites larmes brisées, transparentes et d'un rouge de rubis, mélangées de sable et des débris de l'écorce, dont les légères fissures l'ont laissé transsuder. Il a dû être récolté en enlevant avec un couteau les parties d'épiderme qui le supportaient. Ce suc possède une faible odeur d'iris ou de bois de Campêche. Traité par l'eau, il la rend immédiatement mousseuse et mucilagineuse, s'y dissout ensuite lentement et lui communique une couleur rouge foncée. Le résidu, épuisé par l'eau, cède avec peine un peu de principe colorant rouge à l'alcool. Le résidu se compose de sable et de débris d'écorce.

Le macéré filtré présente très exactement les propriétés de celui du kino de la Vera-Cruz (t. III, p. 407), de sorte qu'il est devenu certain pour moi que ce dernier est aussi produit par un *pterocarpus*.

Parmi un certain nombre d'échantillons de drogues, venus du Sénégal, que M. Ménier a bien voulu me remettre, se trouvent un morceau de bois d'un rouge foncé, tout à fait semblable au *bar-wood* (p. 321), un fruit de *drepanocarpus lunatus* et deux échantillons d'un suc rouge astringent, obtenu par incisions. Ces échantillons me semblent indiquer que plusieurs arbres du Sénégal doivent pouvoir produire un suc rouge semblable.

PAGE 408, ligne 18, gomme rouge, *ajoutez* amère.

PAGE 435. BAUMES DE PÉROU ET DE TOLU. Au commencement de cet article, j'ai mentionné les espèces du genre *myrospermum*, telles qu'elles ont été adoptées par les botanistes; mais l'examen des échantillons possédés par l'herbier du Muséum d'histoire naturelle, auquel je me suis livré récemment, sur l'invitation de M. le docteur Pereira, m'a donné occasion de faire les observations et distinctions suivantes :

1° *Myrospermum frutescens* de Jacquin et de Kunth. Le fruit se distingue de celui des autres *myrospermum* ou *myroxylum* de Kunth, par ses nervures qui, partant du pédoncule, se répandent, en se rami-

fiant comme un réseau, dans la lame qui précède la loge séminifère.
Dans les autres *myrospermum*, les nervures restent unies en un seul
faisceau qui partage la lame en deux parts inégales, et porte à son
extrémité la loge séminifère.

2° *Myrospermum pedicellatum* de Lamarck. Cette espèce n'existe
pas dans l'herbier du Muséum; en s'en rapportant à la figure qu'en a
donnée son auteur, elle réunit aux feuilles du *M. frutescens*, le fruit des
autres myrospermes.

3° *Myrospermum pubescens* DC.; *myroxylum pubescens* de Kunth.
C'est à cette espèce qu'il faut rapporter le *myroxylon peruiferum* de
Ruiz et celui de Willdenow, dont les feuilles sont velues sur la face
inférieure, ou mieux qui portent des nervures velues. Cette observa-
tion montre de plus que le *pubescens* de Kunth ou le *peruiferum* de
Ruiz ne sont ni le *peruiferum* de Kunth, ni le *balsamiferum* de
Lambert, dont les feuilles sont très glabres. D'ailleurs, ce dernier a
les fruits beaucoup plus grands.

4° *Myrospermum peruiferum* de l'herbier de Kunth (le fruit manque). Je réunis à cette espèce le *myroxylon peruiferum* de Mutis, de
la Collection linnéenne, et les deux *myrospermum* rapportés par
M. Weddell; car ce savant botaniste a recueilli, dans deux parties différentes de la Bolivie, deux échantillons non entièrement semblables
(les fleurs et les fruits manquent). Celui auquel appartient le beau bois
rouge que j'ai mentionné à la page 437 porte dans son catalogue le
n° 4787; il ne diffère du *M. peruiferum* de l'herbier de Kunth que
parce qu'il a les feuilles un peu plus petites; les pétioles sont ronds et
de consistance ligneuse; aucune feuille n'est cordiforme par le bas, et
quelques unes sont un peu arrondies par le haut. L'autre échantillon,
au pied duquel a été recueilli le *baume du Pérou sec*, rapporté par
M. Weddell, a les feuilles plus grandes, plus vertes, plus minces,
toutes *frippées* et très caduques, car elles sont presque toutes séparées
du pétiole; celui-ci est grêle et devenu anguleux par la dessiccation.
Mais ces différences, probablement accidentelles, ne suffisent pas pour
séparer cet échantillon du *M. peruiferum* de Mutis, de Linné fils et de
Kunth.

Je dois mentionner que deux spécimens du *M. pubescens* qui se
trouvent dans l'herbier de Bonpland ont les pétioles et les jeunes
rameaux fort peu pubescents, ce qui les rend presque semblables au
M. peruiferum de l'herbier de Kunth.

5° *Myrospermum balsamiferum* de Pavon. Cette espèce, que Lambert a figurée à la suite de son *Illustration du genre cinchona*, comme
se rapportant au *peruiferum* de Ruiz (*pubescens* Kunth), en diffère
considérablement par la grandeur de toutes ses parties. Il convient de

lui conserver le nom imposé par Pavon, jusqu'à ce qu'il soit prouvé qu'il doive être réuni à une autre espèce.

6° *Myrospermum toluiferum* DC. Remplacer d'abord dans la description donnée page 438, ligne 17, le mot *centimètres* par le mot *millimètres*. Ajouter ensuite à la description qu'aucune des folioles n'est cordiforme ; que beaucoup, au contraire, sont fusiformes par le bas, et que leur caractère principal consiste dans un brusque rétrécissement vers l'extrémité supérieure *qui se termine par une pointe étroite et allongée.* Cette pointe présente à peine un commencement d'échancrure.

PAGE 441. **Baume de San-Salvador.**

Je n'ai rien à changer à tout ce que j'ai dit sur ce baume, mais je puis y ajouter, par suite des informations reçues par M. Pereira, et consignées par lui dans les numéros de novembre et de décembre 1850, du *Pharmaceutical journal* de M. Jacob Bell.

M. Pereira a bien voulu m'envoyer un magnifique spécimen, feuilles et fruits, de l'arbre qui produit le baume de San-Salvador ou de Son Sonaté. Il en a donné une excellente description et de très bonnes figures dans le *Pharmaceutical journal*, t. X, p. 280, et il lui laisse provisoirement le nom de *myrospermum de Son Sonaté*, en raison de l'incertitude qui lui reste encore sur sa synonymie spécifique. A ne considérer, en effet, que quelques folioles, on pourrait les confondre avec celles du *peruiferum* de Kunth ; à en prendre quelques autres, dont le rétrécissement final est plus marqué, on serait tenté de le rapprocher du *toluiferum ;* mais en considérant l'ensemble des folioles, leur consistance, leur grandeur et leur forme généralement ovale-elliptique, on est porté à les regarder comme le signe d'une espèce distincte.

L'espèce ou variété dont le *myrospermum* de Son Sonaté se rapproche le plus, est le *M. balsamiferum* de Pavon, figuré par Lambert ; mais on trouve une différence très sensible dans le fruit. Celui de Pavon est plus grand ; la samare est très rétrécie d'un côté, vers le pédoncule, élargie de l'autre, et la pointe du style est précédée d'une échancrure ou d'un sinus ; tandis que le fruit de Son Sonaté est plus petit, aminci presque également des deux côtés, vers le pédoncule, et que la pointe du style est précédée, du côté du pédoncule, par un élargissement très sensible, dont le contour est convexe. En résumé, le *myrospermum* de Son Sonaté, que je crois être le *hoïtziloxitl* d'Hernandez, ne ressemble complétement à aucun autre.

On trouve maintenant en Angleterre un **baume blanc de Son Sonaté**, obtenu par expression du fruit, de sorte que M. Recluz était à peu près bien informé quand il a dit qu'on retirait le *baume de Pérou noir* des semences de l'arbre. La substance que l'on obtient ainsi n'est pas du baume du Pérou noir ; elle n'a même aucun rapport avec le *baume blanc* de Ruiz, ni avec aucun autre vrai baume retiré par incision du tronc des *myrospermum*. C'est une substance qui a l'aspect d'un miel nébuleux, blond, jaunâtre et grenu, et qui provient du mélange *du corps gras* contenu dans l'amande, avec la petite quantité de résine balsamique enfermée dans deux lacunes du mésocarpe. Cette substance présente l'odeur de mélilot des semences. Elle est fort peu soluble dans l'alcool froid, et beaucoup plus soluble dans l'éther, qui laisse, après son évaporation, une matière beaucoup plus grasse que résineuse. M. Stenhouse, en traitant le baume blanc de Son Sonaté par l'alcool chaud, en a retiré une substance résineuse indifférente, incolore, facilement cristallisable, à laquelle il a donné le nom de *myroxocarpine*. Elle lui a paru composée de $C^{48} H^{35} O^6$.

PAGE 517. Placer après l'**écorce de simarouba**, l'article **semence de cédron**.

Depuis longtemps, dit M. Hooker, l'illustre directeur du jardin royal de Kew (1), beaucoup de recherches ont été faites sur la semence d'une plante connue des habitants de la Nouvelle-Grenade, sous le nom de *cédron*, et très célébrée pour ses propriétés médicinales. M. Purdie, à son passage dans la province d'Antioquia, m'écrivait, en juillet 1846, qu'il avait eu le bonheur de découvrir le célèbre *cédron*, dont les semences sont vendues au prix d'un réal chaque cotylédon, et sont regardées comme un spécifique inappréciable contre la morsure des serpents, la fièvre intermittente, et généralement toutes les maladies de l'estomac. L'écorce et le bois abondent aussi en principe amer.

Le 29 juillet 1850, M. Jomard a présenté à l'Académie des sciences de Paris les semences de cédron, avec l'extrait d'une lettre de M. Herran, chargé d'affaires de la république de Costa-Rica en France, qui relate aussi l'efficacité de la semence de cédron contre la morsure des serpents venimeux, et qui annonce avoir employé ce médicament avec succès contre divers cas de fièvres intermittentes.

Si je n'écrivais pas un ouvrage sérieux, je sais bien le nom que je donnerais à l'annonce faite par un journal anglais d'un congrès médical proposé en France, à l'effet de constater l'efficacité de la semence de cédron contre la rage et la morsure des animaux venimeux ; congrès où seraient appelés le premier médecin de l'empereur de Russie, dix-sept docteurs de l'Allemagne, des délégués de la Suède, de la Norwége, du Danemarck, etc., et où deux citoyens plus que courageux se soumettraient bénévolement aux expériences. Le docteur Pereira me paraît avoir mieux jugé la question, en disant qu'il craint bien que ces

(1) *Pharmaceutical journal*, vol. **X**, p. 344.

semences n'offrent pas un véritable antidote contre les poisons venimeux, et M. Hooker, en ajoutant que ce médicament viendra probablement se ranger auprès de ses congénères, le *quassia* et le *simarouba*. On peut être certain d'avance que c'est là la vérité. Encore faudrait-il cependant, qu'après des annonces aussi retentissantes ce médicament restât dans le domaine de la thérapeutique. Qu'on nous dise ce que les médecins font aujourd'hui du quassia et du simarouba !

M. Planchon a rangé le cédron dans le genre *simaba* de la famille des simarubées, et lui a donné le nom de *simaba cedron*. L'arbre n'excède pas 6 mètres de hauteur sur un tronc de 15 à 25 centimètres de diamètre. Les feuilles sont glabres, longues de 60 centimètres et davantage, composées de 20 folioles et plus, plus souvent alternes qu'opposées. Les folioles sont sessiles, longues de 10 à 15 centimètres, acuminées, obliques ou inégales à la base, penninervées. Le pétiole commun est cylindrique, terminé par une foliole impaire. Les grappes sont longues de 60 centimètres et plus, serrées, rameuses, couvertes d'un duvet court, rougeâtre et velouté. Le calice des fleurs est petit, en forme de coupe, à 5 dents obtuses, couvert d'un même duvet ocreux. La corolle est composée de 5 pétales linéaires, étalés, d'un brun pâle et cotonneux extérieurement. 10 étamines courtes se dressent derrière un nombre égal d'écailles staminifères, rapprochées en tube. 5 ovaires supportés par une colonne tomenteuse. 5 styles unis entre eux au-dessus de la base, et excédant les étamines. Un seul ovule dans chaque ovaire. Le fruit est très volumineux, solitaire par l'avortement des autres carpelles, drupacé, d'une forme ovale, obliquement tronqué au sommet ; la partie charnue du fruit, qui ne paraît pas avoir été bien molle, entoure un endocarpe corné. La semence est unique, volumineuse, suspendue, couverte d'un tégument membraneux avec une chalaze très apparente. L'albumen est nul ; les cotylédons sont très grands, charnus et blancs à l'état récent.

Ce sont ces cotylédons isolés que l'on trouve dans le commerce. Ils sont longs de 3 à 4 centimètres, rarement de 5, larges de 15 à 20 millimètres, d'une forme elliptique, un peu courbée d'un côté. Ils sont convexes du côté extérieur, aplatis du côté interne, avec une petite cicatrice près du sommet. Par la dessiccation, ils sont devenus d'un jaune foncé, souvent sale et noirâtre à l'extérieur, et d'un jaune plus pâle à l'intérieur. Ils sont amylacés, avec une apparence légèrement grasse, et possèdent une forte amertume de quassia.

M. Lewy, en traitant le cédron par l'éther, en a retiré une matière grasse neutre, cristalline, presque insoluble dans l'alcool froid. Le résidu du traitement éthérique a cédé ensuite à l'alcool une substance cristallisable, d'une très grande amertume, neutre au papier de tournesol.

PAGE 545, ligne 26, au lieu de *euphorbia*, lisez *euphoria*.

PAGE 560, ligne 34, au lieu de *bacciforme*, *brecciforme*.

PAGE 578, ligne 26. Ajoutez que l'essence d'orange douce porte, dans le commerce, le nom d'*essence de Portugal*.

TOME IV, PAGE 120, ligne 4, au lieu de *pies*, lisez *pics*.

FIN DU TOME QUATRIÈME ET DERNIER.

TABLE GÉNÉRALE

DES MATIÈRES.

—

Nota. Les noms qui ne se trouveront pas aux noms généraux *racines*, *bois*, *fleurs*, *sucs*, *résines*, etc., devront être cherchés au nom de l'espèce.

IV.

22

FIN DE LA TABLE GÉNÉRALE DES MATIÈRES.

Printed in the United States
By Bookmasters